新型建造方式与工程项目管理创新丛书　分册 11

新型建造方式与钢结构装配式建造体系

王　宏　卢昱杰　徐　坤　著

中国建筑工业出版社

图书在版编目（CIP）数据

新型建造方式与钢结构装配式建造体系 / 王宏，卢昱杰，徐坤著．—北京：中国建筑工业出版社，2021.9
（新型建造方式与工程项目管理创新丛书；分册11）

ISBN 978-7-112-26720-0

Ⅰ.①新… Ⅱ.①王… ②卢… ③徐… Ⅲ.①建筑工程②钢结构—装配式构件 Ⅳ.①TU712.1②TU3

中国版本图书馆CIP数据核字（2021）第211311号

本书在以钢结构装配式建造为代表的新型建造体系的研究基础上，结合近年来实践经验，系统地分析总结了我国新型建造方式设计、生产、施工技术的创新发展，推动新型建造方式的深入研究和健康发展。

责任编辑：封　毅　朱晓瑜
书籍设计：锋尚设计
责任校对：赵　颖

新型建造方式与工程项目管理创新丛书　分册11
新型建造方式与钢结构装配式建造体系
王　宏　卢昱杰　徐　坤　著
*
中国建筑工业出版社出版、发行（北京海淀三里河路9号）
各地新华书店、建筑书店经销
北京锋尚制版有限公司制版
北京富诚彩色印刷有限公司印刷
*
开本：787毫米×1092毫米　1/16　印张：25¾　字数：476千字
2022年2月第一版　2022年2月第一次印刷
定价：198.00元
ISBN 978-7-112-26720-0
（38534）
版权所有　翻印必究
如有印装质量问题，可寄本社图书出版中心退换
（邮政编码 100037）

课题研究及丛书编写指导委员会

顾　问：毛如柏　第十届全国人大环境与资源保护委员会主任委员

　　　　孙永福　原铁道部常务副部长、中国工程院院士

主　任：张基尧　国务院原南水北调工程建设委员会办公室主任

　　　　孙丽丽　中国工程院院士、中国石化炼化工程集团董事长

副主任：叶金福　西北工业大学原党委书记

　　　　顾祥林　同济大学副校长、教授

　　　　王少鹏　山东科技大学副校长

　　　　刘锦章　中国建筑业协会副会长兼秘书长

委　员：校荣春　中国建筑第八工程局有限公司原董事长

　　　　田卫国　中国建筑第五工程局有限公司党委书记、董事长

　　　　张义光　陕西建工控股集团有限公司党委书记、董事长

　　　　王　宏　中建科工集团有限公司党委书记、董事长

　　　　王曙平　中国水利水电第十四工程局有限公司党委书记、董事长

　　　　张晋勋　北京城建集团有限公司副总经理

　　　　宫长义　中亿丰建设集团有限公司党委书记、董事长

　　　　韩　平　兴泰建设集团有限公司党委书记、董事长

　　　　高兴文　河南国基建设集团公司董事长

　　　　李兰贞　天一建设集团有限公司总裁

　　　　袁正刚　广联达科技股份有限公司总裁

　　　　宋　蕊　瑞和安惠项目管理集团董事局主席

　　　　李玉林　陕西省工程质量监督站二级教授

　　　　周金虎　宏盛建业投资集团有限公司董事长

杜　锐　山西四建集团有限公司董事长

笪鸿鹄　江苏苏中建设集团董事长

葛汉明　华新建工集团有限公司副董事长

吕树宝　正方圆建设集团董事长

沈世祥　江苏江中集团有限公司总工程师

李云岱　兴润建设集团有限公司董事长

钱福培　西北工业大学教授

王守清　清华大学教授

成　虎　东南大学教授

王要武　哈尔滨工业大学教授

刘伊生　北京交通大学教授

丁荣贵　山东大学教授

肖建庄　同济大学教授

课题研究及丛书编写委员会

主　任： 肖绪文　中国工程院院士、中国建筑集团首席专家

吴　涛　中国建筑业协会原副会长兼秘书长、山东科技大学特聘教授

副主任： 贾宏俊　山东科技大学泰安校区副主任、教授

尤　完　中亚协建筑产业委员会副会长兼秘书长、中建协建筑业高质量发展研究院副院长、北京建筑大学教授

白思俊　中国（双法）项目管理研究委员会副主任、西北工业大学教授

李永明　中国建筑第八工程局有限公司党委书记、董事长

委　员： 赵正嘉　南京市住房城乡和建设委员会原副主任

徐　坤　中建科工集团有限公司总工程师

刘明生　陕西建工控股集团有限公司党委常委、董事
王海云　黑龙江建工集团公司顾问总工程师
王永锋　中国建筑第五工程局华南公司总经理
张宝海　中石化工程建设有限公司EPC项目总监
李国建　中亿丰建设集团有限公司总工程师
张党国　陕西建工集团创新港项目部总经理
苗林庆　北京城建建设工程有限公司党委书记、董事长
何　丹　宏盛建业投资集团公司总工程师
李继军　山西四建集团有限公司副总裁
陈　杰　天一建设集团有限公司副总工程师
钱　红　江苏苏中建设集团总工程师
蒋金生　浙江中天建设集团总工程师
安占法　河北建工集团总工程师
李　洪　重庆建工集团副总工程师
黄友保　安徽水安建设公司总经理
卢昱杰　同济大学土木工程学院教授
吴新华　山东科技大学工程造价研究所所长

课题研究与丛书编写委员会办公室

主　任： 贾宏俊　尤　完
副主任： 郭中华　李志国　邓　阳　李　琰
成　员： 朱　彤　王丽丽　袁金铭　吴德全

丛书总序

2021年是中国共产党成立100周年，也是“十四五”期间全面建设社会主义现代化国家新征程开局之年。在这个具有重大历史意义的年份，我们又迎来了国务院五部委提出在建筑业学习推广鲁布革工程管理经验进行施工企业管理体制改革35周年。

为进一步总结、巩固、深化、提升中国建设工程项目管理改革、发展、创新的先进经验和做法，按照党和国家统筹推进“五位一体”总体布局，协调推进“四个全面”战略布局，全面实现中华民族伟大复兴“两个一百年”奋斗目标，加快建设工程项目管理资本化、信息化、集约化、标准化、规范化、国际化，促进新阶段建筑业高质量发展，以适应当今世界百年未有之大变局和国内国际双循环相互促进的新发展格局，积极践行“一带一路”建设，充分彰显建筑业在经济社会发展中的基础性作用和当代高科技、高质量、高动能的“中国建造”实力，努力开创我国建筑业无愧于历史和新时代新的辉煌业绩。由山东科技大学、中国亚洲经济发展协会建筑产业委员会、中国（双法）项目管理研究专家委员会发起，会同中国建筑第八工程局有限公司、中国建筑第五工程局有限公司、中建科工集团有限公司、陕西建工集团有限公司、北京城建建设工程有限公司、天一投资控股集团有限公司、河南国基建设集团有限公司、山西四建集团有限公司、广联达科技股份有限公司、瑞和安惠项目管理集团公司、苏中建设集团有限公司、江中建设集团有限公司等三十多家企业和西北工业大学、中国社科院大学、同济大学、北京建筑大学等数十所高校联合组织成立了《建设工程项目管理创新发展与治理体系现代化建设》课题研究组和《新型建造方式与工程项目管理创新丛书》编写委员会，组织行业内权威专家学者进行该课题研究和撰写重大工程建造实践案例，以此有效引领建筑业绿色可持续发展和工程建设领域相关企业和不同项目管理模式的创新发展，着力推动新发展阶段建筑业转变发展方式与工程项目管理的优化升级，以实际行动和优秀成果庆祝中国共产党成立100周年。我有幸被邀请作为本课题研究指导委员会主任委员，很高兴和大家一起分享了课题研究过程，颇有一些感受和收获。该课题研究注重学习追踪和吸收国内外业内专家学者研究的先进理念和做法，归纳、总结我国重大工程建设的成功经验和国际工程的建设管理成果，坚持在研究中发现问题，在化解问题中深化研究，体现了课题团队深入思考、合作协力、用心研究的进取意识和奉献精神。课题研究内容既全面深入，又有理论与实践相结合，其实效性与指导性均十分显著。

一是坚持以习近平新时代中国特色社会主义思想为指导，准确把握新发展阶段这个战略机遇期，深入贯彻落实创新、协调、绿色、开放、共享的新发展理念，立足于构建以国内大循环为主题、国内国际双循环相互促进的经济发展势态和新发展格局，研究提出工程项目管理保持定力、与时俱进、理论凝练、引领发展的治理体系和创新模式。

二是围绕“中国建设工程项目管理创新发展与治理体系现代化建设”这个主题，传承历史、总结过去、立足当代、谋划未来。突出反映了党的十八大以来，我国建筑业及工程建设领域改革发展和践行“一带一路”国际工程建设中项目管理创新的新理论、新方法、新经验。重点总结提升、研究探讨项目治理体系现代化建设的新思路、新内涵、新特征、新架构。

三是回答面向“十四五”期间向第二个百年奋斗目标进军的第一个五年，建筑业如何应对当前纷繁复杂的国际形势、全球蔓延的新冠肺炎疫情带来的严峻挑战和激烈竞争的国内外建筑市场，抢抓新一轮科技革命和产业变革的重要战略机遇期，大力推进工程承包，深化项目管理模式创新，发展和运用装配式建筑、绿色建造、智能建造、数字建造等新型建造方式提升项目生产力水平，多方面、全方位推进和实现新阶段高质量绿色可持续发展。

四是在系统总结提炼推广鲁布革工程管理经验35年，特别是党的十八大以来，我国建设工程项目管理创新发展的宝贵经验基础上，从服务、引领、指导、实施等方面谋划基于国家治理体系现代化的大背景下“行业治理—企业治理—项目治理”多维度的治理现代化体系建设，为新发展阶段建设工程项目管理理论研究与实践应用创新及建筑业高质量发展提出了具有针对性、实用性、创造性、前瞻性的合理化建议。

本课题研究的主要内容已入选住房和城乡建设部2021年度重点软科学题库，并以撰写系列丛书出版发行的形式，从十多个方面诠释了课题全部内容。我认为，该研究成果有助于建筑业在全面建设社会主义现代化国家的新征程中立足新发展阶段，贯彻新发展理念，构建新发展格局，完善现代产业体系，进一步深化和创新工程项目管理理论研究和实践应用，实现供给侧结构性改革的质量变革、效率变革、动力变革，对新时代建筑业推进产业现代化、全面完成“十四五”规划各项任务，具有创新性、现实性的重大而深远的意义。

真诚希望该课题研究成果和系列丛书的撰写发行，能够为建筑业企业从事项目管理的工作者和相关企业的广大读者提供有益的借鉴与参考。

张基尧

二〇二一年六月十二日

张基尧

中共第十七届中央候补委员，第十二届全国政协常委，人口资源环境委员会副主任

国务院原南水北调工程建设委员会办公室主任，党组书记（正部级）

曾担任鲁布革水电站和小浪底水利枢纽、南水北调等工程项目总指挥

丛书前言

改革开放40多年来，我国建筑业持续快速发展。1987年，国务院号召建筑业学习鲁布革工程管理经验，开启了建筑工程项目管理体制和运行机制的全方位变革，促进了建筑业总量规模的持续高速增长。尤其是党的十八大以来，在以习近平同志为核心的党中央坚强领导下，全国建设系统认真贯彻落实党中央“五位一体”总体布局和“四个全面”的战略布局，住房城乡建设事业蓬勃发展，建筑业发展成就斐然，对外开放度和综合实力明显提高，为完成投资建设任务和改善人民居住条件做出了巨大贡献。从建筑业大国开始走向建造强国。正如习近平总书记在2019年新年贺词中所赞许的那样：中国制造、中国创造、中国建造共同发力，继续改变着中国的面貌。

随着国家改革开放的不断深入，建筑业持续稳步发展，发展质量不断提升，呈现出新的发展特征：一是建筑业现代产业地位全面提升。2020年，建筑业总产值263 947.04亿元，建筑业增加值占国内生产总值的比重为7.18%。建筑业在保持国民经济支柱产业地位的同时，民生产业、基础产业的地位日益凸显，在改善和提高人民的居住条件生活水平以及推动其他相关产业的发展等方面发挥了巨大作用。二是建设工程建造能力大幅度提升。建筑业先后完成了一系列设计理念超前、结构造型复杂、科技含量高、质量要求严、施工难度大、令世界瞩目的高速铁路、巨型水电站、超长隧道、超大跨度桥梁等重大工程。目前在全球前10名超高层建筑中，由中国建筑企业承建的占70%。三是工程项目管理水平全面提升，以BIM技术为代表的信息化技术的应用日益普及，正在全面融入工程项目管理过程，施工现场互联网技术应用比率达到55%。四是新型建造方式的作用全面提升。装配式建造方式、绿色建造方式、智能建造方式以及工程总承包、全过程工程咨询等正在成为新型建造方式和工程建设组织实施的主流模式。

建筑业在取得举世瞩目的发展成绩的同时，依然还存在许多长期积累形成的疑难问题和薄弱环节，严重制约了建筑业的持续健康发展。一是建筑产业工人素质亟待提升。建筑施工现场操作工人队伍仍然是以进城务工人员为主体，管理难度加大，施工安全生产事故呈现高压态势。二是建筑市场治理仍需加大力度。建筑业虽然是最早从计划经济走向市场经济的领域，但离市场运行机制的规范化仍然相距甚远。挂靠、转包、串标、围标、压价等恶性竞争乱象难以根除，企业产值利润率走低的趋势日益明显。三是建设工程项目管理模式存在多元主体，各自为政，互相制约，工程实施主体责任不够明确，监督检查与工程实际脱节，严重阻碍了工程项目管理和工程总体质量协同发展提升。四是创新驱动发展动能不足。由于建筑业的发展长期依赖于固定资产投资的拉动，同时企业自身资金积累有限，因而导致科技创新能力不足。在新常态背景下，当经济发展动能从要素驱动、投资驱动转向创新驱动时，对于以劳动密集型为特征的建筑业而言，创新驱动发展更加充满挑战性，创新能力成为建筑业企业发展的短板。这些影响建筑业高质量发展的痼疾，必须要彻底加以革除。

目前，世界正面临着百年未有之大变局。在全球科技革命的推动下，科技创新、传播、应用的规模和速度不断提高，科学技术与传统产业和新兴产业发展的融合更加紧密，一系列重大科技成果以前所未有的速度转化为现实生产力。以信息技术、能源资源技术、生物技术、现代制造技术、人工智能技术等为代表的战略性新兴产业迅速兴起，现代科技新兴产业的深度融合，既代表着科技创新方向，也代表着产业发展方向，对未来经济社会发展具有重大引领带动作用。因此，在这个大趋势下，对于建筑业而言，唯有快速从规模增长阶段转向高质量发展阶段、从粗放型低效率的传统建筑业走向高质高效的现代建筑业，才能跟上新时代中国特色社会主义建设事业发展的步伐。

现代科学技术与传统建筑业的融合，极大地提高了建筑业的生产力水平，变革着建筑业的生产关系，形成了多种类型的新型建造方式。绿色建造方式、装配建造方式、智能建造方式、3D打印等是具有典型特征的新型建造方式，这些新型建造方式是建筑业高质量发展的必由路径，也必将有力推动建筑产业现代化的发展进程。同时还要看到，任何一种新型建造方式总是与一定形式的项目管理模式和项目治理体系相适应的。某种类型的新型建造方式的形成和成功实践，必然伴随着项目管理模式和项目治理体系的创新。例如，装配式建造方式是来源于施工工艺和技术的根本性变革而产生的新型建造方式，则在项目管理层面上，项目管理和项目治理的所有要素优化配置或知识集成融合都必须进行相应的变革、调整或创新，从而才能促使工程建设目标得以顺利实现。

随着现代工程项目日益大型化和复杂化，传统的项目管理理论在解决项目实施过程中的各种问题时显现出一些不足之处。1999年，Turner提出“项目治理”理论，把研究视角从项目管理技术层面转向管理制度层面。近年来，项目治理日益成为项目管理领域研究的热点。国外学者较早地对项目治理的含义、结构、机制及应用等问题进行了研究，取得了较多颇具价值的研究成果。国内外大多数学者认为，项目治理是一种组织制度框架，具有明确项目参与方关系与治理结构的管理制度、规则和协议，协调参与方之间的关系，优化配置项目资源，化解相互间的利益冲突，为项目实施提供制度支撑，以确保项目在整个生命周期内高效运行，以实现既定的管理战略和目标。项目治理是一个静态和动态相结合的过程：静态主要指制度层面的治理；动态主要指项目实施层面的治理。国内关于项目治理的研究正处于起步阶段，取得一些阶段性成果。归纳、总结、提炼已有的研究成果，对于新发展阶段建设工程领域项目治理理论研究和实践发展具有重要的现实意义。

党的十九届五中全会审议通过的《中共中央关于制定国民经济和社会发展第十四个五年规划和二〇三五年远景目标的建议》，着眼于第二个百年奋斗目标，规划了“十四五”乃至2035年间我国经济社会发展的目标、路径和主要政策措施，是指引全党、全国人民实现中华民族伟大复兴的行动指南。为了进一步认真贯彻落实党的十九届五中全会精神，准确把握新发展阶段，深入贯彻新发展理念，加快构建新发展格局，凝聚共识，团结一致，奋力拼搏，推动建筑业“十四五”高质量发展战略目标的实现，由山东科技大学、中国亚洲经济发展协会建筑产业委员会、中国（双法）项目管理研究专家委员会发起，会同中国建筑第八工程局有限公司、中国建筑第五工程局有限公司、中建科工集团有限公司、陕西建工集团有限公司、北京城建建设工程有限公司、天一投资控股集团有限公司、河南国基建设集团有限公司、山西四建集团有限公司、广联达科技股份有限公司、瑞和安惠项目管理集团公司、苏中建设集团有限公司、江中建设集团有限公司等三十多家企业和西北工业大学、中国社科院大学、同济大学、北京建筑大学等数十所高校联合组织成立了《建设工程项目管理创新发展与治理体系现代化建设》课题，该课题研究的目的在于探讨在习近平新时代中国特色社会主义思想和党的十九大精神指引下，贯彻落实创新、协调、绿色、开放、共享的发展理念，揭示新时代工程项目管理和项目治理的新特征、新规律、新趋势，促进绿色建造方式、装配式建造方式、智能建造方式的协同发展，推动在构建人类命运共同体旗帜下的“一带一路”建设，加速传统建筑业企业的数字化变革和转型升级，推动实现双碳目标和建筑业高质量发展。为此，课题深入研究建设工程项目管理创新和项目治理体系的内涵及内容构成，着力探索工程总承包、全过程工程咨询等工程建设组织实施方式对新型建造方式的作用机制和有效路径，系统总结“一带一路”建设的国际化项目管理经验和创新举措，深入研讨项目生产力理论、数字化建筑、企业项目化管理的理论创新和实践应用，从多个层面上提出推动建筑业高质量发展的政策建议。该课题已列为住房和城乡建设部2021年软科学技术计划项目。课题研究成果除《建设工程项目管理创新发展与治理体系现代化建设》总报告之外，还有我们著的《建筑业绿色发展与项目治理体系创新研究》以及由吴涛著的《“项目生产力论”与建筑业高质量发展》，贾宏俊和白思俊著的《建设工程项目管理体系创新》，校荣春、贾宏俊和李永明编著的《建设项目工程总承包管理》，孙丽丽著的《“一带一路”建设与国际工程管理创新》，王宏、卢昱杰和徐坤著的《新型建造方式与钢结构装配式建造体系》，袁正刚著的《数字建筑理论及实践》，宋蕊著的《全过程工程咨询管理》《建筑企业项目化管理理论与实践》，张基尧和肖绪文主编的《建设工程项目管理与绿色建造案例》，尤完和郭中华著的《绿色建造与资源循环利用》《精益建造理论与实践》，沈兰康和张党国主编的《超大规模工程EPC项目集群管理》等10余部相关领域的研究专著。

本课题在研究过程中得到了中国（双法）项目管理研究委员会、天津市建筑业协会、河南省建筑业协会、内蒙古建筑业协会、广东省建筑业协会、江苏省建筑业协会、浙江省建筑施工协会、上海市建筑业协会、陕西省建筑业协会、云南省建筑业协会、南通市建筑业协会、南京市住房城乡建设委员会、西北工业大学、北京建筑大学、同济大学、中国社科院大学等数十家行业协会、建筑企业、高等院校以及一百多位专家、学者、企业家的大力支持，在此表示衷心感谢。《建设工程管理创新发展与治理体系现代化建设》课题研究指导委员会主任、国务院原南水北调办公室主任张基尧，第十届全国人大环境与资源保护委员会主任毛如柏，原铁道部常务副部长、中国工程院院士孙永福亲自写序并给予具体指导，为此向德高望重的三位老领导、老专家致以崇高的敬意！在研究报告撰写过程中，我们还参考了国内外专家的观点和研究成果，在此一并致以真诚谢意!

二〇二一年六月三十日

肖绪文

中国建筑集团首席专家，中国建筑业协会副会长、绿色建造与智能建筑分会会长，中国工程院院士。本课题与系列丛书撰写总主编

本书前言

1987年国务院五部委提出，在建筑业企业中全面推广“鲁布革”工程管理经验。由此以“项目法施工”为突破口到工程项目管理的组织方式，推动了我国建筑业生产方式变革和转型升级。2021年是国务院五部委学习推广鲁布革工程管理经验35周年，恰逢中国共产党建党100周年，在这个具有重大历史意义的时刻，中建科工集团有限公司（以下简称“中建科工”）作为《新型建造方式与工程项目管理创新丛书》第11册《新型建造方式与钢结构装配式建造体系》的主要编写单位深感荣幸。

中建科工是中国最大的钢结构产业集团，聚焦以钢结构为主体结构的工程、装备业务，通过钢结构专业承包、EPC、PPP等模式在国内外承建了一大批体量大、难度高、工期紧的标志性建筑，包括：国内第一座超高层钢结构大楼深圳发展中心、建筑上海环球金融中心、全球面积最大的钢结构办公大楼中央电视台、世界最高的办公建筑深圳平安金融中心、非洲第一高楼埃及标志塔；还有以深圳机场T3航站楼、阿布扎比机场航站楼、武汉火车站、雄安高铁站、深圳国际会展中心、石家庄国际会展中心（PPP）、深圳湾体育中心、福州奥体、广州歌剧院、敦煌大剧院、重庆鼎山长江大桥、肇庆大桥（EPC）等为代表的大批大跨度建筑和桥梁。在深圳地王大厦和广州国际金融中心施工中先后创造了“两天半一层楼”和“两天一层”的世界高层建筑施工新纪录。

“十三五”期间，中建科工积极响应国家大力推动建筑行业供给侧结构性改革的倡导，在保持传统钢结构建筑优势的基础上，秉承“让城市生活更美好”的理念，自主研发形成了装配式建筑、慢行系统、智慧停车等“钢结构+”系列产品，以EPC模式实施。在钢结构装配式建筑方面，形成了GS-

Building和ME-House两大体系，广泛应用于学校、医院、产业园、写字楼及住宅五大领域；在慢行设施方面，开发了自行车专用道、绿道碧道、城市空中连廊等产品，在厦门、成都、上海、深圳、广州等地取得了良好的社会效益；在智慧停车方面，拥有乘用车立体车库、公交车立体车库两大类产品，具备研发、设计、建造、运营综合服务能力。

2020年以来，住房和城乡建设部等部门先后联合印发了《关于推动智能建造与建筑工业化协同发展的指导意见》《关于加快新型建筑工业化发展的若干意见》《绿色建造技术导则（试行）》等文件，为建筑业的转型升级和发展新型建造方式指明了方向。中建科工从事的业务拓展和发展战略选择与国家建设主管部门政策和要求非常契合。在"十四五"乃至更长的时期内，中建科工将紧紧围绕"高质量、可持续、全面发展"目标，构建科技与工业核心"双引擎"，积极探索实践"产品+服务"等新型建造方式，向建筑新型工业化、智能化、绿色化迈进。

本书是在中建科工建造实践基础上通过产、学、研共同合作，从理论的高度进行系统总结与深入研究的结晶。全书共7章，详细介绍了新型建造方式与钢结构装配式建筑体系创新成果。各篇章主要执笔人如下：

第1章新型建造方式与钢结构装配式发展现状由卢昱杰、王宏撰写；

第2章新型建造方式的内涵和特征由卢昱杰撰写；

第3章新型建造方式的管理与创新由白思俊、王宏撰写；

第4章钢结构装配式技术创新与应用由王宏、徐坤、周发榜、陈振明、廖彪、曾志文、曾政、张忠仁、李向晨、刘得波撰写；

第5章钢结构装配式建造管理体系由尤完撰写；

第6章钢结构装配式建筑典型案例由王宏、徐坤、周发榜、陈振明、廖彪、曾志文、曾政、张忠仁、李向晨、刘得波撰写；

第7章新型建造方式发展展望与建议由卢昱杰、王宏撰写。

同时，丁东山、隋小东、黄世涛、王兆阳、谢东荣、王荣、廖选茂、王娜等人员也对本书的编写做出了重要贡献。

在此，真诚感谢为本书提供素材、参与编写的所有人员，以及为本书出版发行付出辛劳的各位专家和工作人员。

对本书中出现的疏漏，敬请读者批评指正。

王宏

二〇二一年七月二十五日

目录

绪论

党的十九大确立了“建设现代化经济体系”，描绘了新时代实现“两个一百年”奋斗目标的宏伟蓝图，提出了我国经济已由高速增长阶段转向高质量发展阶段。高质量发展就是要以深化供给侧结构性改革为主线，转变发展方式，优化经济结构，转换增长动力，加快实现质量变革、效率变革、动力变革。党的十九届五中全会对国家2035年远景目标和编制“十四五”规划提出了具体的要求。明确加快现代产业体系建设，推动结构调整，拓展投资空间，加快新型城镇化、交通水利重大工程建设和加快实施东部老工业区振兴、中部崛起、西部大开发、京津冀一体化发展以及长三角、粤港澳大湾区建设，都将为中国经济社会发展打造新的增长极、激发新的能动力。建筑业作为国民经济的支柱产业，也必将迎来新的发展机遇期，前景广阔、任务艰巨、使命光荣。面对新时代、新任务、新目标，建筑业如何攻坚克难，保持新阶段持续健康的高质量发展，努力完成党和国家赋予的历史使命，已成为全行业认真研究和思考的重要课题。

1. 大力发展新型建造方式，着力推进建筑产业现代化

2013年，中国建筑业协会会同有关大专院校、科研单位组织开展了《新型城镇化建设与建筑产业现代化》课题的研究，在其课题研究报告及相关研究成果中首次提出并定义了建筑产业现代化的概念。住房和城乡建设部在2014年住房城乡建设工作会议上明确提出要加快推进建筑产业现代化，要求以住宅建设为重点，抓紧研究制订出台支持建筑产业现代化发展的一系列政策措施。至此之后，随着与建筑产业现代化相关的一系列政策文件的出台，建筑产业现代化逐步成为行业的共识。2017年2月，在《国务院办公厅关于促进建筑业持续健康发展的意见》（国办发〔2017〕19号）中，从推广智能和装配式建筑、提升建筑设计水平、加强技术研发应用、完善工程建设标准等方面进一步强调推进建筑产业现代化。

建筑产业现代化是建筑业发展演变规律的客观要求，建筑产业现代化是应对新技术革命和产业革命挑战的需要，建筑产业现代化是转变建筑业发展方式的根本要求。现代建筑业是随着当代信息技术、先进建造技术、先进材料技术和全球供应链系统而产生的。在全球科技革命的推动下，科技创新、传播、应用的规模和速度不断提高，科学技术与传统产业和新兴产业发展的融合更加紧密，随之也变革了建筑业的生产关系，促进一系列重大科技成果以前所未有的速度转化为现实生产力。以信息技术、能源资源技术、生物技术、现代制造技术、人工智能技术等为代表的战略性新兴产业迅速兴起，现代科技新兴产业的深度融合，既代表着科技创新方向，也代表着产业发展方向，对未来经济社会发展具有重大引领带动作用。从本质上说，建筑产业现代化是建筑业转型升级的方向性目标，也是一个涵盖范畴广泛、内涵丰富、多层次、多阶段的历史过程，并且随着时代的进步、科技发展变化而不断增添新的内涵、展现新的特征。

从建筑产业现代化的定义和基本特征可以看出，建筑产业现代化作为建筑业转型升级的方向和目标，必须要以创新驱动引领，发展新型的建造方式作为实践载体。换而言之，传统的建造模式已经走到了瓶颈，只有大力发展新型建造方式，才能更加有效地推动建筑产业现代化的进程，这也是进入新时代建筑业高质量发展的必然要求和有效途径。

2016年2月印发的《中共中央 国务院关于进一步加强城市规划建设管理工作的若干意见》明确提出要“发展新型建造方式”。2019年，住房城乡建设工作会议又提出：“以发展新型建造方式为重点，推进建筑业供给侧结构性改革”。就是说建筑业当前和未来一段时期供给侧结构性改革的聚焦点是传统的建造方式向新型建造方式转变，以适应新时代产业转型与科技革命的需要。

这是因为，一是随着新型城镇化建设的全面推进，预计未来五年城镇化率将提升到70%，由此带来的建设规模、结构类型、质量标准等需求，要求建筑业加快发展装配式建筑；二是绿色发展理念进一步深化，“两型社会”建设要求建筑业注重环境保护，减少能源消耗，降低粉尘噪声，特别是建筑垃圾、废物对生态环境的污染，这也是发展装配式建筑的首选；三是劳动力短缺，老龄化现象严重，不断上升的劳动力成本已成为建筑业日益严峻的考验，建筑业急需以转变建造方式应对这一问题；四是信息技术、互联网和自动化技术有助于推广新型建造方式，实现工程项目高品质管理、低成本竞争；五是装配式建筑有利于建设效率的不断提高，便于企业形成规模经济，产业链和市场集中度不断提升，资源整合优化配置高效，工程交易成本持续降低，质量、安全、进度、现场协同管理，从而实现建设工程项目投资效益最大化；六是建设标准和技术规范已逐步完善，由于政府主管部门高度重视和政策支持，装配式建筑相关的国家标准和技术规范逐步完善，初步形成了标准化设计、工厂化生产、装配化施工、绿色化建造、社会化协作、信息化管理、智能化应用的现代化新型建造方式。

此外，发展新型建造方式又是一个系统工程，需要全过程、全方位的创新，其中最核心的是结构建造技术与项目管理两轮创新驱动。这是因为任何一种新型建造方式总是与一定形式的项目管理模式相适应的。某一类型工程实施新型建造方式的成功实践，必然伴随着项目管理模式的创新。例如，装配式建筑是来源于施工工艺和技术及建造过程的根本性变革而产生的新型建造方式，则在项目层面上，其项目管理的所有要素和体制机制都必须进行相应的变革、调整或创新，从而才能不断提升建筑项目生产力水平，促使工程建设目标得以高质量实现。所以在建筑业加快转型向现代化全面推进的背景下，还要研究新型建造方式和工程项目管理创新以及建筑业如何借助于大力发展新型建造方式，贯彻落实“创新、协调、绿色、开放、共享”的新发展理念和“经济、适用、美观、安全、绿色”的工程建设基本方针，不断揭示适应于新型建造方式的工程项目管理新特征、新规律、新趋势，着力探索新型建造方式对推进建筑产业现代化的作用机制和有效路径，促进工程建设组织实施方式创新、企业商业模式创新，推进传统建筑业逐步向现代化产业体系的整体转型升级。

2．新型建造方式的丰富内涵

新中国成立70多年来，我国建筑业先后经历了工业化发展初期、中期和进入新时代现代工业化和产业现代化阶段。长期以来，我们一直把发展装配式建筑作为建筑工业化的内容。从行业分类上看，建筑业与工业都是属第二产业，但产品形成有很大的差别。建筑产品的生产特点是固定、单件、露天生产，施工过程人员流动，而工业产品的生产过程正好相反。这就需要在深化建筑业改革发展的同时，进一步研究阐述建筑产业现代化和新型建造方式的深刻内涵。关于装配式建筑，早在1956年国务院就制定了专门的规划，发布了《国务院关于加强和发展建筑工业的决定》，并提出要着力提高中国建筑工业的技术、组织和管理水平，逐步实现建筑工业化。20世纪70年代末80年代初，国家建委曾就此印发过《建筑工业化发展纲要》等相关文件，核心内容之一是围绕着预制件的标准化设计、工厂化生产、机械化施工。

“十二五”规划实施以来，由于环保理念的深入和建筑材料生产的多样化，业内不少专家学者认为有必要高度重视发展预制装配式建筑。特别是党的十八大以来，党和国家着眼于全球化和发达国家的发展实践及我国新型城镇化建设的发展需求考虑，先后出台了一系列大力发展装配式建筑的文件，包括2016年9月发布的《国务院办公厅关于大力发展装配式建筑的指导意见》（国办发〔2016〕71号），住房和城乡建设部2017年3月发布的《“十三五”装配式建筑行动方案》，2020年国务院八部门《住房和城乡建设部等部门关于加快新型建筑工业化发展的若干意见》（建标规〔2020〕8号）中强调：要大力发展钢结构建筑，提高城镇新建建筑中的绿色建材应用比例。在党和国家政策的大力支持带动下，全国31个省市和区县相继出台了不少扶持政策，进一步提升了社会对装配式建筑的认知度，同时也有力地促进了一大批装配式建筑项目落地和完成，各地区装配式建筑的发展速度日益加快。比如装配式建筑PC结构的市场规模从2014年的4.2亿元猛增到2019年的325亿元，年均复合增长率高达138.2%，可以看出近十年来我国装配式建筑取得了突破性进展。从建造模式上主要有三种：一是钢筋混凝土预制式建筑（PC）；二是钢结构装配式建筑；三是木质结构装配式建筑。在这三种类型中，行业普遍认为钢结构装配式建筑最有发展优势，既适用于高层、超高层、办公、宾馆和大跨度空间的体育馆、会展中心、机场航站楼等公共建筑，又适用于一般住宅类建筑。可以看出装配式完全可以替代传统的建造技术，具有更加节能、节材的优点，更具有标准化、一体化的特征，特别是钢结构装配式建筑强度高、自重轻、抗震性能好、施工进度快，同时又可以回收利用，有利于发展循环经济，是装配式建筑中的优中之优。本书将结合中建科工多年来钢结构工程的实践创新，就“发展新型建造方式与钢结构装配式建筑体系研究”进行较为详细的论述。

当然，对于发展装配建造方式在业内也出现了许多争议，例如，有专家认为新型建造方式不应单指装配式建造方式，应当从能够转变行业发展方式和改变传统生产方式等方面更广泛地研究其他相关的建造方式。特别是工程建设中贯彻运用新思想、新理念、新方法、新技术、新材料、新设备、新资源，都有可能衍生新型的建造方式。

研究新型建造方式的前提就是要首先弄清其内涵，明确新型建造方式的类别。除装配式建造方式外，新型建造方式还有智慧建造方式、绿色建造方式、增材建造（3D打印）方式等。智慧建造方式表现为BIM、物联网、云计算、移动互联网、大数据、可穿戴智能设备等信息化技术在工程建设领域的应用，包括智慧策划、智慧设计、智慧施工等。绿色建造方式表现为坚持以人为本，在保证安全和质量的前提下，通过科学管理和技术进步，最大限度地节约资源和能源，提高资源利用效率，减少污染物排放，保护生态环境，实现可持续发展。绿色建造要从绿色规划、绿色设计、绿色施工以及绿色材料生产抓起。增材建造方式表现为通过3D打印机械将需要生产的建筑产品转化为一组三维模型数据，制造出所需要的三维零件或产品，实现设计、模具及材料制备到最终产品的一体化。在国内，增材建造这个命题10多年前就已经提出，现在在打印模型、小型建筑产品等方面的试验性成果较多，但如何形成并进行产业化推广还需要解决一系列实际应用难题。

这里还要特别指出的是发展新型建造方式离不开传承鲁班文化、弘扬工匠精神。如果企业缺乏熟练的技能型产业工人，在局部环节的基本质量安全都保证不了，遑论发展新型建造方式。2018年，中国建筑业协会组织专家去韩国考察，在机场看到工程质量的许多细部做法比国内鲁班奖工程还要精细，几百米长的一条乳胶勾缝非常均匀，真正体现了工匠精神。所以，新型建造方式的基础是精益化建造，即建造过程精雕细琢和精细化管理。要广泛运用现代先进适用的创新技术和管理手段来提升建造水平，促进整个产业转型升级。综上可以看出，新型建造方式具有丰富内涵，对传统建造方式将产生巨大挑战。从广义角度而言，新型建造方式是指在工程建造过程中能够提高工程质量、保证安全生产、节约资源、保护环境、提高效率和效益的技术与管理要素的集成融合及其运行方式。总而言之，新型建造方式必须具备建设项目规划科学化、建筑设计标准体系化、构配部件生产工厂化、现场组织施工装配化、产业工人专职技能化、工程项目管理信息化、产品功能使用智能化。

3. 正确认识推进建筑产业现代化与发展新型建造方式和项目管理创新对促进建筑业高质量发展的逻辑关联

推进建筑产业现代化必须大力发展新型建造方式，新型建造方式的基础又是精益化管理，而管理的重心又必须落地在工程项目管理层次，项目管理的先进卓越才能实现项目投资效益的最大化，四者相互关联，协同促进实现高质量发展。因此，必须正确认知建筑产业现代化、新型建造方式、工程项目管理创新与建筑业高质量发展之间的逻辑关系。在一定范围内，人们对什么是建筑产业现代化存在认识上的误区，有人认为装配式就是建筑产业现代化。装配式建筑、装配式建造方式不能和建筑产业现代化画等号。然而，装配式建造方式确实又是促进建筑产业现代化的一个有效的重要途径。装配式建造方式有利于促进建筑设计标准化、部件生产工业化、现场施工机械化、产业工人技能化、项目管理信息化、功能使用智能化的实现。

从内涵上讲，建筑产业现代化是以现代科技进步为支撑，以工业化建造方式为核心，广泛应用节能、环保新技术、新设备、新材料，充分利用现代信息技术和管理手段，将建筑产品生产全过程的融投资、规划设计、开发建设、施工管理、预制件生产、使用服务、更新改造等环节联结为完整的一体化产业链，依靠高素质的项目经理人才和新型产业工人队伍，以世界先进水平为目标，全面提高工程质量、安全生产水平和生产效率，提供满足用户需求的低碳绿色建筑产品，不断推动传统建筑业向可持续高质量发展的现代建筑业转变，充分体现建筑业全产业链的主要经济指标和各项活动建立在当代世界先进的科学技术和现代化管理方法以及新型生产方式三大要素上，以真正实现建筑业作为国民经济支柱产业的质量变革、效率变革和动力变革。

依据我们这几年对建筑产业现代化与新型建造方式的研究和实践，不管哪种建造方式，包括绿色建造方式、智慧建造方式、增材建造方式等都有反映这些新型建造方式特征的关键生产要素，而这些要素直接推动了建筑产业现代化相关目标的实现。新型建造方式与传统建造方式相比有很大的不同，主要表现为发展理念不同、目标要求不同、科技含量不同、理论模式不同、管理方法不同、实施路径不同、综合效益不同。新型建造方式在技术路径上，通过建筑、结构、机电、装修的一体化，从建筑设计、构件工厂生产、绿色施工技术的协同来实现绿色建筑产品，都应当以精益建造为基础，没有精益化建造，无以实现建筑产业现代化。精益化必须通过工程项目管理才能得以实现，即面向项目全寿命期阶段以及每一个过程涉及的管理领域，促进产业链集成和供应链联动，创新工程组织方式，优化配置生产要素，提高管理效率；在管理层面上，通过信息化手段实现设计、生产、施工的集成化，以工程建设高度组织化实现项目的经济效益、社会效益和环境效益。以工匠精神兢兢业业，以先进技术精益求精，提高工程质量、降低建造成本，确保安全生产和保护环境，打造过程精品，向社会提供适用、经济、安全、绿色、美观的各类建筑产品。

4. 发展新型建造方式，促进新阶段建筑产业转型升级必须有强力政策支持

新型建造方式的发展和产业转型升级需要政策的强力扶持，可以结合或者参照目前关于节能减排、产业发展、科技创新、污染防治等方面政策，加大对新型建造方式的支持力度。

第一，政府要从产业政策方面进行宏观调控，通过实施产业发展政策、产业技术政策、产业布局政策、产业组织政策、产业人才政策保证装配式等新型建造方式因地制宜、稳步有序、科学发展。国务院文件明确要求今后10年内装配式建筑的比

率达到30%，但据调研发现，各地区之间发展很不均衡。就装配式建筑而言，有些地区跑马占地、仓促上马建厂，结果出现产能过剩现象。但有些地区却构件供不应求。例如，上海地区政策力度大，行动速度快，比例要求高，因此，上海地区周边的装配式构件生产厂产品供不应求。邻近上海的江苏省南通市有一个构件厂，每年生产10万m^3都不够卖。而另外一个地区却产能过剩，产品卖不出去，这是因为在该地区没有相应的政策引导，造成社会和企业生产资源浪费。

第二，行业主管部门和协会组织要及时制定和颁布完备的建设标准体系。在实际工作中反映比较突出的问题是装配式建筑、绿色建筑、智慧建筑及其生产方式的标准不统一、不完备。标准不统一就会造成新型建造方式的规模经济难以实现，优势显现不出来，各自为政，带来造价居高不下，推广难度加大。因此，必须抓紧研究制定标准体系，同时还要切实处理好标准化和个性化需求的矛盾。

第三，要实施有效的优惠政策。有关统计数据表明，虽然近几年完成的装配率与2016年前有较大的提高，但也有不少地区明显感觉到建筑企业对发展装配式建筑的热情降低，同时也暴露出落实优惠政策不足，以及在工程质量和安全生产、操作工人技能、营改增等方面的诸多问题。因此，在优惠政策的制定和落实上，要针对建筑产业链上的不同主体以及不同的工程建设领域，实行差异化的优惠政策。找准优惠政策最有效的着力点，精准施策。例如，现在对装配式建筑的优惠政策扶持，大多是采用国家或地方财政补贴的方式，这样做不是长久之计。目前，PC装配式建筑产品的造价每平方米高于现浇方式300～500元，这个成本不能转嫁给开发商、总承包商、购房者，应该通过税收调整。从长远来看，装配式建筑有利于节能环保，提高生产效率，应该考虑税收一揽子政策解决发展中的问题。地方政府也可结合本地区的实际情况，在规划审批、土地供应、基础设施配套等方面实行相关优惠政策和措施，积极推动新型建造方式的发展。

第四，要加快培养技能型的产业工人队伍。许多企业反映，目前从事装配式建造、绿色建造过程施工的操作工人的技能水平、作业熟练程度远远比不上从事现场湿作业的操作工人，在很大程度上影响了工效和施工进度，这也是在部分装配式工程项目上实际施工速度慢于理论施工进度的原因之一。因此，要动员专业高校、职业培训基地、行业协会组织在政府主管部门的统筹下，采取多种方式、加大资金投入，解决培训教材、师资力量、实际操作、技能鉴定等多个环节的难点，加快培养新型建造方式需要的技能型操作工人队伍。

第五，站在新阶段高质量发展的起点看，建筑业在由传统生产方式向新型建造方式转型过程中最核心的是要深化机制改革，加快创新驱动，这是实现由大到强的基础。建议政府主管部门积极引导和支持建筑业建立由企业、大专院校、科研单位形成的产、学、研一体化的科技创新平台，抓住新基建这个前所未有的时代机遇，立足于高新科技的基础设施建设，高度重视数字技术对工程建造的变革性影响，研究制定必要措施，统筹抓好落实施工现场生产过程数字化的积累，借助以互联网、大数据、人工智能等为代表的数字技术研究开发适应于中国建筑业的CIM技术管理体系，在工程建设规划设计、项目管理、精准建造等方面实现关键技术突破，以提升中国建筑业的自主创新能力，形成独特的技术优势和自主知识产权，从而打造“中国建造”品牌。

多年前，我们在关于《新型城镇化建设与建筑产业现代化》的研究报告中，曾经提出，要把中国建筑业打造成为具有较高贡献率的支柱产业、引领时代发展潮流的绿色产业、自觉履行社会责任的诚信产业、具有较高产业素质和国际竞争力的现代产业，这也正是建筑产业现代化的概念诠释。新型建造方式是基于贯彻落实习近平新时代中国特色社会主义思想、为实现现代化经济体系下的建筑产业现代化目标而提出的政策指向，是对中国建筑业未来发展路径规律的深刻揭示，是对建筑产业转变传统生产方式的引导定位。我们希望在国家和行业政策的推动下，坚持市场主导、政府推动，注重顶层设计、协调发展，统筹分区推进、逐步深入，立足于发展新型建造方式和工程项目管理的理论创新、模式创新、组织创新、机制创新、集成创新、文化创新，切实加快推进建筑产业现代化的前进步伐。

第1章 新型建造方式与钢结构装配式发展现状

建筑产业是国民经济的支柱产业和富民安民的基础性产业，从总体上看，建筑产业目前仍是一个粗放型、劳动密集型的传统产业，产业现代化水平不高、建设周期较长、环境影响较大、标准化程度较低仍是建筑业亟须解决的难题，这就使得以信息化、智能化以及新材料革命为代表的新技术的发展更加重要。

相对于传统建造方式而言，新型建造方式是指在建筑工程建造过程中，以“绿色化”为目标，以“智慧化”为技术手段，以“工业化”为生产方式，以工程总承包为实施载体，实现建造过程“节能环保、提高效率、提升品质、保障安全”的新型工程建设组织模式。

近些年来，生态环保发展理念深入人心，建筑行业愈加重视“低碳化”装配式建筑的发展。装配式建筑主要以预制品部件、现场安装方式完成施工，最大优势体现在尽可能节约资源的同时，减少现场施工垃圾及污染。钢结构装配式建筑是指建筑的结构系统由钢构件构成的装配式建筑，钢结构在装配式建筑的应用过程中具有抗震能力强、施工进度快、综合效益好等诸多优势，因此，推广钢结构装配式建筑将推动绿色建筑事业的发展，促进建筑行业的可持续发展。

1.1 国内外建造方式发展

如今建筑行业所使用的许多建筑技术大多已经较为成熟，随着时代革新和科技进步，除了建造技术手段更为高效以外，建筑创新也在影响着现代建造的每个方面，从传统的现浇式建造方式到现在的装配式、工业化和数字化建造，新的建造方式正在重塑建筑业。现如今比较前沿的建造技术有很多，例如AR建筑（Augmented Reality-Assisted Building），通过将建筑信息模型（BIM）与AR可穿戴设备相结合，开发者可以看到一个建筑项目呈现的可视化效果；又例如3D打印建筑，建筑公司利用3D打印技术在现场直接制造材料或者构件，减少对供应链的依赖，降低项目成本，节能环保。这些新的建造方式正在朝着更快、更智能的方向发展，最终会形成一个全新的建筑系统。

1.1.1 国外建造方式发展

当前，许多发达国家都已经度过了追求建造效率和数量的建筑工业化发展阶段，在不断努力提升构件品质和建筑产品性能的同时，形成了较为成熟的建筑工业化体系，并开始崇尚建筑的绿色化以及可持续发展等新理念。美国、德国、日本、新加坡等国家对于新型建造方式的探索历史和先进经验为我国建造方式的发展提供了重要的参考。

1.1.1.1 国外建造方式发展

1. 美国

美国在20世纪70年代能源危机期间开始实施配件化施工和机械化生产。1976年，美国国会通过了《国家工业化住宅建造及安全法案》，同年出台一系列严格的行业标准，一直沿用至今。美国于1992年执行新技术政策，大力支持包括信息技术和新的建造工艺、智能建造技术在内的关键技术的研发与应用。据美国工业化住宅协会统计，2001年美国的装配式住宅已经达到了100万套，占美国住宅总量的7%。美国住宅用构件和部品的标准化、系统化、专业化、商业化、社会化程度很高，几乎达到了100%。同年6月，美国正式启动包括工业机器人在内的“先进建造伙伴计划”；金融危机之后，2012年2月，美国又出台“先进制造业国家战略计划”，提出通过加强研究和试验税收减免、扩大和优化政府投资、建设“智能”建造技术平台以加快智能建造的技术创新；2012年设立美国建造业创新网络，并先后设立建造创新研究院和数字化建造与设计创新研究院。

模块住宅和工厂预制房屋是美国住宅建筑工业化水平的代表，模块化技术是美国工业住宅建设的关键技术，是实现标准化与多样化的有效方法。为了促进建筑工业化等建造方式的发展，美国政府制定了一系列的优惠政策，其发展的特点包括：一是市场起主导作用。政府只是负责制定税收等相关政策，而真正参与到住宅建设投资的基本都是个人或企业，新型建造方式在美国也拥有广泛的市场需求。二是建设标准非常完善。美国政府颁发了工业化住宅建筑和安全标准，全部工业化住宅必须严格遵守标准，同时由检验机构进行认可，住宅产品方可出售。三是科研技术的大力支持。美国政府十分重视对新技术的研发，新技术将被分配专门的研究和发展的年度预算，研发工作委托负责施工技术建设的国家技术研究中心。

2. 德国

1854年，德国人弗兰兹明以硅酸盐水泥为材料制造出人造石楼梯，标志着德国预制构件的开端，1850—1870年间，由于流动砂浆配合比的确定使得装配房屋的各种立柱、栏杆等得以批量化生产；1890年，预应力混凝土的出现极大地提升了预制构件的强度、刚度，1945年，德国战败之后，首先考虑的是解决难民住房和城市恢复建设的问题。因此，在这一时期德国建筑工业化迅速发展，德国的装配式住宅设计以出色的耐久性闻名，并且从世界范围来看，德国建筑能耗降低幅度最大，甚至创造出了没有能耗的被动式建筑体系；同时，德国于2013年正式实施以智能建造为主体的“工业4.0”战略，巩固其建造业领先地位。

3. 日本

日本于1968年提出装配式住宅的概念，1989年提出智能建造系统，1990年开始采用部件化、工厂化生产方式，为了满足日本的人口密集住宅市场的需求，日本从一开始就追求中高层住宅的配件化生产体系。之后，日本通过立法来保证混凝土构件的质量，在装配式住宅方面制定了一系列的方针政策和标准。同时日本于1994年启动了先进建造国际合作研究项目，其中包括全球建造、建造知识体系等。

经过几十年的发展，日本的住宅建设从单纯追求数量到许多方面都实现了全面发展，形成了一套比较完整的体系，产业化建筑占比较大，日本的建筑工业化发展的成功与日本政府指定的一系列保障建筑产业发展的政策息息相关，主要有以下几点：①大力推动住宅标准化建设工作；②建立了住宅部品认定制度；③建立住宅性能认定制度；④实现住宅技术竞争制度。

4. 新加坡

新加坡在20世纪60年代开始发展建筑工业化，主要研究大板预制体系对当地条件的适用性。在20世纪70年代，组屋进入系统发展，建屋发展局开始大量建设新镇，其规划设计遵循统一的模式、标准和水平，开始建筑工业化建造方法的第二次尝试。但是，由于承包商施工管理不当和建材价格上升导致承包商开始建设不久后就进入了清算，建筑工业化第二次尝试失败。20世纪80年代，公共空间开始采用三级体系，即组团中心、邻里中心和镇中心。在公共住宅项目中开始推行大规模的工业化，进行第三次建筑工业化的尝试。20世纪90年代，新加坡进入个性化发展时期，新增了许多组履形式和户型，以适应各种各样的居民需求，并开始实施主要翻新计划。进入21世纪以后，新加坡进入科学发展期，提供多种住宅类型，将不同层次的公共空间织成网络。新加坡经过半个多世纪的努力，通过“组屋”的政策让95%的人拥有自己的住房，其建筑工业化水平也同步得到提升，新加坡开发出15～30层的单元化的装配式住宅，占全国总住宅数量的80%以上。

新加坡建造工业化发展的特征主要有：一是新加坡建屋发展局制定了较为完善的建筑规范和行业标准，而且对于住宅建设项目的建设许可设定了一定的评价标准；二是在开始发展新型建筑工业化的初级阶段，新加坡政府采取了偏向掌握工业化建筑技术的外资建筑企业的招商引资政策；三是在建筑工业化的发展后期阶段，新加坡一方面对承包商继续严格审查，另一方面，预制承包商系统要求必须结合具体情况，确保结构安全可靠的同时所有部件必须满足建屋发展局的规定。

1.1.1.2 国外建造方式发展特点

根据对上述几个国家的发展历程梳理和发展现状分析，能够看出这些国家在推动新型建造方式发展方面的侧重点的一些共性，下面给出发达国家发展新型建造方式的共性特点，这些特点对于我国建造方式的进步有着一定的借鉴意义。

1．规范政策完善度高

美国制定了严格的价格政策，根据地域等因素的不同，限制一般住宅和保障性住宅的价格，确保其在非富有人群的承受范围内；同时利用财政预算保证销售低利润住宅产品的开发商的利益，对其机会成本给予一定的经济补偿；在技术规范方面，美国早在1976年就已经通过《国家工业化住宅建造及安全标准》和《国家工业化住宅及安全法案》，在相关领域的标准规范较为完善。瑞典政府为了推动住宅建筑工业化和通用体系的发展，1967年制定《住宅标准法》，规定如果所建住宅能够符合国家的相关规定，建造该住宅时就能够获得政府的贷款；政府还为低收入阶层和老年人提供住宅补贴，并支持非营利性机构提供住宅低息贷款和利息补贴。日本新型建造方式的发展也离不开政府的强力推进，1968年，日本开始采取“五年规划”的模式，每个周期明确若干个住宅产业现代化科技攻关项目，不断提高全国的产业化住宅的科技含量，同时强调住宅与人的结合，使其在设计、节能环保和智能方面体现出较强的整体性和生态适应性的优势；同时在管理和决策方面划分明确，住宅产业结构设计工作由通产省领导，而技术开发工作由建设省领导，比较复杂的决策工作，由咨询单位提出问题和方案，最终由国务大臣决定；建立产业化住宅产品的评价体系，对每个已经完工的项目进行后评估，采用分级认证的方法评选优秀项目，并对其给予奖励。

2. 构件标准化程度高

在美国，住宅部品和构件基本已经实现社会化大生产，在市场上形成了一系列较为成熟的标准化体系，消费者能够根据供应商提供的产品目录依据自身喜好进行菜单式选择，然后再委托专业的建筑安装企业进行拼装建设，其主体结构构件的通用化程度非常高。瑞典是目前实现新型建筑工业化建造比例最高的国家，其60%的产业化住宅是采用通用部件为基础建造的，瑞典和法国早在20世纪50年代就开始大力发展以通用部件为基础的工业化通用体系，基本形成了集合式住宅各部件的规格、尺寸通用体系，并实现了模数协调。日本将住宅的标准化和模数化结合，使两者能互相匹配；标准建立时，也会充分考虑住宅的实用性，将住宅的安全性、舒适性和美观个性等指标融入标准中，使标准尽可能地满足使用者的需求。

3. 建筑供应商品化

美国在建造方式发展过程中比较尊重市场经济体制，利用发达的金融系统与金融体制来促进个人与企业根据自己的情况积极解决住宅问题，各类制品和设备的社会化生产和商品化供应程度非常大。瑞典住宅建设在解决了本国居民居住问题的同时，以其先进性，打入国际市场，因为瑞典工厂生产线科技含量高，生产出来的产品工业化程度高、生产技术先进、质量好、性能高、材料精致、加工精度高，瑞典产生了许多的大型工业化住宅公司，向德国、奥地利、瑞士、荷兰以及中东、北非出口工业化住宅。

4. 科研支持力度大

美国建筑产业发展过程中，政府十分重视产业化住宅开发商科技研发实力的提升，在企业中进行新技术推广，促进企业和国内优秀研究院校的合作，加快新建造工艺、设备和建筑材料的更新速度，加大整个社会的参与程度，使新型建造方式在全国范围蓬勃发展。瑞典政府早在20世纪40年代就委托建筑标准研究所研究模数协调，以后又由建筑标准协会（BSI）开展建筑标准化方面的工作。日本在科研支持方面始终保证常年的财政拨款，支持产业化住宅开发企业进行高新技术的研发，保障企业在市场上的领先地位，使其充满活力。

1.1.2 国内建造方式发展

1.1.2.1 国内建造方式发展

预制工业化建造是一种工业化的生产工艺方法，运用该技术建造的建筑，其包括内外墙板、空调板、叠合板、预制梁柱等在内的全部构件均由工厂预制生产加工完成，并运输到施工现场通过组装成型。较之传统的施工技术，采用预制装配技术生产可以减少60%的材料损耗和80%的建筑垃圾，将工期缩短为传统方式建造工期的75%左右，同时实现65%以上的建筑节能。另外，通过装配作业代替了大量的现浇作业，提高住宅的整体质量，促进设计的标准化提升，提高构件的生产效率，降低成本，从而实现整个建筑性价比的提升。

我国的建筑工业化发展于20世纪50年代，在发展国民经济的第一个五年计划中就提出在国内推行标准化、工厂化、机械化的预制构件和装配式建筑。20世纪60～80年代是我国装配式建筑的持续发展期，我国多种装配式建筑体系得到了快速的发展。如砖混结构的多层住宅中大量采用低碳冷拔钢丝预应力混凝土圆孔板，其楼板每平方米用钢量仅为3～6kg，并且施工时不需要支模，通过简易设备甚至人工即可完成安装，施工速度快。同时，预应力混凝土圆孔板生产技术简单，各地都建有生产线，大规模生产的预应力空心板成为我国装配式体系中最量大面广的产品。据有关文献整理，至20世纪80年代末，已有数万家预制混凝土构件厂，预制混凝土年产量达2 500万m^3。这些装配式体系在这一时期被广泛应用和认可，大量预制构件都标准化，并有标准图集。

然而从20世纪80年代末开始，我国装配式建筑的发展却遇到了前所未有的低潮，结构设计中很少采用装配式体系，大量预制构件厂关门。装配式建筑存在的一些问题开始显现，采用预制板的砖混结构房屋、预制装配式单层工业厂房等在唐山大地震中破坏严重，使人们对于装配式体系的抗震性能产生担忧，相比之下认为现浇体系具有更好的整体性和抗震性能；而大板住宅建筑因当时的产品工艺和施工条件限制，存在墙板接缝渗漏、隔声差、保温差等使用性能方面的问题，在北京的高层住宅建设中的应用也大规模减少。与之相反的是从20世纪80年代末开始，现浇结构体系得到了广泛应用，这一时期我国建筑规模急剧增加，采用现浇的结构体系更加符合当时大规模建设的需求。

最近几年来，传统的现浇施工方式是否符合我国建筑业的发展方向，再次得到业内的审视。第一是随着社会发展与进步，施工企业已频现“用工荒”，同时也推动劳动力成本快速提升；第二是社会对于施工现场环境污染的高度重视；第三是施工现场的工程质量还是不尽人意，建筑施工质量通病较多；最后是从可持续发展角度考虑，对传统建筑业提出产业转型与升级要求。因此，反映建筑产业发展的建筑工业化再一次被行业所关注，中央及全国各地政府均出台了相关文件明确要求推动建筑工业化。在国家与地方政府的支持下，我国装配式建造体系重新迎来发展契机，形成了如装配式剪力墙结构、装配式框架结构等多种形式的装配式建筑技术，完成了如《装配式混凝土结构技术规程》JGJ 1—2014、《钢筋套筒灌浆连接应用技术规程》JGJ 355—2015等相应技术规程的编制。全国各地，特别是建筑工业化试点城市都加大了预制装配式结构体系的试点推广应用工作。

我国对数字建造方式的研究开始于20世纪80年代末。最初的研究中，在智能建造技术方面取得了一些成果，而进入21世纪以来的二十年当中智能化技术在我国迅速发展，在许多重点项目方面取得成果，数字建造相关产业也初具规模。

近年来，我国对智慧建造的发展越来越重视，越来越多的研究项目成立，研究资金也大幅增长。我国发布了《智能建造装备产业“十二五”发展规划》和《智能建造科技发展“十二五”专项规划》，并设立《智能建造装备发展专项》，加快智慧建造装备的创新发展和产业化，推动建筑业转型升级。

1.1.2.2　国内建造方式发展特点

1．市场应用领域和结构形式较为单一

我国装配式建筑市场尚处于初级阶段，从市场占有率来说，全国各地的装配式建筑基本上集中在住宅工业化领域，尤其是保障性住房这一狭小地带，前期投入较大，生产规模很小，且短期之内还无法和传统现浇结构市场竞争。从结构形式看，目前我国装配式建筑依然以混凝土结构为主，在混凝土住宅建筑中以剪力墙结构形式为主。

2．发展进程高速化

自《国务院办公厅关于大力发展装配式建筑的指导意见》出台后，面对全国各地向建筑产业现代化发展转型升级的迫切需求，全国31个省（自治区、直辖市）均出台了推荐装配式建筑发展的相关政策文件，政策出台速度较快。2016—2019年，31个省、自治区、直辖市出台装配式建筑相关政策文件分别为33个、157个、235个、261个，不断完善配套政策和细化落实措施。特别是各项经济激励政策和技术标准，为推动装配式建筑发展提供了制度保障和技术支撑。总体来看，2020年全国新开工装配式建筑6.3亿m^2，较2019年增长50%，占新建建筑面积的比例约为20.5%，完成了《“十三五”装配式建筑行动方案》确定的到2020年达到15%以上的工作目标。

数字化应用进程也在高速推进，智慧建造正引领新一轮的建造业革命，其高速化发展主要体现在以下四个方面：一是建模与仿真使产品设计日趋智能化；二是以工业机器人为代表的智能建造装备在生产过程中日趋广泛；三是全球供应链管理创新加速；四是智能服务业模式加速形成。

3. 数字化建造全面化

我国引进先进的建造技术的加速融合使得建造业的设计、生产、管理、服务各个环节日趋智能化和全面化。随着数字化进程的不断推进，出现了许多的新型数字化进程，用现代先进的信息化、数字化技术，可以在模拟建筑物真实信息的基础上，实现对建筑物全生命周期（从规划、设计、施工、运营到拆除）的精细管控。例如，通过可视化的三维建筑模型视图进行“碰撞”检查，预先发现建筑与结构、结构与暖通、机电安装以及设备等不同专业图样之间的“撞车”问题，及时优化工程设计，避免后期因设计问题带来的停工及返工；通过施工模拟，了解施工的各项工序，为施工单位协调好各专业的施工顺序提供方便，提高了工作效率。管理中，他们还采用协同平台、远程智能监控、远程视频、远程图样会审、远程监测验收等方式，大大提高了项目管理效率。

1.1.3 发展现状对比分析

1.1.3.1 发展阶段不同

在工业化建造方面，发达国家20世纪就开始发展建筑产业现代化，英国等欧洲发达国家采用的现代化手段搭建建筑的比例高达80%，日本、美国都达到70%以上。而我国工业化率不到7%，建筑产业现代化还处于初级阶段，具有巨大的提升空间。尽管以装配式建筑为代表的建筑工业化尚处于起步阶段，但从国务院及地方政府的政策中我们可以看出使“房子部件”在流水线上流动起来，形成“搭积木式”建造房子的过程，是精益管理模式与建筑工业化深度融合的产物，装配式建筑生产方式代表未来建筑业的发展。

在智慧建造方面，我国的数字建造技术及其产业化发展迅速，并取得了较为显著的成效。然而，国外发达国家的技术依旧引领着整体的方向，相比之下我国的智慧建造技术依旧存在一些突出的问题，现在仍处在初期探索阶段。

1.1.3.2 技术差距较大

工业化发展方面，根据现有的装配式建筑发展情况，我国与全球范围内的先进地区相比仍存在一定差距，目前行业发展热点主要集中在装配整体式混凝土剪力墙住宅，框架结构、双皮墙、钢结构及其他房屋类的装配式结构发展并不均衡。欧美各国已经形成了多种成熟的体系，如轻钢、轻木等轻型框架装配式建筑体系，模块化装配式建筑体系以及中小型抗震装配建筑体系等。

智慧建造方面，我国的发展侧重于技术追踪和技术引进，而基础研究能力相对不足，关键智能建造技术及核心基础部件主要依赖进口，高端建造设备对国外依存度较高，对引进技术的消化吸收力度不够，原始创新匮乏。控制系统、系统软件等关键技术环节薄弱，技术体系不够完整。在先进技术重点前沿领域发展滞后，在先进材料、堆积建造等方面的差距还在不断扩大。

1.1.3.3 规范体系不完善

标准规范在建筑预制装配化发展的初期阶段其重要性已被全行业所认同，但由于建筑预制装配化技术标准缺乏基础性研究与足够的工程实践，使得很多技术标准仍处于空白，急需补充完善。同时现阶段我国在促进建筑工业化方面的相关政策较少较弱，而且许多政策并没有太多的实际效果，实施力度也不大。

我国现行的国家标准对于装配式建筑的规定比较分散，对具体的预制构件针对性不强，多是在新增章节中用少量的篇幅对装配式建筑的设计、制作、施工、验收环节进行概括性、纲领性地指导，在具体的设计、制作、施工、验收环节使用起来比较受限。反观国际情况，外国较多发达国家在装配式建筑规范的制定上有一套完备的体系，总部位于美国的预制与预应力混凝土协会PCI编制的《PCI 设计手册》、总部位于瑞士的国际结构混凝土协会FIB发布的《模式规范》MC 2010不仅在本国影响较大，在国际上也有非常大的影响。

1.2 我国新型建造方式发展

1.2.1 新型建造方式相关政策发展

近几年来，我国十分注重新型建造方式的发展，大力推广新型建造工业化，自2016年第一次提出“新型建造方式”这一概念以后，不断出台相关的鼓励和实施政策，新型建造方式得到了极大的发展，下面整理了一些主要的相关政策。

2016年2月21日，《中共中央 国务院关于进一步加强城市规划建设管理工作的若干意见》发布实施，指出九个方面共三十条意见，其中在第四个方面“提升城市建筑水平”的第十一条意见“发展新型建造方式”中指出：“大力推广装配式建筑，减少建筑垃圾和扬尘污染，缩短建造工期，提升工程质量；积极稳妥推广钢结构建筑。”这也是国家层面首次提出“新型建造方式”概念。

2016年9月14日，李克强总理主持召开国务院常务会议，认为按照推进供给侧结构性改革和新型城镇化发展的要求，大力发展钢结构、混凝土等装配式建筑，具有节能环保、提高建筑安全水平、推动化解过剩产能等一举多得之效。会议决定以京津冀、长三角、珠三角城市群和常住人口超过300万的其他城市为重点，加快提高装配式建筑占新建建筑面积的比例。

2018年2月，住房和城乡建设部颁布实施《装配式建筑评级标准》GB/T 51129—2017，明确定义了“预制率”及“预制构件”等专业术语。“预制率”是指工业化建筑室外地坪以上的主体结构和围护结构中，预制构件部分的混凝土用量占对应构件混凝土总用量的体积比；“装配率”即工业化建筑中预制构件、建筑部品的数量（或面积）占同类构件或部品总数量（或面积）的比率。另外，该标准还明确了工业化建筑应符合设计标准化、制作工厂化、施工装配化、装修一体化、管理信息化的基本特征，预制率不应低于20%，装配率不应低于50%。该标准的实施促进了工业化建筑项目的建造计划、建造技术、质量控制、材料供应、责任划分的发展。

2020年5月8日，出台了《住房和城乡建设部关于推进建筑垃圾减量化的指导意见》（建质〔2020〕46号）。意见中提到的主要措施有开展绿色策划，实施新型建造方式，大力发展装配式建筑，积极推广钢结构装配式住宅，推行工厂化预制、装配化施工、信息化管理的建造模式。鼓励创新设计、施工技术与装备，优先选用绿色建材，实行全装修交付，减少施工现场建筑垃圾的产生。在建设单位主导下，推进建筑信息模型（BIM）等技术在工程设计和施工中的应用，减少设计中的“错漏碰缺”，辅助施工现场管理，提高资源利用率。

2020年8月28日，九部门联合发布了《住房和城乡建设部等部门关于加快新型建筑工业化发展的若干意见》，其中明确：要通过新一代信息技术驱动，以工程全寿命期系统化集成设计、精益化生产施工为主要手段，整合工程全产业链、价值链和创新链，实现工程建设高效益、高质量、低消耗、低排放。鲜明地提出了我国建筑产业未来的发展目标、路径以及要点。

从近几年的政策导向来看，党中央、国务院在多个政策文件中都明确要求加快推进新型建造方式发展，主要目的就是要在促进高质量发展、推动国内投资和消费的同时，力争在国际市场上打造出中国建造品牌。

1.2.2　建筑业行业对新型建造方式发展的需求

首先，新型建造方式是促进建筑业节能减排的有力抓手。当前，我国经济发展粗放的局面并未根本转变。就建筑业而言，现场浇筑或砌筑的方式产生了建筑垃圾排放量大、工程质量和安全没有保障、资源能源利用效率低、扬尘和噪声环境污染严重等问题。就建筑消耗而言，建筑业用量最大的钢材、水泥都是高耗能产品，我国钢材、水泥生产总量多年处于世界第一，并且建材循环使用比例很低。如果不发展新型建造方式进行建筑业转型，传统建造方式造成的能源或资源过度消耗和浪费将继续，经济增长与资源消耗的矛盾会更加突出，极大地制约可持续发展。较为典型的装配式建造方式在节能、节材、节水和减排方面的成效已在实际项目中得到证明。

其次，发展新型建造方式是促进建筑业经济增长的重要措施。改革开放以来，我国建筑业增加值占国内生产总值的比例从3.8%增加到7.0%以上，建筑业作为国民经济增长的重要支柱产业，能够在当前我国经济增长从高速转向中高速，经济下行压力加大的形势下，为我国经济提供更加强劲的发展动力。发展新型建造方式能够极大地促进建筑业经济增长，主要表现在以下两个方面，一方面有利于提升消费需求，包括发展装配式装修、集成厨房和卫生间、四新技术和产品的应用等升级换代技术都有助于拉动居民消费；另一方面是有利于带动地方经济发展，从国家装配式建筑试点示范城市发展经验看，凭着建设“一片区域”、引入“一批企业”、打造“一批项目”、形成“一系列增长点”，有效促进了区域经济增长，以装配式建筑为例，据初步测算，2019年新开工装配式建筑面积为4.2亿m^2，拉动社会投资近3万亿元，2020年新开工装配式建筑面积更是达到6.3亿m^2。

最后，发展新型建造方式是提升建筑业国际竞争力的需要。加入世界贸易组织以来，我国建筑业已经深度融合国际市场。在经济全球化大背景下，要在巩固国内市场份额的同时，主动“走出去”参与全球分工，在更大范围、更多领域、更高层次上参与国际竞争，利用全球建筑市场资源服务自身发展，“走出去”的前提是提升核心竞争力。发展新型建造生产方式能够彻底转变以往建造技术水平不高、科技含量较低、单纯拼劳动力成本的竞争模式，将工业化生产和建造过程与信息化紧密结合，应用大量新技术、新材料、新设备，强调科技进步和管理模式创新，注重提升劳动者素质，注重塑造企业品牌和形象，以此形成企业的核心竞争力和先发优势。发展新型建造生产方式将促进企业苦练内功，凭借逐渐提升的资金、技术和管理优势抢占国际市场，依靠工程总承包业务带动国产、材料的出口，在参与经济全球化竞争过程中取得先机。

建筑业作为我国支柱产业之一，其发展关系着节能减排战略的推进，极大地影响了我国的经济发展，对于树立我国良好的建筑形象也起着关键的作用，而大力发展新型建造方式对于推进建筑业供给侧结构性改革也是至关重要的，所以发展新型建造生产方式十分有必要。

1.2.3 工业化生产对新型建造方式发展的需求

2020年10月29日，十九届五中全会审议通过的《中共中央关于制定国民经济和社会发展第十四个五年规划和二〇三五年远景目标的建议》提出要基本实现新型工业化，推动智能建造与建筑工业化协同发展，推广钢结构装配式等新型建造方式，加快发展“中国建造”。

发展新型建造方式有利于创新和催生众多与工业化相关的产业，包括全过程咨询服务行业、部件部品生产企业、专用设备生产企业、相应的物流运输、装配化装修等新型产业，拉长产业链条，促进产业再造和增加就业，带动行业专业化、精细化发展。

发展新型建造方式有利于拉动工业化产业的投资，包括投资建厂、信息产业与建筑工业化深度融合的大投入等，能带动大量社会投资用于建筑业和工业化生产。促进大量资金在建筑工业化产业中的流动，从而进一步提高工业化产业的科技创新能力、生产效率，形成工业化生产快速发展的良性循环。

发展新型建造方式有利于带动工业化产业技术进步、提高生产效率。近些年，随着城镇化发展，从事建筑业的劳动力逐年减少，高素质建筑工人短缺的问题越来越突出，建筑业发展的“硬约束”加剧。一方面，劳动力价格不断提高，另一方面，建造方式传统粗放，劳动效率低下。发展新型建造方式涉及全过程、全要素、全系统，如设计标准化、生产工厂化、施工装配化、管理信息化以及智能化应用等。依靠科技进步、提高劳动者素质、创新管理模式等内涵式、集约式的道路来发展新型建造方式和促进工业化转型升级，减轻劳动强度，提升生产施工效率，突破建筑业发展瓶颈，全面提升工程建设水平。

1.3 我国钢结构装配式建筑发展

当前，全国建设领域都在全面贯彻落实党中央、国务院关于大力发展装配式建筑的指示精神。发展装配式建筑是牢固树立和贯彻落实创新、协调、绿色、开放、共享五大发展理念，按照适用、经济、安全、绿色、美观要求推动建造方式创新的重要体现，特别是发展钢结构建筑，是稳增长、促改革、调结构和去产能的重要手段，是实现循环经济发展，推进生态文明建设、加快推进新型城镇化的重要抓手。

20世纪五六十年代，是我国钢结构建筑发展的起步阶段；20世纪60年代后期至20世纪70年代，钢结构建筑发展一度出现短暂停滞；20世纪80年代初开始，国家经济发展进入快车道，政策导向由“节约用钢”到“合理用钢”“推广应用”转型，钢结构建筑进入快速发展时期；进入21世纪以来，《国家建筑钢结构产业“十五”计划和2015年发展规划纲要》《国务院关于钢铁行业化解过剩产能实现脱贫发展的意见》《中共中央 国务院关于进一步加强城市规划建设管理工作的若干意见》等政策文件相继出台，“推广应用钢结构”转型为“鼓励用钢”，钢结构建筑进入大发展时期。

我国钢结构装配式建筑起步较晚，但在国家政策的大力推动下，钢结构企业和科研院所投入大量精力研发新型钢结构装配式体系，钢结构建筑从1.0时代快速迈向2.0时代。在1.0时代，钢结构建筑仅结构形式由混凝土结构改为钢结构，建筑布局、围护体系等仍采用传统做法。而在2.0时代，钢结构建筑实现了建筑布局、结构体系、围护体系、内装和机电设备的统一融合，从单一结构形式向专用建筑体系发展，呈现出体系化、系统化的特点。目前，国内钢结构建筑体系主要分为三类。

1.3.1 以传统钢结构为基础的改进型建筑体系

设计阶段摒弃“重结构、轻建筑、无内装”的错误概念，实行结构、围护和内装三大系统协同设计。以建筑功能为核心，主体以框架为单元展开，尽量统一柱网尺寸，户型设计及功能布局与抗侧力构件协同设置；以结构布置为基础，在满足建筑功能的前提下优化钢结构布置，满足工业化内装所提倡的大空间布置要求，同时严格控制造价，降低施工难度；以工业化围护和内装部品为支撑，通过内装设计隐藏室内的梁、柱、支撑，保证安全、耐久、防火、保温和隔声等性能要求。

1.3.2 “模块化、工厂化”新型建筑体系

1.3.2.1 模块化建筑体系

模块化建筑（Prefabricated Prefinished Volumetric Construction，PPVC）是一种新兴的建筑结构体系，该体系是以每个房间作为一个模块单元，均在工厂中进行预制生产，完成后运输至现场并通过可靠的连接方式组装成为建筑整体。模块化建筑体系可以做到现场无湿作业，全工厂化生产，较有代表性的体系包括拆装式活动房和模块化箱形房。其中，拆装式活动房以轻钢结构为骨架，彩钢夹芯板为围护材料，标准模数进行空间组合，主要构件采用螺栓连接，可方便快捷地进行组装和拆卸；箱形房以箱体为基本单元，主体框架由型钢或薄壁型钢构成，围护材料全部采用不燃材料，箱形房室内外装修全部在工厂加工完成，不需要二次装修。

1.3.2.2 工厂化建筑体系

钢结构工厂化预制是将传统的钢结构焊接形式改为高强度螺栓连接，减少现场焊接工作量，采用装配式钢结构预制生产线加工生产，在生产工艺、机具设备和软件上实现创新，同时现场安装快捷简单，干作业，污染少，不受季节影响（图1-1）。工厂化钢结构建筑体系从结构、外墙、门窗，到内部装修、机电，工厂化预制率达到90%，颠覆了传统建造模式。工厂化钢结构采用制造业质量管理体系，所有部品设计经过工厂试验验证后定型，部品生产经过品质管理流程检验后出厂，安装工序经过品质管理流程检验才允许进入下一道工序，确保竣工验收零缺陷。由于采用工厂化技术，使得生产、安装、物流人工效率提高6～10倍，材料浪费率接近零，总成本比传统建筑低20%～40%。

（a）箱形房

（b）工厂化钢结构体系

图1-1 箱形房和工厂化钢结构体系示意图

1.3.3 “工业化住宅”建筑体系

国内一些企业、科研院所开发了适宜住宅的钢结构建筑专用体系，解决了传统钢框架结构体系应用在住宅时梁柱凸出的问题。较为典型的钢结构住宅体系有钢管束组合结构体系、组合异形柱—H型钢梁框架—支撑体系、扁柱筒体体系。

1.3.3.1 钢管束组合结构体系

这一结构体系在钱江世纪城人才公寓项目（图1–2）得到应用。钢管束组合结构体系由标准化、模数化的钢管部件并排连接在一起形成钢管束，内部浇筑混凝土形成钢管束组合结构构件作为主要承重和抗侧力构件，钢梁采用H型钢，楼板采用装配式钢筋桁架楼承板。

1.3.3.2 组合异形柱—H型钢梁框架—支撑体系

方钢管组合异形柱由方钢管及其之间的连接板组成，根据所处结构位置不同，组合异形柱又分为：L形、T形、一字形、十字形等，形式非常灵活（图1–3）。该结构体系的优点是：解决了“肥梁胖柱”的问题；用钢量较钢管混凝土框架结构省；

图1-2 钢管束组合结构体系

图1-3 组合异形柱—H型钢梁框架—支撑体系

与条板式装配墙体的组合更加容易，墙体构造措施简单，墙体较薄，能够增大建筑使用空间。该结构体系的缺点是：组合异形柱加工制作相对麻烦；结构体系的设计需要利用专业的有限元分析，对设计人员要求较高。

1.3.3.3　扁柱筒体体系

钢扁柱框架–支撑（钢板墙）结构体系的技术特点为：由钢扁柱、窄翼缘H型钢梁、钢支撑或钢板剪力墙组成，其构件截面尺寸均与墙体的建筑模数匹配，并隐藏其中，能解决普通钢结构住宅中常见的露梁露柱问题。设计时钢扁柱的强轴方向应根据结构刚度需要进行调整，梁柱节点构造应满足“强节点、弱构件”的要求。该结构体系适用于100m以下多高层住宅。

第2章 新型建造方式的内涵和特征

2.1 新型建造方式的内涵

新型建造方式的内涵可以归结为“三化四方向”：“三化”具体是指在建筑工程建造过程中，以“绿色化”为目标，以“智慧化”为技术手段，以“新型工业化”为生产方式；“四方向”是指新型建造方式是以工程总承包为实施载体，实现建造过程“节能环保、提高效率、提升品质、保障安全”四个发展方向目标的新型工程建设组织模式。

发展新型建造方式，要着手从实现建造生产方式由劳动密集型、资源集约型向现场工厂化、预制装配式的新型生产方式转变，实现建造组织方式由传统承发包模式向工程总承包模式过渡，实现建造管理方式由传统离散管理向精细化、标准化、信息化管理方式蜕变。新型建造方式的发展是国家城市规划建设的战略选择，也是在新的节能环保要求下新型城镇化发展所需大量工程建设的必然选择。

2.2 新型建造方式的特征

步入新时代，发展新型建造方式是建筑业摆脱传统路径依赖的根本出路。按照住房和城乡建设工作会议要求，发展新型建造方式主要是指“大力发展钢结构等装配式建筑”，而装配式建筑主要是指用工业化建造方式建造的建筑。从该角度理解，发展新型建造方式就是发展工业化建造方式，其核心是走新型建筑工业化道路（图2-1）。

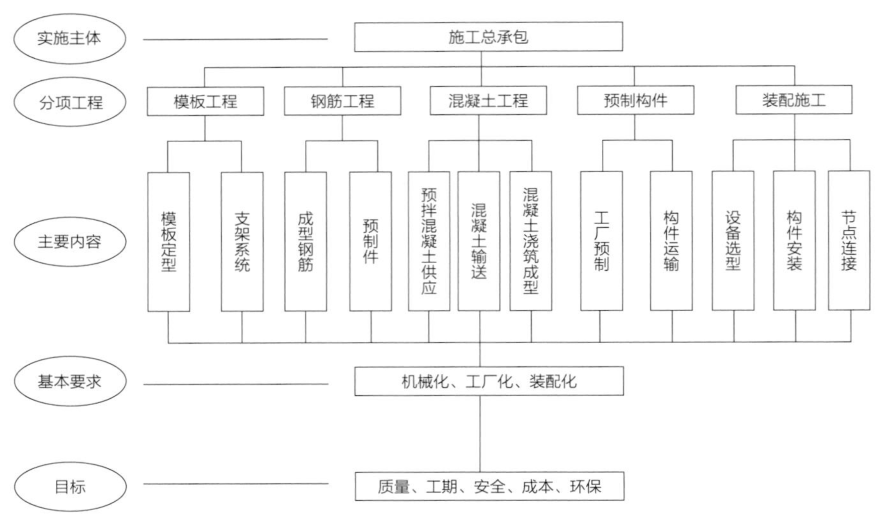

图2-1　新型建筑工业化实施方案

新型建筑工业化是通过新一代信息技术驱动，以工程全寿命周期系统化集成设计、精益化生产施工为主要手段，整合工程全产业链、价值链和创新链，实现工程建设高效益、高质量、低消耗、低排放的建筑工业化。近年来，以装配式建筑为代表的新型建筑工业化快速推进，建造水平和建筑品质明显提高。

在国家大力发展新型建造方式的政策背景下，在建筑业新旧动能转换、供给侧结构性改革、提升发展质量的前提下，新型建造方式应该具有以下新的特征：一是建造手段新型工业化；二是建造管理一体化；三是建造环境数字化；四是建造过程协同化。这“四化”是有机的整体，是“四化一体”的系统性思维和方法。

2.2.1　建造手段新型工业化

新型建造方式发展的根本方向是与信息化深度融合。近年来，BIM信息技术快速发展，对建筑业科技进步产生了重大影响，已成为建筑业实现技术升级、生产方式转变和管理模式变革的有效手段。但是，随着信息互联技术的深入发展，仅仅基于BIM信息模型技术已经不能完全适应建筑业信息化发展要求，建设行业的企业信息化程度已经远远落后于整个社会的信息化水平，BIM仅仅是整个信息化中的一个系统，而不是建筑信息化的全部。大家越来越认识到，进入互联网时代，企业只有尽快消除各种信息孤岛，才能实现企业上下的互联互通，才能实现内部运营管理的信息共享，才能实现企业运营管理效率的提升，才能实现与社会信息的共享，才能跟上信息化社会发展的步伐。建筑业要想实现信息化，就必须花大气力攻克信息化集成应用这个堡垒。影响建筑行业信息化集成应用的关键，是整个行业发展的“碎片化”与“系统性”的矛盾问题，包括技术与管理的“碎片化”，体制机制的“碎片化”。要实现建筑行业信息化，就必须将建筑企业的运营管理逻辑与信息化融合，实现一体化和平台化。通过信息互联技术与企业生产技术和管理的深度融合，实现企业管理数字化和精细化，从而提高企业运营管理效率，进而提升社会生产力。

2.2.2 建造管理一体化

发展新型建造方式是全系统、全方位的创新过程，其中有两个核心要素，一个是技术创新，另一个是管理创新，二者缺一不可，必须要双轮驱动。在当前建筑业转型发展阶段，管理创新要比技术创新更难、更重要。管理创新是技术创新发展的环境、动力和源泉，是发展新型建造方式的重要基础，是保证工程建设的质量、效率和效益的关键。长期以来，我国建筑业一直延续着计划经济体制下形成的管理体制机制，虽然在某些方面进行了改革，但是我们从行业管理和企业经营活动中可以清醒地看到，设计、生产、施工脱节，建造过程不连续；工程管理“碎片化”，不能高度组织化；工程项目切块分割，达不到整体效益最大化等，这些问题还都具有普遍性，并已成为直接影响建筑工程安全、质量、效率和效益的主要因素。发展新型建造方式要具有系统性思维，要站在全方位、全行业的发展高度实现一体化管理，建立一个高效的管理体制机制。一体化管理是现代企业提高效率与效益的基本取向，一体化就是要集合人、机、料、管等生产要素，进行资源整合和统一配置，并且在统一整合与配置各要素的过程中，以节俭、约束、高效为价值取向，从而达到节约资源、降低成本、提高效率、实现整体效益最大化。

2.2.3 建造环境数字化

建造数字化是指用数据来表述生产过程的对象，包括岗位级别的数字化，建筑构件和工艺、工法的数字化，生产装配、工地场地全要素的数字化，材料零部件、现场模架等“物”的数字化以及人的数字化。数据的互联互通包括网络通信系统构建，实现不同来源的异构数据格式以及数据语义的统一。无论是信息集成还是数据的互联互通，其目的都是要利用这些数据实现整个建造过程各环节的协同。全面推进建造环境数字化转型是面向未来提升我国建筑产业竞争力的关键之举，数字化越来越成为推动经济社会发展的核心驱动力，营造建筑数字化环境对于深刻变革产业要素结构，重新定义管理模式和组织模式，全面重塑新型建筑工业化的模式都至关重要。建筑可以最直观地体现城市的发展变化，而数字化能够有效提升多参与方内部竞争力，包括提高质量、降低安全风险、提高劳动生产率、缩短工程项目时间、降低成本等。近些年来，许多城市都在依托于数字应用打造“智慧建筑”，不仅满足个性化设计，而且绿色智能。我国的数字化建筑是在建筑工业化的基础上进行的数字化升级，用“看不见”的数据自动化来驱动“看得见”的施工过程智能化。在数字建造的背景下，大数据将呈现爆炸式增长态势。建设项目管理软件、施工现场、数字工厂的数据，建筑构件的数据，建造过程产生的数据，将对企业的运营、价值链的优化和产品全生命周期的优化起到重要支撑作用。更多的智能化设备、传感设备、嵌入式终端系统、智能控制系统、通信设施基于“BIM+大数据+云计算”形成一个智能网络，使人与人、人与机器、机器与建筑、建筑构件间以及服务与服务之间能够互联，从而实现横向、纵向和端对端的高度集成。

2.2.4 建造过程协同化

发展新型建造方式要充分体现专业化分工和社会化协作，是将工程建设纳入社会化大生产的范畴，也是生产方式和监管方式的革命性变革。当前，建筑业正在有效实施新旧产业变革，从高速增长阶段向高质量发展阶段转变，面临的最大挑战就是“系统性”与“碎片化”的矛盾，系统性的问题也是产业基础性的问题。我们必须清醒地看到，我国建筑业的产业基础十分薄弱，一直以来，企业经营活动基本依赖“狼性”式竞争的粗放式增长方式，缺乏核心能力，缺乏专业化分工协作，缺乏精致化的产业工人。建筑业要改变传统粗放的建造方式，必须要调整产业结构，转变增长方式，打造新时代经济社会发展的新引擎。随着经济社会的发展和科技水平的进步，工程建造模式必须要充分体现社会化，是企业发展的重要价值取向。在经营理念上，要以建筑为最终产品，以实现工程项目的整体效益最大化为经营目标；在组织管理方式上，要推行工程总承包管理模式，充分体现专业化分工和社会化协作；在核心能力建设上，要充分体现技术产品的集成能力和组织管理的协同能力，避免同质化竞争。在装配式建筑发展的初期，存在建造成本增量的瓶颈问题，其深层次原因在于，企业还没有形成专业性、系统性的分工与协作，没有专业化队伍和熟练的产业工人，尚未建立现代化企业管理模式。因此，现阶段消解装配式建筑增量建造成本的有效手段，就是要建立高效、一体化的工程建造管理模式，这是装配式建筑持续、健康发展的必然要求，也是迈向协同化大生产的必由之路。

2.3 新型建造方式的类型

2.3.1 新型建造生产方式

人口多、就业压力大、资源稀缺、环境恶化、生产效率低仍然是基本国情的反映，粗放的建造生产方式会导致资源浪费多、环境污染大、住宅产品品质和性能差。而我国城镇建设面临的任务还很繁重，我国的资源环境逐渐难以支撑传统的建造方式，进而影响到建设的可持续发展进程。因此，必须统筹兼顾，全面考量，通过新型建筑工业化、预制装配式建造方法切实改变传统的建造生产方式。

建筑工业化通过提高建筑部品的工业化，提高现场生产的集约化管理水平，同时也保留了建筑业的最终现场安装的生产方式，建筑工业化过程采用制造业先进的生产方式，从而在大量生产的基础上满足差异性需求。

建筑工业化包含：建筑部品、构件的标准化，建筑生产过程各阶段的集成化，部品生产和施工过程的机械化，建筑部品、构件生产的规模化，建筑施工的高度组织化与连续化，以及与建筑工业化相关的研究和实验（图2–2）。

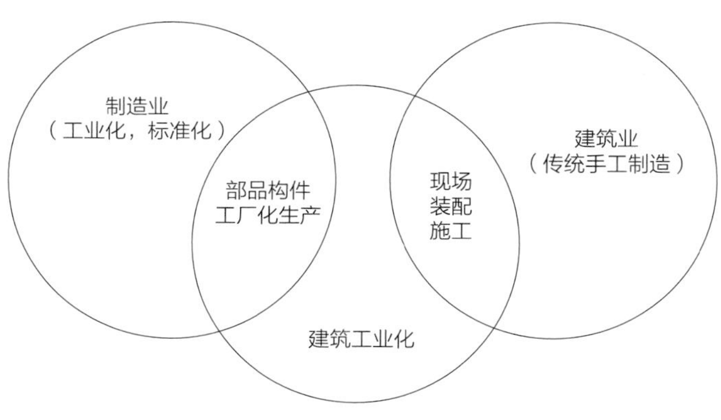

图2-2 建筑工业化

1．建筑工业化特征

建筑工业化的四个特征为：标准化、集成化、机械化和规模化。

1）标准化

标准化是建筑工业化的最基本特征。标准化会直接导致构配件使用的通用性和构配件生产的重复性。只有当构配件的规格、尺寸、精度实现标准化，构配件才能够适用于不同类型、规模的建筑和环境，即满足通用性。只有在满足通用性的前提下，才会进一步引致出工厂对构配件生产的重复性，进而实现构配件制造方式由分散制作向工厂流水线生产的转移。

2）集成化

集成化是建筑工业化的重要特征。建筑工业化要求系统地组织设计到施工的每一个环节，在设计阶段就要考虑施工阶段的组装问题，这是所谓的“施工问题前置”以及“设计可施工性”问题。一旦设计和计划确定，在工程实施的每一个阶段，都必须按照计划进行，因为在精确的生产运作体系中，牵一发而动全身，局部的变动会带来系统性的混乱。

3）机械化

机械化是建筑工业化的实施工具。合理的施工组织、统一的部品标准可以看作是实现建筑工业化的制度安排，而生产和施工的机械化是整个过程的推动力，它是建筑产业大幅提高生产效率和生产精度的核心内容。

4）规模化

规模化是建筑工业化持续运转的前提。建筑工业化要求必须使用工厂中生产的通用建筑部品和构件，只有在各类部品或者构件的生产企业或行业实现规模化生产的条件下，才会产生一个可以稳定而持续的提供一系列与各种不同建筑类型相对应部品、构件的市场，也才有可能在保证质量的前提下大幅度降低生产成本。

以标准化推动机械化，以机械化推动构件规模化，以规模化促进工业化是建筑工业化发展的必然过程和客观规律。

2. 新型建筑工业化概述

新型建筑工业化是以构件预制化生产、装配式施工为生产方式，以设计标准化、构件部品化、施工机械化为特征，能够整合设计、生产、施工等整个产业链，实现建筑产品节能、环保、全生命周期价值最大化的可持续发展的新型建筑生产方式，是前沿制造技术与建筑产业深度融合的时尚工业。

“新型”二字主要是与我国以前的建筑工业化相区别，着重强调信息化与建筑工业化的深度融合。新型建造方式与传统建筑业的根本区别是生产方式的改变，主要表现为设计标准化、生产工厂化、施工机械化。新型建筑工业化是设计施工一体化的生产方式和标准化的设计。在施工阶段，只需进行短暂的现场装配，大部分建造过程是在工厂采用机械化手段完成，同时工厂化预制生产的构配件质量更有保障，也可以尽可能地规避施工过程中的安全隐患。新型建造生产方式和传统建筑业生产方式的区别，如表2–1所示。

传统建筑生产方式和新型建造生产方式区别 表2-1

阶段	传统建筑生产方式	新型建造生产方式
设计阶段	参数化设计；设计与施工相脱节	标准化、一体化设计，信息化技术协同设计；设计与施工紧密结合
施工阶段	以现场露天湿作业、手工操作为主；工人综合素质低、专业化程度低	设计施工一体化；构件生产工厂化；现场施工装配化；施工队伍专业化
装修阶段	以毛坯房为主；采用二次装修	装修与建筑设计同步；装修与主体结构一体化
验收阶段	竣工分部、分项抽检	全过程质量检验和验收
管理阶段	以包代管、专业化协同弱；依赖进城务工人员劳务市场分包； 追求设计与施工各自效益	工程总承包管理模式；全过程的信息化管理；项目整体效益最大化

简而言之，新型建造生产方式就是走新型建筑工业化道路，工业化生产方式由两个核心要素构成，即技术创新与管理创新。对于新型建筑工业化而言，没有技术就没有产品，没有管理就没有效益，新型建筑工业化（生产方式）是现代科学技术（生产力）和企业现代化管理（生产关系）协同发展的产物。

3. 装配式建筑

近几年，发展装配式建筑受到党中央、国务院的高度重视，2016年9月，《国务院办公厅关于大力发展装配式建筑的指导意见》（国办发〔2016〕71）文件中，明确指出“发展装配式建筑是建造方式的重大变革”。相关的鼓励政策为建筑业在新时期从过去追求规模和速度转向追求质量和效益，指明了发展方向。装配式建造与传统建造方式相比具有一定的先进性、科学性，这一新的建造方式不仅表现在建造技术上，更重要体现在采用工业化建造方式来实现房屋建筑的一体化建造，在企业的经营理念、组织内涵和核心能力方面发生了根本性变革，是一场生产方式的革命。装配式建筑一般可以从狭义和广义两个不同角度来理解和定义。

1）从狭义上理解和定义

装配式建筑是指用预制部品、部件通过可靠的连接方式在工地装配而成的建筑。在通常情况下，从微观的技术角度来理解装配式建筑，一般都按照狭义上理解和定义。

2）从广义上理解和定义

装配式建筑是指用工业化建造方式建造的建筑。工业化建造方式具有鲜明的工业化特征，各生产要素包括生产资料、劳动力、生产技术、组织管理、信息资源等，在生产方式上都能充分体现专业化、集约化和社会化。从装配式建筑发展（目的是建造方式的重大变革）的宏观角度来理解装配式建筑，一般按照广义上理解和定义更为明确和清晰。

4．新型建造生产方式技术方法

新型建造生产方式的技术方法集中体现了新型建筑工业化，其主要技术方法体现在：标准化设计、工业化生产、装配化施工、一体化装修和信息化管理。

1）标准化设计

（1）标准化设计的意义

①标准化设计是新型建筑工业化的核心部分

标准化设计是工业化生产的主要特征，是提高建造质量、效率和效益的重要手段；是建筑设计、生产、施工、管理之间技术协同的桥梁；是建造活动实现高效率运行的保障。因此，实现新型建造生产方式的大范围覆盖必须以标准化设计为基础，只有建立以标准化设计为基础的工作方法，新型建造生产过程才能更好地实现专业化、协作化和集约化。

②标准化设计是工程设计的共性条件

标准化设计主要是采用统一的模数协调和模块化组合方法，各建筑单元、构配件等具有通用性和互换性，满足少规格、多组合的原则，符合适用、经济、高效的要求。标准化设计有助于解决装配式建筑的建造技术与现行标准之间的不协调、不匹配，甚至相互矛盾的问题；有助于统一科研、设计、开发、生产、施工和管理等各个方面的认识，明确目标，协调行动。

③标准化设计是实现工业化大生产的前提

在规模化发展过程中才能体现出工业化建造的优势，标准化设计可以实现在工厂化生产中的作业方式及工序的一致性，降低了工序作业的灵活性和复杂性要求，使得机械化设备取代人工作业具备了基础条件和实施的可能性，从而实现了机械设备取代人工进行工业化大生产，提高生产效率和精度。没有标准化设计，其构配件工厂化生产的生产工艺和关键工序难以通过标准动作进行操作，无法通过标准动作下的机械设备灵活处理无规律、离散性的作业，则无法通过机械化设备取代人工进行操作，其生产效率和生产品质难以提高；没有标准化设计，其生产构配件配套的模具也难以标准化，模具的周转率低，周转材料浪费较大，其生产成本难以降低，不符合工业化生产方式特征。

（2）标准化设计的技术方法

通过大量的工程实践和总结提炼，标准化设计通过平面标准化设计、立面标准化设计、构配件标准化设计、部品部件标准化设计四个类别来实现。平面标准化设计主要是基于有限的单元功能，通过模数协调组合成平面多样的户型平面；立面标准化设计，通过立面元素单元——外围护、阳台、门窗、色彩、质感、立面凹凸等不同的组合实现立面效果的多样化；构件标准化设计，在平面标准化和立面标准化设计的基础上，通过少规格、多组合设计，提出构件一边不变，另一边模数化调整的构件尺寸标准化设计，在此基础上提出钢筋直径、间距标准化设计；部品部件标准化设计，在平面标准化和立面标准化设计基础上，通过部品部件的模数化协调、模块化组合，匹配户型功能单元的标准化。下面以住宅为例介绍标准化设计的技术方法。

①平面标准化设计技术

a. 模块组合户型标准化设计。户型标准化设计通过模块化的设计方法，明确有限的、通用的标准化户型模块。户型模块包括：卫生间、厨房、餐厅、客厅、卧室等基本模块。

b. 确定平面标准化协调模数和规则。相同基本户型下，制定开间不变、进深在一定基础上以一定模数进行延伸扩展的设计方法。

c. 边界协同的系列基本户型平面标准化设计。在基本户型明确的基础上，明确不同户型下的某一边为同一尺寸，作为模块与模块之间的通用边界，便于模块间的协同拼接。通过基本户型模块之间按照通用协同边界进行组合，与公共空间模块（包括走廊、楼梯、电梯等基本模块）进行组合，确立多种基本平面形状，形成不同的个性化平面。

②立面标准化设计技术

a. 饰面多样、模数化的外围护墙板标准化设计。通过预制外墙板不同饰面材料展现不同肌理与色彩的变化，饰面运用装饰混凝土、清水混凝土、涂料、面砖或石材反打，通过不同外墙构件的灵活组合，基本装饰部品可变组合，实现富有工业化建筑特征的立面效果。

b. 窗墙比、门窗比控制下立面分格、排列有序的门窗标准化设计，在采光、通风、窗墙比控制条件下，调节立面分格、门窗尺寸、饰面颜色、排列方式、韵律特征，呈现标准化、多样化的门窗围护体系。

c. 凹凸有致、错落有序、等距控制的预制空调板、阳台组合设计通过一字形、L形、U形等标准化阳台形式，进行基本单元的凹凸拓展、组合拓展，形成丰富的空调板、阳台的立面设计。

③构配件及钢筋笼标准化设计技术

a. 基于功能单元的构件尺寸模数协调设计。针对基本功能单元模块（客厅、卧室、厨房、卫生间），运用最大公约数原理，按照模数协调原则，通过整体设计下的构件尺寸归并优化设计，实现构件的标准化设计，便于模具标准化以及生产工业和装配工法标准化。

b. 构件钢筋笼的标准化深化设计技术。在构件外形尺寸标准化基础上进行钢筋笼标准化设计：统一钢筋位置、钢筋直径和钢筋间距，并建立系列标准化、单元化、模块化钢筋笼，实现标准化加工。

c. 埋件、配件的标准化设计技术。对于预埋在结构主体内的预埋件，其型号、规格、空间位置进行符合统一模数和规定的标准化设计，便于在后续生产和施工过程中工人对预留预埋进行标准化操作，提高效率和精度。

④部品部件标准化设计技术

a. 厨房部品标准化设计。以烹饪、备餐、洗涤和储存厨房标准化功能单元模块为基础，通过模数协调和模块组合，满足多种户型的空间尺寸需求，实现厨房部品的标准化设计。

b. 卫生间部品标准化设计。以洗漱、淋浴、盆浴、卫生间标准化功能单元模块为基础，通过模数协调和模块组合，满足多种户型的空间尺寸需求，实现卫生间部品的标准化设计。

标准化、通用化、模数化、模块化是工业化的基础，在设计过程中，通过建筑模数协调、功能模块协同、套型模块组合形成一系列既满足功能要求，又符合装配式建筑要求的多样化建筑产品。

2）工厂化制造

（1）工厂化制造的意义

新时期下建筑业在人口红利逐步淡出的背景下，为了持续推进我国城镇化建设的需要，必须通过建造方式的转变，通过工厂化制造取代人工作业，大大减少对工人的数量需求，并降低劳动强度。

建筑产业现代化的明显标志就是构配件工厂化制造，建造活动由工地现场向工厂转移，工厂化制造是整个建造过程的一个环节，需要在生产建造过程中与上下游相联系的建造环节有计划地生产、协同作业。新型建造生产方式的特征之一就是专业分工、相互协同、系统集成。工厂化生产是生产建造过程中的一个环节，需要统一在整体系统中进行批量化、自动化制造。在新型建造生产方式中，工厂生产环节与现场建造环节在技术上、管理上、空间上、时间上进行深度协同和融合。

现场手工作业通过工厂机械加工来代替，减少制造生产的时间和资源，从而节省资源；机械化设备加工作业相对于人工作业，不受人工技能差异导致作业精度和质量不稳定的影响，从而实现精度可控和更加精准，实现制造品质的提高；工厂批量化、自动化的生产取代人工单件的手工作业，从而实现生产效率的提高；工厂化制造实现了场外作业到室内作业的转变，以及从高空作业到地面作业的转变，改变了现有的作业环境和作业方式，也规避了由于受自然环境影响而导致的现场不能作业或作业效率低下等问题，体现出新型建造工业化的特征。

（2）工厂化制造的技术方法

a．工厂化生产工艺布局技术

工厂化制造区别于现场建造，有其自身的科学性和特点，制造工艺工序需要满足流水线式的设计，衔接有序的工艺设计，满足生产效率和品质的最大化要求。需要依据构配件产品的特点和特性，结合现有生产设备功能特性，按照科学的生产作业方式和工序先后顺序，以生产效率最大化、生产资源最小化为目标，以生产节拍均衡为原则，以自动化生产为前提，对生产设备、工位位置、工人操控空间、物料通道、构件、配件、部品件、配套模具工装等进行布局设计。

b．工厂化生产的自动化制造关键技术

工厂化生产通过机械设备的自动化操作代替人工进行生产加工，流水化作业，提高自动化水平。以结构构件为例，根据其生产工艺，确定定位划线、钢筋制作、钢筋笼与模具绑扎固定、预留预埋安放、混凝土布料、预养护、抹平、养护窑养护、成品拆模等工位，在工序化设置的基础上，通过设备的自动化作业取代人工操作，满足自动化生产需求。

c．工厂化生产的管理技术

工厂化生产处于建造过程中的关键环节，需要有完善的生产管理体系，保证生产的运行。工厂化生产管理系统，需要建立与生产加工方式相对应的组织架构体系，组织架构体系的设置一方面需要保证各相关部门高效运营、信息对称、高效生产；另一方面需要与设计、施工方的组织架构体系有很好的衔接，能保证设计、生产、施工的整个组织管理体系是一个完整系统的组织体系。

d．工厂化生产的信息化技术

未来建筑业的发展趋势是信息化与工业化的高度融合，工厂化生产在结合机械化操作的基础上必须通过信息化的技术手段实现自动化，信息化技术的应用又分为技术和管理两个层面的应用。技术层面主要是通过加工产品的设计信息能被工厂生产设备自动识别和读取，实现生产设备无须人工读取图样信息再录入设备进行加工，直接进行信息的精准识别和加工，提高加工精度和效率；另一方面，在信息化管理方面，实现工厂内部管理部门在统一信息管理系统下进行运行，信息共享、协同工作，保证生产管理系统的协同运作，各个部门在工厂信息管理系统下进行信息的共享，信息自动归并和统计，提高管理效率。另一方面便于设计方了解生产状态，实现设计、生产、装配的协同。

3）装配化施工

（1）装配化施工的重要性

a. 装配化施工可以减少用工需求，降低劳动强度

装配化建造方式可以将钢筋下料制作、构配件生产等大量工作在工厂完成，减少现场的施工工作量，极大地减少了现场用工的人工需求，降低现场的劳动强度，适应于我国建筑业未来转型升级的趋势和人口红利淡出的客观要求。

b. 装配化施工能够减少现场湿作业，减少材料浪费

装配化建造方式一定程度上减少了现场的湿作业，减少了施工用水、周转材料浪费等，实现了资源节省。

c. 装配化施工减少现场扬尘和噪声，减少环境污染

装配化建造方式通过机械化方式进行装配，减少现场传统建造方式扬尘、混凝土泵送噪声和机械噪声等，减少环境污染。

d. 装配化施工能够提高工程质量和效率

通过大量的构配件工厂化生产，工厂化的精细化生产实现了产品品质的提升，结合现场机械化、工序化的建造方式，实现了装配式建造工程整体质量和效率提升。

（2）装配化施工的技术方法

①建立并完善装配化施工技术工法

在设计阶段考虑提升后期施工的便利度，优化便于人工操作、机械化设备应用的设计方案是至关重要的。通过对装配化施工的工序工法研究，建立和完善有关结构主体装配、节点连接方式、现浇区钢筋绑扎、模板支设、混凝土浇筑、配套施工设备和工装等的成套施工工序工法和施工技术。

②制定装配化施工组织方案

在新型建造体系下，结合工程特点，制定具备科学性、完整性和可行性的施工

组织设计的方案。设计施工组织时，要在考虑工期、成本、质量、安全、协调管理等要素的同时，制定相应的施工部署、专项施工方案和技术方案。明确相应的构配件吊装、安装、构配件连接等技术方案，以及满足进度要求的构配件精细化堆放和运输进场方案。

在机械化装配方式下，安装机械设备需要在设计方案中确定与构配件相配套的一系列工具工装，在满足资源节省、人工节约、工效提高、最大限度地应用机械设备等原则下进行操作，选择配套适宜的起重机、堆放架体、吊装安装架体、支撑架体、外围护操作架体等工装设备；从质量、安全等方面明确构配件获取原材料、生产隐检、运输、进场、施工装配等全过程的质检专项方案以及质量安全管控方案。

新型建造方式下的施工环节，需要在设计阶段，根据工程项目和工程定额工效与经验，在工程量、工期、技术方案明确的条件下，科学分析和计算相应的模板、支撑架体、产业工人以及其他资源的投入，做好资源的提前计划、统一调配、统一使用和统一配套等工作。

③实行精细化、数字化施工管理

精细化施工体现在时间上的精细化衔接和空间上的精细化吻合。时间上需要明确部品部件到达现场的时间，以及现场需要吊装、安装构配件的时间，确定在一定时间误差下不同构配件的单件吊装时间、安装时间和连接时间以及相互衔接的实施计划；空间上做好前后工作面的交接和衔接，工作面是施工的协同点和交叉点，工作面的衔接有序和合理安排是工程顺利推进、工期得以保证的基本环节，既要保证工作面上支撑架搭设、构配件安装、钢筋绑扎、混凝土浇筑的有序穿插，又要保证时间段下工作面与工作面的有序衔接和协同。

4）一体化装修

（1）一体化装修的意义

预制装配式建造是新型建造生产方式的主要内容，是建筑行业内部产业升级、技术进步、结构调整的一种必然趋势，其最终目的是提高建筑的功能和质量。但是装配式结构只是结构的主体部分，它体现出来的质量提升和功能提高还远远不够，应包含一体化装修，通过主体结构与装修一体化建造，才能让使用者感受到品质的提升和功能的完善。

在传统建造方式中，“毛坯房”的二次装修会造成很大的材料浪费，甚至有的二次装修会对主体结构造成损伤、产生大量的建筑垃圾，同时带来很多质量、安全、环保等社会问题，与新时代高质量发展要求不相匹配。所以需要提高对一体化装修的认识，加强一体化装修的管理，真正实现建筑装修环节的一体化、装配化和集约化。

（2）一体化装修的技术方法

一体化装修区别于传统的“毛坯房”二次装修方式。一体化装修与主体结构、机电设备等系统进行一体化设计与同步施工，具有工程质量易控、提升工效、节能减排、易于维护等特点，使一体化建造方式的优势得到更加充分的发挥和体现。一体化装修的技术方法主要体现在以下方面：

①管线和结构分离技术

管线分离是指建筑中将设备与管线设置在结构系统之外的方式，比如裸露于室内空间以及敷设在湿作业地面垫层内的管线都称之为“管线分离”。而“管线分离”因为其预留在建筑之外，所以可以在工厂内根据图纸进行模块化、标准化生产，在施工时可以根据不同组合进行现场装配，一方面可以保证使用过程中维修、改造、更新、优化的可能性和方便性，有利于建筑功能空间的重新划分和内装部品的维护、改造、更换，大大增加了灵活性，减少了施工过程中的高损耗；另一方面可以避免破坏主体结构，更好地保持主体结构的安全性，延长建筑使用寿命。

②干式工法施工技术

干式工法施工装修区别于现场湿法作业的装修方式，采用标准化部品部件进行现场组装，能够减少用水作业，保持现场施工整洁，可以规避湿作业带来的开裂、空鼓、脱落等质量通病。同时干式施工不受冬期施工影响，也可以减少不必要的施工技术间歇，工序之间搭接紧凑，可以提高工效、缩短工期。

③装配式装修集成技术

装配式装修集成技术是指通过组合、融合、结合等加工方法使单一的材料或配件形成具有复合功能的部品部件，再将部品部件相互组合的集成技术系统。这一集成技术可以提高装配精度、装配速度并且实现绿色装配的目的。集成技术建立在部品标准化、模数化、模块化、集成化原则之上，将内装与建筑结构分离，拆分成可以工厂生产的装修部品部件。装配式装修集成技术主要包括：装配式内隔墙技术系统、装饰一体的外围护系统、一体化的楼地面系统、集成式卫浴系统、集成式厨房系统、机电设备管线系统等技术。

④部品、部件定制化工厂制造技术

一体化装修部件一般都是工厂定制生产，按照不同的地点、空间、风格、功能、规格等需求进行定制，装配现场一般不再进行裁切或焊接等二次加工。通过工厂化生产，减少原材料的浪费，同时通过部品、部件的标准化与批量化来降低制造成本。

5）信息化管理

（1）信息化管理的意义

①信息化管理是新型建造方式的重要手段

新型建造方式中的信息集成、共享和协同工作离不开信息化管理。新型建造的信息化管理主要是指以BIM信息化模型和信息化技术为基础，通过设计、生产、运输、装配、运维等全过程信息数据传递和共享，在工程建造全过程中实现协同设计、协同生产、协同装配等信息化管理。

②信息化管理是技术协同与运营管理的有效方法

信息化管理可以实现不同工作主体在不同时域下围绕同一工作目标工作，在同一信息平台下，及时沟通信息，保证信息的及时传递和信息对称，提高信息沟通效率和协同工作效率。企业管理信息化集成应用就是把信息互联技术深度融合在企业管理的具体实践中，把企业管理的流程、技术、体系、制度和机制等规范固化到信息共享平台上，从而实现全企业化、多层级高效运营以及有效管控的管理需求。

（2）信息化管理的技术方法

①以技术体系为核心的信息化管理技术

新型建造方式是在建筑技术体系实现建筑、结构、机电、装修一体化；在工程管理方面，实现设计、生产、施工一体化。要实现新型建造方式，必须运用协同、共享的信息化技术手段，才能更好地实现两个一体化的协同管理。因此，信息化技术手段的应用，主要建立在标准化技术方法和系统化流程的基础上，没有成熟的一体化和标准化体系，就难以应用信息化技术手段。

②以成本管理为主线的信息化管理系统

建设企业经营管理的对象是工程项目，只有将信息互联技术应用到工程项目的管理实践中，实现生产要素在工程项目上的优化配置，才能提高企业的生产力，才是我们所需要的信息化。工程项目是建筑企业的利润来源，是企业赖以生存和发展的基础。企业信息化建设也必须把“着力点”放在工程项目的成本、效率和效益上，因为它是企业持续生存发展的必要条件。从一定程度上来说，项目管理是建设企业管理的基石，成本管理是项目管理的根本，项目过程管理要以成本管控为主线。这需要企业严格管理、科学管理、高效管理，而建筑企业管理信息化的过程就是通过信息互联技术的应用，使企业管理更加精细、科学、透明和高效的过程。

③满足企业多层级管理的高效运营和有效管控的集成平台

企业管理信息化集成应用的关键在于“联”和“通”，联通的目的在于“用”。建筑企业管理信息化集成应用就是把信息互联技术深度融合在企业管理的具体实践中，把企业管理的流程、体系、制度等规范固化到信息共享平台，从而满足全企业、多层级高效运营和有效管控的管理需求。

2.3.2 新型建造组织方式

当前，新型建造方式的发展受到了党中央、国务院和各级政府的高度重视，同时也得到了业界的积极响应和广泛参与，政府的推动力度不断加大，企业的内生动力不断增强，产业的聚集效应不断显现，部分地区已呈现规模化发展态势，建筑产业现代化也正在迎来全新的历史机遇期。2016年9月30日，印发了《国务院办公厅关于大力发展装配式建筑的指导意见》（国办发〔2016〕71号）文件，为发展装配式建筑提出了八项重点任务和要求，其中，第七个重点任务是推行工程总承包，同时指出“支持大型设计、施工和部品部件生产企业向工程总承包企业转型”。2003年2月，建设部为了进一步推动工程建设项目组织实施方式的改革，出台了相关文件，要求各地鼓励具有勘察、设计或施工总承包资质的企业通过改革和重组，建立与工程总承包业务相适应的组织机构和项目管理体系，打破行业界限，允许勘察、设计、施工、监理等企业按规定申领取得其他相应资质等九条措施来培育和发展项目总承包管理。

工程总承包是指从事工程总承包的企业（以下简称工程总承包企业）受业主委托，按照合同约定对工程项目的勘察、设计、采购、施工、试运行（竣工验收）等实行全过程或若干阶段的承包。总承包商负责对工程项目进行进度、费用、质量、安全管理和控制，并按合同约定完成工程。在工程总承包模式下，通常是由总承包商完成工程的主体设计；允许总承包商把局部或细部设计分包出去，也允许总承包商把建筑安装施工全部分包出去。所有的设计、施工分包工作等都由总承包商对业主负责，设计、施工分包商不与业主直接签订合同。

在新型建造模式下，尤其是在装配式建筑发展的起步阶段，技术体系尚未成熟，管理机制尚未建立，社会化程度不高，专业化分工没有形成，企业各方面能力不足，尤其是传统模式和路径还具有很强的依赖性。如果单纯地发展装配式，甚至唯“装配率”论，或者用传统、粗放的管理方式来建造装配式建筑，难以实现预期的发展目标，须建立先进的技术体系和高效的管理体系以及现代化的产业体系。因此，必须从组织方式入手推行新的发展模式。工程总承包管理模式是现阶段推进建筑产业现代化、发展装配式建筑的有效途径。工程总承包的类型如表2-2所示。

工程总承包的分类　　表2-2

	工程项目建设程序						
	项目决策	初步设计	技术设计	施工图设计	材料设备采购	施工	试运行
交钥匙总承包（Turnkey）	—	—	—	—	—	—	—
设计采购施工总承包（Engineering，Procurement，Construction）		—	—	—	—	—	—
设计—施工总承包（Design，Build）		—	—	—		—	
设计—采购总承包（Engineering，Procurement）		—	—	—	—		
采购—施工总承包（Procurement，Construction）					—	—	
施工总承包（General Contractor）						—	

2.3.2.1　设计采购施工总承包（EPC）

设计采购施工总承包（Engineering-Procurement-Construction）是仅对建设工程产品建造而言的总承包方式，总承包企业按照合同约定，承担建设工程项目的设计、采购、施工等工作，并对承包工程的质量、安全、工期、造价全面负责。EPC工程总承包的合同关系如图2-3所示。

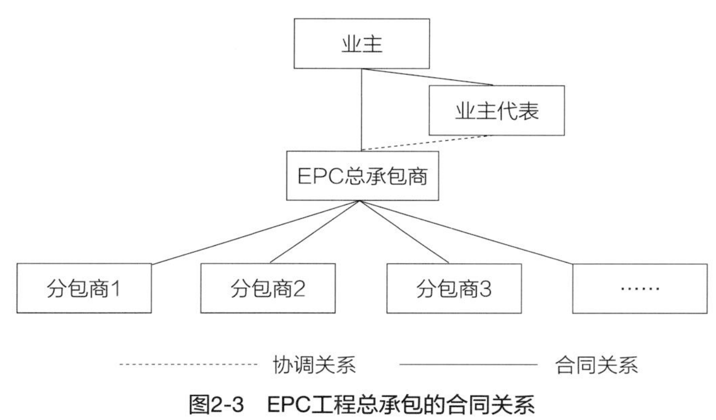

图2-3　EPC工程总承包的合同关系

EPC总承包方式作为最主要的总承包方式，有很多的优点，在EPC建设模式下，建设单位仅组织一次EPC总承包项目招标，总承包商可以采用灵活的方式进行必要的设计、施工分包，从而缩短传统自主建设模式各阶段的招标时间，有利于进度控制，可有效缩短项目工期；EPC模式有利于加强工程的质量管理和划分责任；在EPC建设模式下，总承包合同对合同价格条款有严格的规定，有利于建设项目的成本控制；EPC总承包模式实质上是项目实施的总指挥，相对于传统自主建设模式，业主项目管理人员大大减少，有利于降低业主管理投入。

2.3.2.2 交钥匙工程总承包（Turnkey）

交钥匙工程总承包是设计、采购、施工工程总承包向两头扩展延伸而形成的业务和责任范围更广的总承包模式，不仅承包工程项目的建设实施任务，而且提供建设项目前期工作和运营准备工作的综合服务，其范围包括：

1）工程前期的投资机会研究、项目发展策划、建设方案、可行性研究和经济评价；

2）工程勘察、总体规划方案和工程设计；

3）工程采购和施工；

4）项目动用准备和生产运营组织；

5）项目维护及物业管理的策划和实施等。

与其他工程总承包方式相比，交钥匙工程总承包的优越性主要有：能满足某些业主的特殊要求；承包商承担的风险比较大，但获利的机会比较多，有利于调动总包的积极性；业主介入的程度比较浅，有利于发挥承包商的主观能动性；业主与承包商之间的关系简单。

2.3.2.3 设计—建造工程总承包（DB）

设计—建造工程总承包（Design，Build）是对工程项目实施全过程的承发包模式，不过对于项目设备和主要材料采购，将业主自行采购或委托专业的材料设备成套供应企业承担，工程总承包企业按照合同约定，只承担工程项目的设计和施工，并对承包工程的质量、安全、工期、造价全面负责。DB工程总承包的合同关系如图2-4所示。

DB工程总承包的基本出发点是促进设计与施工的早期结合，以便有可能充分发挥设计和施工双方的优势，提高项目的经济性。

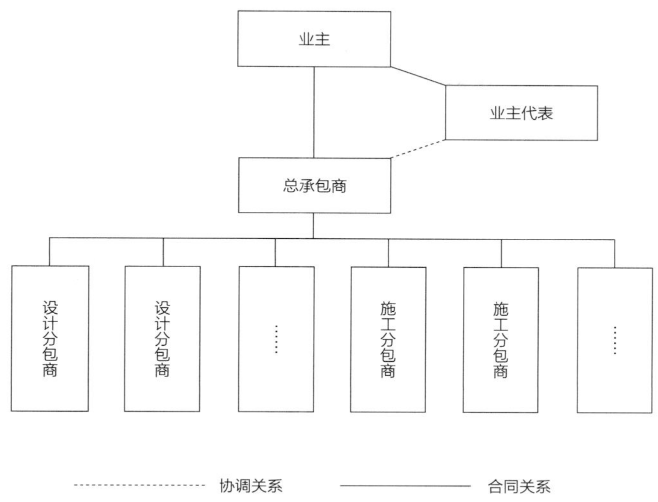

图2-4　DB工程总承包的合同关系

2.3.2.4　工程项目管理总承包

这里首先说明“总承包管理”和“管理总承包”两个用语的不同内涵。前者是指总承包企业对自身所承包的工程项目，在实施过程进行的管理活动。后者则指专业化、社会化的工程项目管理企业接受业主委托，按照合同约定承担工程项目管理业务，如在工程项目决策阶段，为业主进行项目策划、编制可行性研究报告和经济分析；在工程项目实施阶段，为业主提供招标代理、设计管理、采购管理、施工管理和试运行（竣工验收）等服务，为业主进行工程质量、安全、进度和费用目标控制，并按照合同约定承担相应的管理责任。

工程项目管理企业不直接与该工程项目的总承包企业或勘察、设计、供货、施工等企业签订合同，但可以按合同约定，协助业主与工程项目的总承包企业或勘察、设计、供货、施工等企业签订合同，并受业主委托监督合同的履行。

2.3.2.5　其他总承包模式

根据工程项目的不同规模、类型和业主要求，工程总承包还可采用设计—采购总承包（Engineering, Procurement, EP）、采购—施工总承包（Procurement, Construction, PC）等方式。

同时，施工总承包也是工程项目总承包的一种总承包方式，只是其范围定义于施工项目。由于建筑安装工程包括建筑工程和设备安装工程两大部分，因此，有时在施工总承包的情况下，再分成土建工程施工总承包和设备安装工程施工总承包。

2.3.3 新型建造管理模式

目前我国的建筑工程管理中还存在诸多问题，必须对其进行充分分析，找到相应的解决对策，推动我国建筑业的不断发展。就目前情况而言，众多建筑企业并未认识到建设事业管理的重要性，在建设过程中的各项管理工作仍然沿用传统的管理方式，由有经验的建筑人员进行各项事务的安排。由于传统建筑工程在管理上存在严重漏洞导致建筑工程管理成本高昂，同时，由于很多建筑企业忽视对建筑工程质量的管理，缺乏标准化建造方式的意识，在建造过程中为加快进度导致出现了各种不规范操作，造成建筑工程质量不达标、留下安全隐患等问题，一些建筑工程完工后达不到验收标准，给建筑企业带来了极大的经济损失。除此之外，在目前建造管理方式下，缺少对环境保护、能耗控制、资源控制的目标设置，管理部门的机制不完善、职责不明确，造成严重的环境污染、能源消耗。现如今，新型建造管理模式的主要趋势有：精细化管理、标准化管理和信息化管理。

新型建造方式的出现，正是在我国探索工程项目管理高效化的过程中，经过研究和实践，沉淀而成的一套科学化管理模式，新方式在保留传统建造模式优点的基础上，通过强化精细化管理、管理标准化、信息化管理，采用有创新的组织模式和管理思路，真正实现了工程项目的科学化管理发展。

2.3.3.1 精细化管理

1．什么是精细化管理

精细化管理就是落实责任，将责任具体化、数量化、明确化，并做到工作日清日结，每天都要对当天的工作情况进行检查，发现问题及时纠正、及时处理等。

按照“精细化”思路，找准关键问题、薄弱环节分阶段进行，每阶段完成一个体系，实现精细化管理工程在企业发展中的功能、效果、作用。同时，在实施“精细化管理工程”的过程中，要有规范性与创新性相结合的意识。“精细”的境界就是将管理的规范性与创新性最好地结合起来。

2．建筑工程实施精细化管理的重要性

（1）完善管理制度，保证施工顺利

在建筑施工中应用精细化管理制度可以帮助企业完善管理体系，使建筑施工和管理之间有效衔接，从而保证建筑施工项目顺利进行。精细化管理模式强调以人为本的管理理念，并且通过将工人利益与施工质量挂钩来提高工程质量和工人的工作积极性，同时也为施工人员与管理者沟通提供桥梁。另外，精细化管理模式合理配置人员，发挥每位工作人员的优势，让他们在适合自己的岗位上发光发热，这种管理模式不仅可以提高工作人员的工作效率和工作积极性，而且还为施工质量提供保障。

（2）实现资源合理配置，降低施工成本

精细化管理能够实现资源合理配置，避免施工中的浪费和损失，大大降低施工成本，而且在这种管理模式下，企业首先加强对工人的了解，然后根据岗位需求和工人的能力以及施工环节明确进行划分，使建筑工程施工过程更加合理化和规范化。此外，这种管理模式能够提高管理的层次性，从而实现最优化管理。

（3）提高企业的核心竞争力

在市场经济不断变化的背景下，高效率地发挥土地价值成为开发商的最终目的，而开发商为了提高经济效益，需要从多个方面提升自身核心竞争力。而精细化管理模式可以帮助建筑企业更高效地实现经济效益和社会效益，通过科学、系统的管理制度对工程进行监督，并采用责任制调动工作人员的积极性来提高施工效率和施工质量，为施工企业可持续发展奠定基础。

2.3.3.2　管理标准化

1. 什么是管理标准化?

管理标准化是以企业日常经营活动为对象，以获得最佳秩序和社会效益为根本目的而开展的有组织的制定、发布和实施管理标准的活动。管理标准化的直接目的就是实现企业的标准化管理，达到企业生产经营、管理活动的最佳状态——以最低的物质资源消耗获取最大的企业竞争力或者产品竞争力。

健全与装配式建筑相适应的发包承包、施工许可、工程造价、竣工验收等制度，实现工程设计、部品部件生产施工及采购统一管理和深度融合。强化全过程监管，确保工程质量安全，是装配式建筑工作标准化的前提。推进工作标准化，需要完善装配式建筑标准规范，推进集成化设计、工业化生产、装配化施工、一体化装修，引导行业研发适用技术、设备和机具，提高装配式建材应用比例，促进建造方式现代化。针对不同建筑类型和部品部件的特点，结合建筑功能需求，从设计、制造、安装、维护等方面入手，划分标准化模块，进行部品部件以及结构、外围护、内装和设备管线的模数协调及接口标准化研究，建立标准化技术体系，实现部品部件和接口的模数化、标准化，使设计、生产、施工、验收全部纳入尺寸协调的范畴，形成装配式建筑的通用建筑体系。

2．为什么要推行管理标准化？

（1）标准化是企业管理的重要基础性工作

管理标准化是对传统规则制度的升级与完善，在企业的生产、经营、管理等活动中起到不可替代的作用。标准化为建筑企业管理的现代化提供了科学的方法和途径，为企业各项经营生产活动在质和量方面提供了共同遵循和重复使用的准则。

（2）管理标准化是摆脱粗放经营、低效管理的必由之路

通过管理标准化可使企业摆脱粗放式经营，为精细化管理提供重要基础。管理标准化是企业实现管理可复制的必要条件，是实现专业化生产的前提。建筑行业劳动生产率普遍不高，实践证明，推进管理标准化的企业人均营业收入一直在行业排名靠前。

（3）管理标准化能够控制企业风险

推进管理标准化可以降低工作流程的随意性和不确定性（即风险），降低人员和岗位变化带来的管理回潮。企业在进行管理标准化后，对“人”和“能人”的依赖性逐步降低，建筑企业也能逐步从“项目做得好与不好关键看项目经理”或者“成也劳务、败也劳务”这样的困局中逐步找到清晰的思路。

（4）管理标准化能够提升工程品质

从业主的角度看，他们要的不一定是最好的，但一定需要符合标准要求的工程。管理标准化是企业管理和生产过程的底线管理，只有真正对管理过程重视、对作业标准重视才能让企业守住底线。

（5）标准化是提升企业综合竞争力的重要举措

中国经济进入新常态，给建筑企业带来巨大的挑战。建筑企业之间的竞争表面上是市场的竞争，实质是品牌之争、标准之争、管理之争。制定先进的标准，可降低经营、采购、生产成本，建立企业成本领先优势，满足顾客和市场的需求；也可以保护企业的核心技术和自主知识产权，将员工的经验变成企业的知识资产，提高企业的管理成熟度和可靠性，使产品、过程和服务质量的改进始终处于良性循环。

2.3.3.3 信息化管理

工程项目信息化围绕整个工程项目，利用信息管理系统把工程设计、施工过程和行政管理所产生的信息进行有序化的集成存储，按照工作流程采用数据后处理技术，促进各部门、各项目参与方的信息交流，满足工程项目在信息采集、数据处理及共享等各方面的信息化需求，为投资单位、设计单位、监理单位、政策制定者、政府监管部门、供应商、建造商等单位的管理工作提供信息依据。而信息化管理是

将先进的管理理念与信息技术深度融合，改变企业传统的生产和经营方式、管理和组织方式、业务流程等，将企业内部和外部的资源有效整合的过程。建筑企业信息化管理的主要目的是提高企业的管理效率和经营效益，增强核心竞争力。

信息化的核心是建立建筑业的大数据，建筑业各环节的数据建设是建筑业信息化的本质。搭建数据的框架，梳理数据的逻辑关系，对数据进行分类和组合，数据与管理功能的衔接是信息化的内涵。新型建造方式将传统建筑业的湿作业建造模式转向学习制造业工厂生产模式。信息化将信息技术、自动化技术、现代管理技术与制造技术相结合，可以改善制造经营、产品开发和生产等各个环节。提高生产效率、产品质量和创新能力，降低消耗，带动产品设计方法和设计工具的创新、管理模式的创新、制造技术的创新以及协作关系的创新。从而实现产品设计标准化、生产过程控制的智能化、制造装备的数控化以及咨询服务的网络化，全面提升新型建造方式的生命力。信息化管理的技术方法已经在本书前述内容中进行过介绍，这里不再赘述。

其中需要重点突出几点新的管理理念，分别是管理个性化、人机协同化管理、管理扁平化。随着越来越多的工程项目管理软件或系统的应用，新型建造方式开始逐渐从统一不变的传统管理模式向个性化管理转变，例如：在某双曲面的马鞍形玻璃幕墙项目当中，每一块玻璃在规格、尺寸等方面都存在不同，为了实现对建筑设计中目标造型的追求，项目施工方需要采用新型建造方式来实现玻璃幕墙的搭建过程。与传统的手工安装过程相比，新型建造的施工安装过程要求对每一块玻璃构架进行编号、进场之后放线，并需要提前进行预拼装操作，这些施工程序体现了施工现场管理的新理念、新技术、新手段，从而满足了建筑项目个性化设计的需求和目的。正是由于信息化管理技术的不断成熟，使得工程项目的管理逐渐趋向于个性化管理。

近年来智慧建造方面的相关研究不断深入，深度学习算法被广泛应用于工程项目管理领域，其中人机交互识别和人机协同管理平台的研发也成果不断，一定程度上推动了建筑业与信息技术的深度融合。人机协同化管理可以实现统一管控施工现场资源、在线监控施工进度的目的，实现人工巡检和机器巡检的相互配合和统一管控，与视觉信息相结合的过程中还能够实现三维可视化，基于大数据管理实现建筑施工现场管控的智能化、可视化、全流程化，实现科学统计和安全预警功能，人机协同管理中自动巡检数据能够实时交互，实现施工作业和现场管理、前后端数据的互联互通，极大地提升管理效率。

扁平化管理是相对于等级式管理构架的一种管理模式。它较好地解决了等级式管理的“层次重叠、冗员多、组织机构运转效率低下”等弊端，加快了信息流的速率，提高决策效率。随着信息技术在建筑工程项目中越来越多的介入，施工现场管理模式也在发生着变革。在传统管理模式中，当管理人员在现场发现问题时，区域安全人员报给分管经理，经过很长的人员交涉线路才能找到具体的责任工人以解决相关问题，近年来由于“智慧工地”等相关的理念以及相关的程序、系统在越来越多的施工工地上的推广和应用，在“智慧工地”系统的应用前提下，从发现施工现场的问题到找到责任人并解决问题的路径大大减少，施工管理的效率大幅度提升，管理扁平化所代表的新型管理方式拉近了安全管理人员到具体责任人之间的距离，提升了两者之间的沟通效率，扁平化管理通过实时化提供施工现场的各类数据，形成一个及时反馈的管理模式，降低施工现场人员之间的沟通成本。

第3章

新型建造方式的管理与创新

3.1 新型建造方式与新发展理念

新型建造方式，是指在建筑工程建造过程中，以“绿色化”为目标，以“智慧化”为技术手段，以“工业化”为生产方式，以工程总承包为实施载体，实现建造过程“节能环保，提高效率，提升品质，保障安全”的新型工程建设组织模式。

发展新型建造方式，就是要围绕“减少污染，提升效率，提升品质，保证安全”四个方面的发展方向，实现建造生产方式由劳动密集型、资源集约型向现场工厂化、预制装配式的新型生产方式转变，实现建造组织方式由传统承发包模式向工程总承包模式过渡，实现建造管理方式由传统离散管理向标准化、信息化管理方式蜕变。

3.1.1 新型建造方式的发展是国家城市规划建设的战略选择

建筑产业是国民经济的支柱产业和安邦富民的基础性产业，为我国改革开放后40余年的经济高速腾飞做出了巨大的历史贡献。然而，发展速度的提升，并没有改变建筑业粗放、劳动密集型的现状，反倒使资源消耗大、环境污染严重、机械化程度低、工程效率低等问题日趋突出，与目前国家重点发展的“绿色、创新、可持续”战略严重不符。

因此，发展新型建造方式，不仅是新的节能环保要求下新型城镇化发展所需大量工程建设的必然选择，也是国家城市规划建设的战略选择。

3.1.1.1 新型建造方式的发展能促进产业精细分解

新型建造方式不同于传统的建造方式，其对分工协作的要求要高过传统建造方式，因此，新型建造方式的出现，意味着专业承包商的增加，意味着分工精细化程度的加强，也进一步促进了装配式建筑的快速发展。

发展新型建造方式，能够有效地促进建筑产业分工体系的进一步深化，在逐渐开始向技术和知识密集型项目渗透。分工体系深化的同时，建筑企业也在寻找着各自的定位，发掘自身的产业优势。另外，建筑企业在技术研发领域开始走向合作，并逐步形成了全球技术资源共事的新局面。一些企业为了降低研发成本，寻找合作者共同分担，逐步将技术研发机构从母体脱离出来的同时，引入新的投资者；另一方面，独立的研发机构为提高研发成果的效益，开始向更多的企业提供服务。在一定程度上讲，这是建筑业内部分工进一步深化的必然结果。

3.1.1.2 新型建造方式的发展能促进政策环境优化

近年来，建筑行业的政策环境已明显滞后于建筑行业自身的快速发展，主要表现在：

1）相关法规政策滞后，预制装配式等行业政策频出，但扶持和监管政策难以适应新业态、新模式发展。

2）新产业业态规模迅速扩大，新的产业垄断可能性加大，但缺乏相关法律作为界定依据和规范方法。

3）政策扶持多是宏观层面鼓励，细分领域的顶层规划和实施政策还需加紧落地，扶持政策的杠杆效应有待发挥。

4）征信体系、劳动保障和知识产权保护等方面的保障体系不完善，制约新型建造方式发展。

新型建造方式对产业链的冲击，需要建立完善、系统的政策环境，以满足产业化的要求，改善环境与新方式之间的不适应性，因此，借助新型建造方式的发展规模和影响力的持续扩大，发展新型建造模式，将对资源重构、组织重构和供需重塑带来巨大影响，从而引领行业研究并推动构建有利于其发展的政策环境。

3.1.1.3 新型建造方式的发展能有效减少环境污染

新型建造方式具有减少资源浪费、减少环境污染的优势，该优势通过如下三个方面予以体现：

1．绿色、节能的设计理念

新型建造方式要求建筑设计中采用绿色、节能的理念，通过新技术的应用和对可持续建筑材料的使用，降低环境压力，节省大量的资源，包括使用可循环材料、可降解材料，使用绿色建筑材料替代自然资源耗竭型材料，减少对于自然资源的消耗；运用低碳节能技术措施达到低能耗，减少污染，实现可持续性发展的目标；在深入研究风环境、室内热工环境和人体工程学的基础上，梳理出人体对环境生理、心理的反映，创造健康舒适而高效的室内环境；并考虑使用可再生能源为建筑提供能源的需求。

2．节能、降耗的建造理念

采用新型建造方式，全面推进建筑节能，将有效地提升低碳经济的发展水平。

预制装配式在工厂内完成大部分预制构件的生产，降低了现场作业量，使得生产过程中的建筑垃圾大量减少，与此同时，由于湿作业产生的诸如废水污水、建筑噪声、粉尘污染等也会随之大幅度地降低。在建筑材料的运输、装卸以及堆放等过程中，采用装配式建筑方式，可以大量地减少扬尘污染。在现场，预制构件不仅可以去掉泵送混凝土的环节，有效减少固定泵产生的噪声污染，而且装配式施工高效的施工速度、夜间施工的时间的缩短可以有效减少光污染。

3．高效、智能的运维理念

新建建筑和既有建筑改造中推广普及智能化应用，完善智能化系统运行维护机制，实现建筑舒适安全、节能高效。利用BIM技术、大数据、智能化、移动通信、云计算、物联网的新型技术在建设项目中的应用，通过建筑工程阶段形成的竣工模型，为建筑运维管理打造信息化平台，平台将集成建筑生命期内的结构、设施、设备甚至人员等与建筑相关的全部信息，并附加智能建筑管理、消防、安防、物业管理等功能模块，实现基于平台的运维管理系统。新理念带来的优良的能耗控制、精细的维修保养管理、高效的运维响应，可以使建筑达到更好的社会效益和更低的运营成本。

3.1.1.4　新型建造方式的发展能提升建造效率

和传统建造方式相比，新型建造方式下建筑工程的生产模式、组织模式、管理模式均发生了变化，具体表现在：

1）新型建造方式要求设计精细化、集成化；

2）新型建造方式要求实现建筑构件生产自动化；

3）新型建造方式要求建筑机械自动化；

4）新型建造方式要求运维物业前置。

新型建造方式的上述特征，大大提升了建造效率。

在新型建造方式下，建筑工程能全面结合市场需求与行业趋势进行判断，在新体系、新技术、新工艺方面寻求突破，将设计思想与设计决策落实到“生产环节”

与“施工环节”；能有效实现生产方式、资源整合的重大创新，通过机械化自动流水线生产，极大提高生产效率，解放生产力的同时又保证预制构件的质量；能通过不断提高建筑机械的自动化水平，在很大程度上提高工作的效率，保证在工作的过程中系统的稳定性；能保障物业运维在规划设计阶段介入项目，站在自身角度，提出合理建议，要求设计、建造等环节考虑后期运维期间建筑物节能环保问题及满足人的舒适性问题。

3.1.1.5 新型建造方式的发展能提升建造品质

和传统工程模式相比，新型建造方式下，无论是对设计、建筑材料和设备、施工过程，还是对后期运营维护的要求，都有大幅度和系统性的提高，因此，按照新型建造方式完成工程项目，能够有效地提升建造品质。

1. 新方式要求优化设计方法

传统工程模式，往往只是由各个专业根据设计规范和建筑的功能需求对本专业整体状况和系统组成进行说明性设计，很少会具体到材料设备的精确选型和施工工艺细节描述，导致设计图纸较为粗放，错漏碰缺和不明确、不细致的内容较多。而建筑企业如果直接将这种设计成果用于工程采购和现场施工，往往会造成材料浪费、质量失控、工程返工等多种不良后果，精益建造更是无从谈起。

采用新型建造方式，就必须在传统的施工图设计和工程采购、现场施工环节中，增加一项精细化设计工作来对传统施工图设计进行持续改进，解决原设计的错漏碰缺和不明确、不细致的问题，并将各专业进行有机整合，使工程采购和现场施工能够有一个准确精细的管理依据，真正实现建筑工程建造品质提升。

2. 新方式要求改良生产线

新型建造方式对生产线也提出了更高的要求，需要预制装配化为新城镇建设保驾护航，生产线及生产设备的自动化程度的提高尤为重要，同时技术体系、预制构件及部品种类的多样性，也对生产线适应多元化提出了更高的要求。

3. 新方式要求改进施工工艺

新型建造方式中的预制装配式建造方式，施工现场取消外架，取消了室内、外墙抹灰工序，钢筋由工厂统一配送，楼板底模取消，铝合金模板取代传统木模板，现场建筑垃圾可大幅减少。预制构件在工厂预制，构件运输至施工现场后通过大型起重机械吊装就位。

操作工人只需进行扶板就位、临时固定等工作，大幅降低操作工人劳动强度。门窗洞预留尺寸在工厂已完成，尺寸偏差完全可控。室内需预制的木砖在工厂完成，定位精确，现场安装简单，安装质量易保证。取消了内外粉刷，墙面均为混凝土墙面，有效避免开裂、空鼓、裂缝等墙体质量通病，同时平整度良好，可采用反打贴砖或采用彩色混凝土作为饰面层，避免外饰面施工过程中的交叉污损风险。

4. 新方式要求改进施工装备性能

新型建造方式是机械化程度不高和粗放式生产方式升级换代的必然要求。目前国内劳动力成本在不断增加，工程机械产品的运用日益广泛，行业需求受劳动力成本上升拉动显著。国家先后发布一系列政策，鼓励发展装备制造业，建筑产业机械化得到拉动。建筑装备升级，在满足多样化需求的同时，建筑装备向高度的设备集成化、智能化方向发展，配合传统设备的升级改造，以进一步提高劳动生产率，加快建设速度，降低建设成本，改善施工质量。

5. 新方式要求提升新材料的功能

新型建造方式符合国家“绿色、创新、可持续”的发展战略，也对建筑材料提出了新的要求。目前，行业所用材料大多难以重复利用，使用寿命达不到建筑使用寿命，造成资源浪费，环境污染。新型建造方式下，应研发使用寿命长、节能环保、符合使用环境、成本低廉的新型建筑材料。例如，适用于钢筋混凝土结构工程的高强钢筋，将HRB400高强钢筋作为结构的主力配筋，在高层建筑柱与大跨度梁中积极推广HRB500高强钢筋，可节省钢筋使用量约12%～18%。

6. 新方式要求优化后期运维

基于建筑信息化搭建建筑信息平台，将建筑项目中所有关于设施设备的信息，利用统一的数据格式存储起来，包括建筑项目的空间信息、材料、数量等。利用此数据标准，在建筑项目的设计阶段，如有变更设计也可以及时反应在此档案中，维护阶段能够得到最完整、最详细的建筑项目信息。借助现代VR、3D可视化等技术，运维阶段可实现空间信息的提供和信息的迅速更新。

利用现代计算机技术，例如，EMS（能源管理系统）、IBMS（综合楼宇智能化系统），IWMS（综合工作场所管理系统）、CAFM（计算机辅助设施管理），实现运营期间数据的采集和处理，对建筑耗能进行评估，在满足人的需求的前提下，采取更换设备、建设绿化等方式实现运维期间的节能环保，同时满足人生理及心理需求，实行精细化管理。

3.1.1.6 新型建造方式的发展能提高建造安全文明水平

传统建造下，预制装配式施工现场存在构件进场堆放、高空吊装作业、临时支撑固定、套筒灌浆施工等作业环节，安全把控关键点明显增加。大量的预制构件生产、运输和吊装，将安全管理往前延伸到设计阶段和生产阶段，对设计预控和原材料验收提出了较高的要求。同时各方相关管理职责、制度，管理工作标准，工作流程不明确。

而新型建造方式不论从技术上还是从管理上都对新型建造方式的安全管理提出了更高的要求。

新型建造方式下，设计过程要求考虑生产及施工环节的安全要素，包括运输及安装过程涉及的安全问题；要求工厂通过标准化的管理建立安全生产要点，实现工位安全管理标准；要求建筑物具有完善的安保、消防系统，能有效应对灾难和紧急情况，要求物业从系统的角度进行安全管理，而安全管理涉及建筑物的框架结构、基础环境、网络通信、设备管理和自动控制等五个方面，基于新型建造方式的信息化，建筑物相关信息能够完整地流入运维阶段，为后期运营安全管理提供了基础。

3.1.2 新型建造管理方式是项目科学化发展的重要保证

一直以来，中国建筑工程项目管理方式已经由早期的粗放型向现代项目管理进行转变，但是，与国外先进的项目管理水平之间，还存在着一定的差距。为了发展我国的工程项目管理，适应国际国内建筑市场更加激烈的竞争环境，把我国的建筑市场培育发展得更加完善，我国的工程项目管理必须要实现科学化。

新时期的建筑工程需要从不同角度适应人们的需求，在技术手段上进行一定程度的革新，保证建筑施工与时俱进。同时在项目管理上需要从不同角度进行分析，保证项目科学进行，为建筑业的发展打下坚实的社会基础。新型建造管理方式的范围是建筑的全寿命周期，建筑的前期策划、设计、施工、运营直到建筑物的使用寿命结束进行拆除，应从项目的全生命周期出发，使工程建设和运行期间的目标一致，统一管理模式、管理方法，通过精细化、标准化、信息化的管理手段，对各建造阶段的工作从不同的专业角度进行优化，做好信息互通，以达到环境友好、效率提升、保证质量、确保安全的目的。

因此，新型建造管理方式的推广和实践，正是我国实现项目科学化的一条必经之路，也是重要保证。

3.1.2.1 我国建筑项目工程管理现状

具体总结起来，目前的管理现状存在如下几方面问题：

1）工程项目管理方面意识薄弱；

2）工程项目管理体系不健全；

3）工程项目管理水平不高；

4）工程项目管理方面法律法规不够健全。

3.1.2.2　实现工程项目管理科学化的策略

从科学理论体系出发，实现工程项目管理科学化的核心策略包括如下几个方面。

1．要有创新的管理观念

更新管理的观念，不断创新，敢于尝试，不断探索新的管理理念，将国外先进的管理理念引入到我国工程项目管理中来，力争尽快缩短与发达国家的管理水平差距。

2．要建立科学的工程项目管理体系

科学的工程项目管理体系，在工程项目中是非常重要的，当前许多发达国家都有自己完善的管理体系，可是当前我国工程项目管理水平还处在发展阶段，缺少科学的项目管理体系，因此，要促进企业建立科学的项目管理体系。

3．要建立完善的法律法系和制度

国家和政府要建立完善的法律法系和制度，为项目管理提供法律依据。增加项目管理方面的法律法规，并制定新的法律法规，强制推行专业的工程项目管理，硬性规定管理的范围，严格控制和考核项目管理企业的专业化和职业化，以克服工程建设过程中的各种困难，逐步缩小和世界先进水平的差距。

4．要加强项目管理理论、方法的科学化

加强系统论、信息论、控制论、行为科学等现代管理理论在项目管理中的应用，以及预测技术、决策技术、数学分析方法、数理统计方法、模糊数学、线性规划、网络技术、图论、排队论等现代管理方法的应用。

5．要使用科学的工程项目管理方法

工程项目管理最主要的方法应该是“目标管理方法”，即“MBO”方法。它的精髓是“以目标指导行动”，即以实现目标为宗旨而开展科学化、程序化、制度化、责任明确化的活动。

6．要充分结合建筑市场运行要求

建筑市场运行的正常化为工程项目管理提供外部环境，其所涉及的因素是多方面的，但最重要的还是要法制完善、管理得力和主体健全。

7．要实现计算机化或信息化

现代化的工程项目管理是一个大的系统，各系统之间具有很强的关联性，管理业务又十分复杂，有大量的数据需要计算，有各种复杂的关系需要处理，需要使用和存储大量信息，没有先进的信息处理手段是难以实现科学、高效管理的。利用互联网能促进建设项目参与各方突破时间和距离的限制，能及时、有效地进行信息的交流与共享。

3.1.3 新型建造方式发展要有“系统性”思维

“系统工程”是实现系统最优化的管理工程技术理论基础，理论发端于第二次世界大战之后，是第二次世界大战后人类社会若干重大科技突破和革命性变革的基础性理论支撑和方法论。比如美国研制原子弹的曼哈顿计划和登月火箭的阿波罗计划就是系统工程的杰作。我国两弹一星以及运载火箭等重大项目的成功，也是受惠于钱学森先生将系统工程的理论和方法引入并结合了我国国情的需要。

步入新时代，以工业化建造方式为核心的新型建造方式取代传统的粗放型建造方式势在必行，也是建筑业摆脱传统路径依赖、探索新型建筑工业化道路的根本出路。

新型建造方式，从其实施层面出发，就是要向制造业学习，建立起工业化的系统工程理论基础和方法，将建筑作为一个完整的产品来进行研究和实践，形成以达到总体效果最优为目标的理论与方法，才能实现建筑的高质量、可持续发展。

因此，新型建造方式，必须坚持以“系统性”的思维来发展。

3.1.3.1 新型建造方式的“系统性”思维原则

1）新型建造方式的系统工程研究，应采用“先整体后分部”的步骤。即先进行建筑系统的总体设计，然后再进行各子系统和具体问题的研究。

2）新型建造方式的系统工程方法应该以整体最佳为目标，通过综合、系统的分析，利用信息化手段来构建系统模型，优化系统结构，使之整体最优。

3）新型建造方式应做到近期利益与长远利益相结合，社会效益、生态效益与经济效益相结合。

4）新型建造方式应该以系统思想为指导，综合集成各学科、各领域的理论和方法，实现专业间不同阶段的融合、跨界、集成创新。

5）新型建造方式的研究强调多学科协同，应按照“系统工程”的要求组成一个专业配套度高、知识结构合理的共同体，并采取科学合理的协同方式。

6）新型建造方式的各类系统问题均可以采用系统工程的方法。

7）新型建造方式应用数学模型和逻辑模型来描述系统，通过模拟反映系统的运行，求得系统的最优组合方案和最优的运行方案。

3.1.3.2 新型建造方式的“系统性”执行理念

发展新型建造方式，要遵循系统性的执行理念，无论是在执行思路上，还是在具体操作方法上，都需要坚持“系统性”的思维方式。

1. 系统性的设计理念

在新型建造方式的设计过程中，必须建立整体性设计的方法，采用系统集成的设计理念与工作模式。

设计伊始，首先要进行总体技术策划，要先决定整体技术方案，然后进入具体设计，即先进行建筑系统的总体设计，然后再进行各子系统和具体分部设计。要把建筑作为整体的对象进行一体化设计；要以实现工程项目的整体最优为目标进行设计；要采用标准化设计方法，遵循“少规格、多组合”的原则进行设计；要充分考虑生产、施工的可行性和经济性。

2. 系统性的设计方式

采用系统性的设计方式，也是保证新型建造方式坚持“系统性”思维的重要表现。通过采用标准化设计、一体化设计、系列化设计、多样化设计，充分强调对建筑的系统性思考过程，这是建造方式的重大变革。

3.1.4 新型建造方式采用工程总承包模式是大势所趋

3.1.4.1 传统工程模式的不足之处

长期以来，我国工程建设领域沿袭设计院负责设计、建设单位负责采购、施工单位负责施工的传统模式。在这种模式下，存在以下几种问题：

1）总承包组织结构不合理，地区、企业、部门割据的局面，导致在短期内很难形成专业化协作下的经济规模，建筑行业中，勘察、设计单位等未把推进集约化的建造组织模式作为主导方向之一；

2）设计环节与施工环节分离的问题日益凸显，设计是工程项目经济性的决定性因素，但设计方往往注重技术、安全，设计方案的经济性欠缺，同时对施工过程也欠缺考虑，引起设计变更，对工期造成不良影响；建设方的组织、协调工作量大，对工程项目的目标控制难度加大，不利于投资控制和进度控制；

3）业主存在不规范行为，由于业主建设目的、筹资方式的不同，对《建筑法》、《招标投标法》理解不同，导致有些业主为避开相关法规限制，把大工程进行肢解，切块、分块、分段招标，甚至压价承包、垫资承包、随意分包、索要回扣、拖欠工程款，诸如此类，很不利于工程总承包管理的有效开展。

因此，传统建造组织方式不仅形式单一，项目的各阶段分离，造成工程项目建设工期长、资金浪费大，松散、粗放的组织模式也使得工程质量难以保证，存在能源消耗大、对环境污染大等弊端。随着社会发展，人需求的提升，同时伴随着科学技术的不断进步，现代工程项目在规模、结构、技术、质量、功能及所面临的环境方面都发生了极大的变化。传统的建造模式已经不适应市场的发展趋势和新形势下业主对投资、工期和质量等更高的要求，尤其是在新型建造方式下的建筑工业化项目中，设计工作相比传统的建筑工程更为繁琐，设计协调和变更的情形也有所增加，而应用传统的项目管理模式使得各方和专业之间协同困难，无法及时沟通，设计变更等问题更为突出，各个环节之间更加难以有机统一，因此，传统建造组织模式亟待升级。

3.1.4.2 采用新型建造方式是大势所趋

随着国内、国际建筑市场的进一步接轨，我国的工程建设市场正在发生深刻变化，传统建造方式向新型建造方式转型，同时也要提升与之匹配的新型建造组织方式。新型建造基于现场工厂化、预制装配式的生产方式，促进设计、生产、施工等建筑全生命周期各环节的整合，达到减少建筑用工、缩短建设工期、降低劳动强度、确保工程质量、节能降耗、提高综合效益等预期目标，最终实现建筑业环境友好提升、建筑建造效率提升、建筑工程品质提升、建筑工程安全文明保证的目标，因此，新型建造组织方式需日益走向集成化、专业化。

建筑业发展形势表明，在现阶段，提升新型建造组织方式离不开项目工程总承包模式。工程总承包指的是从事工程总承包的企业受业主委托，按照合同约定对工程项目的勘察、设计、采购、施工和试运行等实施全过程或若干阶段的承包。工程总承包模式下，业主将整个过程项目分解，划分为各阶段或各专业的设计（如规划设计、施工图设计），各专业工程施工、各种供应、项目管理（咨询、监理）等工作。工程总承包并不是固定的一种唯一的模式，而是根据工程的特殊性、业主状况和要求、市场条件、承包商的资信和能力等可以有很多模式进行项目实施。

另外，在新型建造模式下，尤其是在装配式建筑发展的起步阶段，技术体系尚未成熟，管理机制尚未建立，社会化程度不高，专业化分工没有形成，企业各方面能力不足，尤其是传统模式和路径还具有很强的依赖性。如果单纯地发展装配式，甚至唯“装配率”论，或者用传统、粗放的管理方式来建造装配式建筑，难以实现预期的发展目标，需建立先进的技术体系和高效的管理体系以及现代化的产业体系。因此，必须从组织方式入手，注入和推行新的发展模式。工程总承包管理模式是现阶段推进建筑产业现代化、发展装配式建筑的有效途径。

3.2 新型建造方式的建筑企业管理

3.2.1 工程建造组织方式创新对建筑产业现代化的推进作用

建筑产业现代化是建筑产业从操作上的手工劳动向机械化再到智能化的转变，从施工工业的简单化向复杂化转变，发展方式从单纯依靠个人经验逐步向依靠科技进步转变，管理方式也从粗放式管理逐步转为集约式管理，建筑工人也逐步迈入产业化的步伐，智能建造技术、装配式建筑逐步融入传统工程建造方式。

随着新型建造方式的不断发展，特别是在推进建筑产业现代化背景下，针对工程建造组织方式的创新，对整个建筑产业现代化有着不可或缺的推进作用。

3.2.1.1 我国建筑产业现代化发展现状

我国在建筑产业现代化的进程中不断探索，开展了大量的工作，在发展模式、体系建设、政策措施、标准规范、龙头企业等方面取得了一些成果。

1. 发展模式

在建筑产业现代化发展的进程中，逐渐形成了企业主导型、政府主导型、协同创新型等三种发展模式。

企业主导型——指在建筑产业现代化的发展进程中，企业通过成立研究中心或者与科研单位合作，自主研发并推广建筑产业现代化。

政府主导型——主要体现在政府出台相关政策文件，组建相应工作机构，从保障房项目入手，逐步推进现代建筑产业工作。

协同创新型——更加强调政府、企业、高校等之间的合作。

2. 技术体系

近年来，我国在建筑产业现代化技术体系建设领域不断研究和发展，形成了一批建筑产业现代化的技术体系。以装配式建造方式为例，现有的体系主要有预制装配式混凝土结构技术（PC技术）、模块建筑体系、NPC技术、半预制装配式混凝土结构技术（PCF技术）、多层预制钢结构建筑体系、装配式整体预制混凝土剪力墙技术及叠合板式混凝土剪力墙技术。

3. 政策措施

随着建筑产业现代化的不断推进，各地区结合实际情况也逐步推出了相关政策措施，主要集中在三个大的方面：

行政引导——通过建立组织领导小组、开辟行政审批绿色通道等行政措施引导本地区建筑产业转型升级，促进建筑产业现代化发展。

行政强制——通过在保障性住房、政府工程中强制推广建筑产业现代化技术，促进建筑产业转型升级。

行政激励——通过财政支持、税费优惠、金融支持等激励政策措施促进建筑产业各行业转型升级。

4．标准规范

住房和城乡建设部以及江苏、北京、沈阳、济南等多个省市，在总结我国建筑产业现代化发展实践经验的基础上，先后制定了多部标准。比如，《装配式混凝土结构技术规程》JGJ 1—2014、《轻型钢结构住宅技术规程》JGJ 209—2010、《预制预应力混凝土装配整体式框架技术规程》JGJ 224—2010、《装配式剪力墙住宅建筑设计规程》DB11/T 970—2013、《住宅性能认定评定技术标准》GB/T 50362—2005、《建筑装饰装修工程质量验收标准》GB 50210—2018等。

3.2.1.2 我国建筑产业现代化发展瓶颈问题

推进建筑产业现代化进程，实现建筑产业现代化全面发展需要解决很多问题。

总体来看，制约我国建筑产业现代化发展的主要因素集中在政策、市场、技术、成本、产业等五个方面。

1．政策方面

我国对促进建筑产业现代化发展的有关政策、法律框架初步完善，但缺少具体实施层面的政策扶持。美国、日本、新加坡等发达国家和地区在促进建筑产业现代化发展上，既通过法律的强制性来规制行业行为，又通过税收、金融等方面的政策扶持给予行业优惠，增加了企业参与的积极性。正因为我国缺少在税收、金融等方面的鼓励政策，在产业链系统中的主体，尤其是以大型地产企业为主导的产业链系统无法有效地调动起来。在政策到位之前，地产企业因为高风险、低利润、回报太低，无法带来持续稳定的收入，不会大规模推行建筑产业现代化，如果发展太快，政策支持又跟不上，很可能造成企业负债经营。因此，政府在财税、金融等层面对参与建筑产业现代化实施的主体有相当程度的政策鼓励是很有必要的，用来消除产业化项目建设的“外部性”干扰。

2．市场方面

建筑产业现代化的大规模推行需要成熟的建筑市场条件，而大量的市场需求才能实现市场化运转。我国的建筑市场在产业结构方面存在诸多问题，住房供给与需求不成比例，尚不能达到可持续性的市场运行；建设速度过快，市场规制发挥不出应有作用，价格过高，质量问题突出等。市场机制不健全，不能有效地解决建筑产品供需矛盾，也就无法有效地推动建筑产业现代化顺利开展。

3．技术方面

标准化集成技术和信息技术是推行建筑产业现代化的重要支撑。

但我国目前的建筑产业现代化建造程序还未找到行之有效的部件模块化分解技术。其一，模数体系不完善。我国的建筑产业现代化尚处于探索阶段，尚未形成完整的产业链，在实际应用中，部品构配件的模数标准没有正规、系列化的指导体系，这样生产出的部品部件规格不统一，难以达到规模化推广的要求，从而在产业化项目的大规模实施中无法进行大范围产业化生产。其二，产业集成化程度低。集成体系的构建要求规模化的生产，单是部品或某个产业化项目的建设是无法达到产业化大规模、高效率、高质量生产建设的。建筑产业现代化要实现全国范围的推广就必须实现高度集成化。

4．成本方面

因为我国的人工、资源等成本较低，而技术研发的成本相对较高，因此，依赖人力、资源等方式的传统建设模式的成本远低于产业化项目的建设成本。一般认为，在建筑产业现代化实施初期，其成本要高于传统建造的20%～40%。

没有形成集成化的产业链生产建造模式也会造成成本增加。相关上下游企业较少且分散，在实际实施中没有形成一个囊括投资主体、施工企业、制造业、物流业等各类建筑产业参与主体的集成化产业链体系，不仅不能为建筑产业现代化的生产节约成本，还会导致建筑生产效率降低。

5．产业方面

建筑产业现代化的发展需要产业的集中运行对产业链资源进行整合。成熟的行业集中度主要通过行业内的产业集约效应来引导行业市场的运行方向，从而推动产业化的发展。建筑产业现代化主要是实现产业链的标准化生产，要实现产业链的集成，不光要有作为主导地位的地产企业，还要充分发挥设计、施工、生产、物流等多家企业的协同作用，需要改变现行建设模式下行业运作流程，需要建立起成熟的多方联动机制和先进的技术体系。我国目前只是建立了产业化示范基地，相关产业链集成行业尚未参与进来，体系构建不完善，仅依靠某一环节或某一项目的产业化还不能实现整个产业化建筑市场的规模化运作。

3.2.1.3 工程建造组织方式创新的推进作用

工程建造组织方式在面对新型市场环境和创新技术，其适时地进行了创新补充，使其赋予了新的内涵，主要体现在以下几点：

首先，从基于一体化集成的角度，传统的工程建设组织方式主要是将工程建设项目的资本运作、建筑设计、物资采购、新技术应用和施工管理割裂进行组织设计。而现在工程建造组织方式创新将其进行组织集成，一体化地进行资源的优化配置，从而提供更全面的服务内容。并利用这种组织集成更好地适应装配式建筑、BIM、大数据、云计算、物联网、移动互联、人工智能等信息技术的运用，促进建筑产业现代化的不断发展。其具体内容主要包括以EPC模式促进装配式建筑发展，BIM技术以及大数据、云计算、物联网、移动互联、人工智能等信息技术对工程建设组织方式带来的变革。

其次，从基于项目融资的角度，在传统的项目融资的基础上，衍生了更多将项目融资方式进行组合、创新的融资方式。伴随着一体化集成的工程建造组织方式的创新，其投资方式也要发生相应的改革和变化。项目融资的主体和渠道不断丰富，融资形式也在不断丰富。现如今已产生多种多样的融资模式，如PPP、BOT及其衍生模式、PFI、ABS等，这些创新融资模式都不约而同地将项目的业务链条拉长，不再单一关注项目建造的单一过程，而是多主体前期共同参与，更多的是站在融资角度建立的工程建造组织架构。结合具体的项目背景与特点，对融资方式进行组合使用，灵活且最大限度地增加项目公司在项目资本运营、建筑设计、物资采购、新技术运用和施工管理的资源灵活优化配置。

最后，随着企业组织模式的变革和工程项目不同阶段管理的要求，工程项目管理的组织实施形式出现了新的变化，有建设单位主导的项目管理，有总承包方主导的项目管理，也有咨询公司进行全过程咨询服务使得项目组织结构、管理制度、管理方法、责任划分等面临新的课题，这就要求在项目管理模式、管理体制创新方面应当适应项目利益相关方的要求，以全面提高工程项目管理的国际化水平。

3.2.2 基于一体化集成的工程建造组织方式的创新

基于一体化集成的工程建造组织方式，是一项复杂的系统工程，需要系统化的工程管理模式与之相匹配。EPC模式的成熟、BIM技术的应用和智慧工地的出现，正是在进一步匹配新的建造方式下的创新。

3.2.2.1 EPC模式的发展

工程总承包（Engineering-Procurement-Construction，EPC）是国际上通行的一种建设项目组织实施方式，在大型建筑项目上，大力推行EPC模式，既是政策措施的明确要求，也是行业发展的必然方向。

EPC模式的不断发展成熟，是新型建造方式在发展过程中的创新，也是必然趋势。

1．EPC模式有利于实现工程建造组织化

EPC模式是推进建筑一体化，全过程、系统性管理的重要途径和手段，推行EPC模式，投资建设方只需集中精力完成项目的预期目标、功能策划和交付标准，设计、制造、装配、采购等工程实施工作则全部交由EPC工程总承包方完成。总承包方围绕工程建造的整体目标，以设计为主导，全面统筹制造和装配环节，系统配置资源（人力、物力、资金等），工程各参与方均在工程总承包方的统筹协调下，围绕着项目整体目标的管理和协调实现各自系统的管理小目标，局部服从全局、阶段服从全过程、子系统服从大系统，实现在总承包方统筹管理下的工程建设参与方的高度融合，实现工程建设的高度组织化。

2．EPC模式有利于实现工程建造系统化

EPC模式的优势在于系统性的管理。在产品的设计阶段，就统筹分析建筑、结构、机电、装修各子系统的制造和装配环节，各阶段、各专业技术和管理信息前置化，进行全过程系统性策划，设计出模数化协调、标准化接口、精细化预留预埋的系统性装配式建筑产品，满足一体化、系统化的设计、制造、装配要求，实现规模化制造和高效精益化装配，发挥装配式建筑的综合优势。

EPC模式突破了以往设计方制定设计方案、生产制造方依据设计方案制定制造方案、工程装配方依据设计方案制定装配方案，导致设计、加工、装配难以协同的瓶颈，通过全过程多专业的技术策划与优化，结合装配式建筑的工业化生产方式特点，以标准化设计为准则，实现产品标准化、制造工艺标准化、装配工艺标准化、配套工装系统标准化、管理流程标准化，系统化集成设计、加工和装配技术，一体化制定设计、加工和装配方案，实现设计、加工、装配一体化。

3．EPC模式有利于实现工程建造精益化

EPC工程总承包管理的组织化、系统化特征，保证了建筑、结构、机电、装修的一体化和设计、制造、装配的一体化，一体化的质量和安全控制体系，保证了制定体系的严谨性和质量安全责任的可追溯性。一体化的技术体系和管理体系也避免了工程建设过程中的“错漏碰缺”，有助于实现精益化、精细化作业。

4. EPC模式有利于降低工程建造成本

EPC模式下，设计、制造、装配、采购几个环节合理交叉、深度融合，在总承包方的统一协调、把控下，将各参建方的目标统一到项目整体目标中，以整体成本最低为目标，优化配置各方资源，实现设计、制造、装配资源的有效整合和节省，从而降低成本。避免了以往传统管理模式下，设计方、制造方、装配方各自利益诉求不同，都以各自利益最大化为目标，没有站在工程整体效益角度去实施，导致工程整体成本增加、效益降低的弊端。

5. EPC模式有利于缩短工程建造工期

EPC模式下，设计、制造、装配、采购的不同环节形成合理穿插、深度融合，实现由原来设计方案确定后才开始启动采购方案，开始制定制造方案、制定装配方案的线性的工作顺序转变为叠加型、融合性作业，经过总体策划，在设计阶段就开始制定采购方案、生产方案、装配方案等，使得后续工作前置交融，进而大幅节约工期。

EPC模式下，原来传统的现场施工分成工厂制造和现场装配两个板块，可以实现由原来同一现场空间的交叉性流水作业，转变成工厂和现场两个空间的部分同步作业和流水性装配作业，缩短了整体建造时间。同时，通过精细化的策划，以及工厂机械化、自动化的作业，现场的高效化装配，可以大大提高生产和装配的效率，进而大大节省整体工期。

EPC模式下，各方工作均在统一的管控体系内开展，信息集中共享，规避了沟通不流畅的问题，减少了沟通协调工作量和时间，从而节约工期。

6. EPC模式有利于实现技术集成应用和创新

装配式建筑是一个有机的整体，其技术体系需要设计、制造、装配的技术集成协同和融合，唯有技术体系的落地应用才能形成生产力，发挥出装配式建筑的整体优势。而EPC模式有利于建筑、结构、机电、装修一体化，设计、制造、装配一体化，从而实现装配式建筑的技术集成，可以以整体项目的效益为目标需求，明确集成技术研发方向。避免只从局部某一环节研究单一技术（如设计只研究设计技术、生产只研究加工技术、现场只研究装配技术），难以落地、难以发挥优势的问题。要创新全体系化的技术集成，更加便于技术体系落地，形成生产力，发挥技术体系优势。

3.2.2.2 BIM技术的应用

建筑信息模型（Building Information Model，BIM）技术作为继CAD技术出现的

建设领域的又一重要计算机应用技术，对于整个建筑行业的信息化及其应用具有划时代的意义，也将影响建筑行业各个环节和专业之间的信息集成和协作。

BIM技术的充分应用，将助推工程建造组织方式的一体化集成。基于其技术特征，BIM技术在工程建造组织方式下，会具备如下优势：

1）BIM和传统的2D软件相比，最大优点是3D数字化建模以及关键特性的自动提取功能。传统模式下，工程使用的资料是二维图纸，对于非专业人员而言，看起来相对比较困难，这就需要大量的时间对图纸进行分析、讲解。

应用BIM时，首先创建的是三维模型，二维图纸则是模型的成果输出。三维模型很大的优势就是可以将实物进行模拟重现，不管是专业人员还是其他人员，都能清楚明白地看到建筑资料。BIM的这种工作流程，不仅可以提高建筑创意的完成度、设计质量和设计生成效率，也能保证高质量的协调工作，可以避免不必要的冲突。

2）BIM技术可以提供建筑模型的多维度视图，这些视图都是基于同一个建筑模型生成的。BIM软件运用参数化的方法来定义物体，也就是说，每个物体之间都是通过与其他物体的参数关系确定的，在这种情况下对个物体进行修改，与其相关的其他物体也会自动更新修改。这样既可以减少因一个物体变更而引起的其他工作量的增大，又可以避免由于考虑不周而引起的工程问题。

3）一个建设项目中，BIM提供从设计、招标投标、施工到竣工交付业主全过程的操作模型，各阶段的项目参与人员通过约定的规则向该模型中添加信息，各方人员及时掌握变动信息。BIM技术的应用可以有效地减少传统设计模式下各阶段转接过程中的信息流失，并可为业主提供更加丰富的项目信息。

4）BIM技术将各个系统紧密地联系在一起，真正起到了协调综合的作用，同时，BIM整体参数模型综合了包括建筑、结构、机械、暖通、电气等各BIM系统模型，其中各系统间的矛盾冲突可以在实际施工开始前的设计阶段得以解决，大大节约了设计成本和由于设计变更引起的施工成本。

5）应用BIM技术，在设计变更时，BIM的参数规则会在全局自动更新信息。故对于设计变更的反应，传统的基于图纸变更设计的处理过程费时、繁琐且易出错，相较于传统方法，BIM系统表现得更加智能化与灵敏化。

3.2.2.3 智慧工地助力创新

近年来，不少企业聚焦施工工地，综合运用BIM、大数据、云计算、物联网、移动互联、人工智能等信息技术，紧紧围绕人员、机械、物料、方法、环境等关键要素，加速推进以信息智能采集、管理高效协同、数据科学分析、过程智慧预测为主要内容的“智慧工地”建设，在提高效率、降低成本、保障安全、提升质量、加强环保等方面，取得了明显成效，开启了业界对智慧建造的新探索和实践，对工程建造组织方式的新创新。

建筑业未来发展的要求是节能环保、过程安全、精益建造、品质保证、价值创造；策略是“绿色化、信息化、工业化”。以节能环保为核心的绿色建造将改变传统的建造方式，以信息化融合工业化形成智慧建造是未来行业发展方向。传统的建造模式终将被淘汰，而智慧工地正是实现绿色建造和智慧建造的正确途径和有效手段。在绿色建筑设计和绿色施工指标体系中，都有“通过科学管理和技术进步”的要求，实施智慧工地的核心就是提升“科学管理和技术水平”，实施智慧工地的过程，也是实现绿色建造的过程。可促进建筑企业转型升级、提质增效，助力建筑业的工程建造组织方式创新。

在工程建设领域中，智慧地球和智慧城市等理念的实施成果就是智慧工地。基于互联网+的智慧工地项目，是一个功在当代、利在千秋的社会工程，是一项规模宏大、任务非常艰巨的系统工程。总的来说，智慧工地可以总结概括成两个方面的智能化：第一，施工图纸立体化；第二，施工人员APP智能化。建筑行业进入互联网+时代以后，越来越多地融入高端的IT技术，最终高效地满足和实现了工地工程施工建设项目的绿色、智能、低碳、集约化的智慧管理模式。

随着互联网+时代的兴起，尽管施工行业信息化已经进入了一个快速发展的阶段，但是由于施工项目的环境非常复杂，使得企业在部署以及使用各种智能设备的时候有很多的局限性，在通用性上还有一定的欠缺，还需要大家努力去攻关，去解决现场的一些实际问题。通过各界的共同努力，这些问题一定会得到完美解决，智慧工地一定会更加完善。

真正的智慧工地建设还有一条很长的路要走。科技飞速进步、信息爆炸的年代让我们能够快速“融合”“借鉴”各种知识为我所用，这样我们才能平稳前行，为中国的建设信息化贡献一分力量。在不久的将来，全国智慧工地大数据云服务平台将会实现大数据技术和施工现场监控业务的完美融合。

未来施工企业将基于智慧工地进行打造，会把所有的供应商劳务分包，包括金融、甲方设计，所有与其相关的行业都能够融入进去。而当前推进的PPP项目，更加需要施工企业利用互联网+下的信息技术，深入到项目的前期、中期、后期，并利用互联网技术，让金融机构清晰投入产出，进行大数据分析。

3.2.3　基于项目融资的工程建造组织方式的创新

项目融资在20世纪80年代中期被引入我国，但其发展一直相对缓慢，模式相对单一，随着“非公经济”的推出，新型项目融资模式也在不断出现，工程领域融资方式的多样性，使工程建设的主要工作不再单一地局限在建造阶段，而是从全生命周期的前期就开始了。

可以说，融资方式的不断演变，也变相促进了工程建造组织方式的不断创新。

3.2.3.1　多样的融资模式

工程建造项目融资模式类型较多，不同的项目融资模式因其核心特点不同，决定了其适用于不同的领域和不同特点的项目，地方政府和投资公司在项目接洽之初就应该根据不同的项目融资模式进行比较，择优选用。

1. BOT模式

BOT（Build-Operate-Transfer），即建造-运营-移交模式，代表一种新的项目融资和管理模式，指国内外投资人或财团作为项目发起人，从某个国家的地方政府获得基础设施项目的建设和运营的特许权，然后组建项目公司，负责项目建设的融资、设计、建造和运营。它运作程序的全过程可以分为三个阶段：准备阶段、实施阶段与项目移交阶段。BOT的核心是项目融资，BOT成功与否的关键是风险的合理分担。其中风险包括信用风险、融资风险、政治风险、市场风险、不可抗力风险等。

BOT作为一种相对引入较早的融资模式，也是以下其他融资模式发展的基础，在我国引起了广泛的关注，有关BOT的研究也层出不穷。

BOT模式具有以下优点：①采用BOT模式有利于减少政府直接的财政负担，解决了政府在基础设施投资中资金不足的问题；②这种模式有利于提高项目的运作效率；③它可以给民间私人（企业）提供更多的投资机会，有利于促进经济的可持续发展；④BOT还可以为社会公众提供及时，甚至超前的、更多更好的基础设施服务；⑤这种模式可以有效转移风险；⑥吸收国外先进技术和管理经验。

同时，BOT模式也有它发展的局限。首先，不是所有基础设施建设都可以采用这种投资方式，只有那些具有营利性的基础设施才可以采用这种投资方式，它主要适用于竞争性不强的行业或有稳定收益率的项目；其次，采用BOT投资方式的项目，一般投资额较大，投资周期较长，需要较高水平的管理，项目的风险性较大，对BOT项目公司要求很高，需要慎重对待。

2. BOT衍生模式

①BOO——BOO是承包商根据政府赋予的特许权，建设并经营某项产业项目，但是并不将此项基础产业项目移交给公共部门。它与BOT的主要区别就在于BOT中项目公司在特许期结束后必须将项目设施交还给原始权益人，而在BOO中，项目公司有权不受任何时间限制地拥有并经营项目设施。

②BOOT——BOOT是私人合伙或某国际财团融资建设基础产业项目，项目建成后，在规定的期限内拥有所有权并进行经营，在规定的期限届满后移交给当地政府部门。与BOT相比，运用BOOT模式投资的项目，投资企业拥有的项目价值增加了产权价值。

③BT——BT是由业主通过公开招标的方式确定建设方，由建设方负责项目资金筹措和工程建设，项目建成竣工验收合格后由业主回购，并由业主向建设方支付回购价款的一种融资建设方式。与传统的投资建设方式相比，BT模式可为项目业主筹措建设资金，缓解建设期间的资金压力，还可以降低工程实施难度，降低业主的投资建设风险，降低工程造价，提高投资建设效率等特点。

④TOT——TOT是指通过出售现有的已建成项目在一定期限内的现金流量从而获得资金来建设新项目的一种融资模式。具有投资风险小、见效快等特点，可有效缓解政府压力，以及可盘活现有国有资产存量，促进市场化水平和技术管理水平提高等优点。与BOT相比，它少了建设环节，比较简单，融资对象也更为多样化。

⑤TBT——TBT是BOT与TOT结合起来，但以BOT为主的一种融资模式，在这种模式中，TOT的实施是辅助性的，采用它主要是为了促成BOT。

3. ABS模式

ABS（Asset-Backed Securitization）全称为“资产支持证券化”或“资产证券化”融资模式，是以借款人所属的未来资产为支撑的证券化融资方法。与BOT相比，ABS操作简单，难度较低，风险分散，适用范围广，但是在资金来源方面，它不能像BOT一样带来国外先进的技术和管理经验。

ABS融资模式能够将缺乏流动性但又能够产生可预期的稳定现金流的资产汇集起来，通过一定的结构安排对资产中风险与收益要素进行分离与重组，再配以相应的信用担保和升级，将其转变成可以在金融市场上出售和流通证券的过程。

ABS模式可以大幅度降低融资成本，拓宽融资渠道，可以充分分散项目风险，能够在不拥有的情况下控制资产，同时，ABS模式发行利用灵活便利，采用了规范的国际融资运作模式，可以说，ABS模式代表着未来的融资趋向。

4. PFI模式

PFI（Private Finance Initiative），即民间主动融资，是指由私营企业进行项目的建设与运营，从政府方或接受服务方收取费用以回收成本。PFI模式不同于传统的由政府负责提供公共项目产出的方式，而是一种促进私营部门有机会参与基础设施和公共物品的生产和提供公共服务的全新的公共项目产出方式，政府通过购买私营部门提供的产品和服务，或给予私营部门以收费特许权，或与私营部门以合伙方式共同营运等方式，来实现公共物品产出中的资源配置最优化、效率和产出的最大化。

与BOT相比，PFI的主体主要集中于国内民间资本，它不仅可以应用于收益性较高的基础设施建设，也可以应用于收益性高的社会公益项目。而且PFI不需要政府对最低收益等做出实质性的担保。另外，PFI模式中政府只提出具体的功能目标，对如何实现最终的产品一般不作具体说明，合同期满后项目运营权的处理方式也较为灵活。

5. PPP模式

PPP（Public-Private-Partnership）模式，即“公共私营合作制”，其含义为政府和社会资本合作模式。指政府与社会资本为提供公共产品或服务而建立的“全过程”合作关系，是公共基础设施的一种项目融资模式。PPP模式的基础是政府授予民营组织特许经营权。

PPP模式能够减轻政府负担，为民间资本提供投资机会。在PPP模式下，政府职能有了转变，政府工作效率大大提高，对项目本身而言，PPP模式能够降低项目全生命周期成本，降低项目的风险。因此，该模式的应用范围较为广泛。

3.2.3.2 基于融资模式的组织方式创新

随着多种多样的融资模式出现，工程建设组织方式也发生了相应的变化。融资模式的出现，使得业务链拉长，参与工程项目主体以及资金来源变得丰富，相应其融资组织机构及运作模式也变得不同，给工程项目的建设组织方式带来深刻变革。

1. 参与主体丰富

PPP、BOT、PFI、ABS等融资模式不同于传统意义上的合资、独资或者EPC模式建设项目。其参与主体，融资渠道更为丰富。其组织形式也更为复杂，既可能包括私人营利性企业、私人非营利性组织，同时还可能包括公共非营利性组织（如政府）。合作各方之间不可避免地会产生不同层次、类型的利益和责任上的分歧。只有政府与私人企业形成相互合作的机制，才能使得合作各方的分歧模糊化，在求同存异的前提下完成项目的目标。

2. 业务链拉长

多样的融资模式使得工程建设的主要工作不再只是建造阶段，它将业务链拉长，使得建设项目组织方式从项目的前期就已经开始。

比如，就PPP模式的运作流程而言，主要包括五大阶段：项目识别、项目准备、项目采购、项目执行、项目移交。

1）PPP项目识别和项目发起

政府和社会资本合作项目由政府或社会资本发起，以政府发起为主。政府发起主要包括政府和社会资本合作中心应负责向交通、住建、环保、能源、教育项目、医疗、体育健身和文化设施等行业主管部门征集新建、改建项目，或在存量公共资产中遴选潜在项目。社会资本发起的项目应以项目建议书的方式向政府和社会资本合作中心推荐潜在合作项目。

2）PPP项目准备

按照地方政府的相关要求，明确相应的行业管理部门、事业单位、行业运营公司或其他相关机构，作为政府授权的项目实施机构，在授权范围内负责PPP项目的前期评估论证、实施方案编制、合作伙伴选择、项目合同签订、项目组织实施以及合作期满移交等工作。考虑到PPP运作的专业性，通常情况下需要聘请PPP咨询服务结构。

项目组织实施通常会建立项目领导小组和工作小组，领导小组负责重大问题的决策、政府高层沟通、总体工作的指导等，项目小组负责项目公司的具体开展，以PPP咨询服务机构为主要组成。

3）PPP项目采购

项目实施机构应根据项目需要准备资格预审文件，发布资格预审公告，邀请社会资本及其合作的金融机构参与资格预审，验证项目能否获得社会资本响应和实现充分竞争，并将资格预审的评审报告提交财政部门（政府和社会资本合作中心）备案。

4）PPP项目执行

社会资本可依法设立项目公司。政府可指定相关机构依法参股项目公司。项目实施机构和财政部门（政府和社会资本合作中心）应监督社会资本按照采购文件和项目合同约定，按时足额出资设立项目公司。

项目融资由社会资本或项目公司负责。社会资本或项目公司应及时开展融资方案设计、机构接洽、合同签订和融资交割等工作。财政部门（政府和社会资本合作中心）和项目实施机构应做好监督管理工作，防止企业债务向政府转移。绩效监测与支付：社会资本项目实施机构应根据项目合同约定，监督社会资本或项目公司履行合同义务，定期监测项目产出绩效指标，编制季报和年报，并报财政部门备案。

3.3 新型建造方式的工程项目管理

3.3.1 新型建造方式下的项目管理创新

从定义上看，新型建造方式在形式上是多样的，也是宽泛的，基于其核心特征的建造方式，包括装配式建造、智慧建造、绿色建造和3D打印建造，在项目管理领域都带来了较多的管理创新。

3.3.1.1 装配式建造与工程项目管理创新

作为一种新型建造方式，装配式建筑的技术特征对产业组织模式和项目管理方式提出了新要求，尽管建筑业生产过程、产品特征与制造业等其他产业存在着一定的差异，但产业组织体系不完善、项目管理方式落后一样会阻碍新型建造方式和技术的推广，这也是目前装配式建造方式发展中的主要问题之一。

加快创新，形成完整、配套的组织模式，配合装配式建造组织方式的发展，核心应在如下三个方面强化创新应用。

1．打造相适应的产业链体系

装配式建筑是采用系统化设计、模块化拆分、工业化制造、现场化装配的建造模式，在建造过程中能将社会化大生产的产业组织模式、制造业的生产方式和信息技术加以融合，对建筑设计—主体施工—专用设备供应—部品部件生产—设备管线安装等环节的集成化提出了较高的要求，必将影响目前建筑产业的组织方式、结构体系、技术创新、产品质量和市场定位。产业链的合力构建与完善是推动建筑工业化的前提，装配式建筑的产业链是以各个利益相关方为载体，服务于装配式建筑的一条动态增值链条，该链条上的上中下游企业利润共享，风险共担，互相影响，互相依存。产业链组织方式不合理、集成化程度低是造成装配式建筑成本过高、推广不力的重要原因。

2．应用成熟的EPC管理模式

装配式建筑全产业链的建造活动是一项复杂的系统工程，需要系统化的工程项目管理模式与之相匹配。EPC模式是现阶段发展装配式建造的有效途径，将EPC模式应用于装配式建筑，其特点是以构件的加工和安装代替采购阶段，并纳入设计阶段，通过有效连接前期设计与现场施工，使施工部门有效配合支持前期设计，以保证设计结果与现场要求高度契合，以此降低施工成本和资源消耗。

EPC模式的优势能够在项目组织结构、设计优化与资源整合、工期控制、成本控制和专业化管理等方面得到体现，有助于实现装配式建筑系统化，通过全过程多专业的技术策划与优化，实现设计、加工、装配一体化，满足一体化、系统化的设计、制造、装配要求，实现规模化制造和高效精益化装配，便于规模化制造和现场高效精细化装配，发挥装配式建筑的综合优势。

EPC模式的成熟应用，有助于促进装配式建筑的技术创新，有助于缩短工程建造工期，同时降低工程建造成本，实现工程建造精益化管理。

3. 发展信息技术

装配式建筑具有显著的系统性特征，须采用一体化的建造方式，即在工程建设全过程中，主体结构系统、外围护系统、机电设备系统、装饰装修系统通过总体技术优化、多专业协同，按照一定的技术接口和协同原则组装成装配式建筑。全过程信息化应用是装配式建筑的一大特征，信息技术是推动从构件生产到装饰装修一体化建造方式的重要工具和手段。为实现“设计、生产、装配一体化”，通过现代化的信息技术，建立信息化管理平台，实现项目各参与方基于信息共享的深度协同，是装配式建造方式成功的重要因素。

装配式建筑信息技术平台应当是融合多种技术、多方主体信息的平台。要实现装配式建筑价值最大化，就要求纵向主体间协同化作业，使节点主体能够对整个产业发展起到推动作用。但主体间协同作业往往面临多重障碍，如追求个体利益最大化、忽视整体利益、主体间业务衔接度差、建设单位协调能力不足等传统建筑产业链存在的问题，同时也存在着有别于传统建筑产业链的障碍，如主体间协作的驱动力不足、部品部件标准体系未完善、参与主体多，尤其是部品部件生产企业环节的新增，对整个产业提出更高的集成化作业要求，协作过程更加复杂。要解决产业链参与主体协同作业所面临的问题，将信息技术应用于产业链协同和项目管理中，将三大技术即BIM技术、RFID技术、物联网技术结合应用于多方主体信息平台的搭建，改变以往信息技术单一的应用模式，确保协作能够有效地运行。

3.3.1.2 智慧建造与工程项目管理创新

对于智慧建造工程项目，在项目管理方式和项目现场管理两个方面存在着项目管理领域的创新。项目现场管理模式集中在“智慧工地”上（前文有说明），项目管理方式则是“BIM+PM”的创新管理模式。

BIM+PM的项目管理模式，重点是基于BIM平台融合PM管理内容，完成对工程的全面管理。在实践过程中，对尝试应用的企业而言，需要搭建符合企业发展战略的BIM平台。

1．平台架构

企业云平台及其配套系统以企业云平台为集成平台、数字化项目为操作平台、各专业管理系统为应用平台。依托“三端一云”（Web端、手机端、PC端、企业云），通过各专业系统将项目建设过程中真实、准确的数据自下而上高效汇集至企业云端，依据内嵌算法快速完成数据统计分析、专业应用、决策支持等环节的价值实现。

2．组织架构

建立总部BIM中心、分支BIM分中心和项目BIM工作站三层架构，立体化推进工作。除了在项目实施中提升BIM应用能力以外，还通过建立BIM学院，全方位培养学员的理论知识和实际动手能力。

3．主要任务

针对单项目，企业以BIM为核心，围绕项目管理基础工作，展开单项工具级和跨岗位的系统管理应用，形成“BIM+PM”的项目管理模式，围绕全领域、贯穿全过程、覆盖全岗位（图3-1）。

针对多项目，通过BIM系统的数据汇集，结合企业丰富的工程实践，一方面可以建立企业自身的技术标准体系，另一方面，也可以通过系统化的管理流程、协同化的管理系统及专业化数据加工，革新企业传统的管理模式。

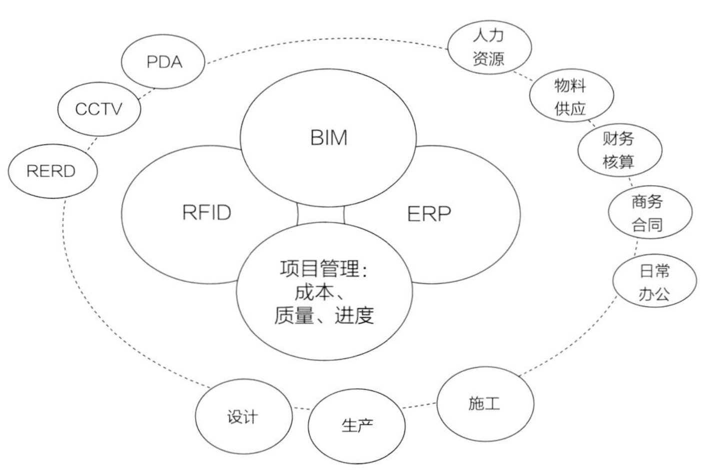

图3-1 “BIM+PM”的项目管理模式

在企业层面，通过聚合资源，融合创新的手段，将BIM承载的工程数据与互联网共享模式以及新技术实现资源合理配置，引领行业朝着EPC、BOT方向进行业务模式深化变革。同时，企业还可以通过BIM技术应用能力做支撑，延伸自身的业务领域，开辟新型产业。

3.3.1.3 绿色建造与工程项目管理创新

绿色建造是在我国倡导"可持续发展"和"循环经济"等大背景下提出的，是一种国际通行的建造模式。面对我国提出的"建立资源节约型、环境友好型社会"的新要求及"绿色建筑和建筑节能"的优先发展主题，建筑业推进绿色建造已是大势所趋。研究和推进绿色建造，对于提升我国建筑业总体水平，实现建筑业可持续发展并与国际市场接轨具有重要意义。

在绿色建造的项目实践中，与其本源目标相匹配的管理创新也随之出现，其创新的重点集中在绿色建造的项目策划、绿色建造的项目管理和绿色建造与产业链的融合。

1．绿色建造项目策划

绿色建造项目策划主要包括绿色建筑设计策划和绿色施工实施策划。

和传统工程模式相比，绿色建造项目中，前期策划工作的绿色策划是重要组成部分之一，它要求项目从绿色建筑多学科角度出发，通过运用计算机等近现代科技手段对研究目标进行客观地分析，最终定量地得出实现既定目标所应遵循的方法及程序的研究工作，为建筑设计任务书确定绿色技术策略。

绿色策划应包含以下内容：对绿色建筑目标的明确，对绿色项目外部条件的把握和分析，对绿色项目内部条件的把握和分析，绿色项目空间构想和表述，确定绿色技术策略及其他。同时，在绿色建造项目的施工管理中，首先要制定绿色施工目标，该目标可依据绿色策划，结合专项目标，如环境方针、环境目标等，逐步细化。

2．绿色建造项目管理

绿色建造项目的管理内容，和其他项目相比，在管理内容、管理环节上都有所差异，具体表现如下。

前期管理——强调建立绿色发展战略，树立绿色品牌形象、打造绿色企业文化、建立绿色组织结构等。

设计管理——绿色设计是保证项目产品绿色、项目实施过程绿色的重要措施，对项目的采购、施工都具有指导性的意义，对绿色设计的管理不仅要从设计过程和方法上进行管理，还要从设计原则、方案论证、环境评估等方面对设计活动管理。

采购管理——绿色采购是指在材料、设备采购时充分考虑生态环境因素，采取控制材料的质量、成本及提高采购效率等一系列的措施，实施绿色采购能够从源头控制，减少项目建成后项目产品因生态环境问题而产生的费用。

施工管理——施工环节是产生项目产品的环节，直接影响项目产品的绿色化，建设绿色项目，要求总包企业能够从全局的角度出发，在保证项目质量、安全的前提下，通过科学的管理手段，最大限度地减少施工对周围生态环境的负面影响，实现节能环保、绿色化施工管理。

3. 绿色建造与产业链的融合

在绿色建造过程中，涉及众多的上下游合作伙伴，其中供应商和承包商的绿色意识对于提升建筑的绿色环保有着重要意义。打造一条以节能环保为主的"绿色产业链"，是绿色建筑得以实现的重要基础。

绿色建造与产业链的融合，实质上是推进产业链的转型升级，其目标是要建立清洁的生产和消费方式，符合绿色建造项目要求的全产业链，就是从最初原材料生产直到最终产品到达消费者手中，加上消费环节和报废后再制造环节，所有环节都具备了环境友好特征。基于绿色建造全产业链的转型升级，就是要通过政策设计，有效降低包括回收再利用环节在内的产业链整体对环境的影响。

3.3.1.4 3D打印建造与工程项目管理创新

1. 项目管理创新：BIM+3D打印技术

BIM技术的优势在于它可以贯穿在建筑全生命周期中，将设计数据、建造信息、维护信息等大量信息保存在信息库中，在建筑全生命周期中得以重复、便捷地使用。3D打印技术的优势在于制造复杂物品而不增加成本，产品多样化不增加成本，零时间交付，设计空间无限，零技能制造不占空间、便携制造，材料无限组合，精确的实体复制。

1）BIM+3D打印技术的优势

①定制个性化：未来客户可以在极大程度上根据自己的想法影响建筑的设计。

②造型奇异化：更多造型奇异的建筑物将被建造出来而不受成本的限制。

③模型直观化：3D实时打印的建筑模型即使是普通老百姓也能看懂看透。

④建造绿色化：打印的材料已经开始使用建筑垃圾等废料，建造过程也将大大减少噪声与环境污染，真正实现建造绿色化。

⑤成本减少：部件拼装等新型施工方法将减少大量的劳动力，节约人工成本；建造时间的大大缩短也会节约大量的人工成本；建筑材料使用废料将大大减少材料的成本。

2）BIM+3D打印技术的劣势

①打印机尺寸限制：目前采用的一维打印机与2D打印机的原理一样，当打印大的图案时就需要更大的打印机。所要建造的建筑物越大，前期建造的打印机就要更大，大大增加了建造的前期成本。

②打印材料限制：目前打印材料往往很单一，而且强度限制也很大。因此，找到轻型坚固的材料，以及使用多种材料建造建筑是3D打印技术发展的一大门槛。

3）BIM+3D打印技术的机遇

国内政策利好：住房和城乡建设部印发的《2011—2015年建筑业信息化发展纲要》中提出，“十二五”期间要基本实现建筑企业信息系统的普及应用，加快BIM等新技术的应用。而十八届三中全会开启了中国经济全面深化改革的浪潮，十八届五中全会发布的《中共中央关于制定国民经济和社会发展第十三个五年规划的建议》进一步明确指出：创新是引领发展的第一动力。创新必将引领各行各业对旧制度、旧技术、旧生产方式进行全面改革。建筑行业作为典型的传统行业，必将引起重大变革。现今，无论是行业政策、政府监督、市场动向、生产方式还是新技术，都是面临巨大的创新浪潮。

4）BIM+3D打印技术的威胁

①打印机与BIM信息的接口程序缺少：目前中国关于BIM技术以及3D打印技术存在着法律空白，BIM技术的设计标准也还未出台。BIM技术和3D打印技术代表着虚拟与现实，仍需出台两者之间统一标准的语言。

②大众观念难以接受：人对于未知的事物总是有着一定的抗拒心理。采用3D打印技术建造的房子的安全性是中国大众最关心的问题，且人们的第一感觉总是不放心，这对3D打印房屋的推广销售是个很大的阻碍。

5）BIM+3D打印技术的推动

BIM+3D打印技术在项目管理的各个阶段都带来着管理创新，起到了足够的推动作用。

①项目设计阶段

使用BIM+3D打印技术，项目设计思想的交流更加有效率。BIM在项目设计初期的作用不必赘述，如果能加上3D打印技术，将会使设计思想的交流更有效率。

如果采用模型来诠释个人理念，则会清晰得多。但在建筑设计过程中，如果需要制作一个模型，则会消耗大量精力与时间。而3D打印则完美解决了这个问题，使建筑在设计阶段的效率大大提升。

此外，还有一种叫作3D画笔的产品，用它可以直接画出立体的“画像”，且不用电脑软件设计，具有很大的发挥性。可以想象，这对产品设计初期的意义也是很大的。当设计师突然有灵感时，只需拿起画笔就可绘就一栋造型美妙的建筑，不需要通过繁琐的计算机画图。

②项目施工阶段

目前3D打印建筑的施工方法有四种：第一种是一维全尺寸建造，即建筑有多大有多高，打印机也要有多大多高；第二种是最近几年出现的液体打印技术；第三种也是应用比较广泛的方法，即打印再组装方法；第四种是离现在比较遥远的群组机器人集合打印装配技术。以上任何一种方法，都解放了劳动力，提高了工作效率。

从BIM到HIM再到HIM+3D。古建筑和现有建筑的模型制作HIM（历史信息模型），其原理是将三维照片测量技术与BIM结合起来。现在再加上3D打印技术，不仅可以在数据库里储存所有有历史价值的古文物，还能将它们轻松地制作成模型，供人们学习参观或是研究，相信这一举动将会很有意义。

总体来说，现阶段BIM+3D打印结合的神奇作用，大多数人只是半信半疑或是知半解，本书通过现有已实现的实例论述，尽可能诠释其与我们现实生活的关联或即将发生的关联，这项新技术一定会普及。但这并不代表BIM+3D打印技术会真正取代、淘汰传统建筑行业，毕竟人类发明了汽车，可还是有人会走路，微波炉替代不了传统烹饪，谁也无法预测未来究竟会怎样。但可以预见的是，BIM+3D打印技术以其巨大的优势必将会迎来鼎盛时期，传统建筑行业也会迎来巨大的转型和变革。

2．项目管理创新：3D打印+APP等多维度管理

信息化技术是产业化建筑集成技术体系的重要环节，该项目在管理上实现全过程信息化。整个施工现场采用动态样板引路系统，现场布置两个触摸式显示屏，利用BIM的施工模拟功能，将主要预制构件的吊装施工工艺进行演示，包括预制构件BIM技术也用于智能施工放样上。该项目采用承包方自主开发的施工项目现场验收、预制墙体吊装、注浆工程等技术。

BIM技术也用于智能施工放样上，项目可采用现场管理APP，可在智能移动平板上浏览BIM模型，进行三维展示。同时，项目应用3D打印机打印出预制外墙板、内墙板、预制阳台等预制构件，用等比例缩小的实物展现构件的设计细节。通过以上建筑产业化的生产，企业可形成建筑工业化项目一代产品的建造技术及管理体系，达到国际先进水平。

3.3.2 新型建造方式下的项目管理过程

3.3.2.1 项目管理过程基本概念

项目的实施是在一系列项目管理活动的保证和支持下顺利实施的，每个项目管理过程通过合适的项目管理工具和技术将一个或多个输入转化成一个或多个输出。输出可以是可交付成果或结果。

结果是过程的最终成果。项目管理过程适用于全球各个行业。

各项目管理过程通过它们所产生的输出建立逻辑联系。过程可能包含了在整个项目期间相互重叠的活动。一个过程的输出通常成为以下二者之一：

1）另一个过程的输入；

2）项目或项目阶段的可交付成果。

过程迭代的次数和过程间的相互作用因具体项目的需求而不同。过程通常分为三类：

1）仅开展一次或仅在项目预定义点开展的过程。例如，制定项目章程以及结束项目或阶段。

2）根据需要定期开展的过程。在需要资源时执行获取资源。在需要采购之前执行实施采购。

3）贯穿项目始终执行的过程。在整个项目生命周期中可能执行的过程定义活动，特别是当项目使用滚动式规划或适应型开发方法时。从项目开始到项目结束需要持续开展许多监控过程。

项目管理通过合理运用与整合按逻辑分组的项目管理过程而得以实现，通常归纳为五大类，即五大过程组。项目管理过程组指对项目管理过程进行逻辑分组，以达成项目的特定目标。过程组不同于项目阶段。项目管理过程可分为以下五个项目管理过程组：

1）启动过程组：定义一个新项目或现有项目的新阶段，授权开始该项目或阶段的一组过程。

2）规划过程组：明确项目范围，优化目标，为实现目标制定行动方案的一组过程。

3）执行过程组：完成项目管理计划中确定的工作，以满足项目要求的一组过程。

4）监控过程组：跟踪、审查和调整项目进展与绩效，识别必要的计划变更并启动相应变更的一组过程。

5）收尾过程组：正式完成或结束项目、阶段或合同所执行的过程。

3.3.2.2　新型建造方式项目管理过程

不同的项目，不同的项目特点，在实际执行过程中，项目管理过程都会存在差异性。以工程建设项目而言，传统项目的主体项目管理过程，是以设计、采购、施工为主体的过程组。而对新型建造方式而言，从管理上要满足更多的建设需求，项目管理过程覆盖的范围、周期都会被放大。

如图3–2所示，是某个国际领域新型建造方式下的项目管理过程示意图。

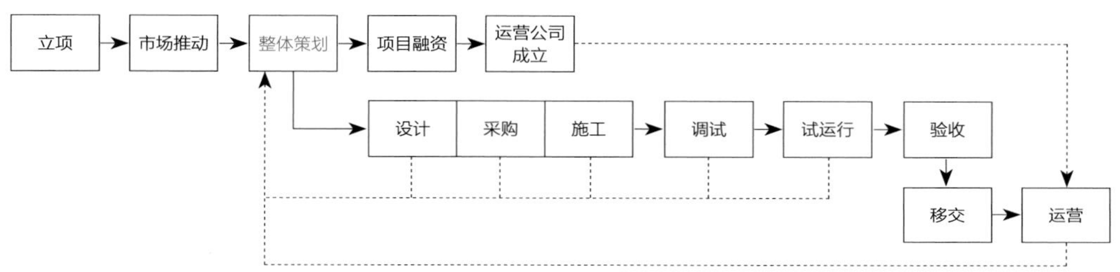

图3-2　项目管理过程示意图

对新型建造方式而言，要实现“绿色化”“智慧化”的建设目标，项目的管理过程就需要站在更宏观的层面上，做好整体策划工作。

做好整体策划，也是对整个项目实施的全过程做出梳理，结合实践经验，可包含如下几个重要方面：

1．关注所有利益相关方的需求

不同的利益相关方，对项目有不同的期望。而即便有同样的期望，对期望实现的程度要求也会有所不同。真正实现新型建造方式，首要就是对所有利益相关方诉求的系统分析。如图3–3所示，是项目整体策划的形成过程。

2．关注智慧化手段的应用

项目管理的发展，离不开对大数据、互联网的应用，不断鼓励新技术创新、新技术应用，才能真正保证项目建设的核心竞争力。例如，在项目移交事宜的问题上，大胆尝试引入VR技术，开发建设具有技能转移及技术移交功能的VR视频系统。系统一方面呈现出可操作的3D电厂系统。一方面也加载了项目建设过程中的相关数据，无论是在知识转移上，还是技术快速传递上，都是一次非常成功的尝试。

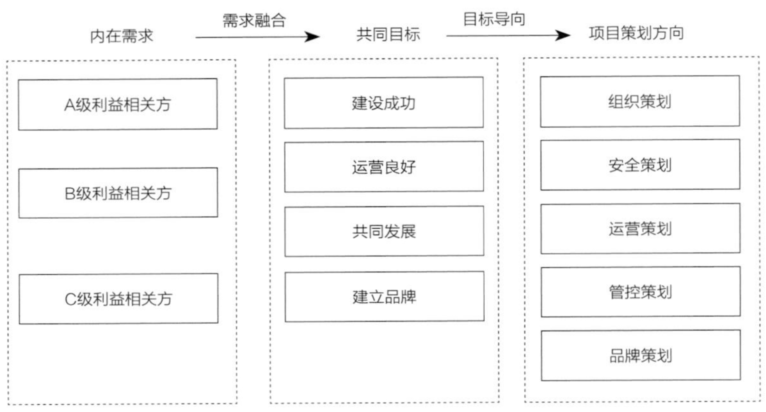

图3-3 利益相关方的需求

3.3.3 新型建造方式下的项目管理内容

3.3.3.1 项目管理内容基本概念

除了过程组，过程还可以按知识领域进行分类。知识领域指按所需知识内容来定义的项目管理领域，并用其所含过程、实践、输入、输出、工具和技术进行描述。

虽然知识领域相互联系，但从项目管理的角度来看，它们是分别定义的。大部分项目通常使用的十个知识领域包括：

1）项目整合管理：包括为识别、定义、组合、统一和协调各项目管理过程组的各个过程和活动而开展的过程与活动。

2）项目范围管理：包括确保项目做且只做所需的全部工作以成功完成项目各个过程。

3）项目进度管理：包括为管理项目按时完成所需的各个过程。

4）项目成本管理：包括为使项目在批准的预算内完成而对成本进行规划、估算、预算、融资、筹资、管理和控制的各个过程。

5）项目质量管理：包括把组织的质量政策应用于规划、管理、控制项目和产品质量要求，以满足相关方的期望的各个过程。

6）项目资源管理：包括识别、获取和管理所需资源以成功完成项目的各个过程。

7）项目沟通管理：包括为确保项目信息及时且恰当地规划、收集、生成、发布、存储、检索、管理、控制、监督和最终处置所需的各个过程。

8）项目风险管理：包括规划风险管理、识别风险、开展风险分析、规划风险应对、实施风险应对和监督风险的各个过程。

9）项目采购管理：包括从项目团队外部采购或获取所需产品、服务或成果的各个过程。

10）项目相关方管理：包括用于开展下列工作的各个过程，识别影响或受项目影响的人员、团队或组织，分析相关方对项目的期望和影响，制定合适的管理策略来有效调动相关方参与项目决策和执行。

3.3.3.2 新型建造方式项目管理内容

随着新型建造方式的逐步探索和尝试，项目的复杂度越来越高，系统性也越来越强，随之而来的是愈加复杂的管理内容。

通过对项目目标、策略的分析，在多方平衡利益相关方期望的基础上，对项目的管理内容进行梳理总结，并在此基础上，真正细化管理内容。

图3–4所示为某个国际新型建造方式工程项目的管理内容示意。

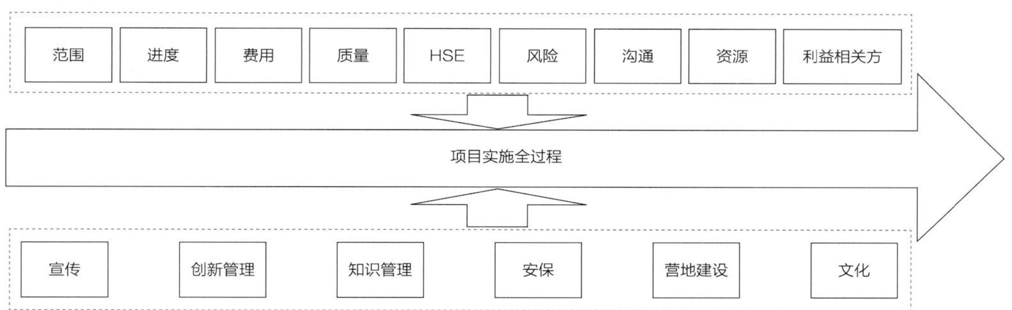

图3-4 工程项目管理内容示意图

1．项目进度管理

新型建造方式下，工程管控的计划要求更好，因此，严格的计划控制体系是必须要重点管控的管理内容。管控思路如图3–5所示。

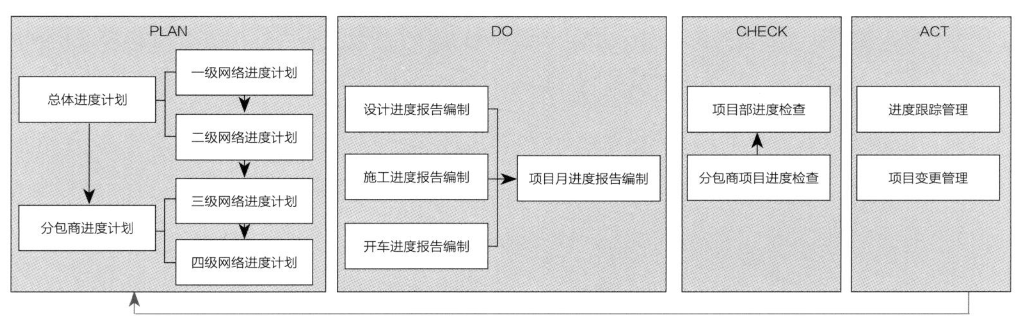

图3-5 管控思路示意图

2．项目质量管理

新型建造方式下，需严格遵循质量管理体系的要求，以规范化、标准化的高标准要求，确保项目质量目标的实现。作为关键管理要素，项目依据质量目标和保证策略，制定了极为精细化的质量控制计划，将整个项目的质量检查点梳理完善，并制定控制标准（图3–6）。

3．项目宣传管理

项目的宣传工作对项目建设成功非常重要。积极乐观的宣传，能够激发团队成员的热情，增强每个成员的使命感、责任感，同时，也能让更多的利益相关方，如当地居民、政府机关等，及时了解项目的进展，树立项目的健康品牌。如图3–7所示为项目的宣传管理程序。

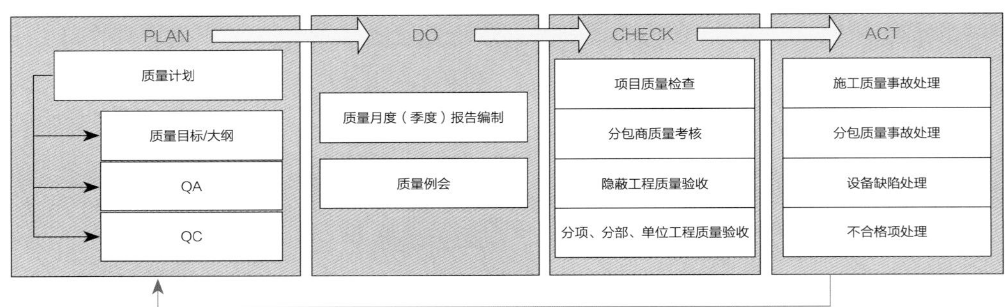

图3-6 项目质量管理示意图

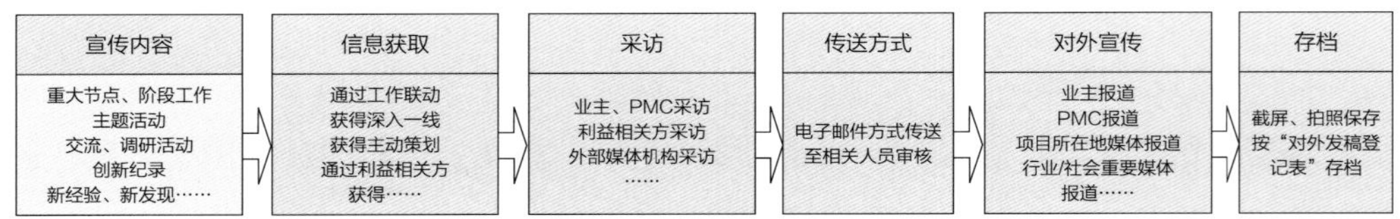

图3-7 项目宣传管理程序示意图

第4章

钢结构装配式技术创新与应用

4.1 钢结构体系

钢结构装配式建筑应根据建筑类型、房屋高度和宽高比、抗震设防类别、抗震设防烈度、场地类别和施工技术条件等因素考虑其适宜的钢结构体系。

4.1.1 单层刚架

单层刚架又称门式刚架，主要由刚架斜梁、刚架柱、支撑、檩条、系杆、山墙骨架等构件组成。常用于单层建筑，包括工业厂房、超市、展览馆、仓储库房等（图4–1）。

（a）北京市平西府车辆大修厂项目效果图

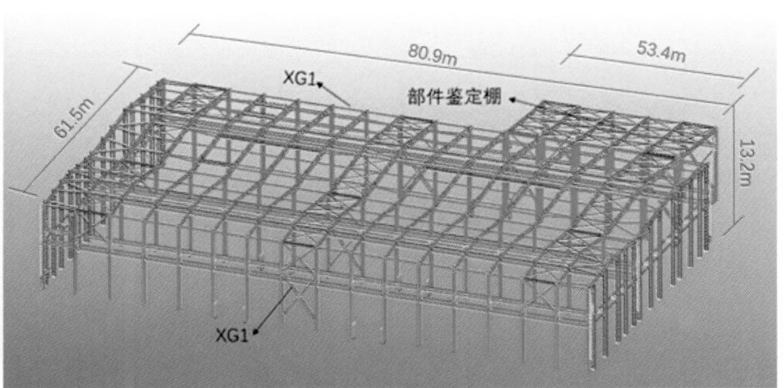

（b）车体库与鉴定棚效果图

图4-1 单层刚架结构应用案例

4.1.1.1 技术特点

1）结构构件的横截面尺寸较小，可以有效利用空间，降低房屋的高度，且建筑造型美观。

2）单层刚架的刚度较好，自重轻，横梁与柱可以组装，有利于制作、运输、安装。

3）屋面刚架用钢量仅为普通钢屋架用钢量的1/10～1/5，是一种经济可靠的结构形式。

4）屋面体系的整体性可以依靠檩条、隅撑来保证，减少了屋盖支撑的数量，同时支撑多用张紧的圆钢做成，构件较为轻便。

5）梁、柱多采用变截面杆件，可以节省材料。

6）组成构件的杆件较薄，对制作、涂装、运输、安装的要求高。

7）构件的抗弯刚度、抗扭刚度比较小，结构的整体刚度也比较轻柔。

8）受力简单、传力路径明确、易于标准化施工且施工周期短。

4.1.1.2 设计要求

柱顶标高不大于18m，房屋高宽比小于1；刚架的梁柱连接应采用刚接，刚架与基础连接可采用刚接或铰接。其设计、制作、运输、安装、验收应符合《钢结构设计标准》GB 50017、《门式刚架轻型房屋钢结构技术规范》GB 51022、《钢结构工程施工质量验收标准》GB 50205的规定。

4.1.2 框架结构

框架结构是由柱和梁为主要构件组成的具有抗剪和抗弯能力的结构。钢框架结构主要应用于办公建筑、居住建筑、教学楼、医院、商场、停车场等需要开敞大空间和相对灵活的室内布局的多高层建筑。钢框架结构体系可分为半刚接框架和全刚接框架，可以采用较大的柱距，取得较大的使用空间，但由于抗侧力刚度较小，因此使用高度受到一定限制。钢框架结构的最大适用高度根据当地抗震设防烈度确定：7度（0.10g）可达到110m，8度（0.20g）可达到90m。

钢框架结构主要承受竖向荷载和水平荷载，竖向荷载包括结构自重及楼（屋）面活荷载，水平荷载主要为风荷载和地震作用，对于多高层钢框架结构，水平荷载作用下的内力和位移将成为控制因素（图4-2）。其侧移由两部分组成：第一部分侧移由柱和梁的弯曲变形产生，柱和梁都有反弯点，形成侧向变形，框架下部的梁、柱内力大，层间变形也大，越到上部层间变形越小；部分侧移由柱的轴向变形产生，这种侧移在建筑上部较显著，越到底部层间变形越小。

（a）雄安市民服务中心工程项目效果图

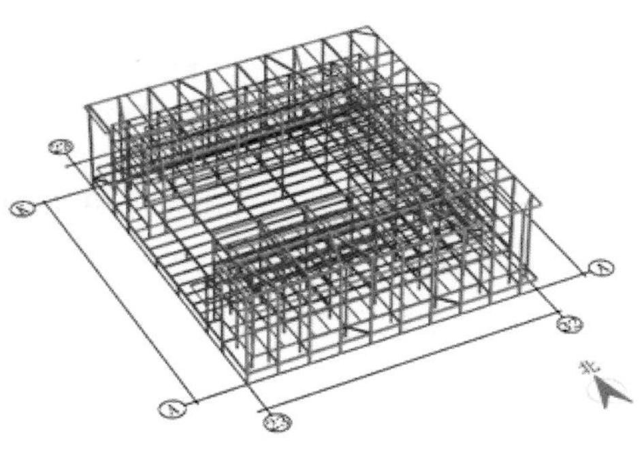

（b）雄安集团办公楼钢结构模型

图4-2　框架结构应用案例

4.1.2.1　技术特点

1）抗震性能好：由于钢材延性好，既能削弱地震反应，又使得钢结构具有较强抵抗地震的变形能力。

2）自重轻：可以显著减轻结构传至基础的竖向荷载和地震作用。

3）充分利用建筑空间：由于柱截面小，可增加建筑使用面积2%～4%。

4）施工周期短，建造速度快。

5）形成较大空间，平面布置灵活，结构各部分刚度较均匀，构造简单，易于施工。

6）侧向刚度小，在水平荷载作用下二阶效应不可忽视；由于地震侧向位移较大，可能引起非结构性构件的破坏。

4.1.2.2　设计方法

钢结构装配式建筑设计应符合现行国家标准《装配式钢结构建筑技术标准》GB/T 51232、《钢结构设计标准》GB 50017、《建筑抗震设计规范》GB 50011。高层建筑应符合现行行业标准《高层民用建筑钢结构技术规程》JGJ 99的规定，其设计、制作、运输、安装、验收应符合《钢结构工程施工质量验收标准》GB 50205的规定。针对钢框架结构体系的特点，结构设计中还应注意以下要点：

1）钢框架梁的整体稳定性由刚性隔板或侧向支撑体系来保证，当有钢筋混凝土楼板在梁的受压翼缘上并与其牢固连接，能阻止受压翼缘的侧向位移时，梁不会丧失整体稳定性。框架梁在预估的罕遇地震作用下，在可能出现塑性铰的截面（为梁端和集中力作用处）附近均应设置侧向支撑（隅撑），由于地震作用方向变化，塑性铰弯矩的方向也变化，故要求梁的上下翼缘均应设支撑。如梁上翼缘整体稳定性有保证，可仅在下翼缘设支撑。

2）框架柱设计应满足强柱弱梁原则，确保地震作用下塑性铰出现在梁端，用以提高结构的变形能力，防止在强烈地震作用下倒塌。

3）钢框架梁形成塑性铰后需要实现较大转动，其板件宽厚比应随截面塑性变形发展的程度而满足不同要求，还要考虑轴压力的影响。钢框架柱一般不会出现塑性铰，但是考虑材料性能变异、截面尺寸偏差以及一般未计入的竖向地震作用等因素，柱在某些情况下也可能出现塑性铰。因此，柱的板件宽厚比也应考虑按塑性发展来加以限制。

4.1.3 框架-支撑结构

框架–支撑结构是以框架结构为基础，在部分钢框柱之间布置竖向支撑，形成框架与支撑共同作用的双重抗侧力结构体系（图4–3）。常用于多高层建筑，包括办公楼、住宅、学校以及医院等。对于高层建筑，由于风荷载和地震作用较大，使得梁柱等构件尺寸也相应增大，失去了经济合理性，此时可在部分框架柱之间设置支撑，构成钢框架–支撑体系，钢框架–支撑体系的最大适用高度根据当地抗震设防烈度确定，7度（0.10g）可达到220m，8度（0.20g）可达到180m。钢框架–支撑结构在水平荷载作用下，通过楼板的变形协调，由框架和支撑形成双重抗侧力结构体系，可分为中心支撑框架、偏心支撑框架和屈曲约束支撑框架。

（a）中建科工大厦实景图

（b）中建科工大厦模型

图4-3　框架-支撑结构应用案例

4.1.3.1　技术特点

1）中心支撑框架具有较大的刚度，构造相对简单，可减小结构水平位移，改善内力分布。但在地震荷载作用下，中心支撑易产生屈曲和屈服，使其承载力和抗侧刚度大幅下降，影响结构整体性，主要用于低烈度地区。

2）偏心支撑框架利用耗能梁段的塑性变形吸收地震作用，使支撑保持弹性工作状态。较好地解决了中心支撑的耗能力不足的问题，兼具中心支撑的良好强度、刚度以及比纯钢框架结构耗能大的优点。

3）屈曲约束支撑结构在支撑外部设置套管，支撑仅芯板与其他构件连接，所受的荷载全部由芯板承担，外套管和填充材料仅约束芯板受压屈曲，使芯板在受拉和受压下均能进入屈服。因此，屈曲约束支撑的滞回性能优良，承载力与刚度分离，可以保护主体结构。

4.1.3.2　设计方法

钢框架–支撑结构设计方法与钢框架结构类似，同时针对钢框架–支撑结构的特点，结构设计中还应注意以下设计要点：

1）装配式钢框架–支撑结构的中心支撑布置宜采用十字交叉斜杆、单斜杆、人字形斜杆或V形斜杆体系，不应采用K形斜杆体系，因为K形支撑在地震作用下，可能因斜杆屈曲或屈服引起较大侧向变形，使柱发生屈曲甚至造成倒塌。偏心支撑至少应有一端交在梁上，使梁上形成消能梁段，在地震作用下通过消能梁段的非弹性变形耗能，而偏心支撑不屈曲。

2）应严格控制支撑杆件的宽厚比，用以抵抗在罕遇地震作用下，过早地在塑性状态下发生板件的局部屈曲，引起低周疲劳破坏。

3）偏心支撑框架设计同样需要考虑强柱弱梁的原则，使塑性铰出现在梁而不是柱中。也应该将有消能梁段的框架梁的设计弯矩适当提高，使塑性铰出现在消能梁段而不是同一跨的框架梁。

4.1.4　框架-筒体结构

框架–筒体结构是由核心筒与钢框架组成，其中心部位的筒体作为主要抗侧力结构，外围钢框架与核心筒一起承担竖向与水平荷载（图4–4）。常用于超高层建筑，是超高层建筑中采用的主流结构体系。

4.1.4.1　技术特点

该结构体系的核心筒承担大部分倾覆力矩与水平剪力，钢框架主要承担竖向荷

（a）华润大厦项目图

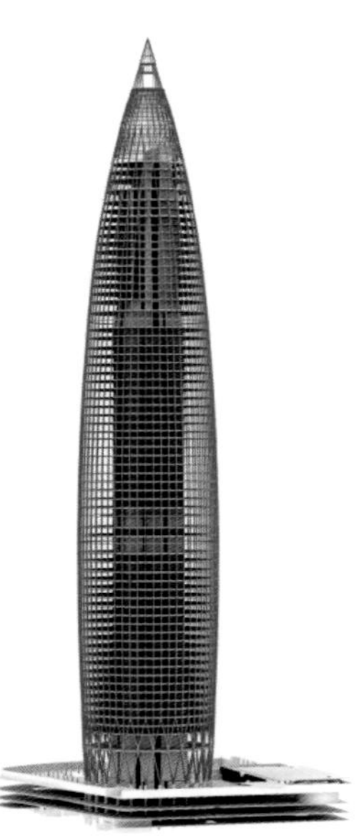

（b）华润大厦结构模型图

图4-4 框架–筒体结构应用案例

载，结构体系受力明确，核心筒的抗侧移刚度较大，可减小外侧钢框架柱的截面尺寸，降低钢结构的用钢量。此类结构体系的整体破坏模式属于弯剪型，特别适合地震区、高风压地区和地基土质较差的地区的高层和超高层建筑。通常将竖向交通、管道系统以及其他服务性用房集中布置在楼层平面中心部位，将办公用房布置在核心筒外。

4.1.4.2 设计方法

钢框架–钢筋混凝土核心筒结构的设计，应遵循现行国家标准《建筑抗震设计规范》GB 50011的有关规定。

（1）钢框架–钢筋混凝土核心筒结构有双重体系和单重体系之分，取决于框架部分的剪力分担率。二者有不同的设计要求、适用范围、最大适用高度和抗震设计等级，设计时应分别符合有关规定。

（2）钢框架–钢筋混凝土核心筒结构有不同的形式，其框架部分除采用钢框架外，必要时也可采用钢管混凝土柱（或钢骨混凝土柱）和钢梁的组合框架；钢框架必要时可在下部楼层用钢骨混凝土柱、上部楼层用钢柱，混凝土核心筒必要时可采用钢骨混凝土结构。此外，周边钢框架必要时可设置钢支撑加强，使钢框架具有较高侧向承载力。

（3）钢框架–钢筋混凝土核心筒结构为双重体系时，其最大适用高度不宜超过现行国家规范《建筑抗震设计规范》GB 50011对钢筋混凝土框架–核心筒结构规定的最大适用高度和对钢框架–支撑结构规定的最大适用高度二者的平均值。单重体系时不宜超过规范对抗震墙结构规定的最大适用高度。

（4）钢框架–钢筋混凝土核心筒结构的抗震设计等级，钢框架部分和混凝土核心筒部分应分别符合现行国家标准《建筑抗震设计规范》GB 50011的表6.1.2和表8.1.3的规定。

（5）钢框架–钢筋混凝土核心筒结构建筑平面的外形宜简单规则，宜采用方形、矩形等规则对称平面，并尽量使结构的抗侧力中心与水平合力中心重合。建筑的开间、进深宜统一。

（6）钢框架–钢筋混凝土核心筒结构，当高度超过150m时，宜设置伸臂桁架，必要时尚可在框架角部设置巨型钢骨混凝土柱，与伸臂桁架相连。

（7）对于高度较大的超高层建筑，周边钢架增设巨形柱是提高框架部分剪力分担率的有效方法。通过与伸臂架相连，能有效地提高部分的剪力分担率。

（8）钢框架–钢筋混凝土核心筒结构设置地下室时，框架柱应至少延伸至地下室一层，框架柱竖向荷载应直接传至基础。钢框架部分用支撑时，二级及以上抗震等级宜采用偏心支撑耗能支撑。支撑在竖向应连续布置，在地下部分应延伸至基础。

（9）钢框架–钢筋混凝土核心筒结构中，混凝土核心筒为主要抗侧力结构，应根据具体情况采取有效措施，保证核心筒的延性。

（10）钢框架–钢筋混凝土核心筒结构的楼盖，应具有良好的刚度和整体性。跨度大的楼面梁不宜支承在核心筒的连梁上。

4.1.5　巨型框架-支撑-筒体结构

巨型框架–支撑–筒体结构由核心筒与外部巨型框架–支撑结构组成（图4–5）。核心筒一般采用内含钢骨（钢板）的型钢混凝土剪力墙结构，外部巨型框架–支撑结构一般由巨型柱、巨型支撑、巨型桁架以及次框架组成，两者共同构成多道设防的抗侧力结构体系，广泛应用于超过400m的超高层建筑。

4.1.5.1　技术特点

1）巨型结构外露与建筑立面相结合。

2）空间利用灵活。

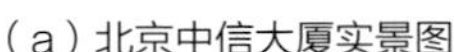

（a）北京中信大厦实景图

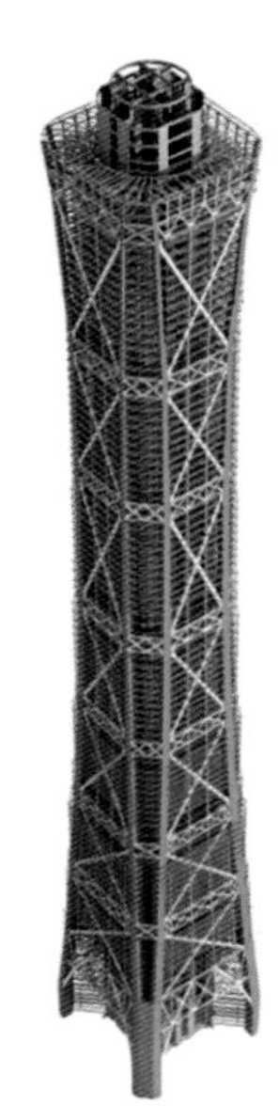

（b）北京中信大厦地上钢结构模型图

图4-5　巨型框架-支撑-筒体结构应用案例

3）施工速度快，巨型主框架施工后，各层可同时施工，巨型开洞可形成气流通道，减小风压。

4）结构承载力高、抗侧刚度大、抗震性能好。

4.1.5.2　设计方法

钢结构装配式建筑设计应符合现行国家标准《装配式钢结构建筑技术标准》GB/T 51232、《钢结构设计标准》GB 50017、《建筑抗震设计规范》GB 50011。高层建筑应符合现行行业标准《高层民用建筑钢结构技术规程》JGJ 99的规定，其设计、制作、运输、安装、验收应符合《钢结构工程施工质量验收标准》GB 50205的规定。

4.1.6　网架结构

网架结构是按照一定规律布置的杆件通过节点连接而形成的平板型或微曲面型空间结构。常用于公共建筑，包括机场航站楼、体育场馆、影剧院、车站候车厅等（图4–6）。

4.1.6.1　技术特点

1）网架结构整体性好、空间刚度大、结构稳定。

（a）成都天府国际机场航站楼项目效果图

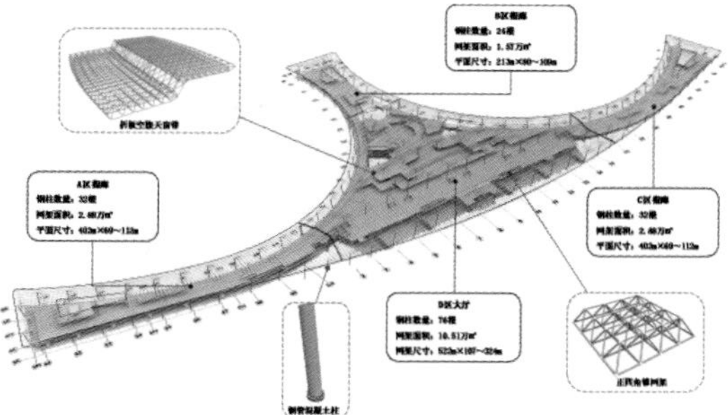

（b）成都天府国际机场T1航站楼钢结构示意图

图4-6　网架结构应用案例

2）网架结构靠杆件的轴力传递载荷，材料强度得到充分利用，既节约了钢材，又减轻了自重。

3）网架结构自重轻，钢材具有良好的延伸性，可以吸收大量地震能，网架空间刚度大，抗震性能优良。

4）网架结构高度小，可有效利用空间，普通钢结构高跨比为1/10～1/8，而网架结构高跨比只有1/20～1/14。

5）建设速度快：网架结构构件尺寸和形状大量相同，可在工厂成批生产，质量好、效率高、不与土建争场地，现场工作量小，工期较短。

6）网架结构轻巧，能覆盖各种形状的平面，又可设计成各种各样的体形，造型美观大方。

4.1.6.2　设计要求

空间网格结构的杆件可采用圆（方、矩）形截面，节点可采用板式节点或球节点，球节点可采用螺栓球节点或焊接空心球节点，也可采用钢管相贯节点。分析时应根据结构形式、支座节点构造简化为合理的结构计算模型。其设计、制作、运输、安装、验收应满足《钢结构设计标准》GB 50017、《钢结构工程施工质量验收标准》GB 50205、《空间网格结构技术规程》JGJ 7的规定。

4.1.7　立体桁架结构

立体桁架结构是由上弦杆、腹杆与下弦杆构成横截面为三角形、四边形或异形的格构式桁架（图4–7）。常用于大跨度公共建筑，包括体育场馆、机场航站楼、歌剧院、车站候车厅等。

（a）青岛北站项目效果图

（b）青岛北站房屋盖结构效果图

图4-7 立体桁架结构应用案例

4.1.7.1 技术特点

1）为建筑提供大开间。采用交错桁架结构的高层建筑能够获得达到300～400m²方形的无柱空间。

2）装配化程度高。首先，交错桁架体系的柱较少，因此，节点较少；其次，桁架的上下弦是以受轴力为主的，因此，上下弦与钢柱的连接可以作为铰接，减少了焊接量。另外，桁架高度一般为3m左右（即建筑层高），因此，可以在工厂制作，然后进行整榀运输，现场拼装。

3）用钢最省，在10～20层中高层的建筑中，与交错桁架吊装相比，主体结构的用钢量减少5%～10%。

4）奇偶榀的叠加作用，使得结构在水平荷载作用下形成一个近似实腹式的悬臂梁，抗侧刚度非常大。

4.1.7.2 设计要求

立体桁架结构其设计、制作、运输、安装、验收应满足《钢结构设计标准》GB 50017、《建筑抗震设计规范》GB 50011、《钢结构工程施工质量验收标准》GB 50205、《空间网格结构技术规程》JGJ 7的规定。桁架支承于下弦节点时，桁架整体应有可靠的防侧倾体系，曲线形的立体桁架应考虑支座水平位移对下部结构的影响。对立体桁架、立体拱架和张弦立体拱架应设置平面外的稳定支撑体系。

4.1.8 索结构

索结构是将预应力与空间钢结构相结合，在空间钢结构中增加高强度索，并对索施加预应力，充分发挥钢材弹性范围内的强度，提高结构承载能力（图4-8）。可用于大跨度建筑工程的屋面结构、楼面结构等，可以单独用索形成结构，也可以与网架结构、桁架结构、钢结构或混凝土结构组合形成杂交结构，以实现大跨度，

（a）石家庄国际会展中心项目效果图

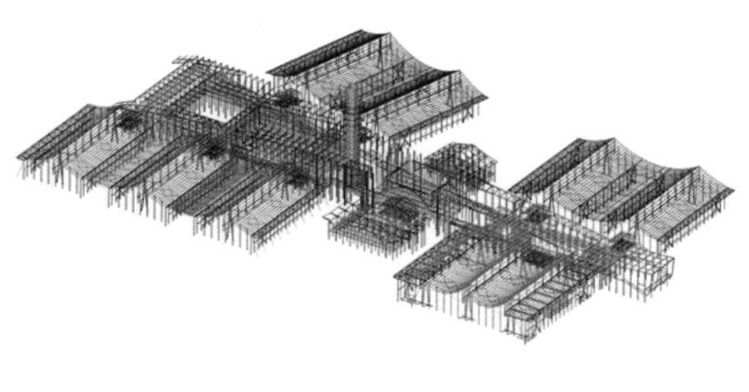

（b）石家庄国际会展中心钢结构整体效果图

图4-8　索结构应用案例

并提高结构、构件的性能，降低造价。常用于大跨度公共建筑，包括桥梁、体育场馆、机场航站楼、车站候车厅等。

4.1.8.1　技术特点

索结构只承受拉力，结构变形小、节约钢材、降低造价。

4.1.8.2　设计要求

进行索结构设计时，首先，需要确定索结构体系，包括结构的形状、布索方式、传力路径和支承位置等；其次，采用非线性分析法进行分析，确定设计初始态，并通过施加预应力建立结构的强度与刚度，进行索结构在各种荷载工况下的极限承载能力设计与变形验算；然后，进行索具节点、锚固节点设计；最后，对支承位置及下部结构设计。

拉索采用高强度材料制作，作为主要受力构件，其索体的静载破断荷载一般不小于索体标准破断荷载的95%，破断延伸率不小于2%，拉索的设计强度一般为0.4～0.5倍标准强度。当有疲劳要求时，拉索应按规定进行疲劳试验。此外不同用途的拉索还应分别满足《建筑工程用索》JG/T 330和《桥梁缆索用热镀锌或锌铝合金钢丝》GB/T 17101、《预应力混凝土用钢绞线》GB/T 5224、《重要用途钢丝绳》GB 8918等相关标准。拉索采用的锚固装置应满足《预应力筋用锚具、夹具和连接器》GB/T 14370及相关钢材料标准。

1）设计技术指标

索结构的选型应根据使用要求和预应力分布特点，采用找形方法确定。不同的索结构具有不同的造型设计技术指标。一般情况下柔性索网结构的拉索垂度和跨度比值为1/20～1/10，受拉内环和受压外环的直径比值为1/20～1/5，杂交索系结构的矢高和跨度比值为1/12～1/8。

2）施工技术指标

索结构的张拉过程应满足《索结构技术规程》JGJ 257要求。拉索的锚固端允许偏差为锚固长度的1/3000和20mm的较小值。张拉过程应通过有限元法进行施工全过程模拟，并根据模拟结果确定拉索的预应力损失量。各阶段张拉时应检查索力与结构的变形值。

4.1.9 模块化结构体系

模块化集成房屋体系是将传统房屋以单个房间或一定的三维建筑空间为模块单元进行划分，其每个单元都在工厂内完成预制且进行精装修，单元运输到工地进行装配连接而成的一种新型装配式建筑体系，其装配化率可达80%～90%，属于装配式建筑的终极产品，常用于医院、住宅等（图4–9）。

（a）深圳第三人民医院应急院区项目实景　（b）深圳第三人民医院应急院区项目施工

图4-9 模块化结构体系应用案例

模块单元在工厂完成标准化的制作，从而节省了绝大部分现场工作量，现场快速拼装完成后业主可以直接拎包入住，无须二次装修，很大程度上缩短了建设工期。绝大部分的建造过程均放在工厂环境下进行，现场的施工流程主要是吊装和模块单元间的组拼，过程大大简化，节约了人力物力的投入。工厂环境配合自动化的机械设备，可以实现精细化加工，从而部品部件可以具备很高的加工精度，减少施工误差，有利于提高工程质量。此外，模块建筑可有效控制固体废弃物和工业污染，最大限度减小对施工现场周围环境的影响，有利于推动绿色建筑的发展。

4.2 钢结构建筑设计中的BIM应用

4.2.1 钢结构装配式设计主要内容

根据《装配式钢结构建筑技术标准》GB/T 51232定义，结构系统、外围护系统、设备与管线系统、内装系统的主要部分采用预制部品部件的建筑称为装配式建筑，其中结构系统由钢部（构）件构成的建筑称为钢结构装配式建筑。

4.2.1.1 建筑设计

钢结构装配式建筑设计应按照集成设计原则，从系统化角度进行设计，并应符合现行国家标准对建筑适用性能、安全性能、环境性能、经济性能、耐久性能等综合规定。应在模数协调的基础上，采用标准化设计，提高部品部件的通用性。采用模块及模块组合的设计方法，遵循少规格、多组合的原则。公共建筑应采用楼电梯、公共卫生间、公共管井、基本单元等模块进行组合设计，住宅建筑应采用楼电梯、公共管井、集成式厨房、集成式卫生间等模块进行组合设计。部品部件应采用标准化接口。

1. 建筑平面与空间设计应满足以下要求

1）钢结构装配式建筑平面与空间的设计应满足结构构件布置、立面基本元素组合及可实施性等要求。

2）钢结构装配式建筑应采用大开间大进深、空间灵活可变的结构布置方式。

3）结构柱网布置、抗侧力构件布置、次梁布置应与功能空间布局及门窗洞口协调。

4）平面几何形状宜规则平整，并宜以连续柱跨为基础布置，柱距尺寸应按模数统一。

5）设备管井宜与楼电梯结合，集中设置。

6）外墙、阳台板、空调板、外窗、遮阳设施及装饰灯部品部件宜进行标准化设计。

7）宜通过建筑体量、材质机理、色彩等变化，形成丰富多样的立面效果。

8）应根据建筑功能、主体结构、设备管线及装修等要求，确定合理的层高及净高尺寸。

2. 建筑设计中应注意以下几点，确保建筑性能要求

1）其钢构件应根据环境条件、材质、部位、结构性能、使用要求、施工条件和维护管理条件进行防腐设计，并应符合现行行业标准《建筑钢结构防腐蚀技术规程》JGJ/T 251有关规定。

2）钢结构装配式建筑应根据功能部位、使用要求进行隔声设计，在易形成声桥的部位应采用柔性连接或间接连接等措施，并应符合现行国家标准《民用建筑隔声设计规范》GB 50118有关规定。

3）钢结构装配式建筑的热工性能应符合国家现行标准《民用建筑热工设计规范》GB 50176、《公共建筑节能设计标准》GB 50189、《严寒和寒冷地区居住建筑节能设计标准》JGJ 26、《夏热冬冷地区居住建筑节能设计标准》JGJ 134和《夏热冬暖地区居住建筑节能设计标准》JGJ 75的有关规定。

4.2.1.2 结构设计

钢结构装配式建筑的结构设计应符合现行国家标准《工程结构可靠性设计统一标准》GB 50153的规定。建筑荷载和效应的取值与组合应符合现行国家标准《建筑结构荷载规范》GB 50009规定。应按现行国家标准《建筑工程抗震设防分类标准》GB 50223的规定确定其抗震设防类别，并应按现行国家标准《建筑抗震设计规范》GB 50011进行抗震设计。结构构件设计应符合现行国家标准《钢结构设计标准》GB 50017和《冷弯薄壁型钢结构技术规范》GB 50018的规定。

钢结构装配式建筑结构的平面布置宜规则、对称，竖向布置宜保持刚度、质量变化均匀。布置要考虑温度作用、地震作用、不均匀沉降等的不利影响，当设置伸缩缝、防震缝或沉降缝时，应满足相应的功能要求。

4.2.1.3 外围护系统设计

钢结构装配式建筑应合理确定外围护系统的设计使用年限，住宅建筑的外围护系统的设计使用年限应与主体结构相协调。立面设计应综合钢结构装配式建筑的构成条件、装饰颜色与材料质感等设计要求。应符合模数协调和标准化要求，并应满足建筑立面效果、制作工艺、运输及施工安装的条件。

1. 外围护系统设计应包含以下内容

1）外围护系统的性能要求。

2）外墙板及屋面板的模数协调要求。

3）屋面结构支承构造节点。

4）外墙板连接、接缝及外门窗洞口等构造节点。

5）阳台、空调板、装饰件等连接构造节点。

外围护系统应根据建筑所在地区的气候条件、使用功能等综合因素确定抗风性能、抗震性能、耐撞击性能、防火性能、水密性能、气密性能、隔声性能、热工性能和耐久性能等要求，屋面系统还应满足结构性能要求。

外墙系统与结构系统的连接形式可采用内嵌式、外挂式、嵌挂结合式等，并宜分层悬挂或承托；也可选用预制外墙、现场组装骨架外墙、建筑幕墙等类型。

2．外墙板与主体结构的连接应符合下列规定

1）连接节点在保证主体结构整体受力的前提下，应牢固可靠、受力明确、传力简洁、构造合理。

2）连接节点应具有足够的承载力。承载能力极限状态下，连接节点不应发生破坏，当单个连接节点失效时，外墙板不应掉落。

3）连接部位应采用柔性连接方式，连接节点应具有适应主体结构变形的能力。

4）节点设计应便于工厂加工、现场安装就位和调整。

5）连接件的耐久性应满足设计使用年限的要求。

4.2.1.4　设备与管线设计

1．钢结构装配式建筑的设备与管线设计应符合下列规定

1）钢结构装配式建筑的设备与管线宜采用集成化技术、标准化设计，当采用集成化新技术、新产品时应有可靠依据。

2）各类设备与管线应综合设计、减少平面交叉，合理利用空间。

3）设备与管线应合理选型、准确定位。

4）设备与管线宜在架空层或吊顶内设置。

5）设备与管线安装应满足结构专业相关要求，不应在预制构件安装后凿剔沟槽、开孔、开洞等。

6）公共管线、阀门、检修配件、计量仪表、电表箱、配电箱、智能化配线箱等应设置在公共区域。

7）设备与管线穿越楼板和墙体时，应采取防水、防火、隔声、密封等措施，防火封堵应符合现行国家标准《建筑设计防火规范》GB 50016的规定。

8）设备与管线的抗震设计应符合现行国家标准《建筑机电工程抗震设计规范》GB 50981的有关规定。

2．给水排水设计应符合下列规定

1）冲厕宜采用非传统水源，水质应符合现行国家标准《城市污水再生利用城市杂用水水质》GB/T 18920的规定。

2）集成式厨房、卫生间应预留相应的给水、热水、排水管道接口，给水系统配水管道接口的形式和位置应便于检修。

3）给水分水器与用水器具的管道应一对一连接，管道中间不得有连接配件；

宜采用装配式的管线及其配件连接；给水分水器位置应便于检修。

4）敷设在吊顶或楼地面架空层内的给水排水设备管线应采取防腐蚀、隔声减噪和防结露等措施。

5）当建筑配置太阳能热水系统时，集热器、储水罐等的布置应与主体结构、外围护系统、内装系统相协调，做好预留预埋。

6）排水管道宜采用同层排水技术。

7）应选用耐腐蚀、使用寿命长、降噪性能好、便于安装及更换、连接可靠、密封性能好的管材、管件以及阀门设备。

3．建筑供暖、通风、空调及燃气设计应符合下列规定

1）室内供暖系统采用低温地板辐射供暖时，宜采用干法施工。

2）室内供暖系统采用散热器供暖时，安装散热器的墙板构件应采取加强措施。

3）采用集成式卫生间或采用同层排水架空地板时，不宜采用地板辐射供暖系统。

4）冷热水管道固定于梁柱等钢构件上时，应采用绝热支架。

5）供暖、通风、空气调节及防排烟系统的设备及管道系统宜结合建筑方案整体设计，并预留接口位置；设备基础和构件应连接牢固，并按设备技术文件的要求预留地脚螺栓孔洞。

6）供暖、通风和空气调节设备均应选用节能型产品。

7）燃气系统管线设计应符合现行国家标准《城镇燃气设计规范》GB 50028的规定。

4．电气和智能化设计应符合下列规定

1）电气和智能化的设备与管线宜采用管线分离的方式。

2）电气和智能化系统的竖向主干线应在公共区域的电气竖井内设置。

3）当大型灯具、桥架、母线、配电设备等安装在预制构件上时，应采用预留预埋件固定。

4）设置在预制部（构）件上的出线口、接线盒等的孔洞均应准确定位。隔墙两侧的电气和智能化设备不应直接连通设置。

5）防雷引下线和共用接地装置应充分利用钢结构自身作为防雷接地装置。构件连接部位应有永久性明显标记，其预留防雷装置的端头应可靠连接。

6）钢结构基础应作为自然接地体，当接地电阻不满足要求时，应设人工接地体。

7）接地端子应与建筑物本身的钢结构金属物连接。

4.2.1.5　内装设计

内装部品设计与选型应符合国家现行有关抗震、防火、防水、防潮和隔声等标准的规定，并满足生产、运输和安装等要求。内装系统设计应满足内装部品的连接、检修更换、物权归属和设备及管线使用年限的要求，内装系统设计宜采用管线分离的方式。

1）梁柱包覆应与防火防腐构造结合，实现防火防腐包覆与内装系统的一体化，并应符合下列规定：

（1）内装部品安装不应破坏防火构造。

（2）宜采用防腐防火复合涂料。

（3）使用膨胀型防火涂料应预留膨胀空间。

（4）设备与管线穿越防火保护层时，应按钢构件原耐火极限进行有效封堵。

2）隔墙设计宜采用装配式部品，并应符合下列规定：

（1）可选龙骨类、轻质水泥基板类或轻质复合板类隔墙。

（2）龙骨类隔墙宜在空腔内敷设管线及接线盒等。

（3）当隔墙上需要固定电器、橱柜、洁具等较重设备或其他物品时，应采取加强措施，其承载力应满足相关要求。

（4）外墙内表面及分户墙表面宜采用满足干式工法施工要求的部品，墙面宜设置空腔层，并应与室内设备管线进行集成设计。

3）吊顶设计宜采用装配式部品，并应符合下列规定：

（1）当采用压型钢板组合楼板或钢筋桁架楼承板组合楼板时，应设置吊顶。

（2）当采用开口型压型钢板组合楼板或带肋混凝土楼盖时，宜利用楼板底部肋侧空间进行管线布置，并设置吊顶。

（3）厨房、卫生间的吊顶在管线集中部位应设有检修口。

4）装配式楼地面设计宜采用装配式部品，并应符合下列规定：

（1）架空地板系统的架空层内宜敷设给水排水和供暖等管道。

（2）架空地板高度应根据管线的管径、长度、坡度以及管线交叉情况进行计算，并宜采取减振措施。

（3）当楼地面系统架空层内敷设管线时，应设置检修口。

5）集成式厨房应符合下列规定：

（1）应满足厨房设备设施点位预留的要求。

（2）给水排水、燃气管道等应集中设置、合理定位，并应设置管道检修口。

（3）宜采用排油烟管道同层直排的方式。

6）集成式卫生间应符合下列规定：

（1）宜采用干湿区分离的布置方式，并应满足设备设施点位预留的要求。

（2）应满足同层排水的要求，给水排水、通风和电气等管线的连接均应在设计预留的空间内安装完成，并应设置检修口。

（3）当采用防水底盘时，防水底盘与墙板之间应有可靠连接设计。

钢结构装配式建筑内装系统设计宜采用建筑信息模型（BIM）技术，与结构系统、外围护系统、设备与管线系统进行一体化设计，预留洞口、预埋件、连接件、接口设计应准确到位。部品接口设计应符合部品与管线之间、部品之间连接的通用性要求。钢结构装配式建筑的部品与钢构件的连接和接缝宜采用柔性设计，其缝隙变形能力应与结构弹性阶段的层间位移角相适应。

4.2.2 钢结构装配式建筑设计对BIM技术的需求

4.2.2.1 BIM软件介绍

1．核心建模软件

BIM核心建模软件主要分为以下四类：Autodesk公司的Revit建筑、结构和机电系列；Bentley建筑、结构和设备系列；Nemetschek公司的ArchiCAD、ALLPLAN、VectorWorks产品；Dassault公司的CATIA产品。

钢结构装配式建筑设计中通常使用Autodesk公司的Revit建筑、结构和机电系列的软件。Revit建筑设计软件可以进行建筑信息模型构建，可以将设计创意从最初的概念变为现实的构造。

2．方案设计软件

目前主要的BIM方案软件有Qnuma、Planning System和Affinity等。其主要功能是把业主设计任务书里面基于数字的项目要求转化成基于几何形体的建筑方案，用于业主和设计师之间的沟通和方案研究论证。

3．几何造型软件

目前，常用的几何造型软件有Sketchup、Rhino和FormZ等。可以更方便、高效地解决设计初期遇到的较为复杂的形体和体量研究，实现BIM核心建模软件无法实现的功能，同时成果可以输入BIM核心建模软件。

4．可持续（绿色）分析软件

水暖电等设备和电气分析软件，国内产品有鸿业、博超等，国外产品有

Designmaster、IES Virtual Environment、Trane Trace等。

5. 机电分析软件

水暖电等设备和电气分析软件，国内产品有鸿业、博超等，国外产品有Designmaster、IES Virtual Environment、Trane Trace等。

6. 结构分析软件

ETABS、STAAD、Robot等国外软件以及PKPM等国内软件目前与BIM核心建模软件可以实现双向信息交换。结构分析软件可以使用核心建模软件中的信息进行结构分析，同时分析的结果对结构的调整可以反馈到BIM核心建模软件中，更新BIM模型。

7. 可视化软件

常用的可视化软件包括3DsMax、Artlantis、Accurender和Lightscape等。有了BIM模型以后，通过可视化软件，使建模工作量减少了，提高了模型的精度和设计（实物）的吻合度，并可以在项目的不同阶段以及各种变化情况下快速产生可视化效果。

8. 模型检查软件

目前常用的模型检查软件是Solibri Model Checker，可以用来检查模型本身的质量和完整性，例如是否存在构件冲突、模型重叠、空间是否封闭以及是否满足规范要求等。

9. 深化设计软件

Tekla是目前常用的钢结构深化设计软件。可以使用BIM核心建模软件的数据，对钢结构进行加工、安装的详细设计，生成钢结构施工图、材料表、数控机床代码等。

10. 综合碰撞检查软件

钢结构装配式中常用的综合碰撞检查软件主要为Autodesk Navisworks。可以整合不同专业设计师在核心建模软件中建立自己专业的BIM模型，在一个环境里面集成为一整个项目，从而进行分析和模拟。

4.2.2.2 BIM技术分析与功能分析

1. 应用于建筑结构与场地分析

建筑结构设计是一项科学而系统的工作，其设计内容不仅包含了建筑主体部分的合理化构建，同时也涵盖了工程建设区域相关地质水文条件的分析与研究。在建筑结构设计中应用BIM技术，能够通过动态数字信息实现建筑结构主体在客观环境因素影响中应力表现的分析。将BIM技术与GIS技术相结合，能够全面而深入地模拟建筑工程场地条件，对建筑结构选型与体系结构进行合理地预测判断，准确合理地确定最佳建筑施工场地区域，保证建筑结构设计能够全面符合当地的地质、水文以及气候环境条件，在施工与使用的过程中维持较高的稳定性与安全性。

2. 应用于建筑结构性能分析

建筑结构设计工作不仅是具体结构构件的选择与组合，其更为强调建筑整体成型后的应力表现，是否能在一定的水平、竖向以及振动载荷下维持较高的稳定水平。因此，在建筑结构设计中应用BIM技术建立模型，能够对结构设计方案进行全面的模拟分析，通过相关数据的导入将建筑结构设计结果置于贴近实际情况的环境之中，快速、准确地完成整个分析过程，发现设计缺陷，及时进行修正与优化，提高建筑结构设计质量。

3. 应用于建筑结构的协同

不同专业共同完成建筑工程设计绘图是BIM技术应用的重要特征，在设计环节中的信息处理与汇总交流提升了建筑结构设计的协调性与高效性。在BIM模型中，建筑工程的数据是不断进行交流和共享的，这主要包括两个方面：一是通过借助中间数据文件，完成异地不同设计软件进行模型设计时需要的相应数据和信息；二是通过设置数据库，实现不同专业之间的数据传递和共享，将与建筑工程相关的水暖、土建、装饰等各种专业的内容有机地结合起来，利用统一的处理平台来对信息进行规范处理，实现系统内部信息流的畅通。在这种数据交流和共享的基础上，保证了建筑结构设计充分顾及与建筑有关的各方面内容，避免了某一点、某一参数疏漏导致的结构不完善问题，对于建筑结构设计的质量有着重要作用。

4. 应用于机电一体化施工管理

BIM技术是当前建筑机电安装施工管理的有效工具，可以实现对安装过程的跟踪和捕捉，通过可视化的工具对机电安装中的管道路径进行实践验证，避免管道碰撞问题的发生。还可以加强设计部门与安装部门的协调，加强安装技术的交底。

BIM技术的应用还具有一定的模拟性，可以通过计算机的形式直接在网络上进行实际环境的模拟，在技术应用过程中判断出安装过程中会发生的问题，增加了管理工作的真实性。工作人员在机电安装之前，通过BIM技术对施工方案进行优化，及时对问题进行调整，将技术和现场有效地结合到一起，加强现场设备和材料的动态管理。利用不同的配套软件实现与施工现场的连接，从而提高施工的工作效率和质量。

4.2.3　BIM技术在建筑应用中的特点

4.2.3.1　可视性

贯穿于建筑方案创作过程的是三维空间思维，而传统设计方法中的演化和推敲是在二维图形上完成的，因此，设计师往往会受限于二维和三维思维之间的差别。此外，设计人员和读图人员之间，为了表达和理解设计，要经历反复转换的过程。BIM技术的可视性特点使设计人员可以在三维空间里面做设计，三维的立体实物图形能将建筑物的具体形象展现出来，有效再现建筑的具体构件信息，在方便设计师的同时，也方便了其他人理解设计师的意图（图4-10）。这种“所见即所得”的可视性能有效实现整个设计、建设和管理过程中工程内容的全面性和准确性。

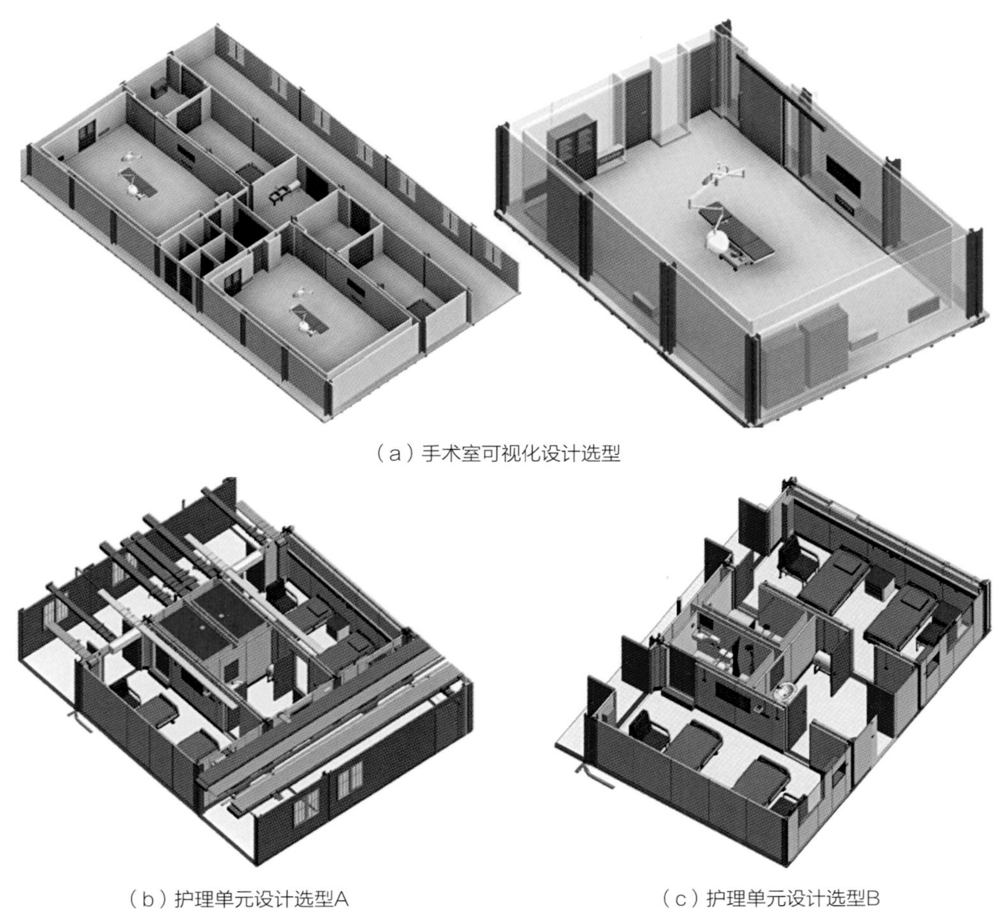

（a）手术室可视化设计选型

（b）护理单元设计选型A　　（c）护理单元设计选型B

图4-10　BIM设计可视性

4.2.3.2 协调性

设计师在建筑的创作与设计过程中离不开专业内和专业间的协同。在BIM协同设计过程中，需要约定专业内的协同工作方式以及专业间的工作流程。通过BIM技术协同设计的并行工作优势，可以保证专业间的信息传递及时有效，实现各专业之间设计过程的高度协调，更加高效地把控项目设计的进度和质量（图4–11）。

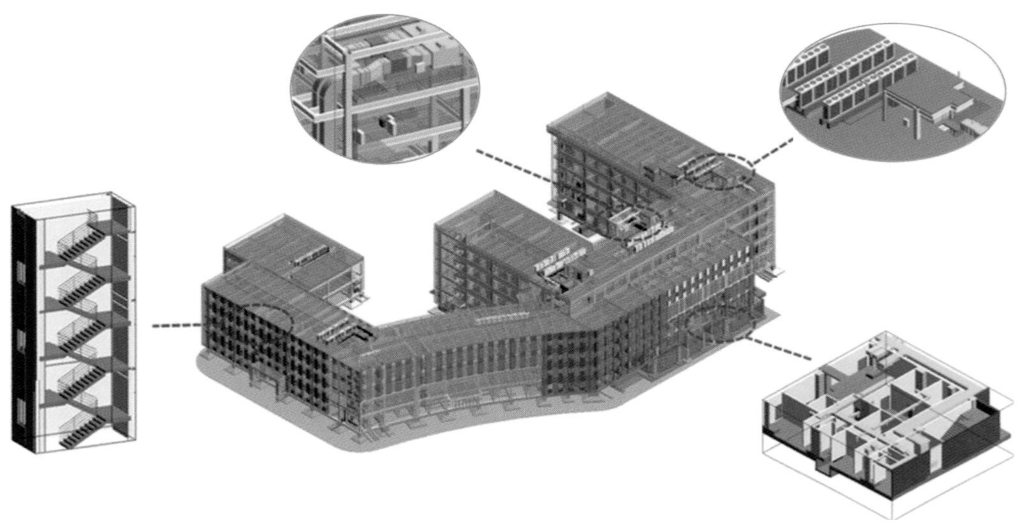

图4-11 各专业协同设计

4.2.3.3 模拟性

BIM技术不仅能对建筑实体进行虚拟展现，还能对在设计阶段难以把控的设计结果进行有效模拟。基于建成环境的建筑性能评估无法对规划和设计上的不足做出最有效的调整和改善，如果要做到防患于未然，就需要在建筑方案的规划和设计阶段通过BIM技术对项目进行模拟分析，得出各种建筑物理环境指标，找到需要优化的设计因子（图4–12）。因此，设计师在方案阶段更容易科学地预测建筑项目的性能，并能有针对性地进行优化设计，从而提供更高质量的建筑方案。例如，基于BIM技术的绿色建筑能耗分析能找到建筑能耗损耗点，特定区域的行人模拟技术能模拟人群移动模式和人流空间需求，火灾动力学模拟器能模拟实现消防安全管理、疏散评估、逃生路线规划、安全教育和设备维护，建筑风环境分析能确定室内外风环境舒适度和风能利用情况。这些都是基于BIM技术对设计做系统性分析后得出的具体数据信息，可作为建筑规划和设计的科学依据，基于这些数据做出的设计能极大地提高建筑各方面的效能。

（a）BIM设计模型虚拟展现

（b）建筑实景图

图4-12 BIM设计模拟性

4.2.3.4 优化性

建筑设计是一个不断优化和解决问题的过程，此过程随着不同专业间协作的不断深入也伴随着设计的细化和修改。信息共享的BIM系统信息模型减少了因专业接口问题引发的设计失误，便于各专业及时调整设计方案，所涉及的被修改的BIM模型也会自动发生调整，能节省改图时间、提高设计效率。同时，BIM信息系统可以建立质量和规范检查机制，自动检查不符合规范要求的错误，可以节省检查时间，减轻设计工作量。例如，通过Corenet E-Plan Checker、SMART Codes、SMC等电子审图系统平台可以实现规划面积审查和建筑规范审查，使快速优化设计成为可能（图4-13）。

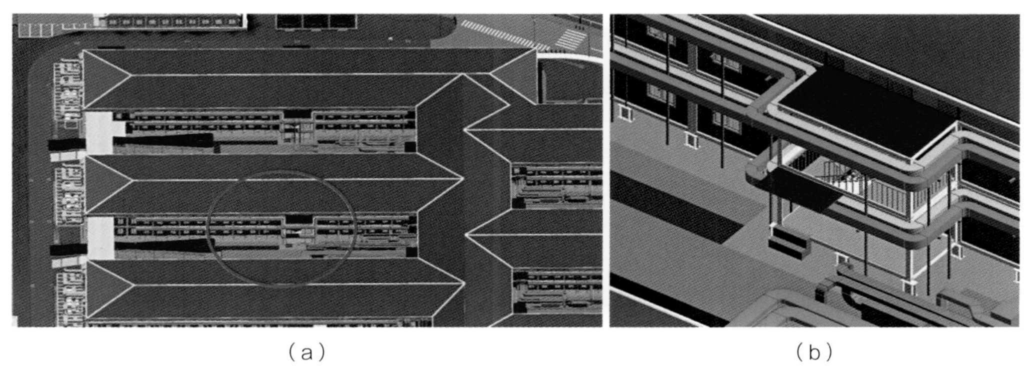

（a）　（b）

图4-13 风管排布优化

4.2.4 BIM技术在钢结构装配式建筑设计阶段的应用

装配式建筑具有设计系统化、构件制作工厂化、安装专业化等特点，这些特点使装配式建筑与传统建筑在设计、制作及安装过程中都有显著的差别。而钢结构因其制作及安装特点，主体本身就属于装配式建筑，再配合与钢结构相适应的预制楼板体系、内隔墙体系、装配式外墙体系、设备与管线、卫生间与阳台等就组成了系统的钢结构装配式建筑。近年来，我国建筑行业正在逐步推广BIM相关技术和方法，BIM技术引入钢结构装配式建筑项目中，对提高设计速度，减少设计返工，制作及安装错误，保持施工与设计意图一致性乃至提高装配式建筑设计的整体水平都具有积极的意义（图4–14）。

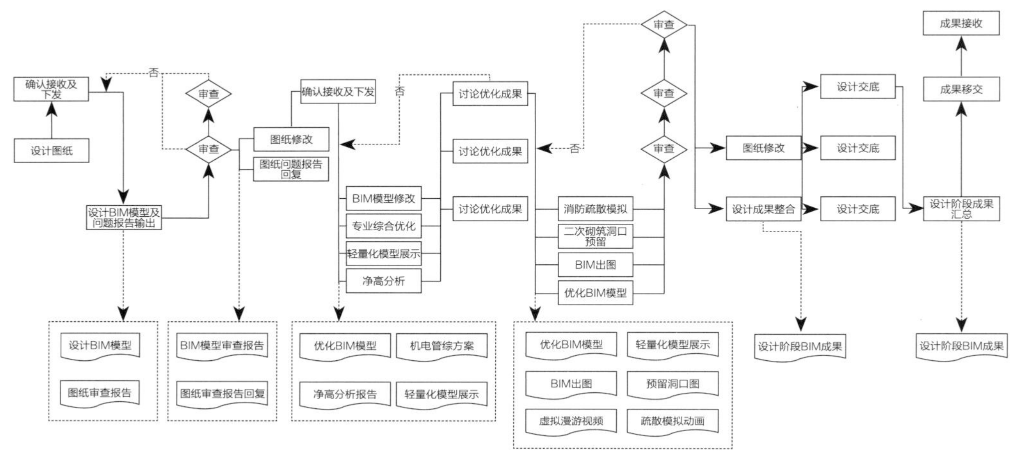

图4-14　BIM设计流程图

BIM技术在钢结构装配式建筑设计阶段的应用，主要包括方案设计、初步设计、施工图设计、深化设计等阶段。不论在哪个阶段，建筑信息模型（即BIM模型）都担任了重要的角色。每个阶段特点不同、信息量巨大，BIM技术在各阶段的应用内容和应用深度亦不同。本节主要针对BIM技术在钢结构装配式建筑设计过程的各个阶段的应用做分析说明。

4.2.4.1　方案设计阶段

结合需求对建筑的功能要求、建造模式、可行性等方面进行深入分析，根据设计理念，确定建筑方案的基本框架，包括平面基本布局、体量关系模型，建筑在基地中的方位、空间布局、与周边环境的关系以及对当地人文地理的融合等内容。

建筑项目是从方案设计开始的，方案设计深刻影响项目未来是否能够顺利进行。BIM技术应用于建筑设计方案初期场地分析时的性能分析中可以解决传统方案设计中无法量化的问题，如日照、舒适度、可视化、空气流动性、噪声云图等的量化。通过把BIM技术的性能分析与建筑方案的设计结合起来，会对建筑设计多指标量化、编制科学化和可持续发展产生积极影响。

在方案设计阶段，除考虑项目自身的要求外，还需对当地的地域文化、地形环境、建筑面积、功能要求、建筑形体等进行深入分析，BIM的应用可以将功能、形体、环境这三者的数据紧密结合，通过数据分析帮助建筑师更合理地制定设计策略，使建筑和场地配合得更紧密。此阶段的设计目标并不是单纯地验证设计结果，而是注重建筑方案的推敲和设计策略所带来的节能效果对比。严格来讲，这时候的BIM模型只是一个雏形，可以是一个信息不全的3D几何模型。

采用BIM技术可以在钢结构装配式建筑设计中进行日照采光分析、建筑微环境的空气流动分析、建筑声环境分析、建筑群热工分析和规划可视度分析等（图4–15、图4–16）。

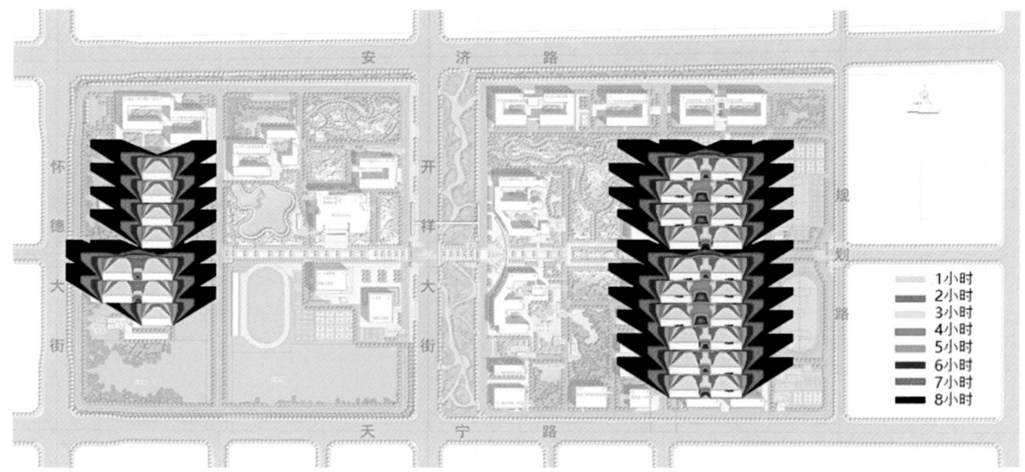

图4-15　日照分析

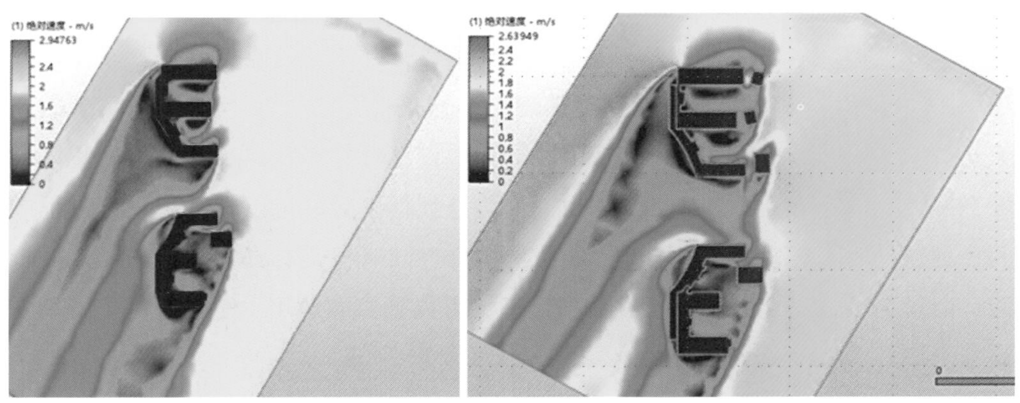

（a）原始方案　　（b）优化后实际方案

图4-16　微环境的空气流动分析

4.2.4.2 初步设计阶段

初步设计，是在方案设计的基础上进行进一步设计，绘出方案的脉络并进行图纸绘制。首先，由建筑师确定建筑的总体设计方案及布局，结构工程师再根据建筑设计方案进行结构设计，建筑和结构双方设计师要在整个设计过程中反复相互提资，不断修改。

随着方案设计的深入，需要创建更加细化的BIM模型并赋予其信息，从这个意义上来讲，这时的BIM模型逐渐完善成为真正的三维信息模型。在设计过程中，BIM技术得到了更深入的应用。

初步设计主要是为确定具体技术方案与施工图的设计奠定基础。通过BIM模型能更高质量地完成建筑设计，利用BIM信息的同步机制对各功能空间的布局与经济指标信息关系做同步分析，方便及时调整指标与设计；利用BIM承载的物理信息做建筑能耗分析，以利于方案优化；通过BIM模型做建筑空间的行人人流与疏散分析；在设计过程中以BIM模型为核心，进行专业内部与专业间的协同设计，并进行建筑冲突检测、规范检查与质量分析，达到优化方案与综合协调的目的。这样既可以保证模型与图纸间数据的关联性，又有利于施工图设计阶段的设计修改，为施工图设计打下坚实基础。

BIM技术在初步设计阶段深化设计时可以做以下工作：

1）各功能空间布局与经济指标信息的同步分析；

2）建筑能耗分析与方案优化；

3）行人人流与疏散分析（图4–17）；

4）专业内部与专业间的协同设计（图4–18）；

5）冲突检查、规范检查与质量分析（图4–19）。

在初步设计阶段，就可以利用与BIM模型具有互用性的能耗分析软件为设计注入低能耗与可持续发展的绿色建筑理念，这是传统的2D工具所无法实现的。除此之外，各类与BIM模型具有互用性的其他设计软件都在提高建设项目整体质量上发挥了重要作用。BIM模型作为一个信息数据平台，可以把上述设计过程中的各种数据统筹管理，BIM模型中的结构构件，同时也具有真实构件的属性及特性，记录了项目实施过程的所有数据信息，可以被实时调用、统计分析、管理与共享。

4.2.4.3 施工图设计阶段

施工图设计成果主要用于指导施工阶段的工作，最终设计交付图纸必须达到国

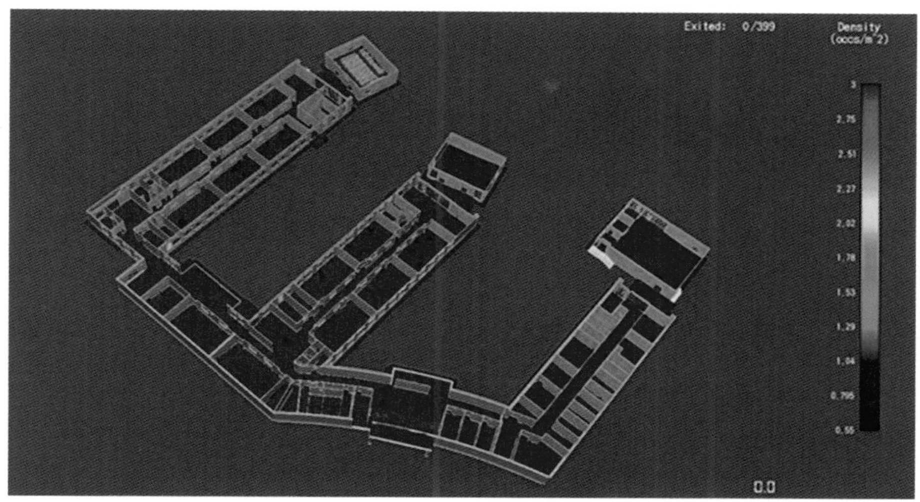

图4-17　疏散模拟

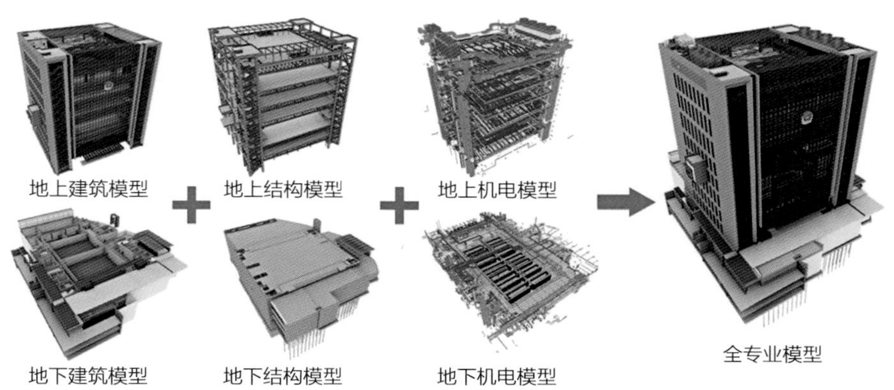

图4-18　协同设计

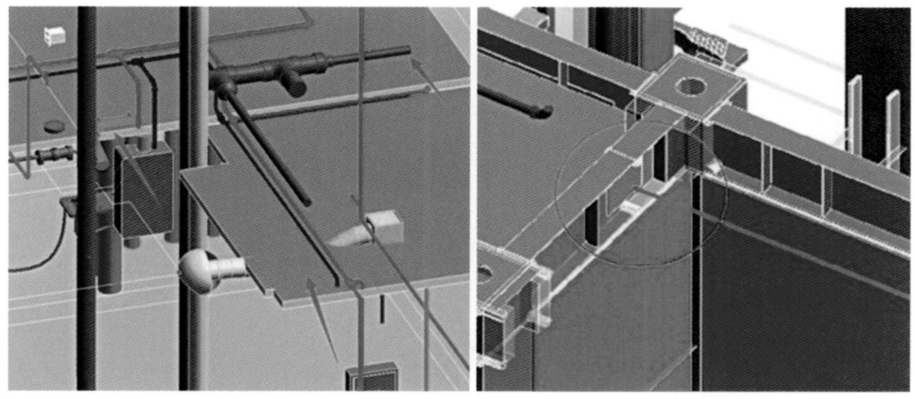

（a）管线空间不足　　（b）管线穿梁预留孔洞

图4-19　冲突检查

家的二维制图标准要求。这就要求施工图要做到准确无误、数量齐全、符合标准且能联动修改。

钢结构装配式建筑设计中，由于主体构件之间、三板之间，以及主体构件与三板之间的连接都具有其特殊性，需要各专业的设计人员密切配合。由于需要对管线进行预留设计，因此，更加需要各专业的设计人员密切配合。借助BIM技术与“云端”技术，各专业设计人员可以将包含有各自专业的设计信息BIM模型统一上传至BIM设计平台供其他专业设计人员调用，进行数据传递与无缝对接、全视角可视化的设计协同。

BIM系统中建筑的施工图平、立、剖施工图等，由模型自动生成，随着设计的变更自动更新，所有的工程图纸都出自一个统一的BIM模型文件。不同程度的BIM信息模型能导出不同程度的二维工程图纸文件，这其中包含的数据量是传统2D图纸不能比的，完备的BIM信息模型甚至连详图都可以创建出来，而且还可以实现各个详图之间的联动。这样的BIM技术正向设计在施工图阶段不但能减少错误、节省工作时间、提高效率，还能完全确保图纸、模型的一致性，各专业之间设计的一致性以及图纸的平、立、剖与节点的一致性。项目在施工时为适应现场情况所做的变更也可以及时更新在BIM模型框架内，极大地方便了竣工模型的交付、图纸的存档以及后期的建筑运维。

BIM建筑信息模型的建立使得设计单位从根本上改变了二维设计的信息割裂问题。传统二维设计模式下，建筑平面图、立面图以及剖面图都是分别绘制的，如果在平面图上修改了某个窗户，那么就要分别在立面图、剖面图进行与之相应修改，这在目前普遍设计周期较短的情况下，难免出现疏漏，造成部分图纸未修改的低级错误。而BIM的数据是采用唯一、整体的数据存储方式，无论平面、立面还是剖面图，其针对某一部位采用的都是同一数据信息。利用BIM技术对设计方案进行“同步”修改，某一专业设计参数更改能够同步更新到BIM平台，并且同步更新设计图纸（图4-20）。这使得修改变得简单准确，不易出错，也极大地提高了工作效率。

BIM技术的这一功能使得设计人员可灵活应对设计变更，大大减少了各专业设计人员由于设计变更调整所耗费的时间和精力。

4.2.4.4 深化设计阶段（深化前置）

深化设计阶段是钢结构装配式建筑实现过程中的重要一环，起到承上启下的作用，通过深化阶段的实施，将建筑的各个要素进一步细化成单个构件，包含钢结构

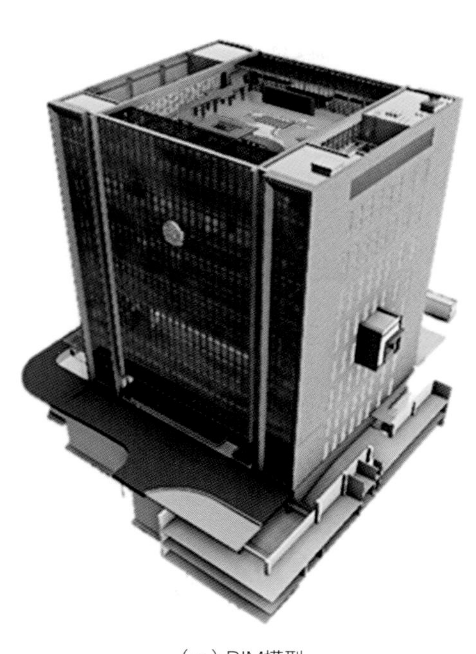
（a）BIM模型

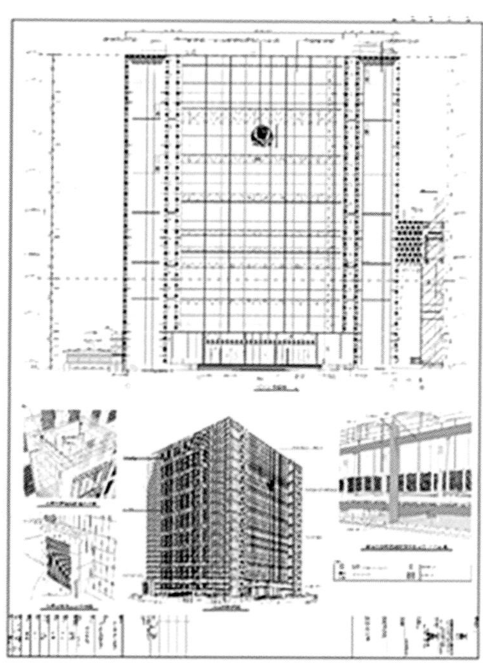
（b）二维图纸

图4-20　BIM模型指导出图

构件、预制楼板、预制墙板、预制楼梯、预埋线盒、线管和设备等全部设计信息的构件。

传统钢结构深化设计是靠人工进行的CAD二维图纸设计，是按照施工图纸把各构件尺寸信息在二维图纸上详细表达出来，由于存在设计变更及深化人员人为因素，深化人员把设计意图表达在深化图纸上时往往存在错漏等问题。且二维图纸模式不易检查碰撞问题，往往导致构件现场安装碰撞需返工，在时间上和费用上带来不必要的浪费。

基于BIM技术的钢结构装配式深化设计与传统建造模式下的深化设计不同，深化设计前置，在施工图设计中期需要各个专业分包、材料供应商参与进行施工图深化设计，将施工工艺、施工方案、施工可行性、预算等信息提前引入施工图设计阶段，基于深化后的BIM模型和设计成果由各专业设计师汇总导出可用于指导施工的图纸。

深化图定版、各专业分包进场后，结合实际情况，进行二次深化设计，如机电末端、管线、支吊架排布、设备机房等（图4–21～图4–24）。

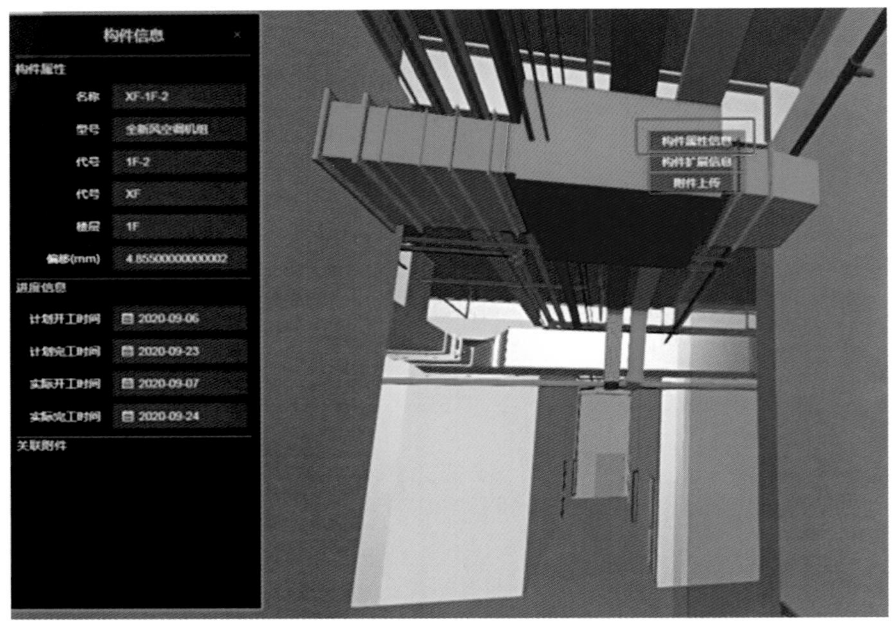

图4-21　机电深化设计

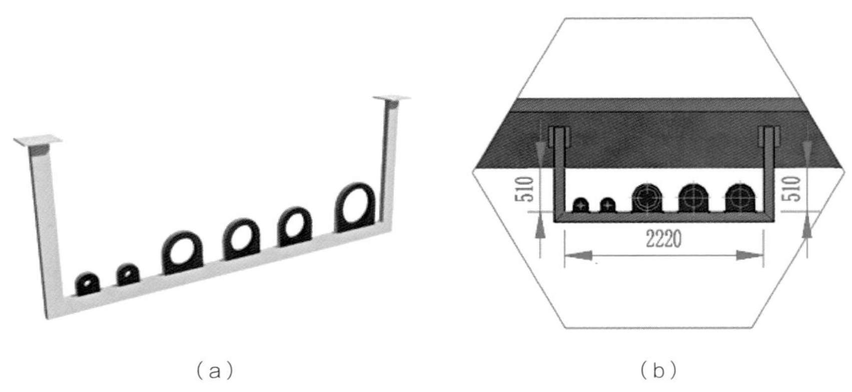

（a）　　（b）

图4-22　支架深化设计

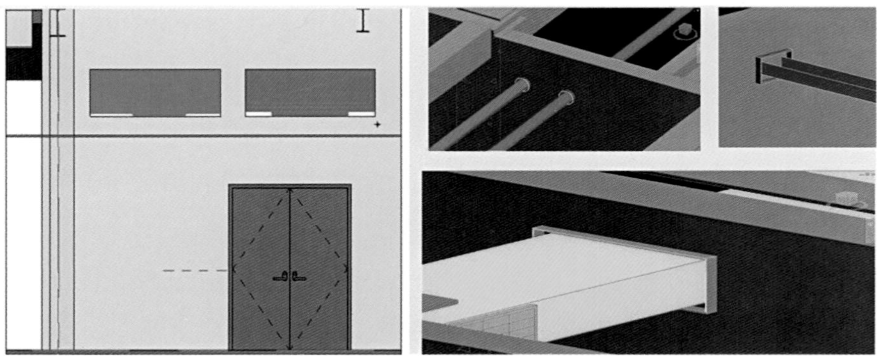

图4-23　预留预埋深化设计

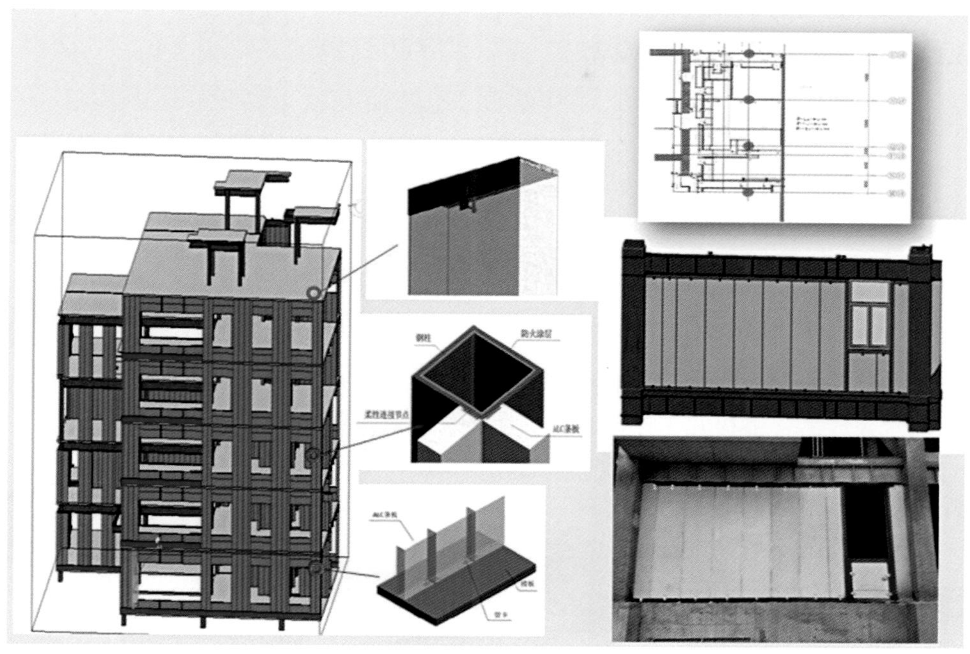

图4-24 ALC板材深化设计

4.3 钢结构数字化制造技术

4.3.1 钢结构数字化制造背景

新一轮科技革命和产业革命正在兴起，制造业发展态势和竞争格局面临重大调整。发达国家纷纷提出了“工业4.0”“再工业化”和“制造业回归”战略，围绕制造业，制定战略、出台政策、投入资金，以期赢得制造业竞争新优势。中国制造业发展面临的国内外环境正在发生深刻变化，以往低要素成本优势正在逐步减弱，资源环境约束明显强化，部分行业产能严重过剩，自主创新能力问题凸显，传统的发展模式已经难以为继。

工业和信息化部提出的“两化深度融合”和“中国制造2025”战略，是新常态下制造业发展的方向，以推进信息通信技术与制造业深度融合为主线，以推广智能制造为切入点，强化工业基础能力，提高综合集成水平，全面推进制造业转型升级，推动中国制造实现由大变强的历史跨越。新一代信息通信技术广泛应用引发制造业发展理念、技术体系、制造模式和价值链的重大变革，这一变革的趋势和核心是制造业的数字化、网络化和智能化。这些领域既是未来制造业的发展方向，也是我们的差距所在。因此，大力发展钢结构数字化制造技术势在必行。

4.3.2 钢结构制造智能化设备

4.3.2.1 智能化数控设备

1．全自动切割机

1）设备概况

用于钢板的自动切割工艺，主要针对钢结构的直条零件和小零件。设备具有全自动和人工两种操作模式。全自动模式下，切割机根据信息控制系统的排产计划，读取套料软件处理后的程序信息，自动生成相应的切割轨迹程序，执行钢板切割工作，切割完成后，链板式工作台将工件滚动传输至分拣区（图4–25）。

图4-25 全自动切割机

全自动等离子切割机，主要用于钢结构小零件的切割。配喷墨枪1把，用于标识零件编号；配自动纠偏系统，用于纠正钢板摆放误差；配干式除尘系统，用于切割过程中烟尘、废弃物的收集；配链板式工作台，待切割完成后，将工件滚动至分拣区。

全自动火焰切割机，配1把火焰数控切割机，其他配置与全自动等离子切割机一致，配链板式工作台，待切割完成后，将工件滚动至分拣区（图4–26、图4–27）。

2）设备先进功能简介

全自动切割机具有全自动作业，喷墨枪标识零件编号（喷制字母、数字、二维码），直条割枪自动排布间距，自动检测钢板摆放平行度，自动校正切割程序、切割路径至适应板材倾斜角度，割枪自动点火，根据钢板厚度自动调节气体流量值，切割过程自动调高等功能。

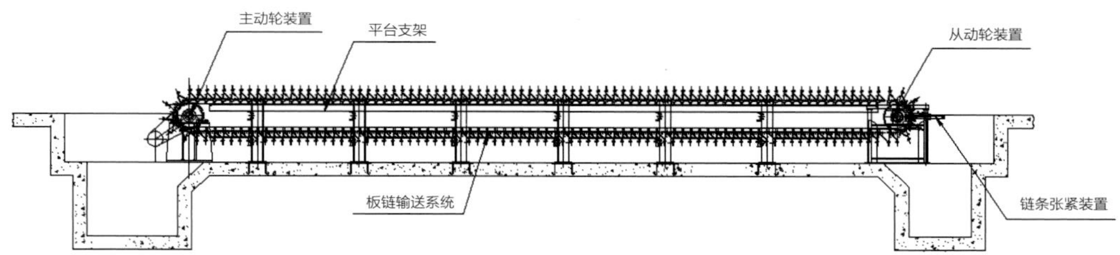

图4-26 链板式滚动工作台示意图

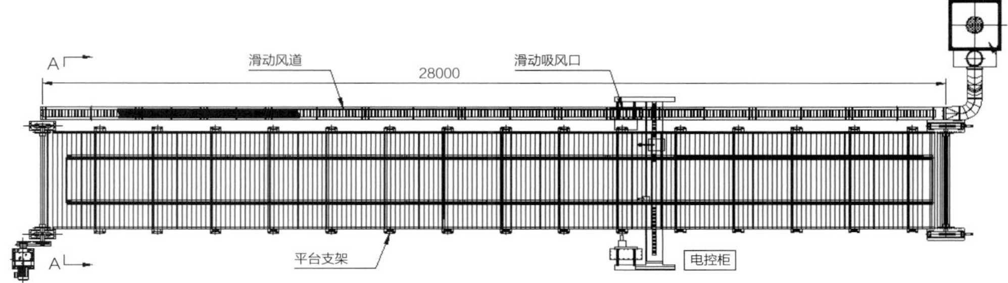

图4-27 切割机布置图

2. 钢板加工中心

1）设备概况

钢板加工中心主要用于钢结构生产过程中各类带孔零件的加工，设备由机器横梁、线性轴承装载小车、全自动送料机构、防碰撞保护系统、换刀系统、钢印打标系统组成，通过数控系统实现钻孔、切割、铣孔、喷码的一次加工完成（图4–28）。

2）设备先进功能简介

钢板加工中心采用系统集成控制、机械手触碰定位以及自动进料系统，适合灵活地连续上料作业，不需要重复初始化夹紧工序，轻微的型材变形不会影响测量精度。钻孔系统配置全自动换刀刀库，钻透钢板后快速提刀，钻透厚度可设定。成品件传输机构中，成品件落料至辊道下方，设置传输带承接，并传输至设备侧面与辊道高度一致的平台上，后端分拣设备从平台

图4-28 钢板加工中心

上将成品件分拣至托盘。设置废屑回收系统，废屑集中回收至托盘，方便残渣清理。

3．卧式组立设备

1）设备概况

将翼、腹板原材料进行自动定位、翻转、顶升，实现H型钢自动组立。H型钢腹板和翼板通过多组移动托辊进入卧式组立机工位中，通过端部定位块将单边停放到固定位置。对腹板和翼板输送均有输送导向，因此，到达工位的位置是准确的。输送机构间隔排布，每套输送机构中间均有一套可对中调整滑座，其上安装有腹板升降机构及翻转机构。首先，通过调整将翼板向中间靠拢到达升降机托持位置，通过升降机构调整腹板高度，然后通过液压缸将翼板翻起90°，通过液压调整工件两侧的夹紧力，将腹板和翼板固定夹紧。验证外形尺寸无误后，使用带激光识别技术的两个焊接机器人进行激光焊缝识别，双机器人进行同步定位焊，卧式组立工序完成（图4–29）。

图4-29 H型钢卧式组立设备

2）设备先进功能简介

卧式组立设备采用卧式组立机构，创新了传统的组立方法，提高了组焊的效率。采用卧式组立方法，具有自动定位、自动翻转、激光寻位、机器人定位焊等先进功能。

4．卧式埋弧焊设备

1）设备概况

卧式埋弧焊接生产线，用于H型钢自动化物流及卧式填充、船型位盖面焊接，其中卧式焊接为H型钢两条主焊缝同时焊接的生产方式（图4–30）。组立后的H型钢由有轨运输车运送至焊接工位胎架，胎架带

图4-30 H型钢构件埋弧焊

动力，可人工控制或自动调节角度，同时焊接工位可实现H型钢180°翻转，进行另一侧双边卧式打底、填充焊接；打底、填充焊接完成后，焊接胎架自动调整至45°逐条焊缝进行盖面焊接。

2）设备先进功能简介

卧式埋弧焊设备具备自动上下件、工件自动翻身、双丝高效焊接、卧式打底焊接、激光寻位制导、自动清渣等功能。

5. 卧式矫正设备

1）设备概况

H型卧式矫正机设备主要用于矫正焊接完成后的H型钢（图4-31），通过矫正轮内部机械作用力矫正焊接完成后的H型钢，主要对焊接成型后的H型钢进行翼缘矫正，能矫正H型钢的翼板弯曲和垂直度等。矫正机由主机、输送辊道、检测装置、液压系统等组成。

图4-31 H型钢构件矫正

2）设备先进功能简介

（1）具有矫正工艺数据库，并能与相关系统联网，工控机具备OPC-UA服务器功能，支持与MES系统的数据交换。

（2）能自动检测来料工件参数，自动与工艺数据库匹配，自动确定矫正工艺参数（次数和相关参数）。

（3）能根据检测参数，自动确定矫正工艺参数。

（4）能实时检测矫正前、后工件的不平度，能自动评判检测效果。

（5）具有参数检测、设备故障等监控报警功能。

6. 全自动钻锯锁设备

1）设备概况

设备通过各类刀具，对H型钢进行全自动锯切、钻孔、开设锁口。设备包含机加工设备及物流辊道设备两部分（图4-32）。

图4-32 全自动钻锯锁示意图

工作流程：工作任务由MES系统下达至STEEL PROJECT SPLM生产管理系统，并经PLM软件处理后发送至生产线；原材料直接送达生产线入口，操作工识别并确认载入的原材料无误后，系统将自动分配原材料的加工路径，并将涉及的数控加工程序自动发送至生产线各加工环节；材料在自动物流系统引导下，分别进出加工母机进行加工；完工工件通过出料移钢机自动移出辊道。

2）设备先进功能简介

全自动钻锯锁设备具有一键式加工、自动定位、自动物流等功能。

7. 自动喷涂机器人

1）设备概况

自动油漆喷涂机器人，主要用于H型钢构件的底漆、中间漆涂装（含烘干）。

2）设备先进功能简介

自动喷涂机器人具备柔性机器人自动喷涂、自动物流运输、智能化供漆与配比系统、恒温烘干系统以及漆雾和废气处理系统。

4.3.2.2 工业机器人设备

1. 分拣机器人

1）设备概况

设备通过磁吸装置，将零件按照不同工程、不同工艺路线，有区别地分拣至指定托盘内。

2）设备工作流程

钢板被加工成小块零件后，移动分拣平台向前运输成品零件，激光扫描装置扫描分拣平台上的零件，获取零件的几何和位置信息，并将信息传递给分拣机器人；分拣机器人接收来自激光扫描装置的信息，执行分拣、码放程序（图4-33）。

图4-33 分拣机器人实景图

3）设备先进功能简介

（1）分拣机器人具有激光扫描和智能搬运功能。

（2）配置激光扫描装置，通过移动分拣平台的零件经激光扫描装置扫描后，系统可生成零件的几何和位置信息，并将信息发送给分拣机器人，用于分拣机器人选择和补偿搬运程序。

（3）激光扫描装置扫描分拣平台中运输的零件，获取零件的几何与位置信息，并将信息传递给分拣机器人，分拣机器人接收零件位置信息后，系统将托盘虚拟分为田字形四个码垛区域，智能计算搬运路径，执行码放程序，实现零件的分拣、分区、码垛。

2. 坡口机器人

1）设备概况

设备可实现对钢板零件进行V形、K形坡口的火焰切割加工（图4-34）。系统具备切割气体配比专家数据库，根据上位系统传递或人工输入小件的板厚和材质，自动调用专家数据库中的切割参数进行切割；同时，可根据情况对专家数据库的参数进行修改，针对不同切割气体建立各自的数据库。

图4-34　坡口机器人

2）设备先进功能简介

坡口机器人具备切割配比数据库、自动寻位、断电记忆、外部启动/停止、故障自诊断显示等功能，并具备GCE焊枪防回火、气体流量异常实时监控以及机器人异常、气体流量异常、电磁阀关断异常或用户操作异常等情况下的整机停机保护等功能。

3. 搬运机器人

1）设备概况

搬运机器人通过磁吸装置，完成坡口机器人工位的上下料动作。配备轨道式移动底座，可实现多个库位件的零件搬运。

2）设备工作流程

（1）钻孔或切割工位向搬运机器人发送上料请求；

（2）搬运机器人响应上料请求，移动到指定托盘前，启动搬运程序；

（3）搬运机器人对托盘内的零件拍照获取零件位置信息，并根据获取的零件位置信息，补偿搬运路径，完成搬运程序；

（4）钻孔或切割完成后，向搬运机器人发送下料请求；

（5）搬运机器人响应下料请求，移动到指定工位前，执行搬运程序，完成零件下料，准备下个零件上料请求。

3）设备先进功能简介

视觉识别功能：搬运机器人具备对零件补光拍照功能，通过视觉识别系统图像处理，获取零件实际位置信息，实现搬运程序的智能纠偏。

4. 焊接机器人

1）设备概况

设备主要功能是实现H型牛腿翼腹板间的连接焊缝全自动焊接（图4–35）。可进行角焊缝、单V坡口垫板全熔透焊、K形全熔透焊缝焊接工作。

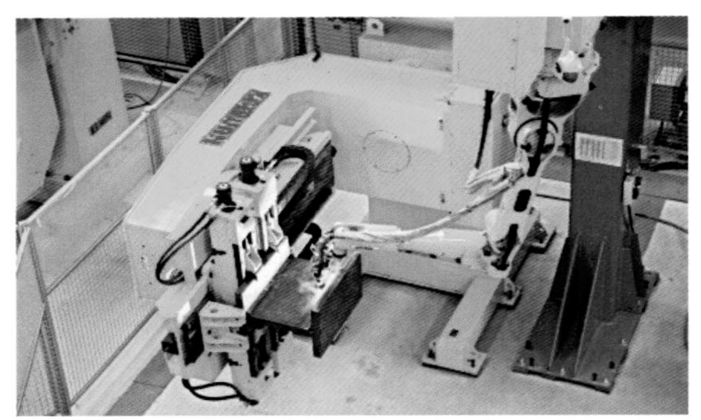

图4-35 牛腿焊接机器人

2）设备先进功能简介

主要功能包括接触传感、电弧跟踪、电弧重起、数据库、变位机空转回避、再生暂时停止自动恢复、黏丝自动解除、喷嘴接触回避、停电中断后的再生再开、实时调整焊接参数、自诊断与自保护、工具选择、离线编程、智能编程等。

5. 打底焊接机器人

1）设备概况

主要是完成箱形工件翼腹板的连接焊缝焊接（图4–36）。能够进行单V垫板全熔透，连续式焊缝和间断式焊缝焊接工作。

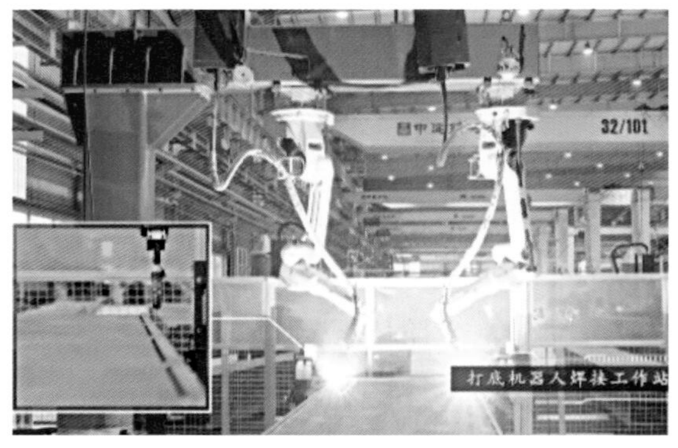

图4-36 箱形焊接打底机器人

2）设备先进功能简介

主要功能包括接触传感、电弧跟踪、电弧重起、数据库、变位机空转回避、再生暂时停止自动恢复、黏丝自动解除、喷嘴接触回避、停电中断后的再生再开、实时调整焊接参数、自诊断与自保护、工具选择、离线编程、智能编程等。

6. 总成焊接机器人

1）设备概况

设备主要进行H形、箱形、十字形构件的总装焊缝焊接（图4–37）。能够进行角焊缝、单V垫板全熔透、K形全熔透形式焊缝焊接。

图4-37　总成焊接机器人工作站

2）设备先进功能简介

主要功能包括接触传感、电弧跟踪、电弧重起、数据库、变位机空转回避、再生暂时停止自动恢复、黏丝自动解除、喷嘴接触回避、停电中断后的再生再开、实时调整焊接参数、自诊断与自保护、工具选择、离线编程、智能编程、变位机联动焊接等。

4.3.2.3　智能传感与控制设备

智能传感与控制设备主要包括：工业机器人用位置、力矩、触觉传感器，电子标签、条码等采集系统设备，数据采集系统（SCADA）设备以及集成控制设备。

通过智能传感与控制设备的研制应用，构建了以传感、信息采集、数据采集、集成控制等设备组成的信息交互体系，实现了设备与设备、设备与构件之间的信息串联。

1. 位置、力矩传感器

在数据采集方面，各类传感器能精准、快速地反馈加工过程中的关键数据，辅助生产技术数据采集；在智能纠偏方面，传感器能辅助设备单元的校准，以及数模环境与现场环境误差的智能纠偏补偿，可参见图4–38～图4–44。

2. 电子标签、条码采集设备

根据钢结构行业的业务特点，将钢结构生产全生命期划分为深化设计、材料管理、构件制造、项目安装四大阶段，各阶段划分为若干个子阶段。如构件制造阶段可分为零件加工、构件加工、构件运输等子阶段。

每个（子）阶段根据实际管理需要划分为若干个工序，如建模、出图、送审、材料计划编制、材料订单采购、材料入库、材料出库、下料、组立、装配、焊接、栓钉、外观处理、打砂、油漆、运输、现场验收、现场测量、现场吊装、现场焊接等。

建立工序编码体系，并配备数据采集设备进行信息收录，是实现钢结构施工全生命期信息化管理的重要基础，通过将施工工作流程予以统一编码，建立标准化管理体系，将具体的工艺流程和信息化实施手段相结合，将钢构件全生命

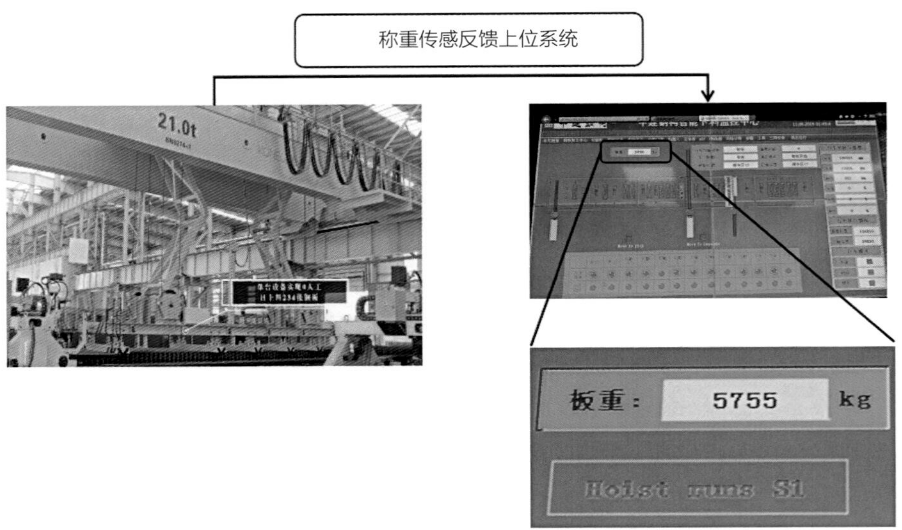

图4-38　程控行车称重传感

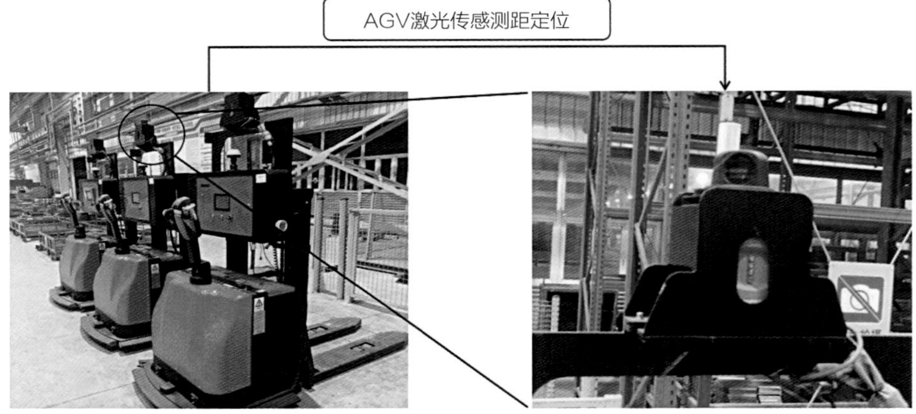

图4-39　AGV激光传感测距定位

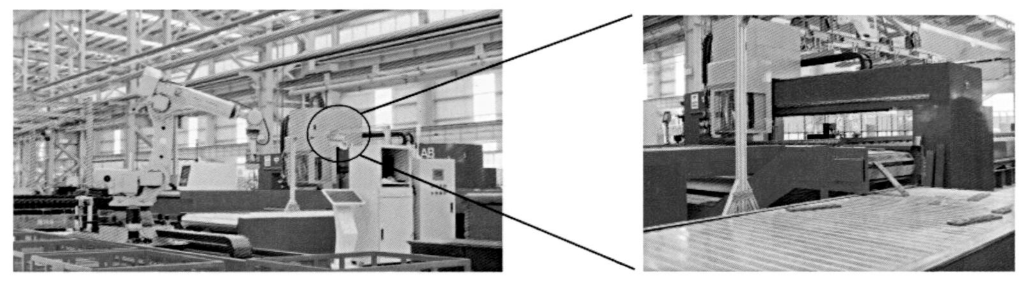

图4-40　激光扫描小件尺寸定位（小件分拣）

图4-41　激光自动识别（切割自动寻边）

图4-42　运输车辆雷达传感（识别障碍物）

图4-43　雷达传感（识别障碍物）

图4-44　激光跟踪（埋弧焊自动焊接跟踪）

周期过程通过信息化的方式管理起来（图4–45）。

图4-45　BIM条形码信息扫描

3．数据采集设备

运用数据采集设备，开发数据采集系统，实现数据采集、设备控制、测量、参数调节、信号报警等各类功能。

数据采集采用两种方式：一种是从数据源收集、识别和选取数据的过程；另一种是数字化、电子扫描系统的记录过程以及内容和属性的编码过程。数据采集系统包括：可视化的报表定义、审核关系的定义、数据填报、数据预处理、数据评审、综合查询统计等功能模块。通过信息采集网络化和数字化，扩大数据采集的覆盖范围，提高审核工作的全面性、及时性和准确性，最终实现相关业务工作管理现代化、程序规范化、决策科学化及服务网络化（图4–46）。

数据采集设备：从传感器和其他待测设备等模拟和数字被测单元中自动采集信息的过程，结合基于计算机的测量软硬件产品来实现灵活的、用户自定义的测量系统。

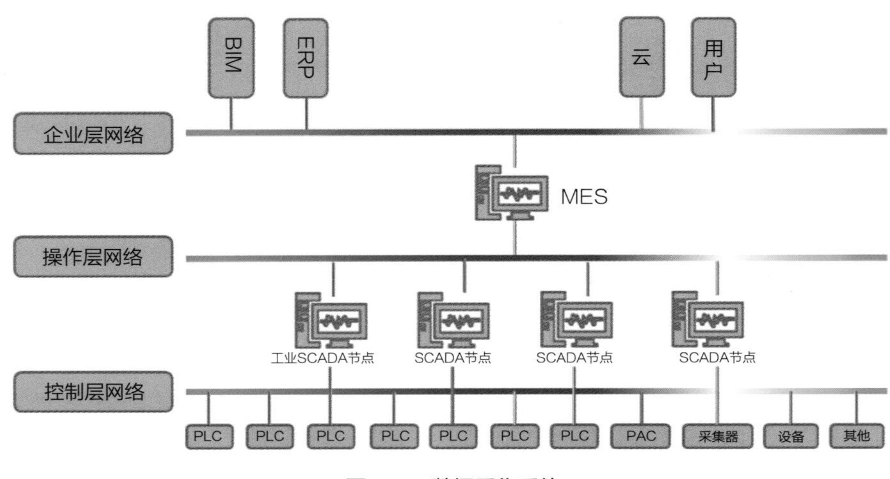

图4-46　数据采集系统

数据采集（网络）：用来批量采集网页等内容，直接保存到数据库或发布到网络的一种信息化工具。可以根据用户设定的规则自动采集原网页，获取格式网页中需要的内容，也可以对数据进行处理。

其主要功能包括：

1）实时采集来自生产线的产量数据、不良品的数量、生产线的故障类型（如停线、缺料、品质）等，并传输到数据库系统中。

2）接收来自数据库的信息：如生产计划信息、物料信息等。

3）传输检查工位的不良品名称及数量信息。

4）连接检测仪器，实现检测仪器数字化，数据采集仪自动从测量仪器中获取测量数据，进行记录，分析计算，形成相应的各类图形，对测量结果进行自动判断。

4. 集成控制设备

开发集成控制模块，通过智能下料集成控制设备主机实现对计划、设备、人员等要素的集成控制。集成控制设备主机功能性模块包括：

1）环境和用户界面

要提供系统环境配置，提供帮助文档，开发友好操作界面。

2）系统整合与集成

要进行生产管控系统的模块间整合，完成生产管控系统和可视化监控的集成。开发适用目前使用的管理软件、设计软件的集成接口。

3）权限与系统管理

要进行操作权限设置，可以对系统参数进行设置，对数据库进行管理。

利用立体仓库的形式进行钢结构成品小件的存储与管理，实时管理小件的位置与库存信息，提升了物流运输效率、生产效率。

4.3.3 钢结构制造信息化技术

4.3.3.1 新型数据采集、传输及处理系统

数字化钢结构制造采用智能网关，通过工业PC或专业芯片，集成各种主流的工业协议，适配不同厂商设备的接口，实现通信协议的解析与转换。同时支持边缘计算，实现数据的分布式计算分析，形成本地的实时优化决策。

工业智能网关获取的设备数据通过工业PON、以太网、4G、5G、NB-IOT等通信技术，传输到工业数据采集平台，实现工业互联网平台对制造业客户工厂生产设备的数据采集、状态分析、健康评价、故障预测等，从而为工业互联网平台提供制造业生产线生产设备管理的能力。同时，通过跨平台接口、数据库引擎直接访问数据库文件、传输数据文件等方式与其他系统和平台进行对接，把原先分散的平台和系统的数据汇集到云平台上，解决企业内外信息孤岛的问题。

1. 车间工业PON网络

现有车间生产信息网常用通信技术为无线和有线通信技术，由于有线通信技术可满足未来智能设备之间双向交互、高宽带、低时延等需求，已被广泛应用。

现阶段有线技术以工业PON网络技术和工业以太网技术为主流技术，其中工业PON网络技术采用上下行不同波长的单纤波分复用技术，一根光纤通过多级光分路送给最多64个节点，传输距离可达20km，适用于树形、星形、总线型、冗余型等网络拓扑结构。而工业以太网技术是利用工业以太网交换机的以太光口进行串接，形成串形或环形组网的通信技术。工业PON网络与工业以太网相比，工业PON网络技术在组网可靠性、安全性、带宽分配、网络可拓展等方面均有优势，适合在高温、高强电等车间环境下接入使用。

在智能车间生产信息网络改造中，工业PON网络作为智能设备互连基础网络，承担绝大多数固定智能设备的有线接入。工业以太网则利用厂区内已有以太网络设备及线路，作为工业PON网络的补充网络（图4–52）。

工业PON网络主要由OLT（光线路终端）、ONU（光网络终端）及ODN（光分配网）组成。其中OLT作为工业PON网络核心部件，相当于传统通信网中的交换机或路由器，同时也是一个多业务提供平台。主要实现上联智能生产数据采集与控制分析，以及下联ODN网络下连用户端设备ONU。ONU作为工业PON网络的用户端设

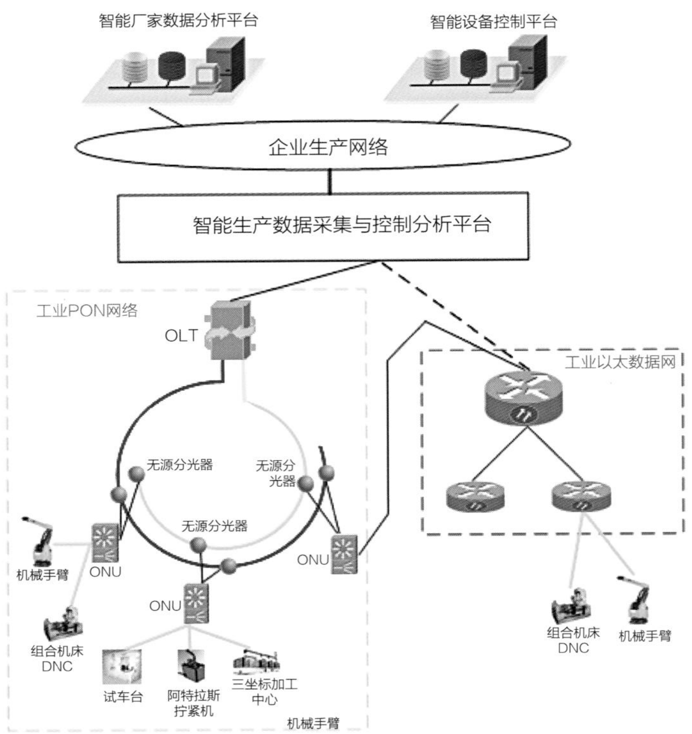

图4-52 数字化车间生产信息网络示意图

备，放置在智能设备处，实现数据采集及交互。ODN是工业PON网络的光缆传送网络，其作用是为OLT和ONU之间提供光传输通道。

对比传统网络，工业PON可解决诸多问题，如：数据采集困难。传统OT网络采用的工业总线技术相对封闭且标准多样，使得OT网络和IT网络相对隔离，需要适配多种工业协议实现数据的采集。工业采集技术成为打通OT网络与IT网络，实现工业数据服务的关键。传统网络与工业PON架构对比见图4–53。

2. 基于边缘计算引擎技术

钢结构生产的许多数据流由边缘设备生成，云计算处理和分析不可能做出实时决策。在工业系统检测、控制、执行的实时性高，部分场景实时性要求在10ms以内，如果数据分析和控制逻辑全部在云端实现，则难以满足业务要求。

对于工业互联网体系来说，效率和速度意味着一切。尤其是精密的生产型场景，决不能容忍民用终端的延迟率。而云计算传输到云端，再把结果返回到终端的思路，显然不如边缘计算的就近原则来得快。当出现异常状况，边缘端如果仅局限于数据采集，只能将数据传输到云端进行运算后，再传回到边缘端，这就失去了时

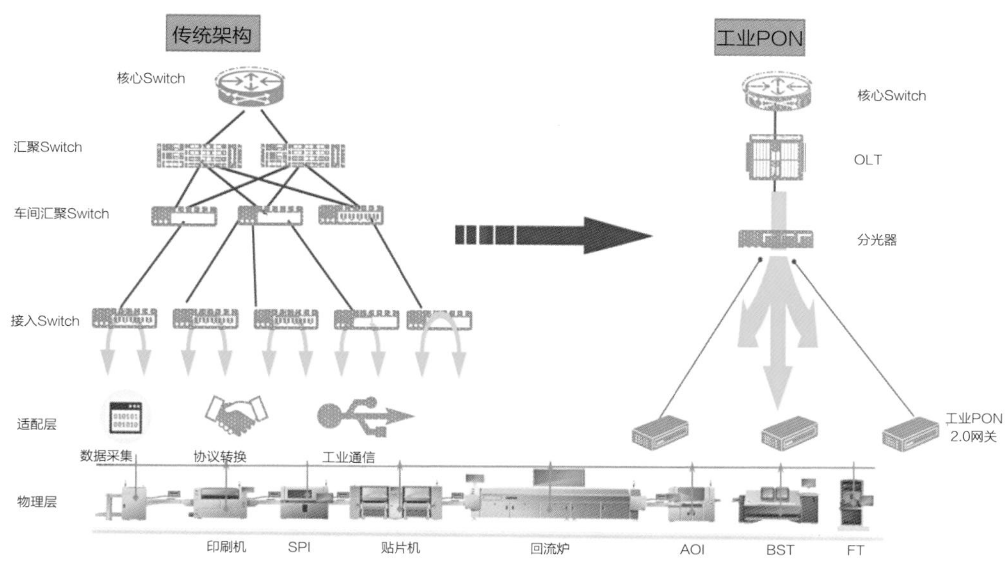

图4-53 传统网络与工业PON架构对比图

效性，整个过程也就失去了意义。

边缘计算和云计算承载了数据三个生态所具有的不同功能。边缘计算部署在终端或者边缘端，除了数据采集，其实是实现嵌入式人工智能的关键，因此边缘端计算的实时性比云端更强。

在此情况下，研究与实现智能网关边缘应用引擎，基于工业智能网关，在网关侧部署边缘应用引擎，可以实现边缘侧应用的快速部署和管理。

基于边缘计算引擎技术可以创建以车间网络架构、工艺数据库、信息端点为基础的新型数据采集、传输及处理系统，可以解决制造过程中数据繁杂、逻辑关系混乱、产线工位与人员交互及工位间传递不畅的难题。

围绕智能工厂的数据采集、传输及处理，能够组成智能下料集成系统、能像系统、焊机群控系统等一系列生产管控系统，实现建筑钢结构智能化制造全过程的数据采集、分析及反馈（图4-54～图4-56）。

4.3.3.2 钢结构工业互联网大数据分析与应用平台

随着钢结构行业智能制作技术的升级，新的加工方式、新的数据收集与传递方式、新的生产资源配给需求给传统的制造管理模式带来的冲击愈加明显，对业务协同、资源调配、人员能力、运营分析等方面的要求也愈来愈高。原有传统的业务开展模式与新设备、新方式、新需求之间的矛盾日益凸显，制约着产线效能最大化。

工业互联网平台为项目提供智能生产线数据采集和运行分析的集成工作，通过

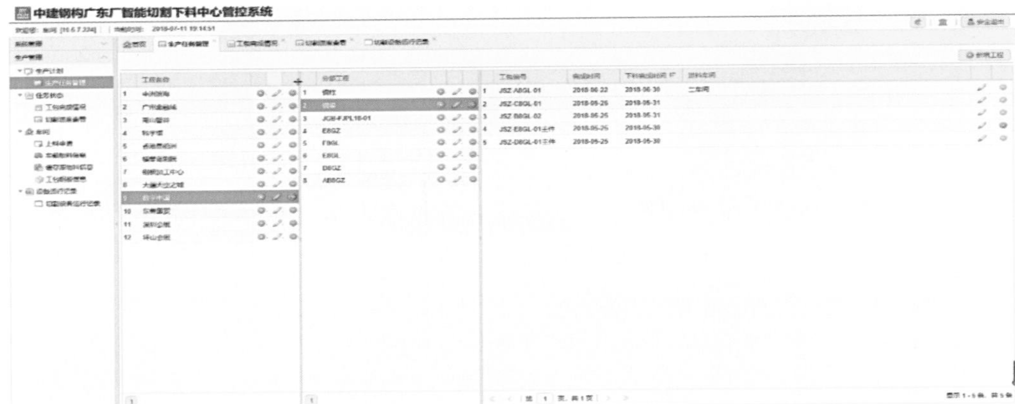

图4-54　智能车间管控系统示例

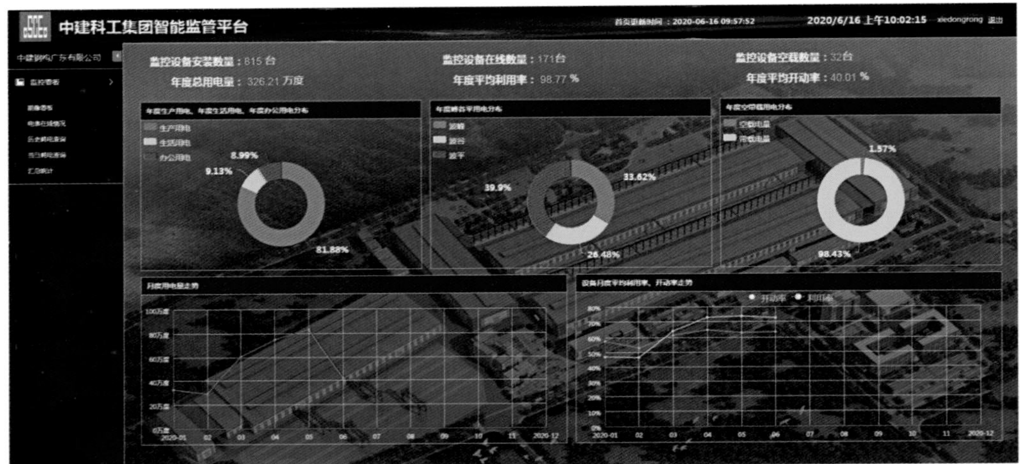

图4-55　能像系统运用示例

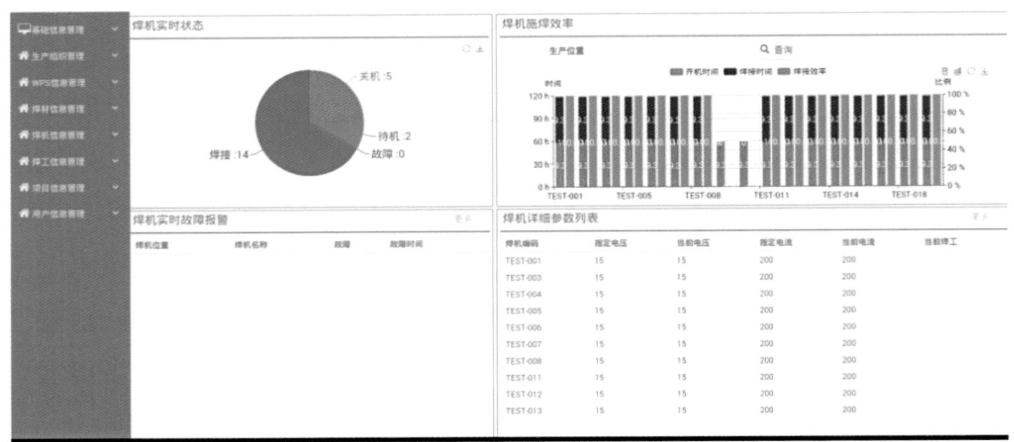

图4-56　焊机群控系统应用示例

这些数据整理、分析及展现，为企业打通各系统间的信息孤岛，成为各个系统之间的通信桥梁，为数据统一处理、统一分析、统一展现打下基础。

以中建科工广东厂智能生产线为例，智能生产线设计并搭建了首个面向钢结构制造工业互联网大数据分析与应用平台，解决了智能装备之间、智能装备与产品之间、智能装备与制造系统之间等的互联互通及互操作难题，实现了建筑钢结构制造全产业链的数字化管控，开创了建筑钢结构工业互联网协同制造新模式（图4–57）。

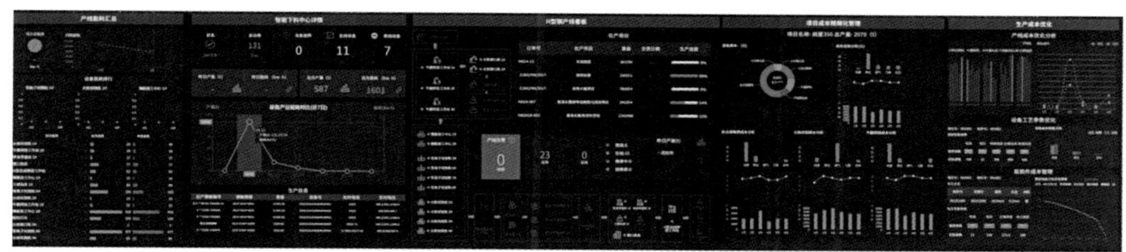

图4-57　面向钢结构制造工业互联网大数据分析与应用平台

通过面向钢结构制造工业互联网大数据分析与应用平台在智能工厂的应用，促进项目成本精细化管理、产线成本优化分析、设备工艺参数优化、易损件成本管理等多个维度的精细化管理升级。

4.3.3.3　钢结构工业互联网标识解析体系

随着工业互联网的发展，不同的标识体系基于其地域环境和自有优势，将分别应用于工业领域的不同企业和不同环节。同时，工业领域由于其自身的应用特征，也形成了多种企业或行业自有的标识体系。

标识体系之间难以统一标准，而且企业改变自有标识体系将带来高昂的成本。因此，工业互联网发展过程中多种标识体系必将长期共存，必须寻求标识体系间兼容互通的高效解决方案。

以中建科工广东厂钢结构智能生产线项目为例，智能生产线打造了建筑钢结构行业工业互联网标识解析二级节点，通过与内部系统及外部企业系统集成，实现从企业内部标准化编码体系，逐步拓展到钢结构行业上下游标准化运营体系，最后扩展到建筑行业产业链，实现建筑行业产业链上下游所有企业标识的统一及标准化，实现产业链上下游之间信息的互联互通，从而降低行业壁垒，提升行业透明度，提升行业业务发展效率及信息化程度，形成“企业建设标识解析二级节点→助推行业标准化发展→助推行业转型升级→反推企业升级改造”的闭环（图4–58）。实现了钢结构产品信息与上下游行业产品信息、服务信息的关联和对应，推动了钢结构与互联网的深度融合。

图4-58　建筑钢结构工业互联网标识解析体系实例示意

钢结构构件产品实现“一物一码”的信息载体，支持与钢结构建筑行业深化设计、生产加工、物流运输、施工安装等重要环节的不同信息系统的对接，实现对钢结构构件标识自动识别、信息系统间数据交互与共享（图4–59）。

图4-59　钢结构产品构件二维码标识

同时采用“钢结构产品全生命周期管理系统”为平台（图4–60），着力提高钢结构制造加工行业管理水平，推进钢结构生产制造的管理信息透明化、构件全程可跟踪追溯、构件二维码标识化。

图4-60　钢结构产品全生命周期管理系统示例

4.3.4 钢结构制造数字化工艺

4.3.4.1 “无人”切割下料技术

在传统生产制造模式中，钢板切割下料工序衔接、过程管控、设备管理、任务下达都是以人为核心，切割下料过程人工参与次数多，过程繁杂，生产效率低。

“无人”切割下料技术以中央控制集成系统为载体，以业务生产计划管控系统、制造执行系统、现场层控制系统组成的下料集成区域信息化集成框架，横向可以打破信息孤岛，纵向可以解决信息断层。下料集成系统作为资源计划业务管理系统和现场过程控制系统的纽带，一方面可以将来自业务管理系统的计划信息细化、分解，形成指令下达给控制系统；另一方面可以实时跟踪监控控制系统实际过程的设备运行状态，采集相关能源管理、效率等数据，经分析、计算，反馈给业务管理系统，以支撑命令的有效下达。

由电动平车、程控行车、切割机、钢板加工中心、滚动工作台、门架分拣机等装备组成的下料切割装备体系，以中央控制集成系统为指挥中枢，在生产加工过程中，有序地开展各项加工任务，运用电磁吊运、自动运送、自动定位、自动喷墨、自动排枪、自动点火、自动分拣等技术，解决钢板切割下料过程中人工干预的问题，真正实现钢板切割下料过程智能化、无人化（图4–61）。

4.3.4.2 卧式组焊矫一体化加工技术

在传统生产加工模式里，H型钢组立、焊接、矫正为独立分离的三道加工工序，且多为H型立式生产方式，加工工序多，生产流程长。为优化H型钢生产加工方式，改变传统立式、人工作业的模式，智能卧式组焊矫一体化工作站应运而出（图4–62）。

中建科工集团广东厂研发设计的H型智能生产线，是行业内首次提出了卧式组立、焊接、矫正的智能加工方法，创新设计智能卧式组立、配自动翻身的卧式焊接、卧式在线矫正三位一体的卧式组焊矫生产线，并通过大量的加工试验，形成特有的H型钢卧式加工工艺标准，生产效率提高30%。改变了行业现行的半人工立式组立、人工翻身船型焊接、机械式立式矫正的零散式、半人工的生产方式，为重型H型钢的加工开拓了新方法，为重型H型钢的加工提供了一条切实可行的加工方法（图4–63）。

（a）系统智能管控

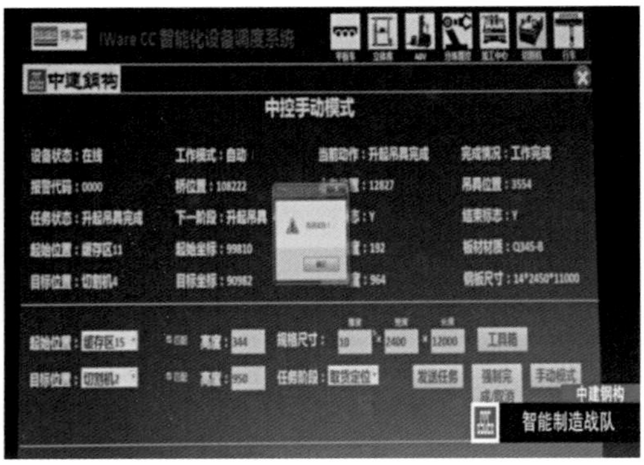

（b）系统自动下达任务

（c）自动物流

（d）自动排枪切割

（e）数控自动钻孔

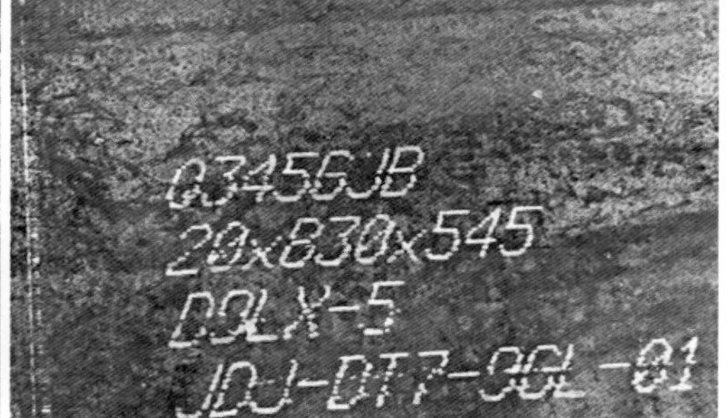

（f）自动编码喷墨

图4-61　“无人”切割下料

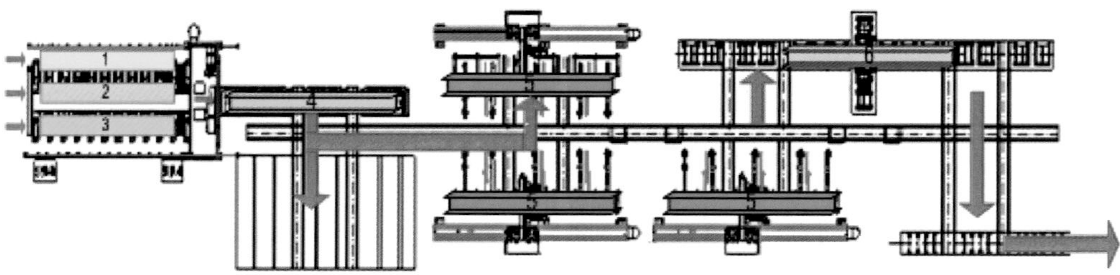

图4-62　卧式组焊矫工艺布局图

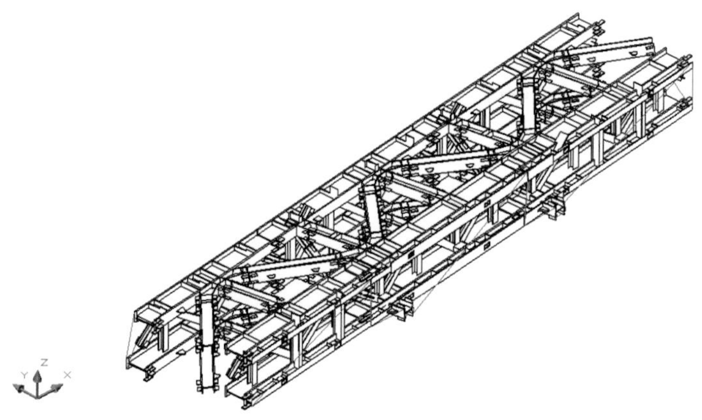

图4-69 分片桁架模拟预拼装拟合比对示意图

4.3.5 钢结构数字化制造应用成果

中建科工广东厂建成的全国首条重型H型钢智能制造生产线，入选工信部《国家2017年智能制造综合标准化与新模式应用项目》，中建科工成为建筑领域目前唯一获此殊荣的企业。钢结构数字化制造成果广泛应用于学校、医院、办公楼、住宅、产业园以及基础设施等领域，取得了现在的经济效益和社会效益（图4–70）。

（a）巴布亚新几内亚布图卡学园

（b）深圳大磡小学

（c）深圳市公安局第三代指挥中心

（d）豸山街产城融合示范新区一期项目

图4-70 钢结构数字化制造成果典型应用案例项目（一）

（e）雄安高铁站房项目

（f）深圳国际会展中心（一期）

（g）大疆天空之城大厦

（h）成都绿地中心项目

图4-70 钢结构数字化制造成果典型应用案例项目（二）

4.4 钢结构智能施工技术

4.4.1 装配化施工技术

4.4.1.1 钢构件吊装施工技术

1. 钢结构安装施工组织

钢结构现场运输与钢筋混凝土施工现场运输不同。对于后者，在绑扎和支模过程中，钢筋、模板等施工材料和机具可采取人工方式进行现场搬运；但在钢构件吊装时由于构件重量重、体积大，需使用塔式起重机、汽车式起重机、履带吊等起重设备。对于高层或超高层钢结构建筑，常以塔式起重机为核心起重设备。当塔式起重机性能、覆盖范围不能全部满足构件吊装需求时，可选用汽车式起重机、履带吊或专门设计桅杆式起重机具等辅助施工。对于大跨度钢结构等，固定式的起重设备通常无法覆盖所有钢构件的安装位置，需选择可灵活移动的起重设备。

钢结构施工前，必须进行详细的施工组织设计，重点解决好施工段、施工工序、施工顺序、施工总平面图、安装方法、施工工艺、进度计划、资源供给、垂直与水平运输、质量安全等方面的设计与管理工作。根据工程工期、现场周边实际情况、各专业施工交叉作业协调配合的要求，着重考虑以下几点：

1）选择先进可行的施工工艺，如常规吊装、高空原位安装法、提升（顶升）安装法以及滑移安装法等。采用高空原位安装法施工时，现场施工设备、拼装作业和临时支承较多，故该安装方法适用于现场场地条件良好、作业场地较为宽阔的施工工况。若现场场地狭小，现场作业专业较多，无法满足钢结构施工作业所需场地空间时，可选择提升（顶升）安装法、滑移安装法。

2）合理安排工序交叉施工：对于大跨度钢结构等，施工作业面大，在施工作业时，主体钢结构应与屋面、幕墙、机电等其他专业施工合理交叉进行。

3）优化场地布置与资源供应：钢结构施工除了需考虑材料、设备、劳动力等施工资源的配置外，还应重点关注施工场地的合理分配和利用。当现场施工总平面布置不合理时，可导致现场道路不畅，钢构件周转次数增多，从而增加施工工期和建设成本。

2. 常见设备分类

钢结构施工起重设备包括塔式起重机、汽车式起重机、履带吊、捯链、卷扬机等，当采用提升、顶升、滑移等施工方法时，主要设备还包括液压提升器、液压千斤顶和液压牵引（顶推）器等。主要起重吊装设备介绍如下：

1）塔式起重机

塔式起重机又称塔吊，由钢构架、工作机构、电气设备、基础及安全装置组成。钢构架包括塔身（塔架）、起重臂（吊臂）、平衡臂、塔尖、回转盘架等部分组成。塔吊根据结构特点、工作原理、工作性能等有多种分类方式，如按照结构形式分类，可分为附着式塔吊和行走式塔吊；按照回转形式分类，可分为上回转式塔吊和下回转式塔吊；按照变幅方式分类可分为小车变幅式塔吊和动臂变幅式塔吊等等（图4–71）。

2）汽车式起重机

汽车式起重机，起重臂的构造形式有桁架臂和伸缩臂两种。其行驶的驾驶室与起重机操纵室是分开的。汽车式起重机的种类很多，其分类方法也各不相同，按起重量分类可分为轻型汽车起重机（起重量在16t以下）、中型汽车起重机（起重量在20～40t）、重型汽车起重机（起重量在50～125t）、超重型汽车起重机（起重量在

（a）附着式塔吊　（b）小车变幅塔吊　（c）动臂变幅塔吊
（d）行走式塔吊
图4-71　塔式起重机

150t以上）；按支腿形式分类可分为蛙式支腿、X形支腿和H形支腿，国内目前生产的液压汽车起重机多采用H形支腿。按传动装置的传动方式分可分为机械传动、电传动、液压传动三类。按起重装置回转范围划分可分为全回转式汽车起重机（转台可任意旋转360°）和非全回转汽车起重机（转台回转角小于270°）两种。按吊臂的结构形式分类，可分为折叠式吊臂、伸缩式吊臂和桁架式吊臂汽车起重机三种等。

汽车式起重机机动灵活，是大跨度钢结构施工中的重要起重设备，通常用于结构安装、现场构件拼装、构件卸车、转运等（图4–72）。在超高层钢结构施工中，汽车式起重机作为垂直运输的辅助设备，配合塔吊进行钢构件的安装及部分塔吊盲区的施工作业。汽车式起重机对行驶路面要求较高，当现场路面条件良好时可选其作为主要的施工设备。

(a)斜支撑安装

(b)支撑胎架安装

(c)先钢梁后支撑安装方法

图4-80 钢支撑吊装

(4)钢板墙吊装

钢板墙吊装与钢柱吊装类似，剪力墙上部设置吊耳，横向焊缝与竖向焊缝处一边布置临时连接板，另一边布置靠向板，辅助钢板墙临时定位（图4-81）。钢板墙吊装就位后，当横向及竖向均采用焊接方式连接时，钢板墙易发生焊接变形，可在立焊缝处增设约束板的数量和加大约束板的尺寸，在十字形、T形交叉的部位采用角撑等方式减少焊接残余变形。

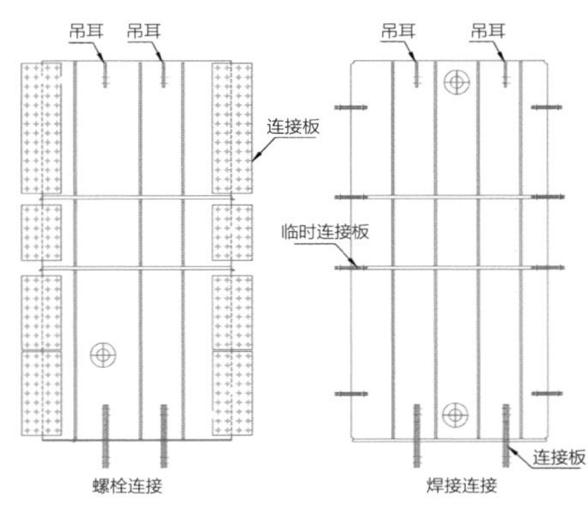

(a)板墙吊耳布置图

(b)单板钢板墙起吊

(c)焊缝残余变形约束板

(d)焊接角撑

图4-81 钢板墙吊装及焊接残余变形控制

（5）组合楼板吊装

组合楼板包括压型钢板组合楼板和钢筋桁架楼承板，材料到场后，按要求堆放，采取保护措施，防止损伤及变形（图4–82）。无保护措施时，避免在地面开包，转运过程要用专用吊具进行吊运，并做好防护措施。在装、卸、安装过程中严禁用钢丝绳捆绑起吊，吊点在固定支架上。运输及堆放应有足够支点，以防变形。

（a）压型钢板吊装　　（b）钢筋桁架楼承板吊装

图4-82　组合楼板吊装

（6）钢屋盖吊装

钢屋盖包括桁架、网架等结构，深化设计时应合理布置单片桁架或网架的吊点位置及数量，多点吊装时用钢丝绳进行绑扎，并做好绑扎点处原构件的保护措施（图4–83）。网架分块时应充分考虑吊装过程中的变形，起吊后经姿态调整后，将起吊构件缓慢吊至安装位置上方，缓缓落钩，使结构安全落于支承上。

（7）大型节点吊装

在超高层或大跨度钢结构中，有时因结构体系庞大而采用了非常复杂的大型连接节点，该类连接节点一般会单独制造和安装。通常该类节点外形复杂、分支多、体积大、重量重，不易安装。因与其连接的构件方向多，其精度控制需要非常精准，且单独安装时稳定性较差，需在吊装就位后及时与结构其他构件连接或者设置临时支撑确保其施工阶段的安全（图4–84）。

4.4.1.2　多层及高层钢结构安装技术

1．框架–核心筒结构施工技术

钢结构与土建结构的交叉施工主要表现在两者间的施工高差。核心筒劲性钢柱安装领先于核心筒混凝土结构的施工，核心筒结构施工领先于外框结构施工，外框钢柱的安装领先于楼面钢梁、压型钢板、混凝土浇筑的施工。框架–核心筒结构常采用外附式塔式起重机或内爬式塔式起重机进行吊装（图4–85）。

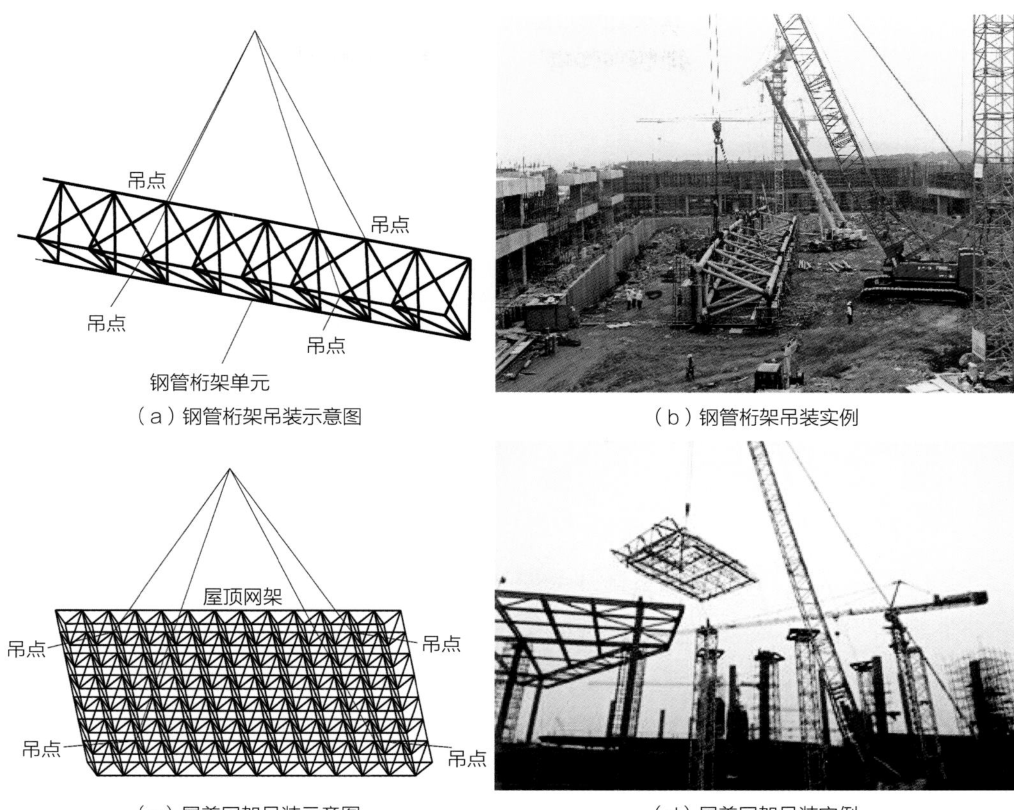

（a）钢管桁架吊装示意图　（b）钢管桁架吊装实例

（c）屋盖网架吊装示意图　（d）屋盖网架吊装实例

图4-83　钢屋盖吊装

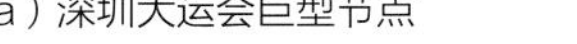

（a）深圳大运会巨型节点　（b）上海环球项目巨型节点

图4-84　巨型节点安装

（a）外附式塔式起重机吊装

（b）内爬式塔式起重机吊装

图4-85　塔式起重机吊装

2．多腔体钢柱安装技术

多腔体钢柱应合理设置吊装吊耳及翻身吊耳的数量与位置，钢丝绳与构件的夹角应在合理范围内。采用进人焊接时，应设置抽风机用于通风。一人焊接，一人巡视，每隔固定时间需更换焊工。施工中注意跳腔焊接，防止腔体内温度过热，对构件及焊工造成不良影响。若不满足进人焊接，可设置手孔或人孔进行焊接（图4–86）。

（a）多腔体钢柱吊点设置示意图

（b）多腔体钢柱结构示意图

图4-86　多腔体钢柱安装

3．环桁架安装技术

高层钢结构桁架由于其重量重、体积大的特点，一般采用高空散装法安装，常采用下弦杆—竖腹杆—斜腹杆—上弦杆的安装顺序（图4–87）。位于结构层间的带状桁架，后续楼层施工会传来较大的竖向荷载，产生一定的挠度变形。为此，施工时应进行一定的起拱，起拱值应根据计算确定。

（a）　（b）

图4-87　环桁架安装

4．伸臂桁架安装技术

由于核心筒施工会领先于外框筒钢结构施工，故连接核心筒与外框筒的伸臂桁架的安装，按施工流程被分为核心筒内部分和核心筒外部分（图4-88）。一般会先安装筒内部分，再安装筒外部分。安装筒内部分时，将同时安装与筒外部分连接的大型复杂牛腿（通常采用铸钢牛腿）。该牛腿的精准安装是保证伸臂桁架筒外部分整体精度的基础，应专门制定有效工法确保其安装精度。

（a）伸臂桁架安装现场　（b）上海环球项目伸臂桁架安装措施

图4-88　伸臂桁架安装

5．悬挂结构安装技术

悬挂结构是指在核心筒四周分别设计有悬挑结构，外观看起来像悬挂在核心筒上的结构。高层悬挂结构建筑主要由核心筒、吊杆、斜拉杆、桁架结构等组成，悬挂结构的荷载通过桁架传递到中间的核心筒，再由核心筒传递到基础。悬挂结构可采用有胎架支承原位拼装、无胎架支承原位拼装以及无胎架支承整体提升等安装方式（图4-89～图4-91）。

图4-89　有胎架支承悬挂结构安装

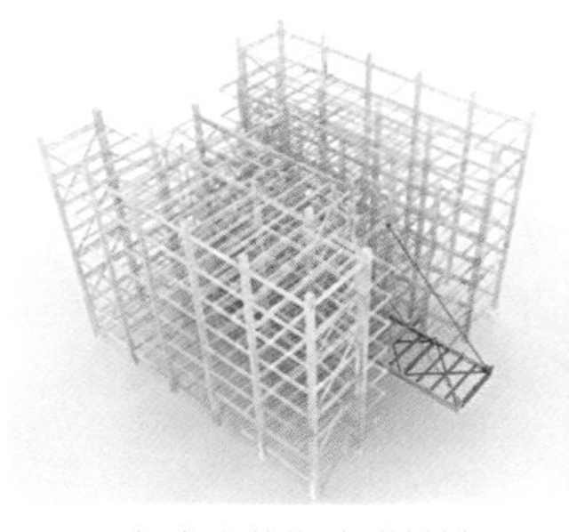

（a）安装临时刚性拉杆

（b）高空原位安装

（c）安装完成后，拆除拉杆

图4-90　无胎架支承悬挂结构原位安装

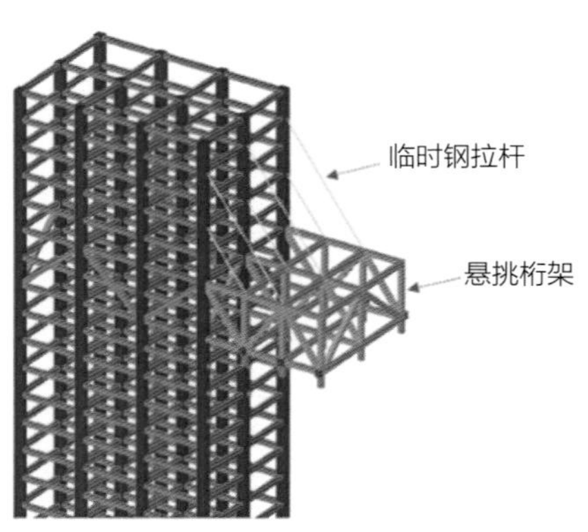

（a）安装悬挑桁架、设置临时钢拉杆

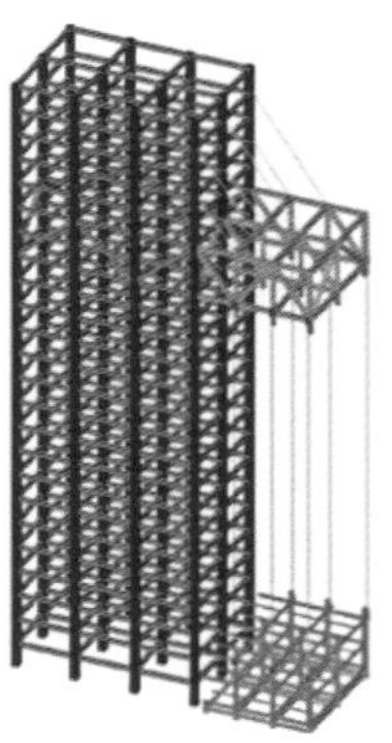

（b）设置提升吊点提升

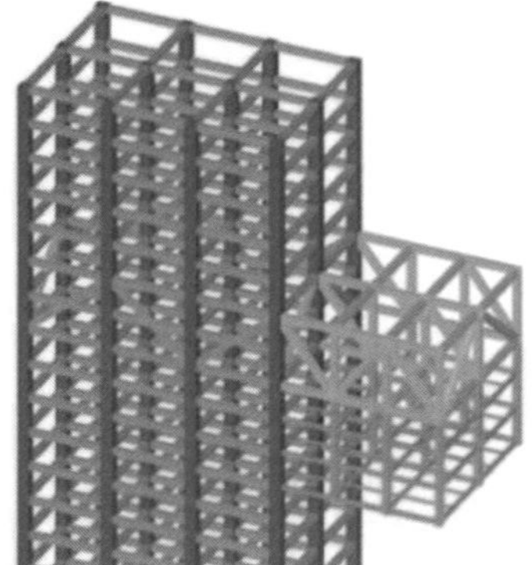

（c）提升就位，拆除提升装置及拉杆

图4-91　无胎架支承悬挂结构整体提升

6. 高空提升施工技术

提升技术是指将构件和节点在地面或适当的位置组装，然后采用多台提升机械将结构整体提升至设计位置的安装工艺。高空超大跨度连廊钢结构的安装，高空塔桅结构的安装，均可优先采用“地面拼装，同步提升”技术（图4–92）。提升施工前，应做好施工模拟和验算。

（a）在裙房楼顶散件拼装天桥桁架及附属结构，安装提升平台，平台顶部放置提升器。提升器钢绞线与桁架上弦处的下吊点连接，调试提升设备系统

（b）确定一切准备工作完成后，提升器分级加载，将结构整体脱离拼装胎架约100mm，空中静止至少12h，检查提升平台、下吊点、桁架及焊缝等结构的变形和受力情况，确认是否有异常情况

图4-92 重庆来福士广场项目塔楼间观景天桥整体提升施工流程（一）

（c）确认无异常情况后，继续整体同步提升桁架。提升器同步提升天桥至安装标高位置后，微调各吊点标高至符合安装要求，提升器锁紧静止。安装嵌补杆件

（d）提升器分级同步卸载，将结构荷载移至支座上，拆除提升设备和临时结构，提升施工结束，移交下一工序。完成全部提升段

图4-92　重庆来福士广场项目塔楼间观景天桥整体提升施工流程（二）

4.4.1.3　大跨度空间钢结构安装技术

1．高空原位安装技术

高空原位安装是指根据起重设备性能和工期要求，将构件分成吊装单元，合理安排吊装顺序，将结构单元直接吊装至设计位置的施工方式，是一种较为传统的施工工艺。可以分为高空原位无支承安装法、高空原位有支承安装法两种，同时按安装构件的形式（散件或分片组装单元）通常又细分为高空原位散件安装法和高空原位单元安装法（图4–93～图4–95）。

高空原位无支承的安装方法主要用于构件起吊及安装位置均在起重设备吊装半径和性能覆盖范围内，或是安装高度较低且结构下部施工场地便于大型起重吊装设备站位时，利用起重设备将整根构件吊装就位，待构件在土建结构或已安装的钢结

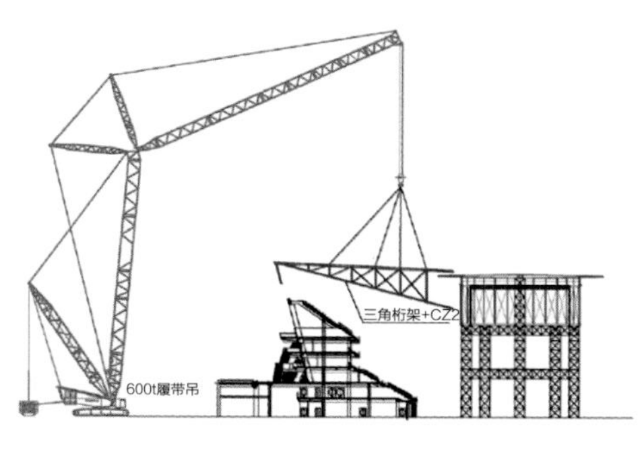

（a）安装示意

（b）原位安装模拟

图4-93 高空原位无支承安装

图4-94 高空原位有支承散件安装

（a）吊装单元地面拼装

（b）原位安装

图4-95 高空原位有支承单元安装

构上临时固定牢靠后，松钩完成安装。

相对应的，高空原位有支承安装法，是在结构安装工程中，需要根据结构的施工状态设置临时支承来承担施工期间的各种荷载和作用，待结构安装完毕后进行卸载，最终使结构达到设计状态的施工方法。安装前应对支撑胎架进行模拟计算，保证受力满足要求。

2. 提（顶）升施工技术

1）提升施工技术

大跨度钢结构提升技术是指将构件和节点在地面或适当的位置组装，然后采用多台提升机械将结构整体提升至设计位置的安装工艺，根据提升的部件不同，可分为整体提升、单元提升、累积提升等。目前，提升机械多采用由计算机控制的液压提升器，工程规模较小或条件不具备时也可选用传统的捯链、卷扬机组等。采用同步分级加载的方法进行试提升，钢结构离开胎架20cm左右，锁紧锚具，空中静止12h，观察工作情况。各项检查无误后，再进行正式提升。提升时监控所有提升吊点标高，保证提升同步性。

液压同步提升技术通过提升设备扩展组合，提升重量、跨度、面积可不受限制，可减少高空作业，减少措施量，提高作业安全性，适合在狭小空间进行大吨位构件安装，可节省大型吊车的投入，已被广泛应用于大跨度桁架结构、网格结构、大跨度桥式连廊钢结构的安装（图4-96）。但同时也有一些限制条件，如要求提升单元结构形式较规则，提升单元强度和刚度较大，边界安装精度要求不高，对现场条件有一定的需求。

（a）广州新机场飞机维修库项目

（b）沈阳南航机库项目

（c）武汉天河机场T3航站楼项目

（d）江夏大花山户外运动中心项目

图4-96 液压同步提升技术应用项目

（a）顶升

（b）添加标准节

（c）网架顶升过程图

图4-97　顶升施工过程

2）顶升施工技术

整体顶升施工技术是将结构拼装成整体后，用顶升设备（液压千斤顶）和顶升架将结构逐步顶升到设计标高的施工方法（图4–97）。采用顶升施工可以减少高空作业量，且顶升面积不受限制，与整体提升技术相比，顶升设备在地面进行顶升作业，无需在高空设置施工作业点，节约了提升施工支承等措施，但顶升作业需要采用支承架和顶升架配合施工，当结构高度过高或顶升点过多时，顶升架用量较大，经济性不佳。

3. 滑移施工技术

滑移施工技术是利用能够同步控制的牵引或顶推设备，将分成若干个稳定施工段的结构沿着设置的轨道，由拼装位置移动到设计位置的安装技术。适用于施工场地不便于吊装设备行走、安装位置不便于吊装，或采用常规吊装方法所用的设备型号过大的情况。

滑移施工技术目前应用较多的有液压千斤顶牵引滑移和液压千斤顶夹轨顶推滑移两种（图4–98）。根据滑移主体的不同可分为结构滑移、施工支承滑移。根据滑移路线的不同又分直线滑移和曲线滑移。

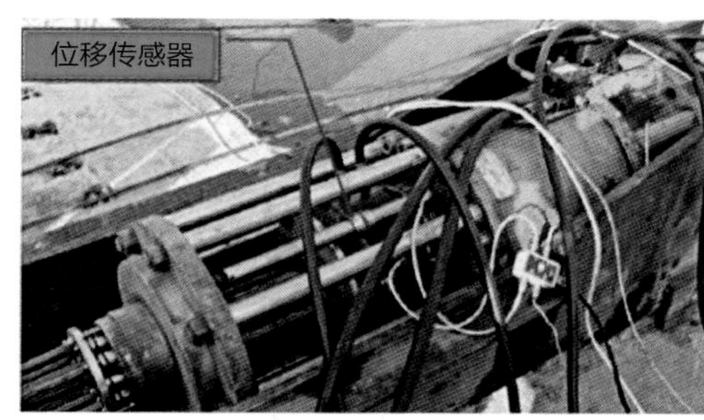

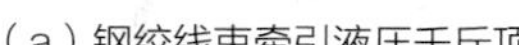

（a）钢绞线束牵引液压千斤顶

（b）夹轨式液压顶推千斤顶

图4-98　滑移施工技术

1）结构滑移

结构滑移，是先将结构整体（或局部）在具备拼装条件的场地组装成形，再利用滑移系统将其整体移位至设计位置的一种安装方法，与原位安装法相比，可减少支承措施与操作平台的用量，节约场地处理费用与管理成本，代表工程有郑州奥体、淮安食博会场馆、广州新白云机场、鄂尔多斯机场、武汉国博会议中心等（图4–99、图4–100）。

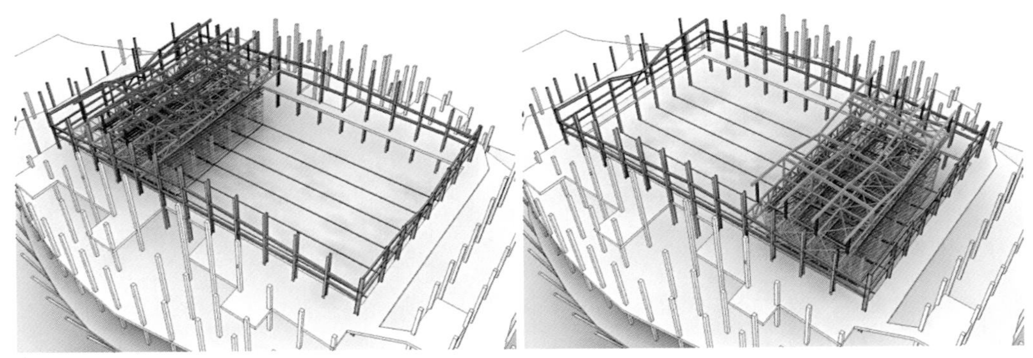

（a）第一滑移分片拼装模拟　（b）第一滑移分片滑移到位模拟

（c）第一滑移分片拼装

（d）第一滑移分片滑移到位

图4-99　武汉国博会议中心屋盖滑移流程

（a）鄂尔多斯机场曲线旋转滑移

（b）淮安食博会场馆斜面滑移

图4-100　典型滑移施工工程案例

2）施工支承滑移

施工支承滑移是指在结构的下方架设可移动施工支承与工作平台，分段进行屋盖结构的原位拼装，待每个施工段完成拼装并形成独立承载体系后，滑移施工支承体系至下一施工段再进行拼装，如此循环，直至结构安装完成为止（图4–101）。

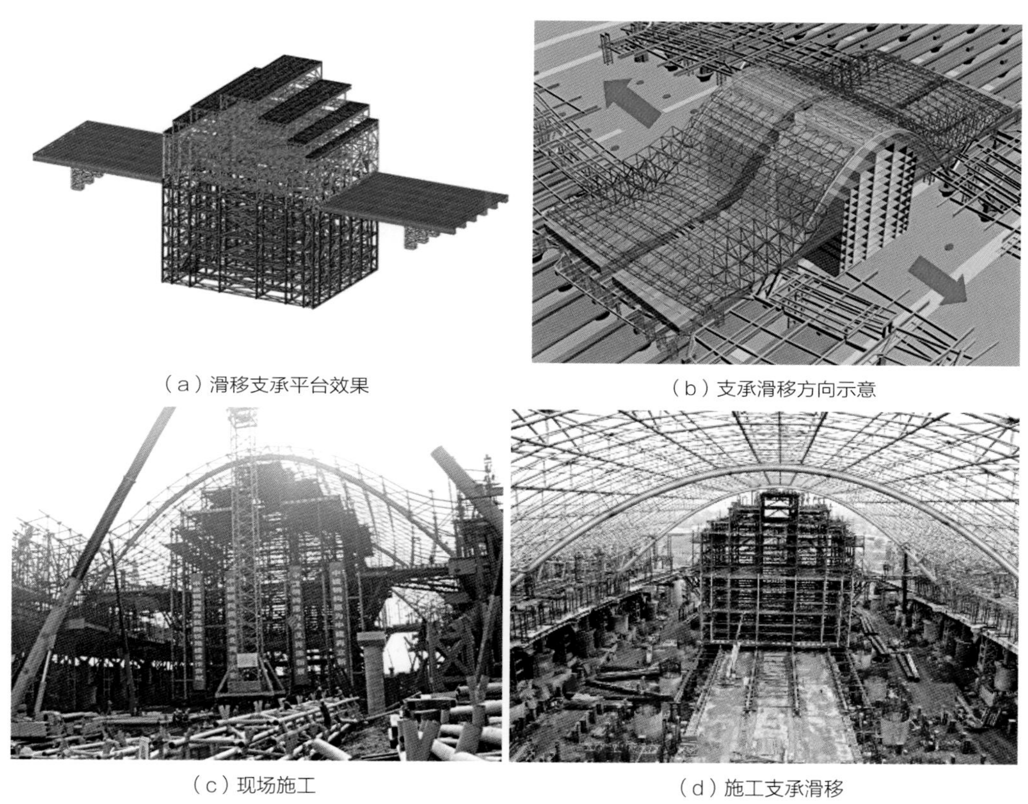

（a）滑移支承平台效果　（b）支承滑移方向示意

（c）现场施工　（d）施工支承滑移

图4-101　武汉火车站支承滑移

4．卸载施工技术

大跨度钢结构施工过程中，不可避免地会利用支承作为结构成形前的承载体系。由于结构体系和施工方法的不同，有时支承会承受巨大的荷载作用。当结构合拢成形后，需要将支承拆除，随后结构自重和外部荷载完全转移给完工的结构体系，这个过程称为卸载。卸载时，支承体系受力转换为结构体系自身受力，结构的受力状态会发生根本变化，必须采取安全可靠的卸载工艺技术，确保卸载过程中结构与支承处于安全状态。目前结构支承体系卸载的施工方法较多，比较常见的有切割卸载法、螺旋千斤顶卸载法、砂箱卸载法和计算机电控液压千斤顶卸载法。

1）切割卸载法

结构支撑点采用型钢作为刚性支承，卸载时直接切割刚性支承，逐步脱开支承与结构体系之间的关系，使结构逐步转化为自身受力，完成卸载施工，常采用火焰切割（图4–102）。

图4-102 火焰切割卸载

2）螺旋千斤顶卸载法

采用机械式螺旋千斤顶作为结构拼装和卸载设备，卸载时，按结构变形趋势，通过下摇千斤顶使结构按一定行程回落，以达到卸载的目的（图4–103）。

图4-103 螺旋千斤顶卸载

3）砂箱卸载法

按沙漏的原理，制作砂箱作为卸载设备。砂箱分内外套筒，内筒嵌套在外筒内并与结构接触；外筒内灌注砂粒（为防止砂粒受潮结块，可采用钢砂），并在筒壁一侧或底端设置排砂口（图4–104）。当卸载时，打开外筒排砂口，结构通过内筒压迫外筒内的砂体使砂粒通过排砂口流出，从而使内筒与结构缓慢下落以达到卸载目的，砂箱内外筒壁厚与直径以及选用材料应根据不同受压情况计算确定。

4）计算机电控液压千斤顶卸载法

采用液压泵站控制液压千斤顶，计算机同步控制千斤顶回落，以达到卸载目的（图4–105）。

图4-104 砂箱卸载现场作业图

图4-105　深圳大运会主场馆液压千斤顶卸载

5. 预应力索结构施工技术

将预应力技术应用到如网架、网壳、立体桁架等网格结构以及索、杆组成的张力结构等大跨度结构中，可形成一类新型的预应力空间钢结构体系，如有弦支穹顶、张拉整体索网结构等（图4-106）。这一类结构受力合理、刚度大、重量轻。

预应力钢结构一般有先张法、中张法、多张法三种张拉方案。先张法是在结构承受荷载前即引入预应力，使得结构的峰值截面或峰值杆件中预先承受与荷载应力符号相反的预应力。中张法是结构就位后承受部分荷载、截面或杆件产生荷载应力后再施加预应力，以预应力抵消或降低荷载应力水平，甚至产生与荷载应力符号相反的预应力。多张法即多次施加预应力的工艺，相比于单次预应力钢结构而言，多张法则是在荷载可以分成若干批量的情况下，施加预应力与加载多次相间进行，即重复利用材料弹性范围内的强度幅值。所以其承载力最大，经济效益最高。

（a）预应力索安装　　（b）预应力索张拉

图4-106　石家庄国际展览中心项目预应力索张拉

4.4.1.4 模块化钢结构施工技术

钢结构模块化单元可实现工厂化制作，运至现场利用起重吊装设备即可完成安装，实现堆积木一样建造房屋。在国家大力倡导和发展装配式建筑时代，模块化钢结构建筑作为装配式建筑的高端产品，具有高度工厂化和极高装配率等突出优势，代表着建筑工业化、绿色施工和循环经济的发展理念。

模块化钢结构应重点关注三维模块的标化组合，连接节点、管线体系、模块收口及接缝的设计等，主要现场施工流程如图4–107所示。

图4-107 箱式模块钢结构建筑现场施工工艺流程

4.4.1.5 安全防护技术

钢结构施工时，安全风险主要包括高空坠落、物体打击、触电、动火作业等，结合钢结构施工特点，除做好安全管理体系及制度等保证措施外，还应根据结构特点，针对性地设置相关安全防护技术措施（图4–108）。

4.4.2 基于BIM的可视化施工技术

4.4.2.1 场地布置管理

根据施工BIM模型，对施工各阶段的场地地形、既有设施、周边环境、施工区域、临时道路及设施、加工区域、材料堆场、临水临电、施工机械、安全文明施工设施等进行规划布置和分析优化，模拟施工工况，对各阶段场平布置中不合理位置进行分析优化，模拟分阶段施工平面布置的最优转换，以实现场地布置科学合理，使场平布置更经济、完善，符合绿色施工趋势（图4–109）。

4.4.2.2 施工组织管理

1. 基于BIM技术的图纸会审

传统的图纸会审都是在二维图纸中进行图纸审查，难以发现空间上的问题，基于BIM技术的图纸会审是在三维模型中进行的，各工程构件之间的空间关系一目了然，通过软件的碰撞检查功能进行检查，可以很直观地发现图纸不合理的地方。其次，基于BIM的图纸会审通过在三维模型中进行漫游审查，以第三人的视角对模型内部进行查看，发现净空设置等问题以及设备、管道、管配件的安装、操作、维修所必需空间的预留问题（图4–110）。

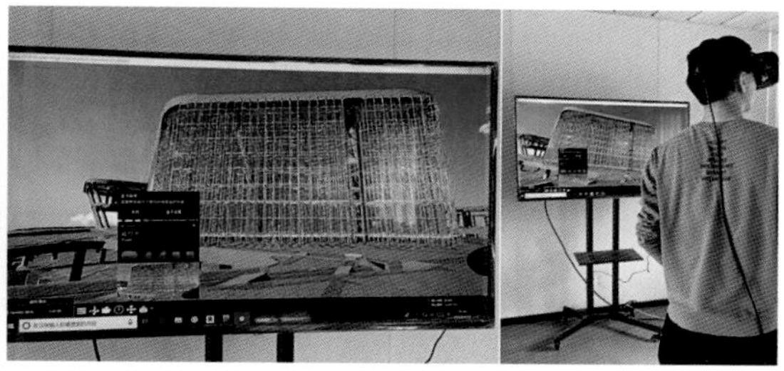

图4-113　BIM+VR技术应用

3）模型二维码应用

BIM模型与二维码、移动终端等相结合，可让BIM技术“走进”现场，通过粘贴在现场的二维码，可让现场管理人员和施工人员随时对图纸及施工重难点进行直观了解，方便指导施工（图4–114）。

3．验收三维比对

借助全站仪等测量工具，对进场构件进行三维测量拟合，并导出数据至BIM平台中进行三维校核，可有效保证构件的准确性。通过测控点对已完成结构进行坐标测量，形成坐标网络数据，导至BIM平台中，可完成建筑结构施工现场与设计模型的校核，辅助现场安装及验收（图4–115）。

图4-114　模型二维码应用

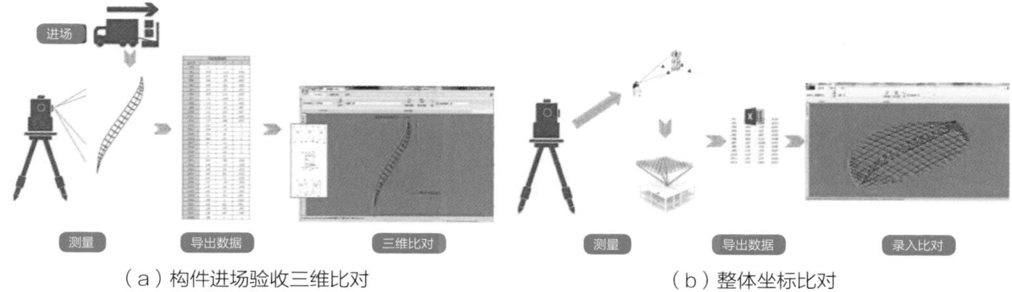

（a）构件进场验收三维比对　　（b）整体坐标比对

图4-115　现场验收三维比对

4. 施工工艺模拟

基于BIM技术，制作施工工艺模拟，可减少返工，节约成本，并能随时观看，加强对重要施工工序、关键环节的质量控制，提升施工管理水平（图4–116）。

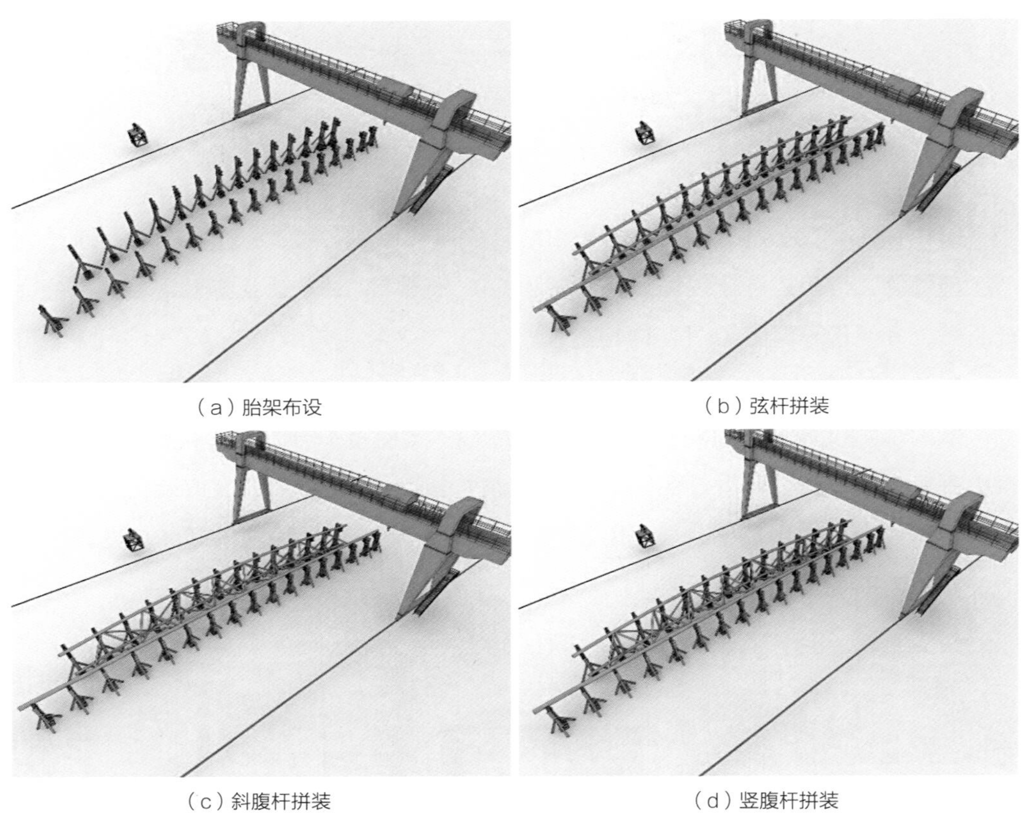

（a）胎架布设　（b）弦杆拼装

（c）斜腹杆拼装　（d）竖腹杆拼装

图4-116　钢结构拼装工艺模拟

4.4.2.3　施工进度管理

基于BIM技术的施工进度管理是通过计划进度模型（支持Project文件导入生成）和实际进度模型的动态链接，进行计划进度和实际进度的对比，找出差异，分析原因，BIM 4D进度管理可直观地实现对项目进度的虚拟控制与优化（图4–117、图4–118）。

BIM技术平台也能够关联Navisworks等软件，实现4D进度施工模拟及流程碰撞分析（图4–119），复核各工序搭接及专业间穿插的合理性，可以对施工方案可行性进行分析修改，并实时反馈修正措施及结果，指导现场合理制定施工计划，优化施工资源，以达到缩短工期、降本增效的目标。

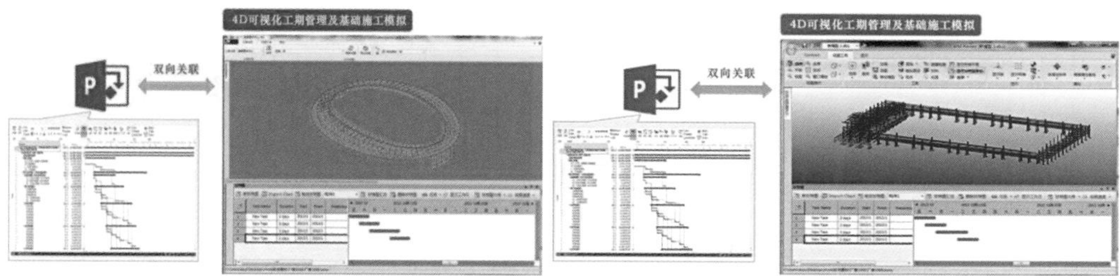

图4-117 4D施工进度模拟示意图

图4-118 基于计划进度模型的形象进度管理

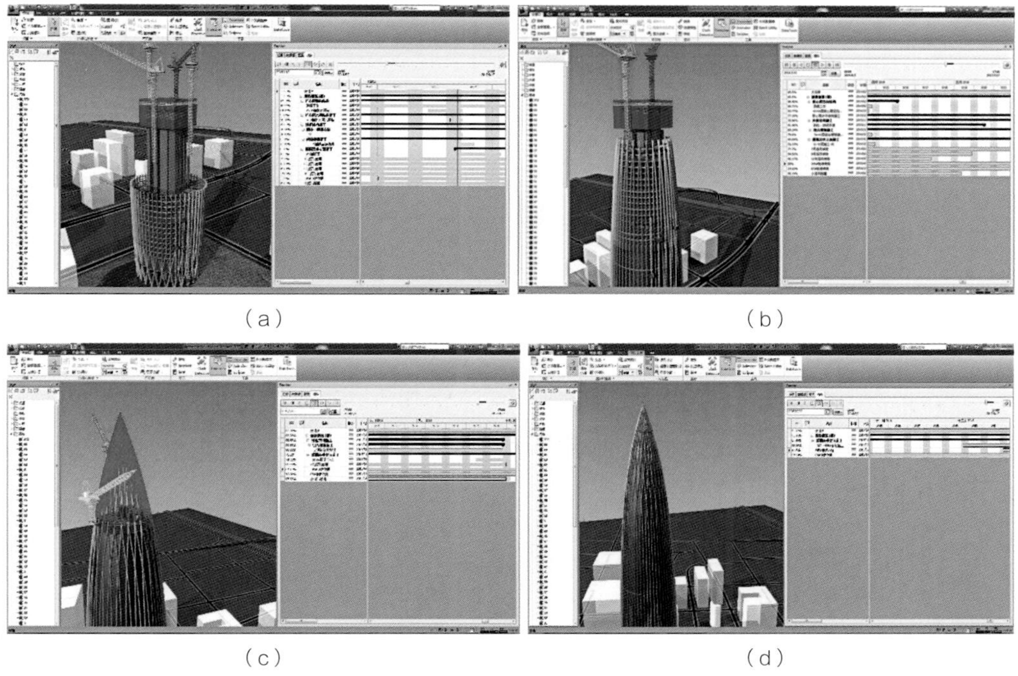

图4-119 Navisworks深度施工模拟示意图

4.4.2.4 材料、设备管理

基于施工BIM模型，可动态分配各种施工资源和设备，并输出相应的材料、设备需求信息，并与材料、设备实际消耗信息进行比对，实现施工过程中材料、设备的有效控制。

4.4.2.5 质量、安全管理

通过BIM模型，对工程质量、安全关键控制点进行模拟仿真以及方案优化（图4-120、图4-121）。利用移动设备对现场工程质量、安全进行检查与验收，实现质量、安全管理的动态跟踪与记录。

BIM模型与现场监测数据的互通，可有效完成现场深基坑、高大模板、钢结构吊装等重大危险源作业下的动态监测，在模型中设置阈值，可实现数据异常时的动态报警，做到及时监测、提早预防，保证现场施工安全（图4-122）。

图4-120 质量样板引路

图4-121 安全防护模拟优化

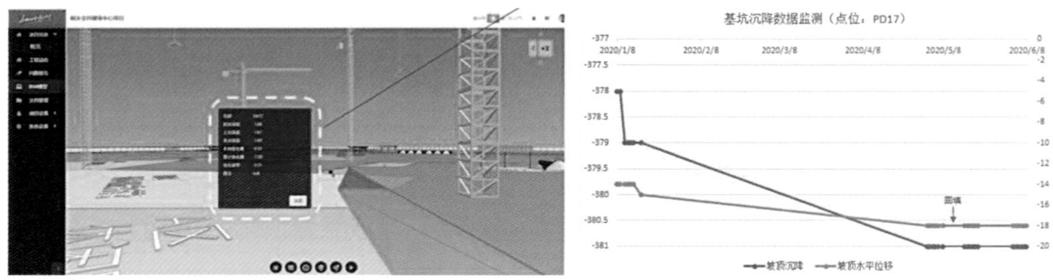

图4-122 BIM技术在基坑监测中的应用

4.4.2.6　成本分析

BIM技术在三维模型和进度的基础上，引入成本信息，实现工程量自动计算、成本自动分析、成本核算的功能，智能生成分析表格，进行成本预警，并且能够与Excel双向关联（图4-123）。

4.4.2.7　模拟建造

1．施工部署模拟

根据总体施工部署，模拟施工关键节点下形象进度、总平面布置、机械设备投入等，合理优化施工方法，便于理解施工流程（图4-124）。

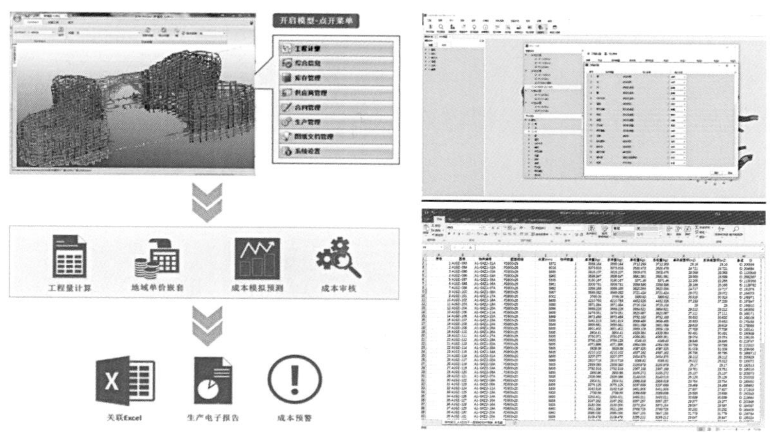

图4-123　5D成本分析示意图

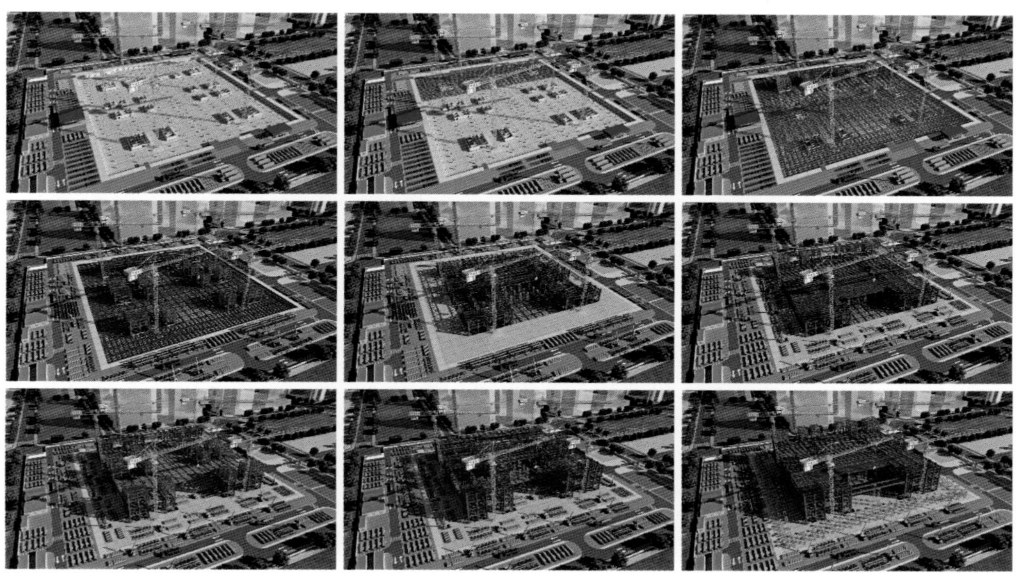

图4-124　丝绸之路会议中心项目钢结构施工过程模拟（一）

图4-124　丝绸之路会议中心项目钢结构施工过程模拟（二）

2. 实景漫游

对各专业模型进行整合，模拟建筑工程的三维实际效果，基于BIM技术的3D实景漫游检查，可以迅速寻找问题点，优化或解决设计问题（图4–125）。

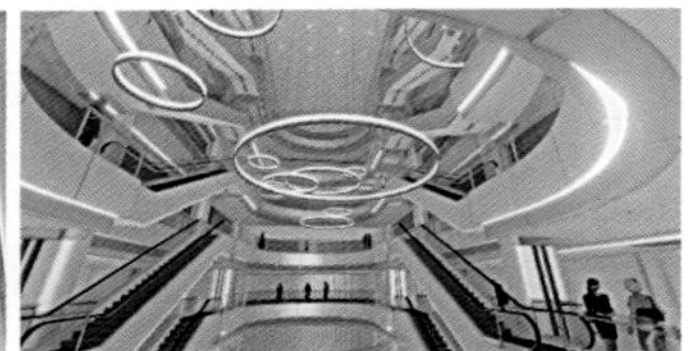

图4-125　柳东新区文化广场项目实景漫游

4.4.3 基于“互联网+”的智慧化施工技术

智慧化施工是指应用BIM、物联网、大数据、人工智能、移动通信、云计算等新一代信息技术，着力解决建筑工程中的信息共享、协同作业的问题，实现信息化、智能化的项目管理。

4.4.3.1 钢结构全生命周期信息化管理平台

钢结构全生命周期信息化管理平台，是钢结构行业融合工业化管理理念和信息化手段的研究成果，该平台的应用可持续提高企业资源配置效率和项目管控能力，有力地推进国内建筑业信息化管理进程，带动行业全面融入“互联网+”的时代潮流，实现行业的转型升级。

1. 平台模块组成

钢结构全生命周期信息化管理平台包含八个功能模块，能够覆盖包括深化设计、材料管理、工厂制造、现场安装的钢结构施工全过程业务（表4–1、图4–126）。

钢结构全生命周期信息化管理平台功能模块　　表4-1

功能模块	主要功能
工程管理模块	用于管理工程各批次任务信息：新建工程、工程任务，导入零构件清单，进行工程预算、成本分析等
生产管理模块	用于管理工程的生产施工过程：生产工序设定、任务分配、排版套料、工位路线指定、生产施工状态追溯等
图纸文档管理模块	用于管理工程图纸文档：图纸导入、归类、传输、共享等
采购管理模块	用于管理与工程材料采购相关的业务：新建供应商、新建采购订单、接收订单、采购退回等
库存管理模块	用于管理材料库存信息：新建材质、材料入库、位置转移、库存盘点等
综合信息模块	用于建立工程构件或材料的销售记录：建立销售订单、记录等
工程计量模块	用于工程量估算：添加客户信息、建立工程估算、添加工程查询信息等
系统设置模块	用于设置平台各项系统参数：新建角色、用户、成本因子，基础配置导入导出，数据库备份等

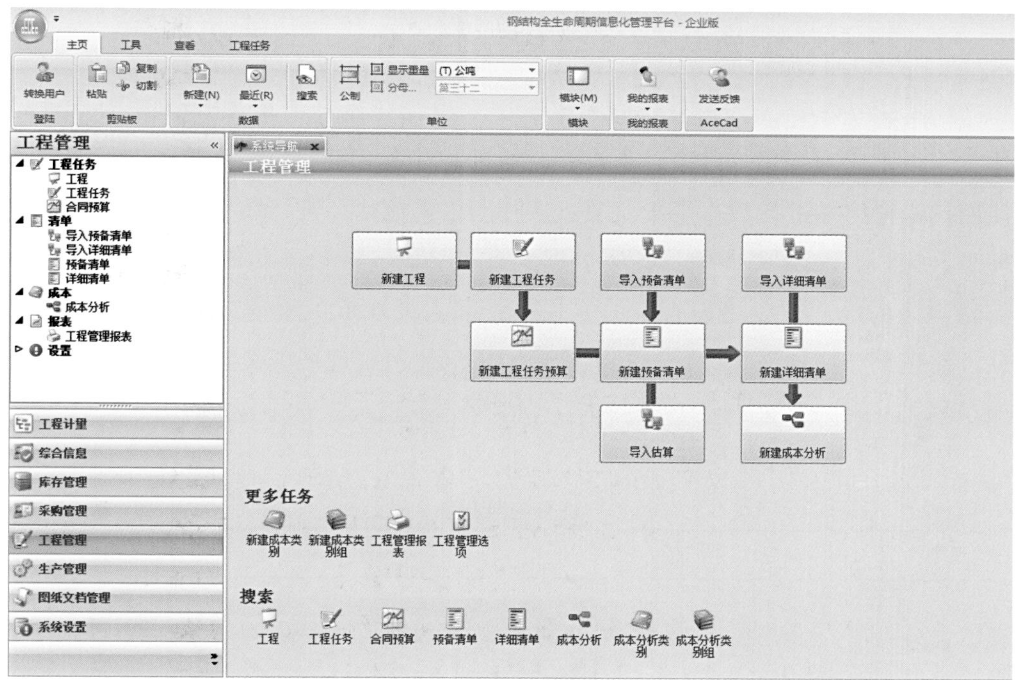

图4-126　平台管理模块界面

2．平台数据采集

钢结构全生命周期信息化管理平台以条码为桥梁，细化工序、物资设备、零构件、员工等编码，全面接驳物联网系统，并通过射频识别、红外感应器、全球定位系统、激光扫描器等信息传感设备，实现智能化识别、定位、追踪、监控和管理，并通过对全周期大数据的分析，实现施工全过程管控（表4-2）。

条码信息采集跟踪 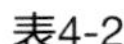 表4-2

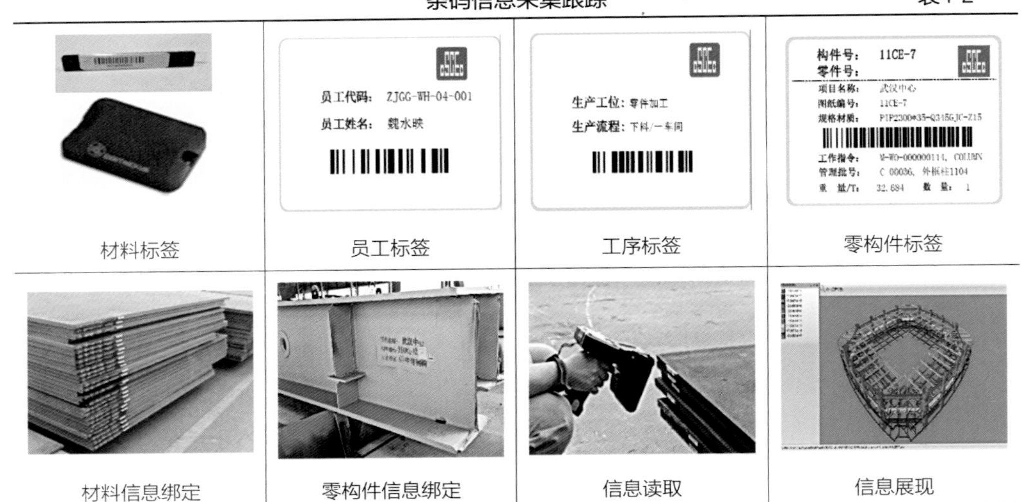

材料标签	员工标签	工序标签	零构件标签
材料信息绑定	零构件信息绑定	信息读取	信息展现

3. 主要应用流程

钢结构全生命周期信息化管理平台以三维深化设计模型和NC模型为信息载体，实现工程可视化。以条码为媒介，通过对“人、机、料”等信息进行绑定，使用扫描枪终端进行数据采集，通过多种网络传输途径进行数据传送，最终由管理平台完成信息集成处理。各类数据的有机结合，突破了传统信息交流模式中信息沟通的障碍，以更为直观的方式向管理人员展示工程进度、成本等施工信息，实现钢结构从深化设计、材料管理、工厂制造到现场安装全生命周期的管理（表4–3）。

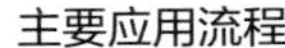
主要应用流程 表4-3

阶段	内容	应用图片
深化设计	标准化命名	

续表

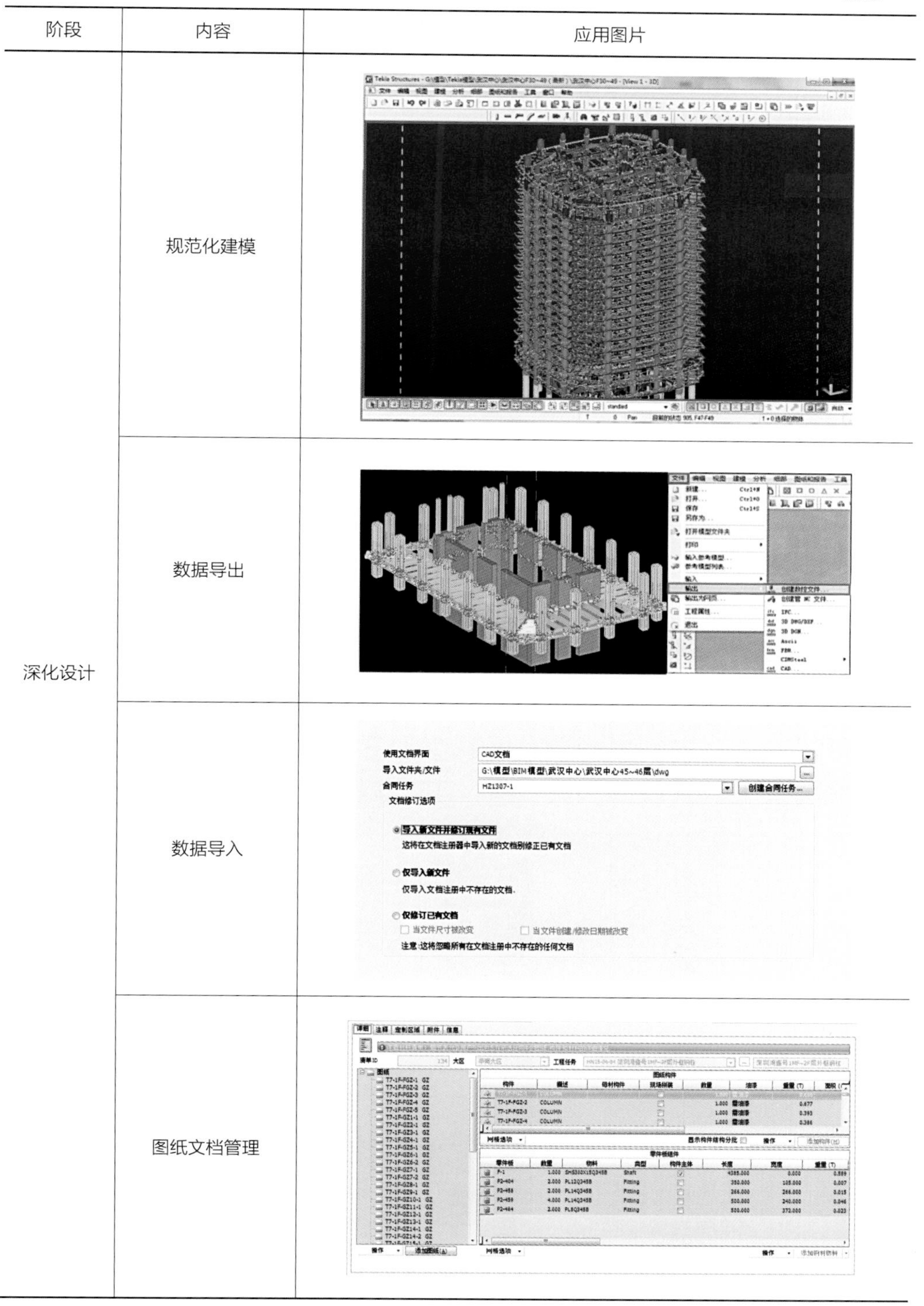

阶段	内容	应用图片
深化设计	规范化建模	
	数据导出	
	数据导入	
	图纸文档管理	

续表

阶段	内容	应用图片
材料管理	合同管理	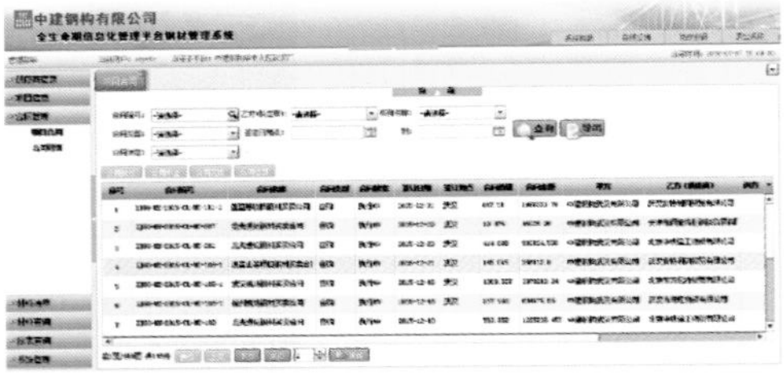
	材料入库	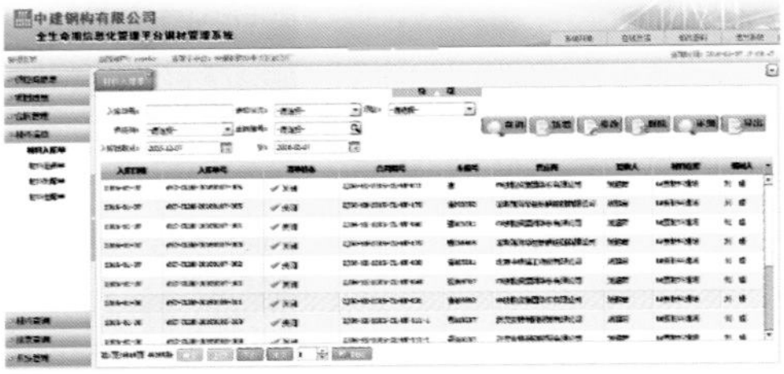
	材料出库	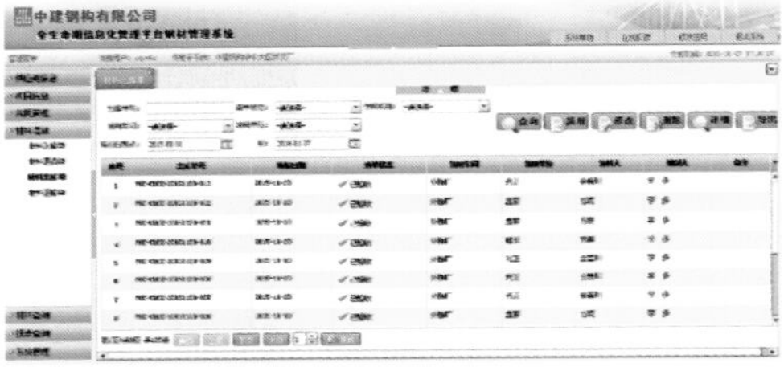
	材料退库	
	堆场库位管理	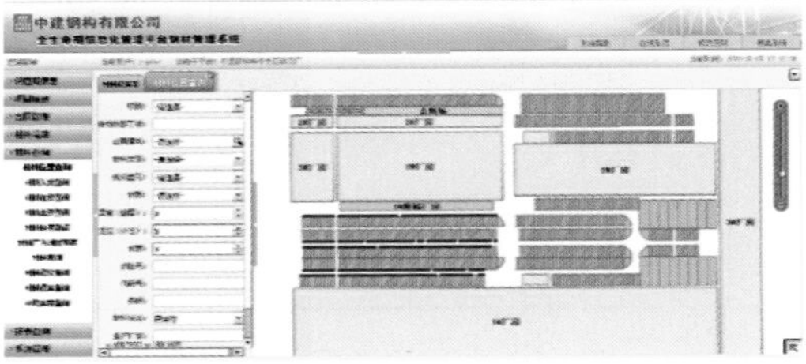

续表

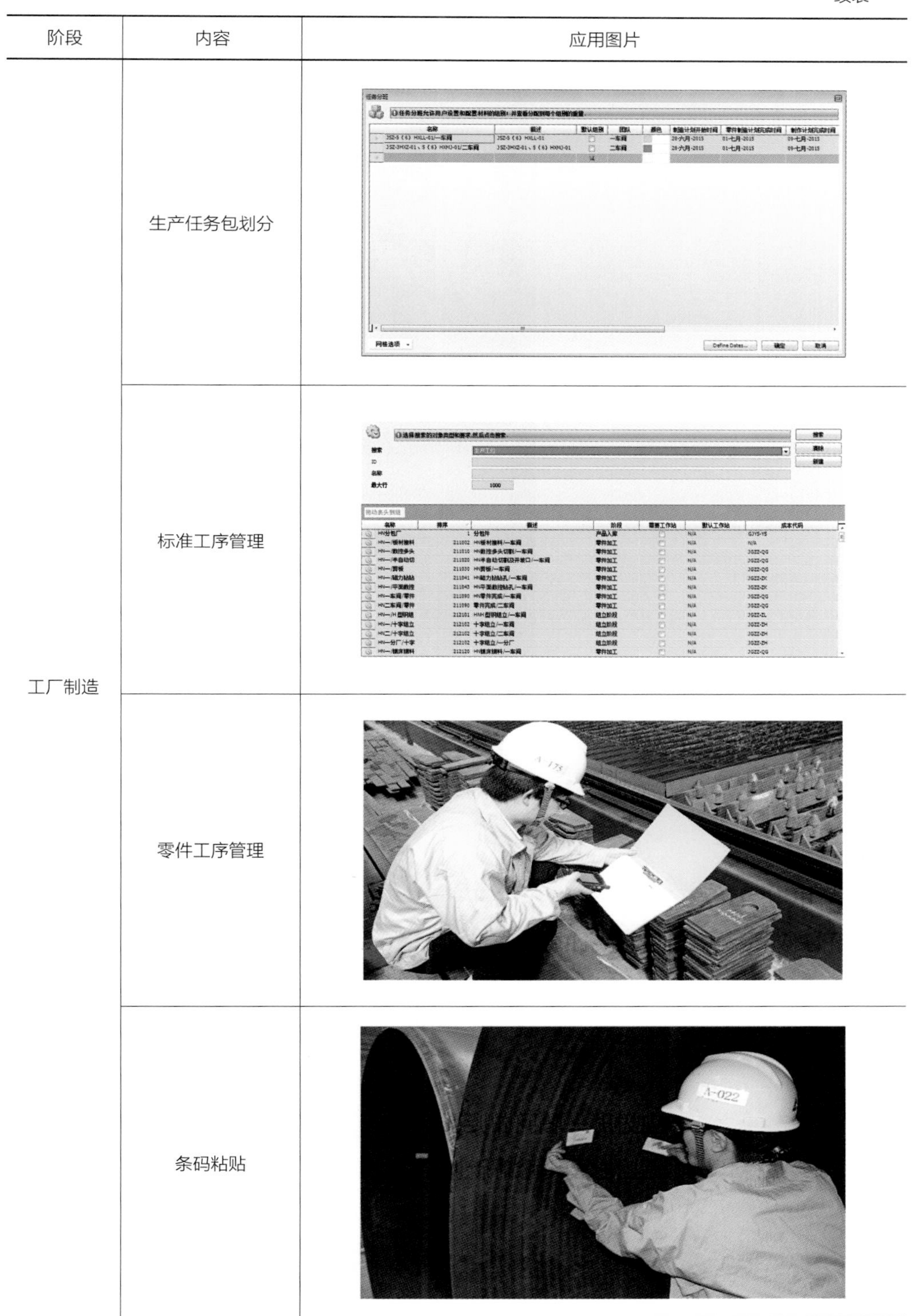

阶段	内容	应用图片
工厂制造	生产任务包划分	
	标准工序管理	
	零件工序管理	
	条码粘贴	

续表

阶段	内容	应用图片
工厂制造	制造工序扫描	
	成品入库	
现场安装	构件验收	
	现场工序扫描	

4. 平台应用特点

钢结构全生命周期信息化管理平台改变了现阶段钢结构施工依赖人工管理的现状，施工信息采集及时、准确，具有可视化、可追溯、可分析的管理特点，实现了信息化、智能化的项目管理（图4-127）。

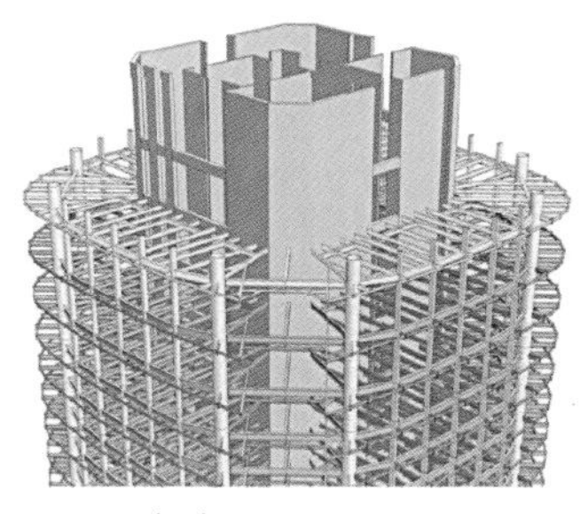

（a）深化设计阶段

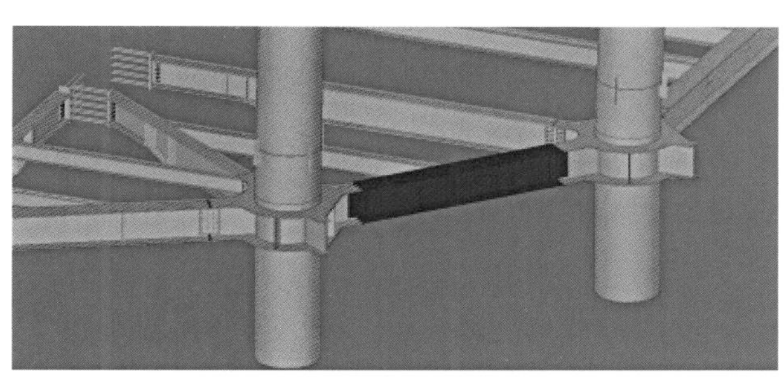

（b）深化设计阶段模型示意

（c）材料管理阶段

（d）材料管理模型示意

（e）构件制造阶段

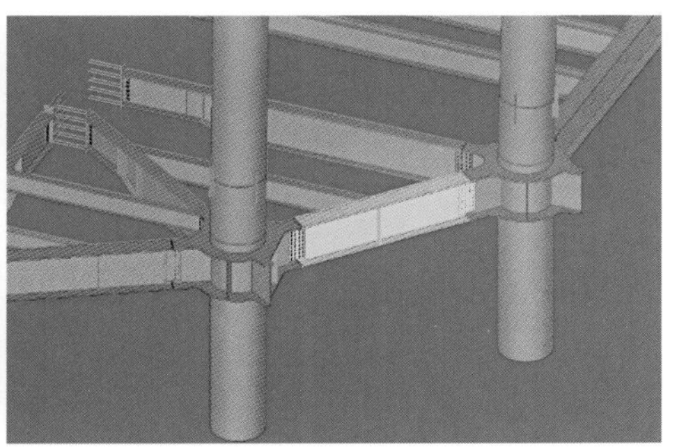

（f）构件制造模型示意

（g）项目安装阶段

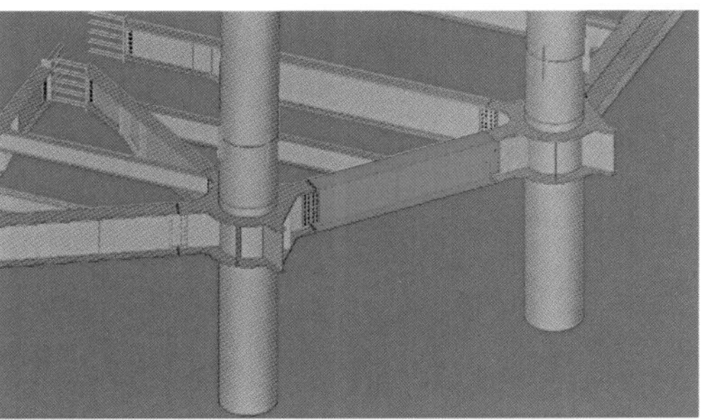

（h）项目安装模型示意

图4-127 进度可视化管理

4.4.3.2 多方协同智慧工地管理平台

1. 智慧工地管理平台概念

智慧工地管理平台是通过应用BIM、物联网、移动互联网、云计算、大数据等信息技术，基于现场施工情况，对相关数据资料进行整合与归纳，通过立体可视化模型在相应的平台上进行分析与探讨，实现施工过程中的人员、进度、质量、安全、智能监控、环境监测等信息共享以及高效协同办公，以实现项目战略决策、施工方案、进度的有序执行，达到绿色、生态、精益、节约、高效的智慧建造理念。智慧工地管理平台的应用推进了工业化建造，提升了项目协同管理水平，并可与行业监管互联（图4–128）。

图4-128 智慧工地管理平台

2. 协同办公系统

协同办公系统是实现项目全员信息化管理的重要手段，平台集成文档管理、任务管理及BIM模型轻量化查看等功能，实现项目实施过程中业主、监理、设计、施工等各单位的全过程线上协同管理。

3. 人员管理

劳务实名制系统可实时显示现场人员名单、分包信息、工种信息等个人实名制信息，同时也可直接将该人员信息数据传递至上级部门的劳务实名制管理平台（图4–129）。

4. 施工进度管理

智慧工地管理平台进度管理采用BIM模型和双代号网络进度计划相结合的方

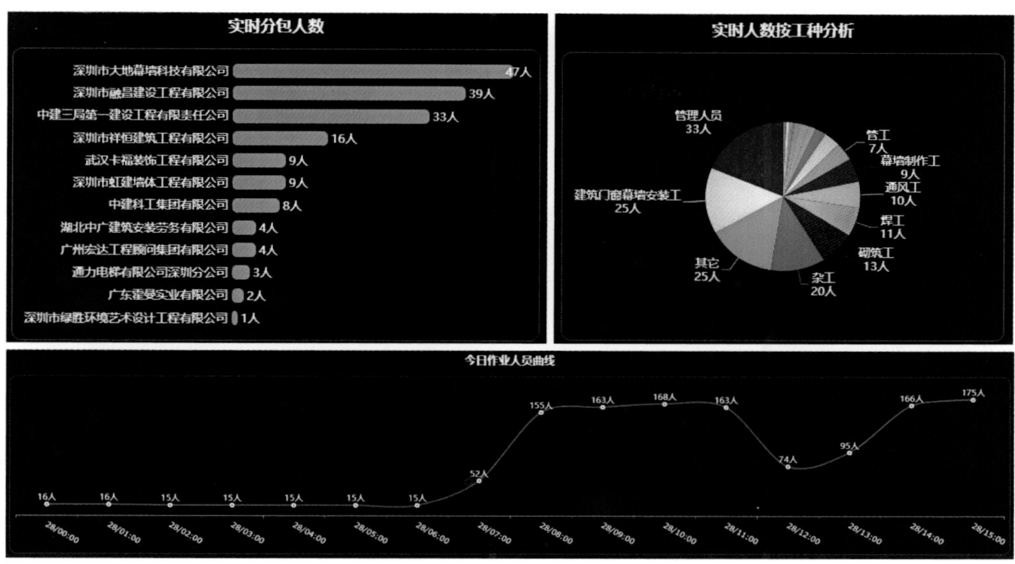

图4-129　人员管理

式，利用快速算量，在进度计划图中加入人、材、机与产值数据，可直观显示进度模型，与实际进度形成对比分析，了解项目进度关键线路，并进行分析调整，确保工程按时完工（图4–130）。

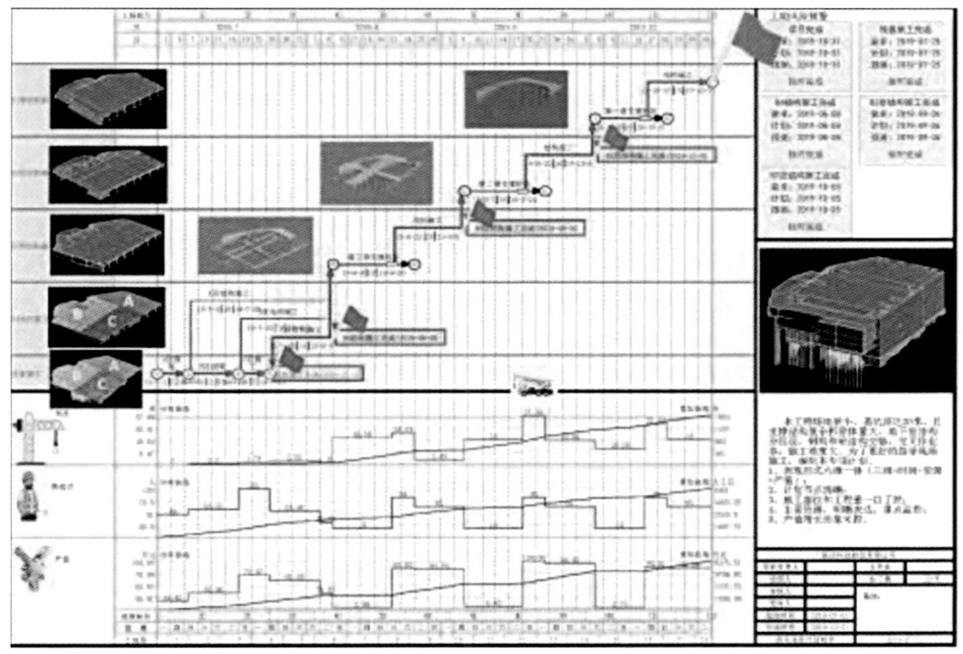

图4-130　进度计划管理

5．施工质量、安全管理

与企业云建造系统、安全CS系统等进行集成化应用，通过移动APP等实现在线质量安全联合检查、整改与复查闭环，并进行统计分析，提高质量、安全问题反馈及整改效率（图4–131、图4–132）。

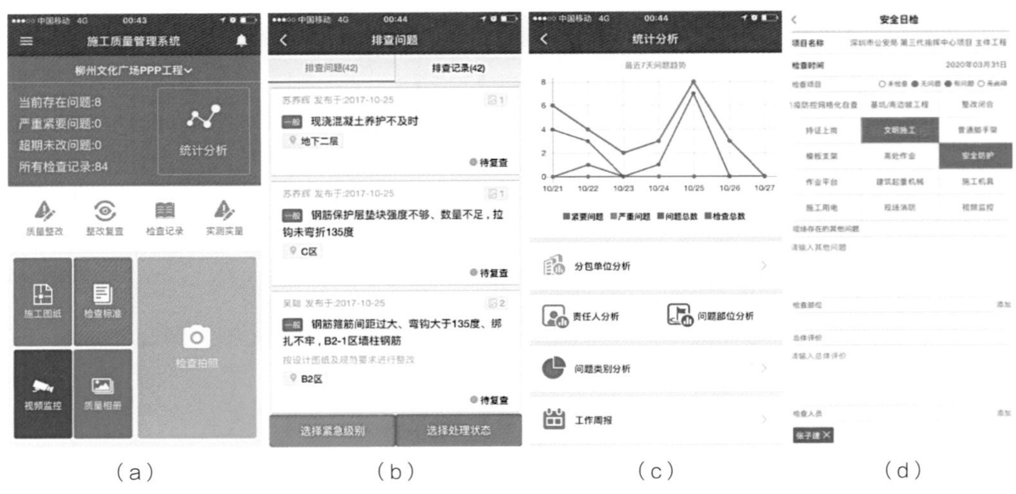

（a）（b）（c）（d）

图4-131　质量安全巡查管理

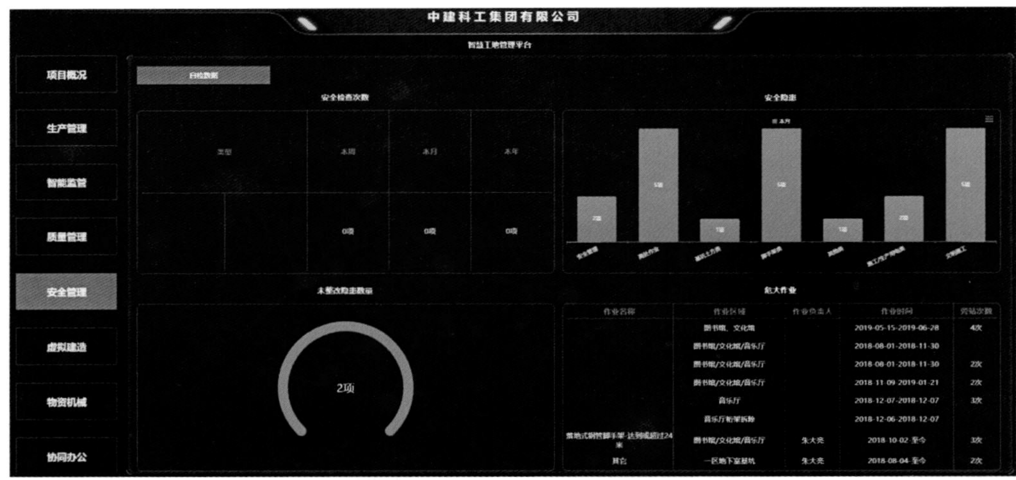

图4-132　质量安全流程统计

6．智慧监控管理

结合远程监控、人脸识别、基于RFID的智能定位技术、AI智能识别技术等，对项目现场公共区域进行24h不间断监控，了解人员分布、识别现场安全隐患，发现问题及时预警并推送至相关责任人，监控视频结果云端存储，同时实时动态数据可在平台调取查询，实现远程管理（图4–133～图4–135）。

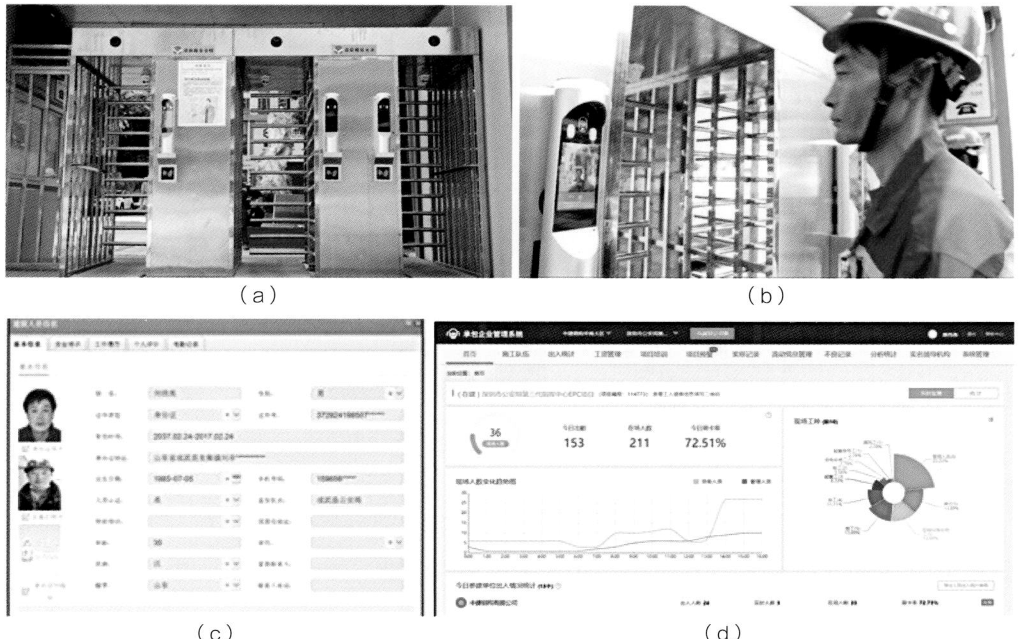

(a) (b)

(c) (d)

图4-133 人脸识别实名制系统

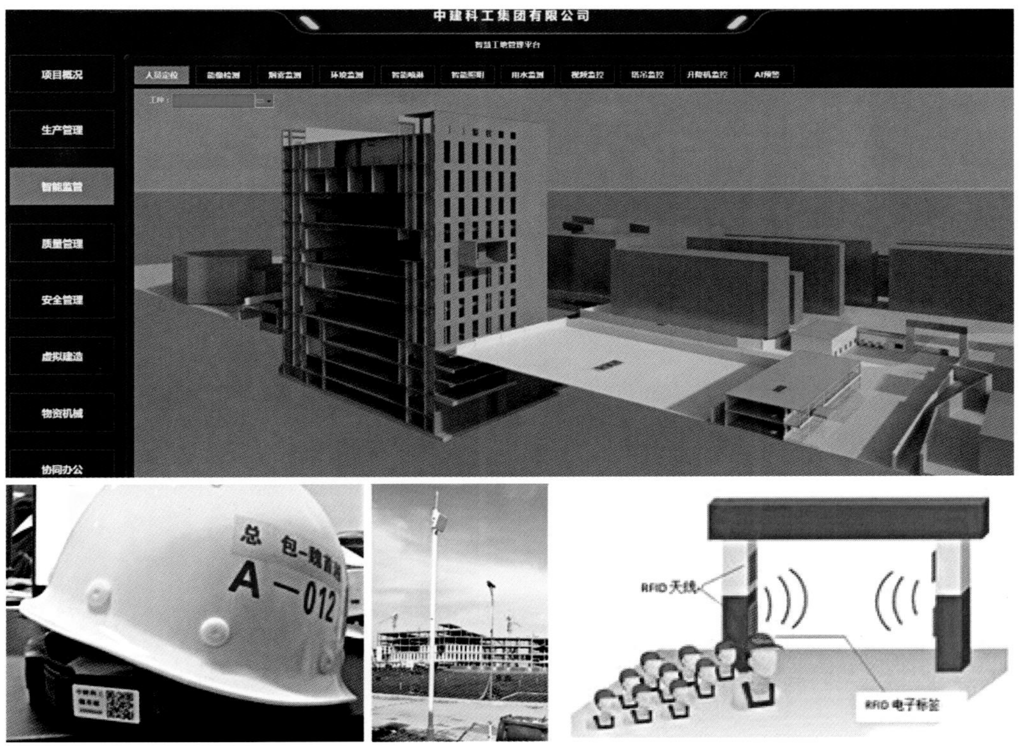

图4-134 智能定位

图4-135　公共区域全监控及AI安全隐患识别

针对深基坑、大型机械设备作业等危险性较大的分部分项工程，视频监控与数据监测实时同步，动态分析模拟，实现智慧监控，提前预警（图4-136）。

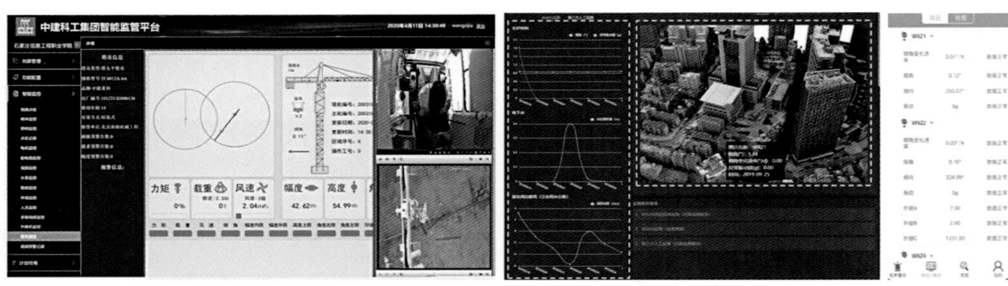

（a）塔吊运行状态监控　　（b）深基坑监测

图4-136　危险性较大的分部分项工程智慧监控

第5章

钢结构装配式建造管理体系

5.1 钢结构装配式建造特征

5.1.1 钢结构装配式建筑

5.1.1.1 什么是钢结构?

通常总是说，钢结构是用钢材制成的结构，但是指的是什么样的结构，又是怎样制成的，都需要进一步说明。简单地说，钢结构是用钢材经过加工、连接、安装组成的工程结构。较全面、完整地讲，钢结构是用钢材，经过加工、连接、安装组成的，需要承受各种可能的自然和人为环境作用，并具有足够可靠性和良好社会经济效益的工程构筑物。

钢结构是可以在许多工程领域应用的一种工程构筑物。因此，它的建设立项、设计、施工、使用、维修等涉及方方面面，是相互关联的系统工程。从总体上看，钢结构与其他工程结构类似，其不同在于，它是用钢材经加工、连接、安装组成的工程结构，因此具有与其他工程相类似的以下几方面基本属性：

1．建造社会性

钢结构的建造是多行业群策群力的集体活动，离不开社会的需要和科学技术的发展，并反映着社会发展的历史进程。因此其建造具有极大的社会性。

2．技术综合性

建筑钢结构的建造涉及建筑艺术、物理、力学、金属学、结构工程、机加工等多类科学和技术的综合应用。

3．应用依附性

钢结构是为各建筑工程的建设需要而建造的，必须适应各项目的建设需求，离开其需求，钢结构便失去其建设和存在的先决条件，因此，它依附于各建设项目。

4. 品质独立性

钢结构的存在是实现建设项目需求的根本保证，而且一旦建成，它的品质即被确定，是优是劣，能否安全、适用和耐久地工作等，却相对独立于建设项目的需求而存在，并且能直接影响甚至决定着建设项目的成败。

5.1.1.2 钢结构与绿色建筑、建筑工业化的联系

1. 钢结构与绿色建筑的联系

绿色建筑是指在建筑的全寿命周期内，最大限度地节约资源（节能、节地、节水、节财）、保护环境和减少污染，为人们提供健康、适用和高效的使用空间，与自然和谐共生的建筑。中国工程院院士、同济大学教授沈祖炎说："发展推广应用钢结构完全符合国家着力提倡建立节约型社会的倡议，符合当前国家对建筑业提出的可持续化发展的要求。"沈祖炎将钢结构建筑总结为具有"轻、快、好、省"四大特性。

钢结构具有轻质高强、工期短，钢结构材性好，节省时间成本，且可回收再利用的特点，相对于目前普遍使用的其他建筑材料，其最有利于节能、节材、节水和节地，与绿色建筑的特征相吻合。

2. 钢结构与建筑工业化的联系

发展钢结构建筑是我国建筑产业化的必由之路。建筑产业化是我国建筑业发展的必由之路，这将成为推动我国经济发展新的增长点。钢结构建筑体系易于实现工业化生产、标准化制作，与之相配套的墙体材料可以采用节能、环保的新型材料，它属于绿色环保型建筑，可再生重复利用。因此，钢结构体系建筑成套技术的研究成果必将大大促进建筑产业化的快速发展，直接影响我国建筑产业的发展水平和前途。

3. 钢结构与建筑智能化的联系

建筑智能化是以建筑物为平台，基于对各类智能化信息的综合应用，集架构、系统、应用、管理及优化组合为一体，具有感知、传输、记忆、推理、判断和决策的综合智慧能力，形成以人、建筑、环境互为协调的整合体，为人们提供安全、高效、便利及可持续发展功能环境的建筑技术。从而实现建筑物的安全、高效、便捷、节能、环保、健康等。钢结构为实现建筑智能化奠定了框架基础，在建造过程中，钢结构可以利用自身的建造优势，融合智能建筑的设施及功能，有效实现建筑智能化信息平台和系统、安全防范系统、通信及控制系统、多媒体系统。

5.1.1.3 钢结构装配式建筑的定义

钢结构是天然的装配式结构，但并非所有的钢结构建筑均是装配式建筑。必须是钢结构、围护系统、设备与管线系统和内装系统做到和谐统一，才能算得上是装配式钢结构建筑。

装配式钢结构建筑是指按照统一标准的建筑部品规格与尺寸，在工厂将钢构件加工制作成房屋单元或部件，然后运至施工现场，再通过连接节点将各单元或部件装配成一个结构整体，又称工业化建筑。

近年来，钢结构装配式建筑在我国工程项目中的使用也越来越普及，各类结构形式复杂的钢结构项目也应时而生，比如国家体育馆鸟巢就是近年来我国此类建筑项目的典型案例。为了满足人们对住房和文娱场合越来越高的功能要求，许多形式新颖、造型优美、跨度大、结构复杂的建筑被设计出来。传统的钢筋混凝土结构的构造特点却无法满足这类项目的需求，但是钢结构的构造形式却可以满足诸如转换层形式、连接形式、超高形式、竖向收进和悬挑等构造形式，甚至是综合更多种复杂状况的建筑构造。

5.1.1.4 钢结构装配式主要存在的关键问题

1）当前钢结构装配式建筑的市场需求并不明显，就装配式在建筑设计、建造阶段正在一定范围内开展，传导还需一个过程。

2）钢结构装配式建筑所涉及的范围有限，当前建筑设计多样化、个性化的特点，未形成有效的设计—施工一体化的背景下，势必加大了装配式建筑实施的难度，不能有效地合理整合与利用资源。

3）有关各方参与钢结构装配式建筑积极性有限，较具体的政策性指导不足，企业大多基于现有模式，面临成本、招标投标、定额等新规不健全的问题。

4）钢结构装配式建筑有关标准规范和指导细则还需完善，配套的材料厂商、专业技能人员仍然需要培育。

除此以外，还有市场效益、各方利益、技术瓶颈、管理模式等诸多方面的实践探索需完善。

5.1.1.5 钢结构装配式的技术发展要点

1. 装配式钢结构体系+PC构件

钢结构住宅的结构体系可划分为：钢框架体系、钢框架-支撑体系、钢框架-核心筒体系、钢框架模块-核心筒体系以及钢框架-剪力墙体系。随着技术的不断进步，也会出现更新型的钢结构体系。钢结构住宅外围护体系可分为砌块、大板、条板等类型。在工厂中通过标准化、机械化方式加工生产的PC构件，被广泛应用于钢结构中，并扮演重要的角色。

2. 围护墙体和构造做法的交叉应用

钢结构做围护墙体施工简单、快捷、耐腐蚀，而且材料都是标准化，施工组装方便。围护体系与主体结构的匹配性问题是妨碍钢结构住宅发展的关键因素，钢结构住宅是一个建筑系统，除了钢结构本身之外，需要与之配套的高性能墙体和连接技术。

3. 装配式钢结构与BIM技术的深度融合

未来的建筑业发展一定是基于数字的信息化管理模式。装配式钢结构建筑与BIM技术的深度应用融合，将传统钢结构户型库、钢构件及节点族库等实现标准化、规格化，未来BIM技术在装配式钢结构建筑的应用除数字化信息开放共享传递、专业软件与通用软件的输入输出转化外，将施工过程和技术、质量、安全、成本、进度等管理集成融合，构建钢结构工程实施管理的全过程一体化。

5.1.2 钢结构装配式建造类型

对于居住建筑，装配式钢结构体系主要包括主体钢结构体系、围护结构体系、楼板结构体系以及屋盖结构体系等几大部分，主要承重骨架是由钢构件或钢管圆管或矩形管混凝土构件所组成，它具有钢结构建筑的一系列特性，同时又具备一般居住建筑的共性。

5.1.2.1 主体结构体系

钢结构体系形式有多种，但应用于居住建筑的钢结构体系主要可分为轻钢龙骨体系、纯钢框架体系、钢支撑框架体系、钢框架–混凝土剪力墙体系、交错桁架体系、钢框架–核心筒体系等。不同的结构体系有不同的适用范围，虽然有些结构体系应用范围较广，但通常会受到经济等因素的限制。下面对不同类型的结构体系逐一进行介绍（表5–1）。

不同主体结构体系适用范围　　表5-1

结构体系	适用范围
轻钢龙骨体系	底层住宅或别墅
刚框架体系	6层以下的多层住宅：超过6层经济性较差
钢支撑框架体系	多层、小高层及高层，应用较广

续表

结构体系	适用范围
钢框架-混凝土剪力墙体系	小高层及高层住宅：带缝剪力墙的抗震性能较好，适合地震区
交错桁架结构体系	多层及小高层：目前国内应用较少
钢框架-核心筒体系	高层住宅：比较经济，是值得推广的高层住宅结构形式

1. 低层冷弯薄壁型钢体系

经过几十年的发展改进，低层轻钢住宅在欧美国家作为主流住宅产品，已具备非常完善的技术生产体系和丰富的配套产品体系。比如，澳大利亚采用G550高强钢建造的轻钢龙骨作为承重体系应用于住宅建造（图5-1），并形成了相当规模的产业化住宅体系。在不降低结构可靠性及安全度的前提下，可以节约30%的钢材用量。

图5-1　澳大利亚低层轻钢结构住宅

我国在20世纪80年代末90年代初开始引进欧美及日本的轻型装配式住宅（图5-2）。此类住宅以镀锌轻钢龙骨作为承重体系，板材起维护结构体系和分隔空间作用。外墙板引进美国和日本的外墙材料或生产工艺，如在美国广泛采用的经过防火防腐处理的定向刨花板（OSB），PVC外墙挂板，北京新型建材厂引进日本技术生产线生产的金邦板等。内墙通常采用双面防火纸面石膏板。这种体系的引进首先要和我国国内的行业技术规程相配套，同时应尽量将产品国产化，以降低造价。

图5-2　正在施工中的轻钢住宅

1）结构特点

该体系具有以下优点：构件尺寸较小，可将其隐藏在墙体内部，有利于建筑布置和室内美观；结构自重轻，能够节省地基费用；梁柱均为铰接，省却了现场焊接及高强螺栓的费用；受力墙体可在工厂整体拼装，易于实现工厂化生产；易于装卸，加快施工进度；楼板采用楼面轻钢龙骨体系，上覆刨花板及楼面面层，下部设置石膏板吊顶，既可便于管线的穿行，又满足了隔声要求。

缺点主要有：梁柱之间铰接，抗震性能不好，抗侧能力也较差；国内冷弯型钢品种相对较少，与国外冷弯轻钢骨架材料性能差异较大。

2）适用性评价

根据上述轻钢龙骨结构体系的特点，可以看出该体系较适用于1～3层的低层住宅。

2. 钢框架体系

该体系类似于混凝土框架体系（图5-3），不同的是将混凝土梁柱改为钢梁、钢柱，其竖向承载体系与水平承载体系均为钢框架。由于钢柱截面一般较混凝土截面小，且多为H形截面，所以纯钢框架体系的抗侧移刚度要小得多。在强震区，要满足层间水平位移和总侧移刚度的要求不易。

图5-3 钢框架体系

1）结构特点

该体系具有以下优点：开间大、使用灵活，充分满足建筑布置的要求；受力明确，建筑物整体刚度及抗震性能较好；框架杆件类型少，且大部分采用型材，制作安装简单，施工速度较快。

缺点主要有：强震作用下为抵抗侧向力所需梁柱截面较大，导致用钢量大；相对于围护结构梁柱截面较大，导致室内出现柱楞，影响美观和建筑功能；节点要特殊处理，为了防火要外包混凝土，增加施工的复杂性。

2）适用性评价

根据其受力特点，该体系一般适用于6层以下的多层居住建筑，不适用于强震区的高层住宅，并且用于高层住宅时经济性相对较差。

3. 钢支撑框架体系

该体系在钢框架纵、横两个方向适当部位沿柱高增设垂直支撑，以加强结构的抗侧移刚度。支撑不必从下到上同一位置设置，可跳格布置或跨层布置。对于外墙开有门窗时，也可在窗台高度范围内布置，形成类似周边带状桁架的结构形式，使结构整体刚度得到加强。其竖向承载体系为钢框架，水平承载体系为钢框架和钢支撑共同形成的抗侧力体系，若支撑足以承受建筑物的全部侧向力作用，则梁柱可部分或全部做成铰接。在强震区，若柱子比较细长，则大多数采用偏心支撑框架体系，因其在地震作用下特别是强震作用下，具有较好的延性和耗能能力。

1）结构特点

该体系具有以下优点：由钢桁架组成的支撑，与剪力墙板相比在同样的刚度下重量要小很多；用于多层特别是小高层住宅，经济性较好。

主要缺点有：结构层高较低，构件节间尺寸较小，导致支撑构件及节点数量均较多；因为墙内要布置支撑，所以对建筑洞口布局有诸多限制，传力路线较长，抗侧效果较差。

2）适用性评价

该体系比纯钢框架体系侧向刚度大，常用于多层及小高层住宅，应用较广而且当房屋层数较高时，该体系要比纯钢框架体系经济。

4．钢框架–混凝土剪力墙体系

该体系是以楼梯间或其他适当部位如分户墙、卫生间采用钢筋混凝土剪力墙作为结构主要抗侧力体系，外围框架采用钢框架承担竖向荷载。剪力墙应对称布置，且在纵向、横向都要设置，剪力墙与柱、梁连接要牢固可靠，以增强其抵御地震作用的有效性。由于钢梁与剪力墙的连接部位受力复杂，是最易遭受破坏的地方，因此该节点应保证能承受钢梁可能出现的轴向力。

对于带缝剪力墙结构，该墙体在通常的风载和小震时处于弹性阶段，可确保结构的正常使用。在大震时进入塑性阶段，能吸收大量地震能量，结构能保持足够承载力防止建筑物倒塌。该体系将钢材强度高、重量轻、施工速度快和混凝土的抗压强度高、防火性能好、抗侧刚度大的特点有机地结合起来。

1）结构特点

该体系具有以下优点：钢筋混凝土剪力墙抗侧移刚度较大，可以减小钢柱的截面尺寸，降低用钢量；该体系总体来说受力性能良好，结构构件相对经济，且能与隔墙布置相结合。

主要缺点有：现场安装比较困难，制作比较复杂；存在现场浇捣混凝土的工作量，降低施工速度。

2）适用性评价

该体系与钢支撑框架体系一样，常用于小高层及高层住宅。从受力特点看出，带缝剪力墙体抗震性能较好，较适用于地震区。

5. 交错桁架结构体系

交错桁架结构体系产生于20世纪60年代，由美国钢铁联合企业资助麻省理工学院来承担这项研制项目，并成功用于多个公寓及旅馆建筑中。该体系的基本组成是高度等于层高、跨度等于房屋宽度的桁架，它的两端支承在房屋外围纵列钢柱上。在房屋横向的每列柱轴线上，这些桁架隔一层设置一个，而在相邻柱轴线则交错布置。在相邻桁架间，楼板一端支承在桁架上弦杆，另一端支承在相邻桁架的下弦杆。垂直荷载则由楼板传到桁架的上下弦，再传到外围的柱子。该体系利用柱子、平面桁架和楼面板组成空间抗侧力体系，在每层楼面形成两倍柱距的大开间。

1）结构特点

该体系具有以下优点：桁架交替在各楼层的平面上错列，且中间无柱子，为灵活布置居住单元提供方便；在建筑布置需要时，可在桁架上开洞，费用增加不多；在底层可安排没有内柱的公共空间；由于桁架高度有整层高，所以整个体系刚度较大，不需要再增加柱子刚度；该体系中柱子主要承受轴力，可充分发挥高强钢材的作用，用钢量可较框架结构减少30%～40%，节约造价；楼板可直接支承在相邻桁架的上下弦上，不需设楼面梁格，结构上可采用小柱距和短跨楼板，使楼板跨度和厚度减小，能减轻自重；桁架在工厂预先预制，因此，现场安装节点数少，焊接量小；桁架与柱节点可采用铰接，从而构造简单，传力明确，施工周期更短。

2）适用性评价

交错桁架体系具有住宅布置灵活、楼板跨度小、结构自重轻和造价低的特点，是一种经济、实用、高效的新型结构体系，适用于多层及小高层住宅（图5-4）。鉴于上述优点，该体系代替传统结构体系用于住宅建筑具有良好的发展前景。

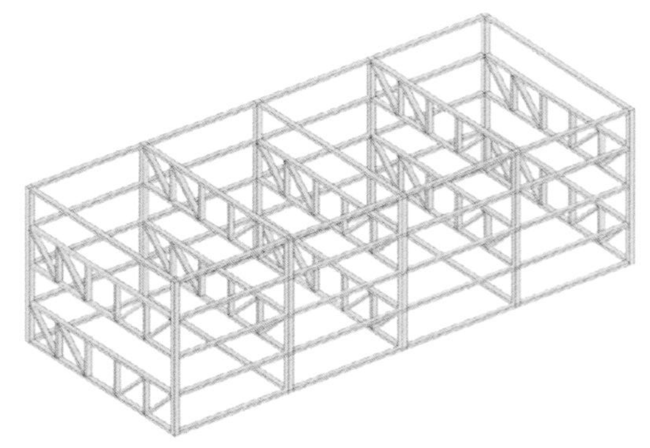

图5-4 交错桁架结构体系

6. 钢框架-核心筒体系

该体系在高层住宅乃至高层商用楼中应用最多。这种结构是以卫生间（或楼梯间、电梯间）组成四周封闭的现浇钢筋混凝土核心筒，与钢框架结合成组合结构。它与多层住宅中钢框架-混凝土剪力墙体系的设计理念是一致的。该体系结构破坏主要集中在混凝土核心筒，特别是结构下部的混凝土筒体四角，可配置小钢柱以增加延性。

1）结构特点

该体系具有以下优点：结构受力明确。核心筒抗侧移刚度极强，占结构抗侧移总刚度的90%以上，主要承受水平荷载；钢框架承担竖向荷载，可以减小柱的截面尺寸；由于是现浇核心筒，防水性能较好，可有效避免施工不当渗水所造成的钢构件锈蚀；从建筑平面布置来看，柱子一般布置在阳台或转角部位，以利于住户的装修处理；采用装配式施工，施工速度可缩短30%～40%，并且多数构件可以工厂化生产，现场湿作业少，施工文明，属环保型建筑。

主要缺点有：芯筒为混凝土，重量很大；现场浇捣混凝土的工作量较大。

2）适用性评价

由于该体系综合受力性能好，特别适合于地震区和地基土质较差的地区。但因为自重减少相对较少，一般多适用于高层住宅。总的来说该体系比较经济，较适于我国大众消费水平，是相当值得推广的一种高层住宅结构形式。

5.1.2.2 围护结构体系

对钢结构住宅而言，墙体材料不仅应满足隔热、节能、保温、隔声、防腐和防火等各项要求，同时还要尽量保证墙体质量轻且便于装配、与工业化相适应，施工效率高。内外墙的造价对钢结构住宅的造价影响很大，约占钢结构住宅总造价的30%，故推广应用优质低价的墙体材料对钢结构住宅有非常重要的意义。总的来说，墙体材料一般可分为两大类：砌块类、轻质板材类（表5-2、表5-3）。

常用砌块的使用性能　　表5-2

砌块种类	设计自重	隔声性能	导热系数
混凝土小型空心砌块	11.8kN/m^3	51dB	1.000～1.046W/（m · K）
粉煤灰砌块	7.0～8.0kN/m^3	—	0.47～0.58 W/（m · K）
加气混凝土砌块	3.0～5.0kN/m^3	46dB	0.11W/（m · K）

常用板材的使用性能　　表5-3

板材种类	容量	隔声性能	耐火性能	导热系数	常用厚度
ALC板	500kg/m^3	>46dB	>3h	1.000～1.046 W/（m · K）	100mm、150mm
GRC板	80kg/m^3	>41～43dB	不燃	0.47～0.58 W/（m · K）	68mm

续表

板材种类	容量	隔声性能	耐火性能	导热系数	常用厚度
钢丝网架水泥聚苯乙烯夹芯板	110kg/m^3	>50dB	>1.2h	0.11W/（m·K）	110mm
钢筋混凝土绝热材料复合墙板	300kg/m^3	—	—		120mm
金属复合板	—	—	—		50～250mm

钢结构住宅的围护材料应该具有以下特点：

1．从传统的既围护又承重体系变为纯围护体系

钢框架建筑的荷载由梁柱传递，墙体不起承重作用。这一特点使钢结构住宅墙体成为纯围护结构，不再受结构空间的限制，可以根据居住空间的要求灵活分隔。

2．应具有质量轻、强度高等物理化学特性和良好的保温隔热性

钢材的特征之一是轻质高强，钢结构建筑的墙体材料也应具备这一特质，否则重型墙体增加结构的荷载，丧失了钢结构的优势。此外，重型墙体对于负担其重量的结构体系要求也较高，必须有结构梁的支撑，否则无法达到灵活布置的要求。良好的保温隔热、防火防渗漏和隔声性能是达到居住环境健康舒适的必要条件。

3．墙体类型适宜于工厂化生产、现场装配化建造

建筑材料工业化生产是住宅产业化的重要标志。钢结构住宅是高度工业化生产、制作和安装而成的，通常一栋几千平方米的多层住宅，钢结构吊装只需1～2个月。

钢结构住宅也因此具备住宅产业化的基本条件。墙体材料是住宅建筑的重要组成部分，数量多、作用大，只有采用高度工业化生产制作和现场装配式施工，才能真正发挥钢结构住宅的工业化优势。

4．连接部位的构造节点处理变得尤为重要

工业化定型生产的墙体材料，在施工安装过程中的节点构造类型比传统砌筑式墙体复杂得多。居住建筑对于墙体材料物理性能方面的较高要求使得节点构造的妥善处理成为解决问题的关键。一种成熟的可大量投产使用的墙体建材产品必须在材料本身和连接构造上都有令人满意的效果。

5.1.2.3 楼板结构体系

楼板体系作为房屋的水平构件，起着支承竖向荷载和传递水平荷载的作用。因此，楼板必须有足够的强度、刚度和整体稳定性，还要具有较好的隔声、防水和防火性能，同时宜尽量采用技术和构造措施减轻楼板自重，并提高施工速度。

在钢结构住宅建筑体系中，楼板主要有现浇钢筋混凝土楼板、压型钢板组合楼板、预应力混凝土叠合楼板、双向轻钢密肋组合楼板、钢筋桁架楼承板和预制混凝土楼板等。各种楼板形式的综合性能对比见表5–4。应尽量采用装配化的生产施工方式，避免大量现场湿作业，才能更有效地体现出装配式钢结构的特征。

常用楼板形式综合性能对比　　表5-4

楼板类型	工厂装配化程度	施工组织效率	是否需要吊顶	防火与隔声	设备管线	造价
现浇钢筋混凝土楼板	无	大量现场湿作业，效率低	板底刮腻子，净空较大	好	敷设在现浇层内	低
压型钢板组合楼板	较低	大量现场湿作业，省去支模板工作量	需要吊顶，导致净高降低	压型钢板须做防火处理，隔声效果好	敷设在现浇层内	较高
预应力混凝土叠合楼板	部分装配化	叠合层需要现场浇筑	板底抹灰，净空较大	好	敷设在现浇层内	较低
双向轻钢密肋组合楼板	部分装配化	需要现场湿作业，省去支模板工作量	需要吊顶，导致净高降低	结构构件须防火，吊顶可做隔声处理	在结构骨架内敷设，维修方便	较低
钢筋桁架楼承板	部分装配化	需要现场湿作业，省去支模板工作量	不需要吊顶，净高较大	好	敷设在现浇层内	较低
预制混凝土楼板	绝大部分装配化	大部分干作业，施工快速方便	不需要吊顶，净高较大	防火效果好，须注意板缝的隔声处理	须剔槽埋设或走板缝	较高

5.1.3 钢结构装配式建造特点

相对于传统的钢筋混凝土结构而言，钢结构住宅体系具有较好的社会和经济效益，其发展前景非常广阔。从材料以及结构的角度来看，钢结构的特点主要体现在以下几个方面：

5.1.3.1 施工周期短

建筑用装配式钢结构方便达到标准化、模块化、工业自动化生产流程，施工材料主要以加工厂加工完成的预制品部件为主，现场施工仅严格按照施工图纸进行安装即可，施工整体效率高，从其全寿命周期来看施工周期短。协同设计加集成技术、标准化构件加模数化设计、BIM技术应用加EPC总承包管理模式、流水线“智造”加装配化施工，所有这些技术和管理的创新均会带来设计、生产和施工周期的大幅缩减，带来运营维护、更新改造效率的提高，在延长建筑寿命的同时，能提高各阶段工作效率，这是装配式建筑的初衷和宗旨。

装配施工阶段周期短，在现场拼装速度快，施工周期缩短。根据国内近年来示范项目的统计数据，装配式钢结构建筑较传统建筑可节约40%～50%的建设周期，其隐含的综合经济效益更多体现在资金的时间价值上。装配式主体结构生产的工业化，摆脱了气候条件的限制，彻底解决了传统建造方式受气候影响的难题，大幅度缩减因天气等不可抗力造成的工程进度长的问题。伴随着工业化生产方式向信息化智能制造方式的升级，未来生产效率的提升，将会远远超乎传统施工现场制作手工业水平的想象。

5.1.3.2 节约工时、节约空间，更环保

在建筑现场用工工时的减少。国内一家大型企业的示范试验项目比较数据显示，装配式钢结构建筑较传统建筑可节约工时42%。随着进场务工人员的逐渐减少和人口红利的消失，建筑施工“用工荒”问题越来越突出。装配化施工使现场的人工劳动和用工减少，是解决“用工荒”的有效途径。

钢材自重轻、较高的比强度使其具有轻质高强的特点，在相同的荷载和跨度条件下，钢结构的自重仅为混凝土结构的1/4～1/3（冷弯薄壁型钢结构甚至可以达到1/10）。建筑用装配式钢结构材料具备质量轻、强度高的特性，装配式钢结构和常规水泥混凝土构造相比，其主体结构外形尺寸小，建筑墙体、建筑加强立柱等构件所需空间体积小，进而能够最大限度地提升建筑物的有效实际居住面积，有关技术资料表明建筑用装配式钢结构建筑物墙体立柱竖向结构件大约占用11%的面积，该数值大大低于水泥混凝土建筑物墙体立柱结构件所占用的面积。钢材较高的比强度带来的结构面积的减少，其增加了实际使用面积，统计显示，相同的建筑面积，钢结构较其他结构体系，可以使实际使用面积增加 4%～7%。

钢结构是公认的新型绿色化装配式建筑体系，整个建筑寿命周期对环境影响最小、资源效率最高，最符合安全、环保、节能和可持续发展的理念，这一点已经得到行业共识。常规的水泥混凝土建筑物在搭建进程中，模具板、木质原材料、水泥钢筋混凝土等使用量巨大，作业过程中往往会出现很多的建筑垃圾，假如没能对建筑垃圾实行有效的处置，将会对建筑项目周边的土壤、水系、大气等自然生态环境造成极其严重的破坏，这种情况也是常规建筑施工解决方案的一个弊端。从节能环保的角度来讲，上述高耗能、重度污染的情况亟待妥善处理，使用建筑用装配式钢结构作业方法，可以行之有效地减少建筑垃圾的排放，进而符合我国建筑行业现阶段的节约能源、减少排放、保护自然生态环境的理念。

5.1.3.3　成本控制是难点

对于高层建筑来说，自重轻一方面意味着基础造价的降低（国内示范项目统计显示，基础造价降低幅度在10%～20%），钢结构装配式建筑本应该在成本上体现出绝对优势，但目前的现实状况却完全相反，这已经成了装配式钢结构建筑的“痛点”。通过实际项目对比，装配式钢结构与现浇结构在成本上存在400～500元/m^{2}的成本增量。造成成本增加的原因很多，其主要原因是户型设计，目前的户型设计多为开发商、设计师和业主多次碰撞、不断融合形成的设计成果，是最利于钢筋混凝土现浇结构布置的户型设计，其经济性、合理性经过不断磨合已日臻完美，照搬这样的户型进行装配式钢结构设计，抑制了钢结构的优势，结构布置的不合理势必造成用钢量的增加，其经济性可想而知。其他影响因素还有很多，比如钢结构变形能力对围护系统要求的加码，导致围护系统造价增加；钢结构防腐、防火、防冷桥和隔声措施增加投入等，都是客观存在的实际情况。虽然从全寿命周期成本的角度评价，一次性投入的增加会带来使用成本的下降，综合经济效益仍然有账可算，但是利益主体的改变，必然不为当下主体所接受，这也是一种无奈。抛开环境因素的影响，忽略混凝土原料和钢材价格此消彼长的趋势，不顾全寿命周期整体成本的比较，也剔除资金时间价值带来的获益，仅就装配式建筑本身而言，按目前的材料和人工价格计算，在相同的装配率下对比，钢结构比PC结构在成本上仍占绝对优势。如果执行《装配式建筑评价标准》GB/T 51129—2017的计算方法，要实现装配式建筑占新建建筑面积30%的目标，钢结构一定是不二选择。

随着标准化部品（部件）的完善，模数化设计的推行，模块化户型的推广，功能化单元的配套，智能化制造的发展，装配化节点的创新，必然会带来装配式钢结构边际成本的递减，成就装配式建筑成本的绝对优势。

5.1.3.4　设计阶段、施工阶段协同，现场作业人员素质要求高

对装配式钢结构的体系进行设计时，关注点众多。项目施工团队在进行钢结构装配式施工设计时，由不同专业的人员在设计相同模型时，不同的人员会设计出多种不同类型的建筑模型，为了大幅度提高建筑项目设计的精准性，充分发挥出建筑钢结构装配式的特点，需要不同专业间的有效互动，有效降低建筑设计出现错误的概率。设计阶段，钢结构装配建筑平面的布置需达到简单、规则、对称的效果，同时设置好伸缩缝、沉降缝和防震缝的大小，在进行实际设计过程中，更需通过力学的方法来进行受力性能的分析，设计科学合理的传力路径，对受力不均匀的薄弱部位要进行加强。

施工阶段要求相关施工人员要选择最佳的结构材料、外围护系统类型外板墙材料。装配式钢结构建筑的应用楼板类型较多，比如：压型钢板组合楼板、预制混凝土叠合楼板、预制应力空心楼板以及钢筋桁架楼承板组合楼板等。

为提高外围护系统建设的整体质量，需在设计过程中对连接点进行力学性能分析，根据其受力大小来确定材料的耐久性是否符合实际需求，从而有效提高其使用寿命。外围护系统的建设需根据施工所在地的气候条件来对施工性能和功能进行有效的判断，同时，还要提高屋面系统的结构性能强度。其类型的选择主要是依据建筑类型和结构的形式来确定的，比如：外围护连接形式为内嵌式、外挂式以及嵌挂结合式。在具体的建设过程中，不同的建设区域需选择相适应的外围护连接形式。由于存在外板墙材料，及结构层间位移与温度变形等因素的影响，需全方位地考虑，选择最佳的接缝宽度和材料，并确保其满足实际的建设需求。

由于装配式钢结构建筑需要应用大量的新技术，而当前我国大多数建筑施工企业的技术人员都习惯和熟悉混凝土施工技术，对装配式钢结构的施工技术不太了解，专业的技术工人更是少之又少。同时，由于施工作业人员技能素质偏低，因此，在短时间内，无法培育出新型的、能够熟练掌握装配式钢结构住宅现场施工技术的专业人员。

5.1.3.5 原材料与构件的质量管理是重点

钢结构构件制作，是根据设计好的施工图纸进行钢结构制作，采购人员根据相关材料进行采购，根据钢结构深化软件设计出合适的下料方案，之后进行原材料下料工作，从而得到各种半成品材料，为了保证这些半成品材料的质量，需要对其进行相应的质量测试，以及必要的钢结构组装测试。在钢结构构件制作过程中，需要利用焊接技术，焊接时要利用二氧化碳进行保护，防止其被氧化，同时还要对焊接缝隙进行检查和测量以确保其质量。钢结构制作完成后，需要对其进行相应的矫正和质量验收工作，并且对其进行除锈和涂装处理。

钢结构工程的快速发展，使得材料市场上的竞争压力也逐渐提升。材料承包费用一直处于居高临下的位置，这就需要增强对材料质量的要求，要确保施工时所使用的材料在质量上一定是合格的，保障施工进度的正常进行。相反，如果在施工过程中使用大量的劣质材料，不仅会影响整体工程的质量，而且会产生更多的安全隐患。因此，在施工过程中的各个环节都需要对钢结构与原材料进行质量验收，在选购原材料时，要进行多个厂家的加工工艺对比，再对材料进行检测。在材料的质量上有所保证才能更好地保障整体工程的质量，要严格按照规定进行选购，对工程质量与人身安全负责。

5.1.3.6 施工精确度要求高

施工对吊装精度要求高，钢结构工程多是应用到高层建筑中，从当前的技术条件看，很多高层装配钢结构施工吊装环节较为困难，特别是对一些结构件的把握，很难实现一体化操作，进行钢结构施工前，往往受到条件的限制，影响到了部件的生产与组装，只有全面做好现场分析，才能确保施工安全，维护建筑质量，保证钢结构稳定性。

在对钢结构框架进行定位时，必须保证第一节钢柱能够准确定位，这样才能保证后续钢柱定位不会出现较大的偏差。在对两个原始端点进行相应测试时，起点位置必须准确，并且还要依据现场情况来选择合适的位置作为第二测试点，柱脚锚栓也是钢结构施工过程中非常重要的部分，需要保证其不会受到混凝土浇筑和其他相应工作的干扰，需要用到相应的锚柱支架平台，平台设计必须合理，且要保证周围支架都非常稳定，利用相关设施来确定柱中心的相应方位，同时还要在锚柱的周围布置好相应的线路，线路布置必须准确，其偏差需要在规定范围内。锚栓支架安装完成后，需要利用全站仪来进行相应检测，保证方位的正确性，出现误差要及时调整，调整之后进行二次检查，确保方位数值精确。钢柱第一节之上的垂直度测量，会由于高度增加导致的仪器仰角增加而使得测量误差加大。

5.1.4 钢结构装配式建筑发展趋势

5.1.4.1 钢结构是新建筑时代的脊梁

说到装配式钢结构，不得不说中国的钢铁产业的发展，经历了新中国成立之初的节约用钢，到后来的合理用钢，到如今的鼓励发展用钢，钢结构产业发展速度可谓是势不可挡。近年来，中国一座座高楼大厦拔地而起，直指青云。而钢结构建筑更是如雨后春笋般遍布祖国大地。如近年来新建的高475m的武汉绿地中心大楼，高632m的上海中心大厦、高592m的深圳平安金融中心、高528m的北京中信大厦等超高层建筑都采用了钢结构。钢结构建筑渐成趋势，中国钢结构产业企业有1万多家，一大批有实力的钢结构企业正承担着国内重点大型钢结构工程的生产和安装任务。钢结构的科研、设计、生产、配套等各个领域迅猛发展，行业内不断涌现着优秀的钢结构设计方案、设计软件和科研成果，它们提高了钢结构设计、施工质量，提升了行业规范和规程，使得我国钢结构的产量、产业规模、市场开发应用都位居世界第一，装备制造和安装技术达到世界领先水平。钢结构已成为新建筑时代的脊梁。

5.1.4.2 装配式钢结构建筑是绿色建筑发展方向

装配式钢结构是名副其实的绿色建筑，是有利于保护环境、节约能源的建筑。装配式钢结构建筑可以节约施工时间，施工不受季节影响；可增大住宅空间使用面积；减少建筑垃圾和环境污染，建筑材料可重复利用；抗震性能好。而装配式钢结构住宅建设因周期短、节省占地，使得房地产业融资快、资金使用率高，这对我国经济发展的推动作用非常大。

但我国装配式建筑进程相比全球来说，起步较迟。装配式钢结构住宅在工业发达国家应用更为普遍：美国钢结构住宅占比在25%以上，且以装配式住宅为主；20世纪90年代末，日本预制装配住宅钢材结构系列比例就已经多达71%。虽然起步迟于发达国家，但我国钢结构起点颇高。随着我国钢结构在建筑中的广泛应用，新技术、新工法、新设备层出不穷，施工安装水平也达到了国际先进水平；钢结构配套产品齐全，加工设备制造厂发展迅速。相信在不久的将来中国装配式钢结构建筑必定迅速崛起。

5.1.4.3 完善全产业链是钢结构发展必经之路

住房和城乡建设部明确提出到2025年，装配式建筑占新建建筑的比例为50%以上。未来几年机遇与坎坷并存，就看怎么抓住机遇发展。如此大的市场，装配式钢结构究竟占多少份额要取决于自身的技术与质量能不能达到市场需求的功能水平。

在中国，钢结构建筑作为一种结构建筑来说已经算是很成熟，但建造装配式钢结构建筑还存在诸多问题。这些问题，实际上不是钢结构本身的问题。从字面意思来解释，原先钢结构企业是在做建筑钢结构，现在要转型做钢结构建筑。一个词颠倒了位置，从内在意义完全不一样了，要面对的问题变得非常大。由于质量与施工性能不一以及全产业链不完善，造成其造价高、建设施工复杂等问题在装配式钢结构建设中显露无遗。产业链不配套，付出很多额外成本，而且设计到施工到生产之间不熟悉，也导致了一系列问题。在发达国家，一般混凝土建筑才是造价最高的，木结构最低，钢结构处于中间位置。如果配套问题解决了，那么钢结构价格就低了。只有完善装配式钢结构全产业链，才能突破行业发展的瓶颈。

5.1.4.4 钢结构企业创新突破谋发展

当前，国家相继推出大力发展装配式建筑的相关政策，装配式钢结构住宅在政府主导的保障性住房、棚户区改造、美丽乡村以及特色小镇等项目中的优越性愈发明显。在钢铁行业去产能仍将继续推进的情势下，钢铁企业不再追求产量、规模，而是积极寻求突破转型升级，更加追求精品和高端。装配式钢结构对钢铁企业就是一个很好的选择。

钢结构企业综合实力的竞争，越来越多地体现在自主立异、创新才能的较量。如果跟不上科技创新进步的脚步，就会拉大与其他公司的差距。许多钢结构企业在开展过程中问题频出，如专业化分工不细，规模化运营水平不高，配套协作才能不强等。产业结构不合理的重要原因是钢结构企业缺少核心技能、缺少深工艺、缺少创新技术，汇集这些缺点就是钢结构企业自主创新才能不强。创新独立，不是单纯的技能立异，并且还包括产品立异和品牌立异。整合现有技能，在现有技能工艺基础上，经过精细化、系统化和人性化技能集成创新立异，使自己企业制造的钢结构工程项目更能满足市场各方需求。

5.2　钢结构装配式建造组织模式与流程

5.2.1　钢结构装配式建造组织模式

5.2.1.1　总承包项目管理模式

1. 施工总承包项目管理

钢结构施工总承包管理模式由业主、设计单位、施工总承包商和监理单位等法人实体共同完成工程建设任务。在该模式中，业主只选择一个钢结构施工总承包商。总承包商可在业主同意的前提下将部分分项工程（采购、制作、安装等）发包给分包商。施工总承包商向业主承担整个工程的施工责任，并接受监理工程师的监督、管理。分包商对总承包商负责，并接受总承包商的监督，与业主没有直接的合同关系。各项目介入方的具体关系如下：业主与设计单位、监理单位、施工总承包商，以及施工总承包商与分包商是经济法律合同关系；监理单位与总承包商是监理与被监理的工作协调关系。钢结构施工总承包管理模式，施工图设计是放在设计方案的配套之中，不进入技术竞争，不利于发挥先进施工技术的作用。这种管理模式充分反映了我国与国际惯例的错位。

2. 工程总承包项目管理

钢结构工程总承包是指从事钢结构工程总承包商受业主委托，按照合同约定对钢结构工程项目的设计、采购、加工、施工、试运行（竣工验收）等实行全过程或若干阶段的承包。工程总承包商对钢结构承包工程的质量、安全、工期、造价全面负责。工程总承包的主要方式如下：

（1）设计采购施工（EPC）/交钥匙总承包。设计采购施工总承包是指钢结构工程总承包商按照合同约定，承担钢结构工程项目的设计、采购、加工、施工、试运行服务等工作，并对钢结构承包工程的质量、安全、工期、造价全面负责。交钥匙总承包是设计采购施工总承包业务和责任的延伸，最终向业主提交一个满足使用功能、具备使用条件的工程项目。

（2）设计–施工总承包（D–B）。设计–施工总承包是指钢结构工程总承包商按照合同约定，承担钢结构工程项目设计和施工，并对钢结构承包工程的质量、安全、工期、造价全面负责。

根据工程项目的不同规模、类型和业主要求，工程总承包还可采用设计–采购总承包（E–P）、采购–施工总承包（P–C）等方式。钢结构工程总承包项目管理是对钢结构施工总承包项目管理的进步，将施工图设计引入竞争，其意义不仅仅只是一个放在设计单位还是总承包单位的问题，而在其背后有着巨大的经济和社会价值，应引起高度重视。

目前，我国在建设领域大力推进工程总承包。当前社会经济的高速发展对建筑物的快速建造提出了更高的要求，如能将EPC总承包模式和钢结构两者的优势联合，将是应对快速建造需求的一条良好途径。

5.2.1.2 EPC模式

1. EPC项目的主要模式有哪些？

EPC项目的参与方主要有业主（Client）、管理承包商（Project Management Contractor，PMC）及总承包商（Contractor）。EPC合同条件的特点是业主参与工程管理工作很少，业主重点进行竣工验收。大部分工程中，业主委派某个工程项目管理公司作为其代表，即出现了管理承包商，从而对建设工程的实施从设计、采购到施工进行全面的严格管理。由于PMC承包商在项目的设计、采购、施工、调试等阶段的参与程度和职责范围不同，因此，PMC模式具有较大的灵活性。基本而论，EPC有三种基本应用模式：

1）业主选择设计单位、施工承包商、供货商，并与之签订设计合同、施工合同和供货合同，委托PMC承包商进行工程项目管理。

2）业主与PMC承包商签订项目管理合同，业主通过指定或招标方式选择设计单位、施工承包商、供货商（或其中的部分），但不签合同，由PMC承包商与之分别签订设计合同、施工合同和供货合同。

3）业主与PMC承包商签订项目管理合同，由PMC承包商自主选择施工承包商和供货商，并签订施工合同和供货合同。

2．EPC项目各阶段控制重点是什么？

项目运作过程中，设计工作始终是EPC项目管理的关键。首先，建设工程的组成、结构、构造等特征都是通过设计来体现的，设计是项目运作中材料设备采购和施工的前提。设计所设定的材料设备技术规格和技术要求一旦通过设计审核，材料设备的采购费用和施工费用也基本确定。经验表明，影响工程项目投资控制的关键在于设计。

EPC项目的主要设计过程可分为三个设计阶段：投标阶段、实施阶段和后期阶段。

投标阶段设计控制重点：根据项目的性质、技术要求，选择合适的设计合作伙伴，并要求其经过优化提出初步设计方案，编制工程量清单，提交项目预算书。

实施阶段设计控制重点：在确保设计进度、质量、控制投资的前提下，完成施工图设计。国内工程项目在初步设计的基础上完成工艺流程审查和设计计算审查后，就能进行详细施工图设计，完成各专业施工详图设计、列明设备材料规格，设计工作基本结束。对于国际大型EPC项目，设计工作通常分两步走：首先，初步设计和流程图完成后，要由业主工程师对项目功能及技术进行审查；其次，审查通过后才能进行详细设计。在进行专业设计时，承包商应提供拟定设备的主要技术参数和应用范围等支撑文件供审查。对于过程中出现的设计条件的变化以及现场施工提出的技术变更，在履行设计变更手续后还要求以电子版的形式对设计文件进行升版，工程竣工时提交设计资料的最终版。

工程后期设计控制重点：完成操作手册编写、准备预试车和试车方案、编制备品备件清单、指导试车管理和维修工作等。

3．EPC模式特点有哪些？

1）一体化管理

总承包商对项目实施一体化管理，项目设计、原材料采购及施工同时进行，合理交叉，最大限度地搭接工作，有利于缩短工期。责任划分明确，业主只和总承包商产生合同关系，总承包商对业主负责，分包商对总承包商负责，减少责任推诿。由总承包商统筹项目各参与方、为业主提供专业化的服务，业主不再多头管理，管理工作更为简单，业主更多关注项目整体发展情况、设计标准、关键节点的把控与协调等工作。

2）风险转移至总承包商

业主风险得到转移，项目实施过程中的风险大部分转移给了总承包商。总承包对项目全过程负责，在与业主签订合同时存在许多不确定因素，而项目合同的总价及工期已定，业主只承担自身原因造成的损失及不可抗力风险，总承包商因此承担了更多经济、工期风险，与此同时拥有更多盈利的机会。

3）以设计为主导

总承包商以设计为主导工作。设计处于工程总承包模式的核心地位，对工期、成本、质量的影响都较大，在设计初期通过技术比较、经济性分析选择最佳方案，在满足技术要求的前提下达到经济合理。另外设计主导可减少设计与施工脱节产生的变更，也减少建筑、结构、机电等专业之间的设计冲突，减少不必要的支出，减少索赔及纠纷。

4）激发总承包商的管理积极性

总承包商承担的风险较大，能有效激发总承包商的主观能动性，对项目安全、质量、成本、进度负责，实行精益化管理，提高项目管理质量。业主与总承包商一般签订总价包干合同，为保证足够的利润空间，总承包商将对项目实行精益化管理。

5.2.2 钢结构装配式建造流程

5.2.2.1 钢结构装配式建筑的设计要点

1）集成化设计：通过方案比较，做出集成化安排、确定预制构件的范围，进行设计或选型，做好集成式构件的接口或连接设计。

2）协同设计：由设计负责人（主要是建筑师）组织设计团队进行统筹设计，将建筑、结构、给水排水、暖通空调、电气、智能化、燃气及装修等专业之间进行同步协同设计。

3）模数协调：确定建筑开间、进深、层高、洞口等的优先尺寸，确定水平和竖向模数与扩大、确定公差，按照确定的模数进行布置与设计。

4）标准化设计：主要是选用现成的标准图、标准节点和标准构件。

5）建筑性能设计：包括适用性能、安全性能、环保性能、耐久性能等。对钢结构建筑而言，最重要的性能包括：防火、防锈蚀、隔声、保温、防渗漏等。

6）外墙围护系统设计：是装配式钢结构建筑设计的重点环节。外围护系统建筑设计，尽可能实现建筑、结构、保温、装饰一体化。

7）其他建筑构造设计：装配式建筑钢结构建筑特别是住宅的建筑与装修构造设计，对使用功能、舒适度、美观度、施工效率和成本影响很大。

8）选用绿色建材：装配式建筑钢结构应选用绿色建材和绿色建材制作的构件。

5.2.2.2　钢构件的生产

1．钢构件的生产

1）厂家选择

对有钢材生产业绩的厂家优先考虑，组织专家对钢厂进行技术考察，以考证其相关业绩的真实性，并对技术能力充分了解，确认其具有满足钢材各项指标以及控制交货状态的能力。

2）材料采购的质量控制

核对质量保证书和材质证明，检查原材的规格尺寸是否符合规范要求。

3）材料复验

化学成分检验，力学性能检验。同批同炉号为一批，合格的下料加工，不合格的由钢厂处理。

对施工图进行分解，把钢构件分解为单件，用电脑进行排版前先咨询材料供应商，确定各种型号的板材尺寸。钢材进场后，了解型号及尺寸，用电脑对其合理排版，充分利用钢材以降低原料成本。当构件长度很长时，尽量订购满足构件长度尺寸的原材，减少焊接量，以省时省工省料。

放样是钢结构制作工艺中的第一道工序，只有放样尺寸精确，才能避免或者减少后面各道加工工序的累计误差，才能保证整个工程项目的加工质量，进而为后面的现场安装打好基础。否则没有控制好质量，导致重复返工，将会增大成本。在长期的生产实践中，形成了以实尺放样为主的多种放样方法。随着科学技术的发展，又出现了光学放样等新工艺，并在生产中逐步推广和应用。

2．钢构件的涂装

涂装要求清理基层，除锈等级不低于Sa2，醇酸底漆两道，满刮腻子磨平，醇酸磁漆面漆两道，漆膜总厚度不小于130μm。

1）构件除锈

（1）开启空压机。

（2）除锈工穿好工作服并戴上头盔进操作间。

（3）喷砂机内装入干燥的磨料。

（4）开始除锈喷砂作业。

（5）除尘、除油污，不符合要求的继续除锈直至合格，做好记录。

2）构件的涂装

（1）喷砂处理完成后必须在3h内喷涂底漆。

（2）醇酸底漆两道，满刮腻子磨平，醇酸磁漆面漆两道，漆膜总厚度不小于130μm。

（3）保证构件所有边角处不漏涂装。

3）构件漆膜的保护

（1）钢构件喷漆后就尽量防止踩踏。

（2）钢构件喷漆后如遇大风大雨应加以覆盖。

（3）运输时防止磕碰。

5.2.2.3 钢构件的运输

1. 成品运输

1）涂装后等油漆膜干后才可以进行捆扎，构件要垫木方，捆绑部位要用麻袋进行保护，避免损坏钢构件的表面。单捆不得超过20t。

2）构件长度在15m以下的，按照截面、长度进行分类，以3件为一单位用钢丝绳打捆包装。长度大于15m的构件，考虑到运输问题，采用工厂分段制作、现场组装再吊装的方法。在运输过程中采取安全可靠的防滑移措施。

3）构件在卡车运输途中，使用保护架。

4）运输途中严格遵守交通法规。

5）施工现场的过车道路，路面应做硬度处理，保证平整。

2. 散件运输

连接板、支撑、系杆、拉条及角钢等散件，应进行合理分配运输，用衬垫进行保护，避免构件相互碰撞。螺栓、螺母装箱打包，以免丢失。

3. 搬运和装卸

构件卸车使用行车、塔式起重机或者汽车式起重机进行，行车、塔式起重机或者汽车式起重机司机应持证上岗，运输过程中应确保人员安全，轻拿轻放，按规定的地点堆放。

4. 堆放

1）按照构件的形状、大小合理堆放，确保构件不变形。

2）按照加工、安装的先后顺序进行合理堆放。

3）尽量在室内堆放，如需露天堆放应做好防雨、防雹、防雾处理。

5.2.2.4　钢结构的吊装与连接

当钢构件和材料进入现场时，需要对其进行检查，及时检查部件数量，并在地面上处理可能有缺陷的部件，以免有质量问题的部件进入安装过程。

钢构件进入现场后，根据出货清单检查组件的数量和编号是否一致。如果发现问题，应立即在退货单上说明问题并反馈给生产工厂，以便工厂更换部件。根据设计图纸、规范和质量检验报告表，对部件质量进行检查和验收，并及时做好检验记录。为了使不合格的部件能够在工厂及时被修改，以确保施工进度，还可以直接到工厂进行检查，主要检查组件的外部尺寸、螺孔尺寸和间距。检验的测量仪器和标准应事先统一。在检查和校正组件的质量之后，便可确认签字并且应进行检查记录的登记。构件的堆放应按钢管束、矩形柱、H形梁等分类区别堆放，堆放应按安装方便的顺序进行，即安装顺序靠前的部件首先堆叠在上层或便于吊装的地方。堆叠构件时，请务必注意将构件的编号或标识外露，以便于查看。所有构件堆放场地应根据现场实际情况进行布置，并按规定进行平整和垫高。构件高度在200mm以上的不得直接放于地面，以防止构件因堆放造成变形；钢结构堆放场地应根据施工区域的施工进度进行分阶段调整，构件和构件之间应保持一定距离，以便进行部件的预检和装卸作业。构件堆与构件堆之间应当预留装卸机械翻堆使用的空地。

运入施工现场的构件，均通过条形码扫描录入计算机系统进行统一管理。此时，构件在计算机系统中的状态为未安装。需要安装某个构件时，再次扫描条形码，此时此构件的状态便转换为已安装。条形码管理系统可以确保钢结构工程部件的准确有序供应。钢结构构件条形码扫描录入数据示意如图5-5所示。

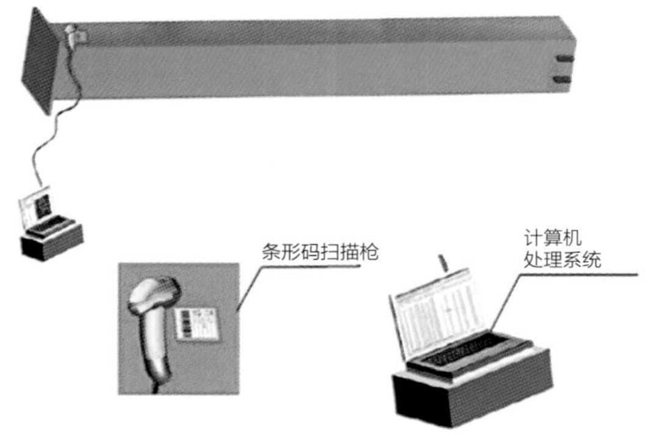

图5-5　钢结构构件条形码管理系统

1．墙脚、柱脚埋件预埋

根据图纸设计要求，每组钢管束墙脚埋件锚固钢筋较多，如果在基础筏板钢筋施工完毕后再进行埋件施工，施工难度较大且定位不准，还会造成后期稳定性不足。为解决上述问题，需提前对钢管束墙脚进行预埋，埋件如图5-6所示。

埋件的生产在工厂完成，制作角钢支腿端部小埋件，每支竖向支撑角钢端部1只。进场时需要对钢管束墙脚埋件顶面平面度进行矫正，使其偏差满足验收要求。

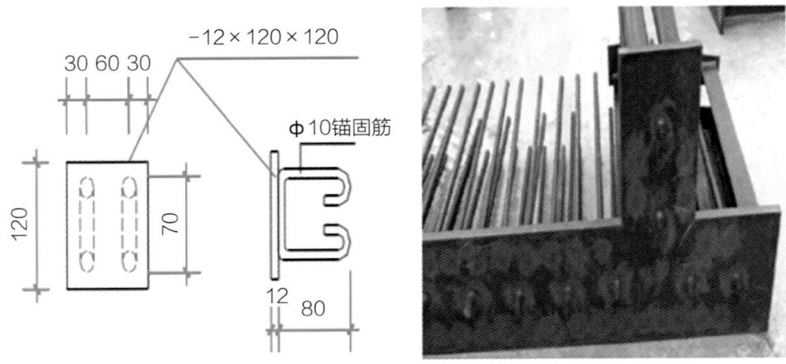

图5-6　钢管束墙脚埋件

待基槽验收完毕后在混凝土垫层施工前，将角钢支腿端部小埋件进行预埋，采用500mm长Φ12钢筋进行地锚并焊接，水平位置及标高偏差控制在10mm内。在筏板钢筋安装过程中应注意保护埋件，避免发生碰撞，还需在钢筋施工完毕混凝土浇筑前对埋件进行复测，并与钢筋笼再次进行焊接加固。当基础垫层混凝土强度达到设计强度50%后，可以进行钢管束埋件支撑角钢支架制作焊接，并安装钢管束埋件，施工过程中精确控制其水平位置及标高偏差，保证其与支撑角钢支架焊接牢固。然后根据矩形钢柱截面尺寸制作柱底角钢支架。基础垫层混凝土浇筑时应注意保护角钢支架端部封头板小埋件，避免产生位移。其安装示意如图5-7所示。

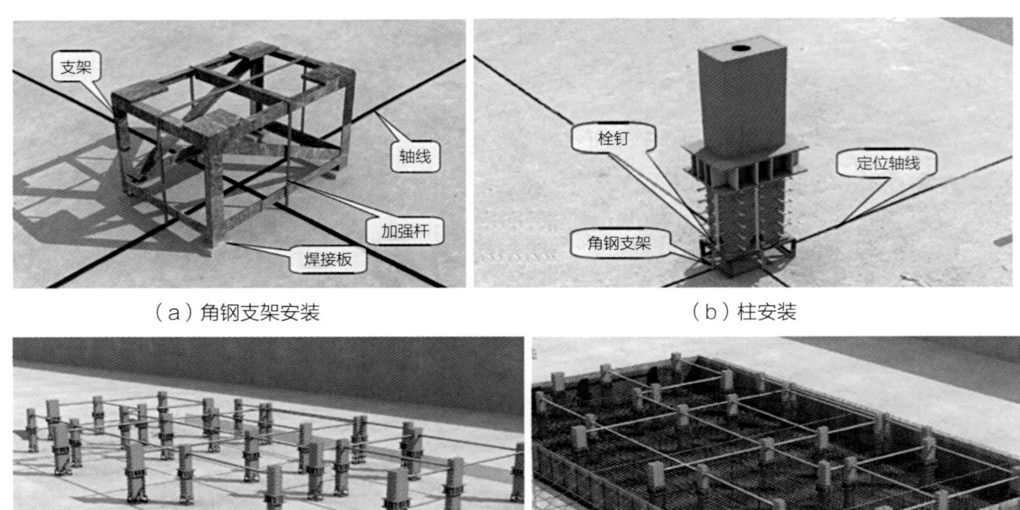

（a）角钢支架安装　（b）柱安装

（c）柱间临时梁连接　（d）柱间临时梁连接

图5-7　埋件安装示意图（一）

（e）基础底板浇筑

图5-7 埋件安装示意图（二）

2. 钢管束安装

1）竖向构件安装

钢管束构件在安装前应根据钢柱形状、断面、长度进行分类，不同构件选取的吊点位置及吊点数量都是不同的。具有规则横截面的钢柱往往更具弹性和刚性，一点正吊是通常使用的起吊方式，吊点穿过柱的重心，贯穿柱顶部，易于吊装、对齐和校正。当钢管束构件为不规则形状的构件时，应通过计算确定吊点。

吊点放置在预焊接的连接耳板上。单机回转法是为了防止吊耳变形并使用一个特殊的吊具进行吊装的方法，这种吊装方法通常需要在起吊之前，为避免在起吊时柱底接触地面，将钢柱底部事先填充枕木，并在起吊整个过程中保持钢管束的垂直，尽量做到回转扶直，严禁柱端在地面上有拖拉现象。在起吊回转过程中，应缓慢平稳以防与其他悬挂构件发生碰撞。

钢管束的第一部分安装在底板上。在安装钢管束之前，应将爬梯、安全防坠器和缆风绳悬挂在钢柱的预定位置并固定。起吊就位后，添加固定耳板以校正垂直度。临时固定用连杆安装在钢管束两侧，上钢管束与下钢管束柱顶部中心线对齐，连接板用螺栓临时固定。安装示意如图5-8所示。

钢管束安装就位后，为避免钢管束倾斜，应将缆风绳固定在可靠位置。缆风绳的端部应加设拉力为2T以上的葫芦，以便于调节缆风绳的松紧度。安装时必须注意只有在连接板和缆风绳固定后才能松开吊索。松吊索时安全防坠器的挂钩应与操作人员所佩戴的安全带进行有效连接，直至吊索松动完成操作人员安全返回地面后方可解开安全防坠器挂钩，安装示意如图5-9所示。

在钢管束吊装完成后，需要对其安装进行测量及校正。当调整钢管束第一段底轴的偏差时，钢管束的控制轴线和柱底嵌入部分的轴线应缓慢降低到设计高程位置

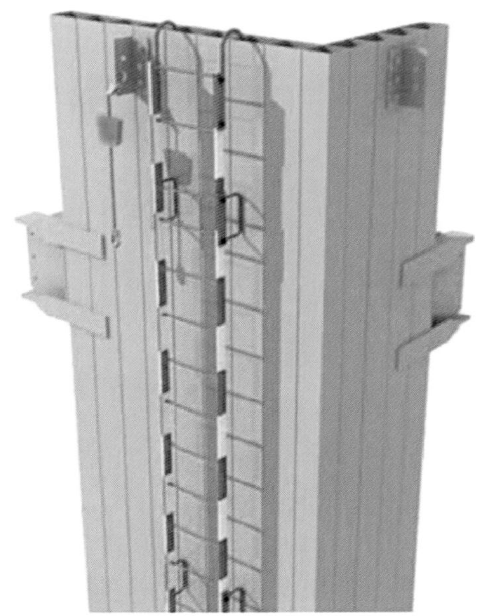

图5-8 钢管束吊装一

图5-9 钢管束的吊装二

而不松钩，为了加快轴线调整时间和精度，可在钢管束吊装之前在柱底板上加焊用于定位钢管束轴线的辅助小钢板，如图5-10所示。

首节钢管束柱身的垂直度校正通常采用缆风绳校正或千斤顶校正法。校正过程中，在钢管束侧面加焊一个用于千斤顶受力的钢板，不断微调千斤顶的高度，直到校正完毕。因钢管束壁薄，千斤顶加力过程中应随时注意钢管束的变形情况。校正

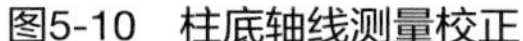

图5-10　柱底轴线测量校正

图5-11　千斤顶校正钢管束垂直度

钢管束正面垂直度时，可直接拉动正面两层缆风绳下葫芦进行调整，再用经纬仪复核，如有微小偏差，再重复上述过程，直至无误。钢管束柱身垂直度校正完成后，就可对柱脚点焊加固，如图5-11所示。

调整两节以上钢管束的轴线偏差时，上下柱的中心线应尽可能重叠，严禁上下钢管束交错排列。钢管束中心线的调整偏差应在3mm以内。如果偏差太大，调整其二至三次。每束钢管的定位轴绝对不允许使用下一根钢柱的定位轴，应采用从地面控制线引导至高空的方法，确保每根钢柱安装正确，避免过多的堆积误差。

当校正柱身垂直度时，检查重点应该是钢柱的相关尺寸的预检查。下层钢管束顶部的垂直误差通常是由于日照影响、垂直度校正、位移量、焊接变形等多重因素的综合作用产生的。因此，事先预留出的偏差容许值可以弱化一部分误差，当预留值比累计误差大时，取累计误差；当预留值比累计误差小时，取预留值。

光照温度对误差有较大的影响，其影响关系可以概括为：偏差的变化与柱的长细比和温差成正比例关系，应合理控制观察时间，削弱温度对检测结果的影响。

调整钢管束顶层标高时的主要注意事项为：在下节钢管束安装之前，需要在柱顶进行一次性标高测量。当高程误差超过6mm时，需要进行调整，并使用低碳钢板以满足规定的要求。如果误差太大（大于20mm），则不适合一次性调整，可以先进行部分调整，然后进行另一部分的调整，否则，一次性调整钢梁的幅度太大。中间框架柱的高程应略高，因为钢框架安装周期长，结构自重随着时间不断增加，中间柱承受较大的结构载荷，压缩变形大。

有两种方法可以调整柱顶标高：依据相对标高和依据设计标高，一般应用相对标高进行实际操作。吊装钢管束就位后，使用大六角高强度螺栓适度固定上下钢柱的连接板。测量在上下柱顶部预先校准的高程值。满足要求后，打入钢楔、点焊极限，钢柱下降，调整标高偏差应控制在4mm范围以内。

2）水平构件安装

钢梁与柱连接后，需要将安全绳固定在立柱上。用于将梁连接到立柱的安装螺栓根据所需数量装入帆布桶中，悬挂在梁的两端，并与梁同时吊起，如图5-12所示。

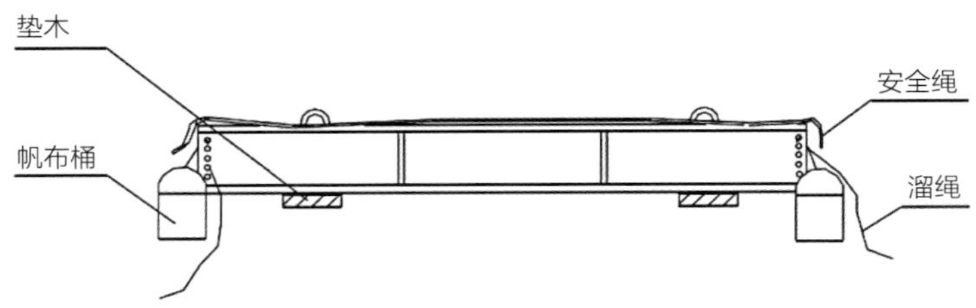

图5-12 钢梁示意图

通常，一节钢管束总共具有三层梁。原则上，垂直构件从顶部到底部逐件安装。由于梁的上部和周边是自由的，因此，易于安装并能保质保量。在钢管束安装的实际操作中，同一列柱的钢梁从中间跨度向两侧依次对称安装。对于同跨钢梁，应按照上中下的顺序依次安装。

次梁的安装应注意梁的方向，次梁是在主梁和钢柱结构形成稳定系统之后进行安装的。使用多头吊索在塔式起重机的允许吊装载重值内一次吊装两个或三个钢梁可以提高工作效率。每根梁间距不小于2m。

3）高强螺栓安装

高强螺栓主要位于梁-柱连接、梁-梁连接处，采用符合现行标准《钢结构用扭剪型高强度螺栓连接副》GB/T 3632—2008及《钢结构用高强度大六角头螺栓、大六角螺母、垫圈与技术条件》GB/T 1231—2006的10.9级摩擦式高强度螺栓。吊装前，应及时用钢丝刷清除飞边、毛刺、焊疤、焊接飞溅物、氧化铁皮、污垢等，摩擦表面应保持干燥和清洁，以提高摩擦表面的防滑系数，且严禁在下雨天操作。下雨后，用压缩空气吹干，干燥后即可作业。

高强度螺栓连接副应进行扭矩系数的重新检查和摩擦表面防滑系数测试。用于试验的螺栓连接副应随机从现场同批次螺栓中抽取，每组连接副不能重复测试。当进行连接扭矩系数测试时，应将螺栓的紧固轴向力控制在一定范围内。

在施工前应检验和复检高强度螺栓连接副实物和摩擦面，螺栓安装分两步完成：

第一步，用临时螺栓固定吊装钢构件，临时螺栓的数量不应少于螺栓总数的三分之一且不得少于2个，其中临时螺栓不得使用高强度螺栓。

第二步，高强度螺栓取代临时螺栓紧固。

高强度螺栓紧固必须进行两次，紧固顺序从中间向外围扩展。第一次是初始拧紧，此时要拧紧到螺栓最终轴向应力的50%～80%。第二次终拧应拧紧到标准预拉力，偏差±10%以内。通常终拧由专用电动扳手进行，拧紧至梅花头掉落。使用专用扳手无法操作单个螺栓时扭剪型高强度螺栓应采用大六角高强度螺栓的扭矩法操作。终拧结束后，使用重量为0.3～0.5kg的小锤子逐一检查漏拧、欠拧，及时补拧并更换超拧螺栓。测量终拧扭矩值，偏差不应超过±10%。对于已经合格的螺栓，应标记螺栓以避免混淆。

在安装高强度螺栓时，应注意以下几点：

（1）在结构中心调整适宜之后进行高强度螺栓的穿孔，穿入方向应便于施工。

（2）安装时要注意垫圈的正面和背面，带圆台面的螺母侧面应朝向垫圈的倒角侧。

（3）在安装过程中应严格控制高强度螺栓的长度，以避免由于以长代短或以短代长产生的强度不足和螺栓混乱。完成终拧后，确保在螺母的外圈上露出2或3个丝扣。

（4）严禁在雨天进行高强度螺栓的安装，摩擦表面不能有其他液体污染物，及时了解气候变化。

（5）高强度螺栓的初拧和终拧之间的时间差不能超过24h，必须在同一天内完成，并且应及时做好记录。

（6）高强度螺栓应该能够自由穿入孔内，若不能自由穿入，应采取扩孔的方式进行修整，扩孔通常使用铰刀或锉刀，修整后的孔洞不能大于螺栓直径的1.2倍，孔周围由于扩孔产生的毛刺应及时去除。

（7）为防止高空坠物伤人，高空作业时应当注意扳手、梅花头等的拿取与防掉落。

4）装配式钢筋桁架楼承板安装

钢筋桁架楼承板一般在现场进行拼装，首先将钢筋桁架倒立放置在预先制作好的装配操作架上，目测检查腹杆筋顶部直线度并调整，然后将对应《钢筋桁架楼承板装配图》的模板搬到已校准腹杆筋顶部直线度的桁架上，检查模板安装孔与桁架腹杆筋位置并对角定位模板，同时安装连接件并锁紧。

对于拼装完成的楼承板需进行检验。检查有无漏装、连接件松动或密封垫使用错误，确认连接件弯钩部分桁架腹杆筋是否锁紧，最后必须保证产品标识与图纸一致，便于后期吊装作业。

楼承板装配并检验合格后，为了避免二次倒运，应将其搬运至塔吊覆盖范围内，底部设置枕木，按捆交叉叠放整齐，单捆码放数量不超过20张并用钢带打包，捆间留距200mm方便吊带穿入。

钢筋桁架楼承板起吊时应仔细核对装配式钢筋桁架楼承板布置图和包装标记，指挥起重机械操作人员吊运到正确的位置，防止错位吊装。高空吊架两端的M形构件吊运时应插入三列包装捆之间，用螺栓固定吊架两端纵向角钢和M形构件，插入钢管的上下端并拧紧销钉。吊索的吊耳和吊架的四个角的吊耳是牢固的，吊索之间的角度应为60°～120°。将包装袋放置在事先设定好的位置时，拆除吊架，及时将钢管插回吊架，将其锁定，然后将吊架挂回地面。

钢筋桁架楼承板的安装如图5-13所示。

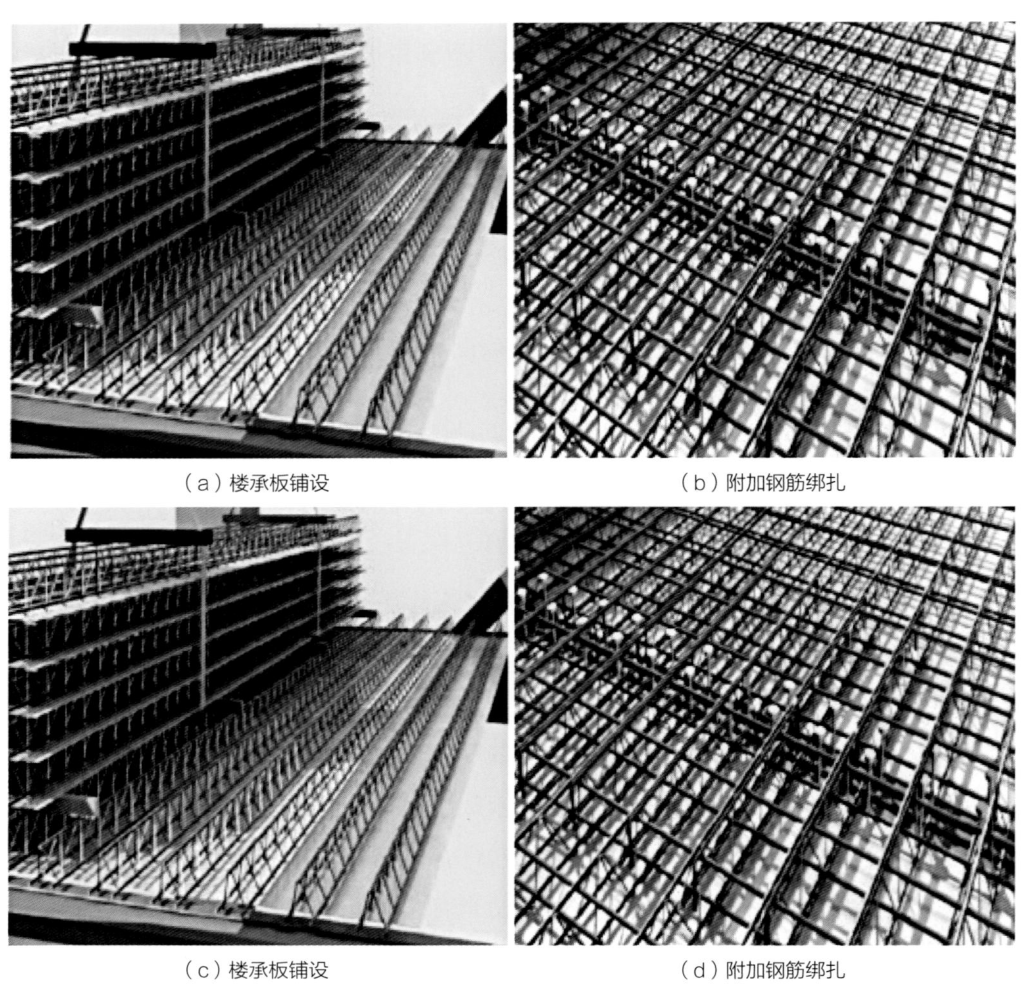

（a）楼承板铺设　（b）附加钢筋绑扎

（c）楼承板铺设　（d）附加钢筋绑扎

图5-13　钢筋桁架楼承板安装

5）钢构屋盖

大型钢构建筑屋盖使用功能的实现，必须有具体工艺支撑起构件的安装，实现其使用功能。目前常用大跨钢构屋盖安装方法汇总为：高空散装法、分块或分段安装法、整体吊装法、整体提升法、整体顶升法、滑移法等。各种方法并非完美，各有优劣，使用时，要以项目特点为支撑，反复论证应用可行性，选择最优的方法。方法论证过程首先要将安全置于第一位置，其次综合考虑质量、成本等因素，最后讨论得出稳妥全面的方法，过程中对没有特别把握的环节还需试验模拟。全面兼顾安装过程中的所有因素。

（1）高空散装法

高空散装法是指像拼积木一样在高空拼装构件形成屋面整体，该方法实施条件有：需制作起步满堂架，为了稳固起步架，需应用灵活度强的钢管架；比较适合安装网架、壳屋面等，所安装屋面量级较轻。多用于高度不高和跨度不大的结构。该法优点在于减少消耗能源较多的设备的应用，节省设备和环保成本。存在的缺点也较为明显，主要在于起步架耗费太多周转材料，高空安装可能要增加人工费用，操作灵活度不够，建设时间相应也变长，场地占用率相对较高。

该方法综合成本相对较低，技术水平要求不特别，工人操作容易上手，目前的使用相对较为普遍，只要做好了起步架体的搭设工作，后续较易操作。根据起步架搭设范围及位置，可以将该方法再次分解为以下几种：

①起步架满布，所安装屋面底部全部都有起步架体，该类型对于进行屋面的全部散件慢装较为适用。

②起步架动态搭设，其内涵就是，装完一段屋面拆去小段架体，然后将拆去的架体重新搭设于安装方向最前端，进行行进方向的屋面搭设，循环往复动态搭设，整体看来也可以达到起步架满布的效果。

③搭设滑移式起步架，利用起步架为轨道滑动安装屋面。

④轴间屋面悬挑安装：在所要安装屋面的一个边缘整体搭设一跨起步架，起步架顶部高空散装形成一跨屋面并与承力柱牢固连接形成整体，然后工人在高空逐步向起步架以外组拼其他跨构件，其他跨构件拼装无脚手架支撑，人员高空拼接组对形成。

高空散装法实施中存在一些问题，值得注意：

①拼装的前后工序要充分讨论，拼装组对要满足无缝对接的要求，避免产生过多误差导致无法闭合。具体工序讨论应综合实施项目外形、结构设计关键点、支撑边界条件、拼装单元分块方案、可能发生的临时情况等。

②必要时，暂时性的支撑体必不可少，在整体起步架及已安装屋面稳定性无法满足时，必须采用高空散装法，而且支撑体要详细设计。

③注意测量放线、兼顾过程监控，散拼过程非一朝一夕，误差累计在所难免，做好监控并及时纠偏必须到位。在拼装过程中应控制好标高和轴线的位置，确保结构在总拼完成后各项拼装指标均满足相关规范要求。

④预防支座落位不准确，前期预防要做好。

⑤现在，在操作脚手上安装零散构件的施工主要作为辅助工艺，协助其他工艺实施建筑物顶部钢构的吊装，纯粹地在操作脚手上安装零散构件的施工，在体量巨大、规模大的钢构建筑施工中应用很少。

（2）分块或分段安装法

地面组装成段，起重机升起后一段段对拼，分段选择要反复斟酌，应能够拼装在一起完成最终整体。各段尺寸形态选择，要结合机械的承重能力及具体的结构内部传力体系决定。

屋面分段时，不得集中于中心位置，必须整个跨度进行分条整体起升拼装。该法工序中的主要困难在于怎样合理地选择及建立分段，分段大小形态要匹配独立的承载能力，坚固的刚度能力是整体拼装的保证，只有如此才能在大分段高空装配时，每段相对独立地发挥稳定特点及抗变形能力。

类似网格形的屋面构造，例如，四角锥两向对称体、交错正放体、抽空网架等，具备抗大内力条件及大内力施加只有小变化的能力，可以运用分段高空对装方法，如果应用该法，屋盖的平均高度不得过大，否则易于超出机械设备能够达到的起升能力，实际执行中，机械底土体足够稳固，能承受所有操作对其影响。

（3）整体安装法

整体安装法强调的是整装，即将一个整体的屋顶装上去，起装点在地面，起装动力源选择的是吊机，吊机将地面拼好的屋顶向高空吊起，使其与结构柱拼装固定于一起。拼装采用就地与柱错位总拼或在场外总拼的方式，采用吊机单绳拔起或吊机多绳拔起或利用就位高大钢柱起吊，吊起就位动力源可用单台吊机或多台吊机。

由于该方法在地面进行焊接，所以钢构件的焊接质量好；整体拼装过程不需制作费时费力的高大架体平台，极大地缩减了工人的空中作业量，而且，准确的构件对拼有利于在地面高效控制质量。但缺点也较多，主要集中于起重过程，拼装累计的重量一次性吊升向高空，需要巨无霸式的大吊机，整体起升挑战性较大。该方法流程的实现需要开阔充裕的场地空间，过程中会阻碍其他分部分项的专业作业，相互影响较大。此方法适用于各种类型的网架、桁架，而且现场有足够的地面拼装场地的情况。

（4）整体提升法

根据起升着力点及位置不同，又可采用整体提升法。整体提升法不依赖巨大吊机，而依附结构自身实施，将千斤顶等动力设备装设到即将安装的钢构屋面上方，动力设备垂下吊线（钢丝绳、钢绞线等）连于钢构屋面各起吊点，动力设备提升带动钢丝绳垂直牵引钢构屋面至预定位置，之后屋面固定于结构自身，形成整个建筑物骨架体系。

该方法中的动力源是一些小型机械（爬升千斤顶、提升机等），所用数量较多，减少大型吊机的使用，大量缩减台班费，总体降低了安装费。所用的小型机械只要数量充足、产生的动力远大于吊机，并控制得当就能做到将所有骨架杆件、构造杆件、屋顶板、隔离层、机电设备等同时提升到位，极大地压缩了安装过程造价成本。

为保证钢构屋顶所有吊点协调一致地向上提升，在连续的两个吊点之间要提前做好预警工作，控制连续吊点之间竖向高度差值，通过计算数据在过程中判别。

除做连续吊点预警，还要利用可靠的数据控制动力设备下部支撑结构（柱、梁等）变形稳定。

（5）整体顶升法

整体顶升法要点在于位置，与以上不同之处就是，动力源从底部发力，顶着整个钢构屋顶上升到预定点位。该法设备简单，不用大型安装设备，周转材料（脚手架等）使用不频繁，机具费用及周转材料成本被极大地缩减，工人在地面工作，过程相对不难，无需大量投入高空防坠安全成本，但过程相对缓慢。

提升与顶升的区别是：动力设备与钢构屋架连接点在屋架顶部即为提升；动力设备与钢构屋架连接点在屋架底部称为顶升。所述顶升动力源，常用千斤顶有旋升式、往复活塞式等。三门峡南站候车大厅网架工程和武汉二期主体育馆屋盖采用了整体顶升法。

（6）滑移法

高空滑移法是一种统称，其精要在于“滑移”，实施的首要步骤是在首段屋架安装，将对面首跨屋面放置在特制滑移槽中，该槽像轨道一样起到引导作用。首段安装后，在首段所在位置对立端设牵引绳，牵引绳连于动力设备，牵引绳可将首段缓慢牵引前进，前进一段就留出空间拼装连续段屋构件，拼装第二段完成后，继续牵引留出第三段空间继续拼装，依次连续将整个屋面拼装完工，当首段滑移到头时，钢构屋面滑移成功。

所谓滑移槽并非直接可实现滑移运动，要有措施降低摩擦作用，让屋骨架各分段能水平拉得动，可在每个分段下支座放置地坦克，或者也可在每个分段下面支座放滚轴，如果条件允许，所述槽为混凝土槽，也可在分段下支座放滑板。滑移分段须为空间不变体，所划分段最好为一跨骨架，分段的内部传力合理有效，即使分段在独立安装时也可保持稳定构造。内部空间太大的钢构屋面，可依据跨长特点，运用逐个滑移、整装节点滑移和加和滑移等方法。当需要滑移的钢构屋面构造机理不同，滑移拼装可利用自身结构，也可选择制作相应胎架。利用自身结构滑移的特点主要是滑移受力面在建筑自身结构；其他搭设的构造体，例如胎架，是不动体，可以通过人工操作一块块拼装滑动也可拼装加和后滑动。利用胎架进行推行，动态点在胎架。按区域划分不同，动态推行可分成一个条块直接滑移法和条块整拼滑移法。滑移法还可根据接触面的特点划分，骨架支座接触面相互阻力可利用接触面之间的滚动阻力，也可利用接触面之间的滑动阻力。按照拉动钢构屋面前进的能量源区分的话，滑移法也可分成拉动行进和后推行进。拉动滑移动力靠拉力，顶推滑移动力靠压力。如果行进方向不同，滑移法既可走直线也可走平滑曲线。

综合上述高大空间钢构屋面建造的6种方法，单个构件巨大的钢桁架结构、起重吊机等设备随着钢构功能的提升满足建造过程条件的可能性越来越小，因此利用分段安装的方法配合滑移是钢桁架建造越来越多的选择。

5.2.2.5 现场拆除

1. 拆除准备

1）技术准备工作

（1）施工技术人员要认真审阅与施工相关的一切资料：拆除工程的有关图纸和资料；拆除工程涉及区域的建筑及设施的分布情况资料；全面了解拆除工程的图纸和资料，进行实地勘察，弄清建筑物的结构情况、建筑情况及水电等情况。

（2）学习有关规范及安全技术文件。

（3）熟悉周围的环境、场地、道路、水电设施及房屋情况。

（4）向进场施工人员进行安全技术交底，下发作业指导书。

2）现场准备工作

（1）施工前，要认真检查影响拆除工程安全施工的各种管、电线的情况，确认安全后方可施工；

（2）疏通场内运输道路，接通施工中临时用水、用电；

（3）切断被拆钢结构的供水、供电管道；

（4）在拆除危险区域时，设置临时围挡、悬挂安全警示标志牌；

（5）对移动脚手架检查确认是否安全。

2. 拆除顺序

加固厂房钢梁→清除厂房内垃圾→附属支撑（部分）→梁条系杆→梁檩条→梁隅撑→梁管撑→钢梁→钢柱支撑系杆→钢柱隅撑→钢柱墙面连接板→钢柱钢架→钢柱柱脚板拆除→钢柱墙面连接板→拆除构件整齐摆放→施工现场清理。

3. 屋面梁拆除

1）拆除次序：先外侧，后内侧，从一侧依次拆除；施工的顺序为切割梁檩条系杆→梁檩条→梁隅撑→梁管撑杆→屋面梁。

2）首先将吊具在山墙面固定好，施工人员上到钢架后将安全带固定在钢柱安全绳上进行作业。施工人员从上到下实施切割作业，切割前先用吊具两根钢索将屋面梁绑紧，然后慢慢起钩使其刚好在张紧状态，但钢索不受力只在旁边保护。每切一端前用绳索将其临时固定，防止焊接及安装时应力将屋面梁弹出发生事故。另一施工人员检查确保屋面梁所有焊接点已经彻底与主钢架柱分离，信号工方可指挥吊具徐徐起钩作业；将次梁轻轻吊起并放回地面指定区域，构件落地后一定要垫实且码放整齐，码放不要超过2层，防止楼板过载。

3）将一侧的屋面梁进行拆除后，依次拆除其他屋面梁，然后再向下拆除，以此类推，屋面梁拆除完成后安装两根生命线立杆；每隔10m设置一根生命线立杆。将三根ϕ6mm钢丝固定牢固，经检查合格后再进行钢架拆除。在生命线安装完成前，施工人员的安全带要固定在吊钩上悬挂的绳索上进行施工。

4）屋面梁拆除后，在梁的下方用枕木垫起并将扁平吊带摆好，吊钩挂好确保安全后方可起吊。拆除一跨后整理码放捆绑好，放于钢结构周围空地，但不能影响吊具的行进路线，以此类推。

4. 主框架部分的拆除

1）拆除前应先用吊具两根钢索将钢柱绑紧，然后慢慢起钩使其刚好在张紧状态。

2）钢架柱及附件的拆除，拆除前在墙头长度方向布置三条生命线，然后再根据情况布置横向活动生命线（横向生命线用活扣固定在长向生命线上），每拆下一钢架柱用吊具放至楼面运走。

3）连接板拆除，先计算好要拆除钢柱的柱节点位置，然后再割开，如为螺栓连接，则把连接板先拔掉，轴系杆拆除，然后开始拆除钢架，钢架拆除前先利用上面步骤2）的生命线进行挂钩，挂钩完成再进行螺栓拆除或切割。

4）钢柱拆除利用三脚架（固定在柱子上）先把吊车钢索固定在柱头上，然后进行螺栓松动，大锤震荡撬棍直至吊车把柱子提起不连同柱脚压板一同拔出，根据需要在吊装柱子的过程中，可用钢钎辅助，使柱子及剪力件松动。

5）高强螺栓拆卸前应先滴上柴油，然后用力矩扳手拆卸，如锈蚀严重需用气焊切割并保证不能伤害到母材。

5. 实施中应当注意的事项

1）在离拆除的钢结构周围10m拉起安全警戒线，并设有明显的警戒标志，以避免厂区其他人员误闯入，避免意外伤害，并设有专人负责看管，以保证与施工无关的人员不得进入，以免造成不必要的伤害。

2）所有特种作业人员都必须持有国家劳动部门颁发的《特殊行业操作证》，并参加保险公司的人身意外保险，在上岗前都要进行身体检查，有头晕、感冒或其他疾病的人员一律不得参加施工。

3）登高时所有的登高人员必须佩戴好安全帽、安全带、防滑鞋，由专职人员负责监督，对不符合要求的登高人员坚决不予登高，登高前对爬梯进行检查，对腐蚀的爬梯进行修复以保证上下时的安全。

4）在平台上作业的作业人员都必须做到安全带不离身，保险带需调换位置时要做到手不离铁架，做到万无一失。

5.3 钢结构装配式建筑施工管理要点

5.3.1 进度管理

现阶段，我国钢结构装配式建造主要分为土建部分施工和钢结构部分施工，土建部分施工属于传统施工，施工进度偏慢；钢结构施工属于成品—半成品安装施工，施工进度快。针对这两部分的施工进度特点，要注意统筹兼顾，合理安排时间，确保工程项目按约定时间或者提前交付使用。钢结构装配式施工进度管理主要考虑时间节点控制、绿色化工作安排、各工序逻辑关系和关键工序滞后方案。

5.3.1.1 时间节点控制

施工进度的推进需要具体的时间节点控制，根据需要完成的工作项目，细化工程节点，用时间段划分各项工作。钢结构装配式的施工进度节点安排，要统筹兼顾各项工序：场地处理、基础以下土建部分施工安排、钢材采购、进场、基础钢柱布置、钢架安装、钢板放置、钢框架体系形成、墙体填充、装饰装修及机电安装工程等。以时间节点划分的各项施工工作作为大框架，编制施工任务书，根据实际施工情况不断进行调整，保证各工序有序、顺畅完成。

5.3.1.2　实施绿色施工工作安排

施工进度安排中，要贯穿执行绿色化施工理念，将绿色化工作融入整个施工过程中，依据绿色施工和节能减排规定，优化施工方案，制定并实施相应的环保制度和措施。施工总平面的紧凑布置、现场临时道路布置、基坑施工方案优化、用水用电方案优化等都要提上日程，保证绿色化工作高质量地完成。

5.3.1.3　各工序逻辑关系

施工进度中，各分项工序交叉进行，要注意各工序间的逻辑关系。对于有先后顺序的施工工序，比如钢结构顺序安装部分的施工，门架、桁架、组对、焊接、吊装、连系梁、上螺栓、斜撑、刷面漆等工序，在安装过程中，应严格按工序检验，合格后方可进行下一道工序施工。可同时进行的施工工序就可以采用平行施工。

1. 施工前进度控制

钢结构项目进度控制方法主要有编制整体进度规划、各专项计划的管理和协调。整体进度计划是由施工总承包单位充分协调各专业分包进度计划的基础上编制而成的，钢结构主体进度计划一般是由钢结构施工单位负责编制。钢结构施工单位在分析工程特点与施工条件的基础上，充分考虑施工总承包商的进度要求与钢构件厂家的产能条件，再根据项目总体进度计划确定其进度控制目标，继而编制钢结构主体进度计划。

进度计划实施前应进行细化，对施工项目进度计划的分解应明确进度要求与目标。钢结构施工单位应在整体进度计划的基础上进行综合平衡，通过编制季度、月（旬）等作业计划来细化整体进度计划，编制的月（旬）作业计划应明确所要完成的施工任务、所需要的各种资源量。将施工生产诸要素进行动态组合，优化资源配置计划，从而提高整体劳动生产率。进度计划细化完成后，钢结构承包商应以合同的形式，分别与钢构件生产商、材料运输商和施工劳务分包商明确施工进度要求，确定各自的进度节点目标。

施工前进度控制主要是对所有参建单位和部门进行积极沟通，提前发现进度矛盾并调动一切积极因素，保证施工进度计划的正常实施。

2. 施工中进度控制

施工中进度控制是在施工过程中对计划节点实施管理，跟踪检查实际进度，并不断地与进度计划相比较，发现进度有偏差时分析原因，及时采取措施加以调整与修正。在施工过程中进度检查与工艺工序（如钢构件制作、钢构件安装等）、施工规模和执行要求密切相关，在进度控制中应充分考虑这些因素对进度的影响。施工进度控制主要依靠施工管理人员每日进行进度检查，用施工记录和日志的方式来记录进度；或按照月、旬、周的进度定期开展现场进度联合检查，对工程实际进度进行复查。

在收集工程实际进度数据后，应按计划控制的工作项目内容进行梳理，以相同的量纲和形象进度，形成与进度计划有可比性的数据。一般是按照实际工程量、计划工作量和劳动力配置情况，以累计百分比来整理、统计实际数据，以便与相应的计划完成量进行比对。汇总比对数据后，应由进度管理人员编写施工进度报告，待由计划负责人审核后下发交各相关单位留存。进度管理工作流程如图5–14所示。

项目进度管理工作中各参与方的进度计划一般都是相互独立开展的，在制定项目施工总进度计划时，必须先收集各专业分包方的进度计划，然后再汇总编制总进度计划，防止因为信息交流不畅或是信息交换不及时，项目各参与方的进度节点出现不合理或是相互冲突等情况，进而导致整个项目进度失控的情况。

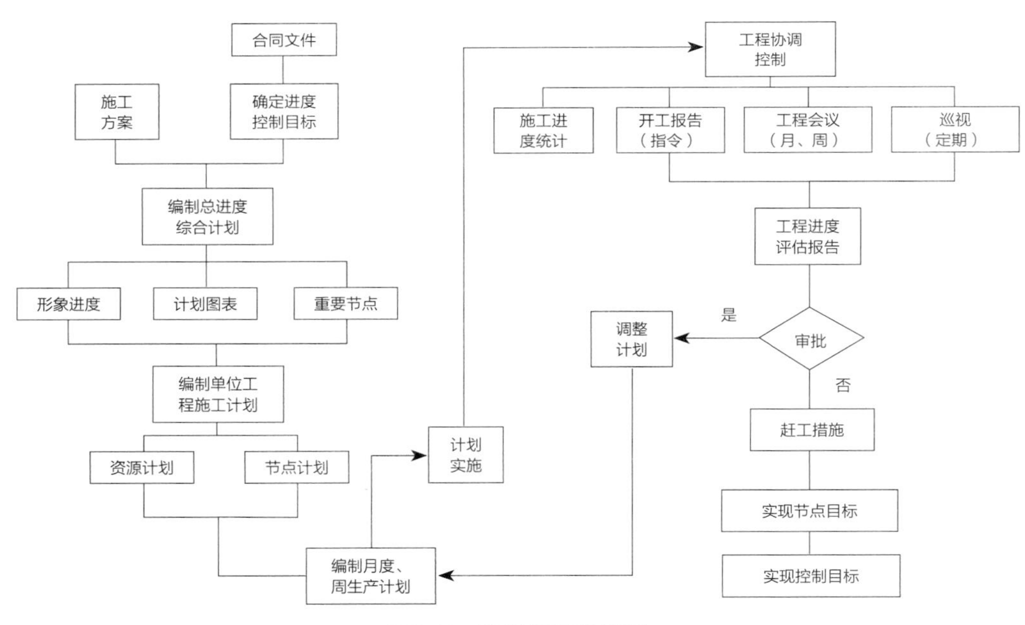

图5-14　进度管理工作流程

5.3.2 成本管理

5.3.2.1 设计阶段成本管理

设计阶段的成本控制是对项目进行合理的“定价”，体现事前控制的思想，起到事半功倍的效果。设计费用所占的成本比例较小，但是设计阶段决定了总成本的70%，设计方案的优劣性对建设项目的成本和效益造成了直接影响。设计的建筑结构方案、建筑材料的选择，预制构件的选择、装配率及建造指标等都会直接影响成本。设计质量、深度同样会影响项目建造成本，造成施工质量问题进而引起工程返工、停工等，甚至造成安全质量事故，引发极大的成本浪费。

在EPC总承包模式下钢结构装配式项目加强了设计的主导作用，能做好设计、生产、施工各环节的深度交叉协作，减少设计与施工脱节的问题，规避结构、机电各专业工程之间的设计冲突，有效节约成本。以EPC总承包管理模式为例，成本管理措施具体可分为以下几点。

1. 建立设计责任制

在EPC总承包模式下，设计单位应根据项目管理目标详细设置设计责任追责制度，将具体设计责任落实到位，若出现因设计人员设计失误造成材料浪费、工期损失、经济损失，则可进行相应追责。项目采购人员及现场施工技术人员也应充分参与到装配式建筑项目的预制构件设计环节，以其丰富的采购、施工经验审核材料选用的经济性和设计方案的合理性，防止因设计错误或设计深度不足导致成本增加的情况。

2. 建立BIM信息平台

建立BIM信息交流平台，将全产业链、各参与部门、全过程各环节的信息整合在一个平台上，能够保障设计人员及时获得精准信息，同步修改设计方案，同时让不同专业、不同部门的项目参与人员根据其工作角度进行设计方案的同步跟进和修改，可确保设计方案的精准性和可实施性，避免出现设计与构件生产、施工脱节的现象。

3. 指标限额设计

在EPC总承包模式下钢结构装配式的设计应起到主导作用，规避传统管理模式中存在设计仅追求先进技术而不考虑成本管控的现象，利用经济技术指标和造价指标等进行限额设计，有效控制成本。

4. 标准化设计

利用BIM技术建立关于构件尺寸、类型、材质的可视化信息库，对比优化同类型预制构件的“族”，使预制构件设计标准化、模数化。通过BIM技术的应用可提高构件模板的通用性，减少构件模板种类，从而降低预制构件购置费用。

5.3.2.2 招采阶段成本管理

EPC项目的采购成本占总成本的70%，基于EPC模式的钢结构装配式建筑项目采购成本也占总成本较大比例，因此，采购阶段的成本控制成功与否对整个项目成本控制成功与否至关重要。

招采阶段的工作内容是总承包商根据合同约定选择分包商以及材料设备的供应商。采购阶段受市场因素影响较大，材料价格的变化、供需关系的波动、运输条件的变化、采购人员对市场信息捕捉的准确性都会造成采购价格波动，工程不确定因素例如图纸变动、设计变更、突发事件或者自然灾害等都易造成采购风险。采购质量，供应商的选择及管理，采购价格是否具有竞争力，招标文件的准确性、完善程度，对招标范围、质量要求等是否明确都影响采购质量，产生增加成本的风险。

5.3.2.3 构件生产运输阶段

1．构件生产阶段成本管理

生产阶段是承上启下的阶段，将设计图纸输出为实物，构件生产成本由人工费、材料费、设备厂房分摊费、模具分摊费、管理费组成。构件生产需要专业技术工人，对技术工人的技术水平要求较高，人工成本大。

构件生产阶段成本控制措施可分为以下几点：

1）培养产业工人

装配式技术的优势是劳动生产效率提高，工程总承包商应对产业工人进行技术培训，提高劳动生产率，让优势突显。为充分发挥EPC模式优势，工厂管理者要树立集成管理的逻辑，构件的设计、生产、安装这三个环节是密切联系的整体，需培养产业工人懂设计图纸、懂生产、懂安装的能力。

2）生产机械化

构件生产厂采用自动化生产线，以流水线方式进行，使生产流程标准化。自动化生产线能实现自动清扫模板、钢筋骨架自动定位及焊接、混凝土浇筑与振捣等自动化功能。标准的生产流程生产要素密切配合，人工参与度低，生产效率提升，产品质量有保证。

3）构件编码

构件生产阶段，为了区分不同的构件，可对构件置入标签，标签内包含有构件单元的各种信息，具有唯一性，以便于在运输、堆放、施工吊装的过程中对构件进行管理，避免运输错误、安装错误。

2. 构件运输阶段成本管理

装配式构件有着产品种类多、体积大、重量大等特点，很大程度上制约着产品的装载、运输。大型预制构件吊装运输时构件装卸不合理也是一项重要问题，实际工作中会容易出现装运顺序混乱的现象。由于构件体积和重量很大，一旦装运顺序不合理，造成卸车时重复倒运，过程中容易造成构件损坏。

构件运输阶段成本的控制措施分为以下几方面：

1）制定运输方案

充分考虑构件大小形状，明确运输车辆，合理设计并制作运输架等装运工具，提高运输架的通用性。在实际运输之前要仔细探查运输路线的实际状况，查询公路允许负荷重量以及有无限高、限宽等要求，了解是否途经涵洞隧道，必要时可以进行试运。

2）正确放置构件

采用预制构件专用运输车，带货厢，起安全防护作用，且预制构件储存和运输一体化，生产出来的构件放在专用货架上，采取专用货架固定构件，避免构件在运输过程发生碰撞或晃动，防止构件在运输途中发生倾倒引起车辆倾翻。构件按照施工顺序，最先卸载的构件放置在最外面或最上面，便于卸车，运输和堆放的过程中注重成品保护，如构件边角和甩筋部位。

3）避免二次倒运

在构件出厂时应仔细核对构件的种类及数量，查看是否符合项目需求，以免造成装载错误、运输浪费或对项目供应不足而出现窝工。项目上应按照施工进度提前排出构件需求计划，并策划施工现场构件堆放及安装工人、机械的协调，避免造成施工现场库存较多，产生二次搬运。生产厂根据项目需求制定生产计划，保证构件供应准时。构件堆放地点应距离安装位置较近，避免二次倒运，减少吊装机械使用。

5.3.2.4 施工阶段成本管理

1. 加强项目施工现场管理

装配式建筑在我国的发展还不成熟，一些EPC总承包商对装配式建筑项目的相关经验都比较缺乏，在项目建设过程中，容易出现由于管理不当造成的成本增量。因此，在施工前应严格控制生产要素，强化施工现场管理，施工前严格进行装配式技术交底，定期进行专业施工人员技术培训，提高安装人员的技术水平和工作效率，在控制人工费用的同时避免因人为因素造成材料浪费。

2. 编制合理的施工组织设计

施工组织设计应根据装配式建筑的施工特点、工程技术编制，对施工技术准备、物资准备、劳动组织准备等编制项目进度计划图。施工组织设计应涵盖构件运输、构件堆放保护、构件安装等详细操作流程，保障构件安装工作的顺利进行，避免造成预制构件的损坏及浪费。

吊装施工前，项目管理人员统筹工厂构件生产，预留足够的生产时间及运输时间。安装开始之后各个工序之间衔接紧密，项目管理人员应根据现场实际情况适时调整施工组织计划，做好现场管理工作。

3. 严格控制签证变更

严格控制签证变更金额，在变更实施前，工程总承包商应对变更合理性、变更方案的经济性进行判别，并将责任划分清晰，由谁承担产生的费用，费用的支出应以合同为依据。总承包商要求分包商的签证变更应严格按要求事前申请并在规定时限办理；项目管理人员对现场签证的真实性、签证工程量准确性进行核实，确认无误后方可办理；签证变更的办理须附总承包商发出的工程指令单、变更前后照片等有效证明资料，且一事一单，严禁将签证拆分或合并办理；不同金额的签证变更设置不同的审批权限，严格把控。

5.3.2.5 合理管理分包商

对分包商的管理也是EPC工程总承包商控制项目成本的重要部分。以合同约束分包商为原则，履约过程中严格按照供应商评估体系对其进行评价。工程总承包商过程管控中避免“以包代管”和“管得过细”，“以包代管”指总承包商对分包商质量、进度、安全结果进行管理，而对施工过程不管控，这种行为若产生偏差，纠偏成本较高，甚至无法挽回。“管得过细”指总承包商干预太多，导致自身工作量加大。因此，在履约过程中总承包商需定期对供应商进行评价，进行过程管控，对发现的问题提出预警，提前采取措施消除风险，与分包商站在利益共同体的层面建立一套高效、平衡的管理模式。

5.3.3 质量管理

装配式钢结构建筑核心技术就是运用装配式钢结构建筑装配工具、新型建筑材料、装配式连接方法等，建造各种装配式钢结构建筑产品，以及在这个装配式钢结构建筑建造过程中积累形成的装配式钢结构建筑技术知识和装配式钢结构建筑技术系统。从装配式钢结构建筑产业发展角度讲，装配式钢结构建筑核心技术是主导装配式钢结构建筑产业发展，能够产生经济社会效益的建筑技术。掌握了装配式钢结构建筑核心技术就意味着能够形成稳定、优质的装配式钢结构建筑产品。

能够影响一个时期或装配式钢结构建筑产业技术发展主流与趋势的装配式建筑核心技术，我们称之为装配式钢结构建筑主导核心技术。装配式钢结构建筑核心技术可以分为单项部品部件的核心技术、整体建筑系统集成的核心技术、装配建造过程的核心技术等。对于装配式钢结构建筑产业来说，真正的装配式建筑的核心技术，一定是能够形成建筑产业竞争优势的技术，而且不容易被别人所模仿。在钢结构工程总承包管理中，始终贯穿着六大关键要素：即工程进度、质量、安全、成本、关键施工技术及信息化的管理。

钢结构工程生产过程分为构件加工与现场安装两个阶段。钢结构工程的质量管理也主要在于两个侧重点：一是钢预制构件生产的质量控制，二是钢结构主体现场安装质量的管理。钢结构工程的质量管理亦分为三个阶段：事前质量管理、事中质量控制和事后质量分析。

5.3.3.1　事前质量控制

对于质量管理应遵循预防为主的原则，采取全面的技术准备工作来保证事前质量管理的效率。施工前技术准备主要是场地布置、设计与施工资料准备两部分内容。

钢结构应在总包的临时场地平面布置的基础上，按照总包的相关要求划分本专业的施工机械、构件堆放、胚体预拼装等临时场地的区域，建立标准化措施确保现场的正常施工。实际施工前最重要的技术工作就是施工图的深化设计，完成深化设计后再经过多轮的图纸校审，最后经原建筑设计单位确认后，形成精确的钢结构施工图纸。

施工单位应完成施工组织设计的编制，形成作业指导流程、进度与质量的控制目标、主要工艺技术要求、专项施工方案交底等。施工单位在编制施工组织设计时应结合项目的工程特点，明确项目质量控制目标。完善的施工组织设计是工程项目顺利开展的有力保证。

5.3.3.2　事中与事后质量控制

钢结构工程质量的优劣除了要求钢结构深化设计准确和构件下料加工合格外，施工过程中合理的安装工艺流程也非常重要。在施工作业开始前，保证技术负责人向管理人员、管理人员向施工班组之间的“层层交底”制度认真严谨地完成，要求该工序的各层作业人员清楚即将施工部位的特点、设计意图、技术要点、工艺要求等内容；施工过程中按照施工组织设计和钢结构专项施工方案进行质量目标控制，中间工序的质检与交验必须严格按照质量控制点实施。

钢结构质量控制有以下重要控制点：

1）钢柱、梁成型外形几何尺寸质量控制；

2）连接件孔位定位尺寸质量控制；

3）压型楼板的质量控制；

4）整层钢结构安装质量控制。

“层层交底”制度虽然是事中质量控制的重要手段，但信息的层层传递与抽象表达往往影响交底的成效。质量管理的检验重点在于“检查验收”环节，对于质量的评判多依赖于事后控制环节，若质检验收不合格，只能采取整改或返工来提高工程质量，但经常的质量整改或返工不仅增加建设成本，也会严重地影响工期进度。

检查验收工序是质量事后管理的主要方法，工序完成后严格贯彻“三检”制度，即自检、互检与专检。对于验收不合格的工序在限定时间内整改完成并再次上报“三检”流程，“三检”制度一般可保证工序施工质量达到质检验收要求，质量管理工作流程，如图5–15所示。

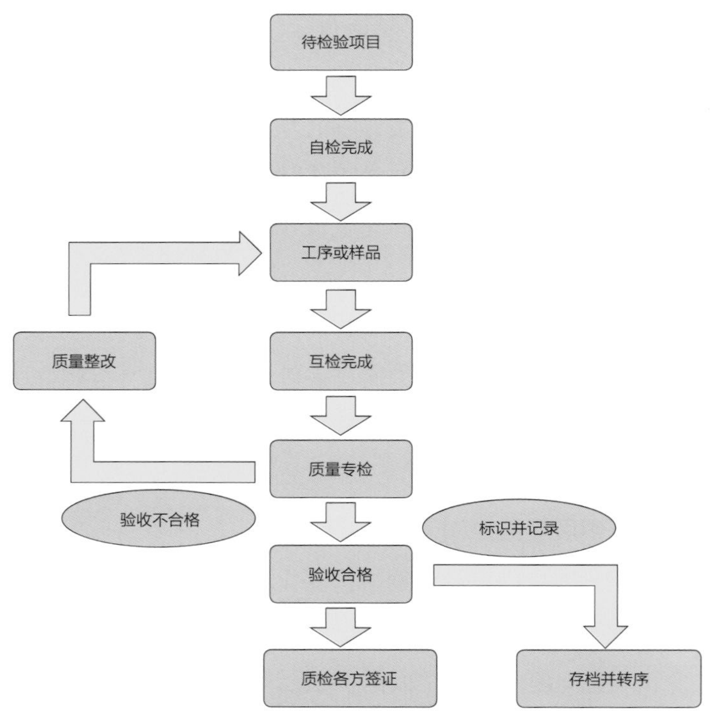

图5-15　质量管理工作流程

5.3.4 安全文明施工管理

建筑行业属于风险隐患多、安全事故频发的行业。钢结构工程在施工过程中风险隐患数量更多并且种类更为复杂，安全风险管理也更有难度。钢结构安装施工过程中大部分工作都是吊装作业、高空作业、临边洞口作业、焊割作业等高危工种作业，对于作业人员的专业技术水平有很高的要求。传统安全风险管理工作同样也分为：安全风险事前控制、安全风险事中控制和事后安全管理经验总结与分析三个部分。

5.3.4.1 安全风险事前控制

钢结构工程的安全管理事前准备工作首先要建立和完善施工安全管理制度和安全监管人员组织架构体系。“制度先行”是安全管理工作的基础，也是实现精细化管理的前提条件。通过健全安全管理制度规范专业间与工序中的标准作业行为，明确现场各部门各岗位的安全职责，使得安全生产有章可循。

施工安全专项方案和危险源清单的编制也是事前准备的重要工作，任何项目施工前都必须制定切实可行的安全施工方案、安全技术措施和安全应急预案。尤其对于危险性较大的施工作业，如钢结构吊装方案、人员高空作业等都应事前制定安全施工方案和操作技术规程。对于施工中的危险源及重要环境因素也应进行汇总，针对危险因素须有相对应的防范措施。例如，防高空坠物、钢结构吊装防散落的规范操作、大型设备的安全操作要求、高空焊割作业的安全操作要求、施工安全通道的架设标准与洞口临边的防护要求等。安全管理的事前控制还包括操作工人的三级安全教育以及核验特殊工种操作证，严禁无证上岗操作，大型施工机械设备也应定期做安全检查，保证机械的工况正常和人员操作安全。

在钢结构施工前，要做好施工安全教育，开展安全活动，与各施工单位签订安全责任书。严格管理各个班组的安全活动，坚持每日班组安全活动有记录。坚持定期安全检查，发现安全隐患，要做到及时整改。

要使用好个人防护用品，进入作业区的人员必须戴安全帽、穿防滑鞋，高空作业人员必须系挂安全带。施工用电线缆必须进行架设和线路保护，做到“一机一闸一漏电”，漏电保护装置要灵敏可靠。高处作业人员必须经过体检，合格后方可进行高空作业。

对焊接周边要清除易燃、易爆物品，防止火花溅落引起火灾。当风速达到15m/s（6级以上）时，吊装作业必须停止。

所有现场作业人员必须从规定的安全通道通行，不得在安全走道处随意放置物品及施工物件。对于塔吊的使用要遵循总包的管理，由总包统一负责协调各塔吊的使用，并派专人协调塔吊使用。塔吊的使用要严格遵循相关的安全技术操作规程。

夜间施工要有足够的照明，设置消防通道，安全员到场监督。要严格按照施工总体平面图放置原材料和钢构件，不准乱堆乱放。要每月进行一次文明施工检查，严明奖罚。要及时清除现场垃圾、施工渣土，作业现场要设醒目的标语牌，安全标志要明显。

构件运输必须按指定的路线行驶，运输时间一般在夜间进行，车辆进入市区后，严格遵守当地交管部门的规程。构件运输进市区后，尽量减少鸣笛，减少噪声污染。夜间汽车进入现场后禁止鸣笛，以减少噪声。施工现场要设立专门的废弃物贮存场地，要分类存放，对可能造成二次污染的废弃物要进行单独贮存、设立明显的警示标志并采取防范措施。对油品和化学品等易燃、易爆物品的采购、运输、贮存、发放要严格管理，认真执行程序管理。对钢结构施工机械要全面检查，按规定保养、维修，确保设备处于完好状态，提高安全水平。存放施工材料要符合安全防火要求，按规定配备消防器材。钢结构施工使用的防火涂料应由施工单位做好漏浆围护措施，以免污染钢构件。

5.3.4.2 安全风险事中控制

安全管理的事中控制需要管理人员深入现场、实施旁站、巡视和定期的监督检查。在施工过程中执行安全生产的各项制度，保证生产操作过程中每一个步骤都严格遵守操作标准的规定。在组织架构上，从管理人员到操作工人都应划分明确的安全生产责任。在实际操作中严抓内部管理、外部监督的安全管理机制。

在作业前施工人员应检查作业环境，确认具备安全施工条件后方可施工。高空作业人员上岗前必须检查身体健康状况，不准带病上岗，操作工具必须专人专用，高空作业使用的扳手、撬棍等必须绝对安全可靠并有防坠物措施；高空焊割等危险性较大的作业在动火作业前必须检查周边环境，并设置足够的消防防火措施。

大型构件吊装等危险性较大的工序，在施工前必须确保交底记录完备，在施工中严格执行施工方案和操作技术措施；在外部监督中，安全管理人员应多巡场检查，记录现场的危险因素并汇总进行跟踪风险管控，例如不断变化的洞口临边位置、临时用电、用火位置和及时发现的违章操作等。

5.3.4.3 安全风险事后控制

安全风险管理工作是以预防为主、安全为先为原则，在安全管理上应最大可能地避免事后控制，但施工中安全生产事故屡见不鲜，总结事故的原因、汲取事故的教训也可以在一定程度上降低同类安全事故再次发生的概率，所以安全管理的事后控制在安全风险管理中也是不可或缺的一个重要环节。

项目部对于安全事故应有足够的前瞻性和处理措施，制定紧急情况应急预案，应针对可能发生的各类安全事故有充分的准备措施，例如机械伤害、防台防汛、基坑围护滑坡倒塌、材料吊运坠落等。对于施工过程中发生的安全事故，应本着“三不放过原则”进行处理，严格调查、分析和总结以往工程安全事故的经验教训，并得出相应的整改意见，再以事故为例进行专题安全教育，使相关作业人员自觉提高安全意识和预防事故的能力。安全风险管理是一个长期的、动态的管理过程，新旧问题不断交替出现，管理难度大。传统的安全风险管理仍是以人工巡视为主，安全风险管理的手段落后且效率不高。项目管理人员唯有持续地投入管理力量，不断地加强现场巡视方能提高安全风险管理工作的效率。

施工现场的安全风险管理覆盖面广且内容繁琐，安全管理的成效取决于现场安全管理人力和物资的投入。且施工生产是一个长期的、持续的、动态的过程，现场危险源也处于不断变化中，不同施工阶段有其不同的风险点与危险源，单纯采用安全技术方案加人工巡场的方法，无法保证将现场所有安全风险隐患消除在萌芽状态，一旦发生安全生产事故，对于施工项目都是无法挽回的损失。

5.3.5 技术管理

随着云计算和大数据时代的到来，BIM技术逐渐兴起，为建筑行业带来了巨大的经济效益。信息化管理成为当前业内人士最青睐的一项管理内容。对于钢结构装配式建筑来说，BIM技术的应用可以为其创造很高的效益，在其全寿命周期过程中都应该积极采用该技术，实现信息化的服务。现阶段BIM技术主要应用在施工阶段，这里着重介绍一下施工阶段的BIM技术应用，以及信息化管理的实现。

采用全寿命周期管理平台，通过信息化手段提升管理效率，实现装配式钢结构建筑的全生命周期管理。可以采用BIM模型与管理系统、项目管理驾驶舱、智慧工地、斑马计划管理平台等信息化管理系统，打造企业级的数据共享中心和决策指挥中心，实现全面的信息化和智能化技术管理。

在未施工前先根据施工图纸，利用BIM技术进行图纸“预装配”，通过典型的截面图及三维模拟可以直观地把设计图纸上的问题全部暴露出来，实现图纸的优化，提高效率，避免返工等造成的人力及材料的浪费。施工阶段的信息化管理主要是做好材料构件信息化管理、施工模拟、信息化平台建立、碰撞检测等相关工作。图5-16为钢结构施工阶段BIM技术应用示意。

图5-16　钢结构施工阶段BIM技术应用示意图

5.3.5.1　材料构件信息化管理

对施工所需的材料构件等原料要实现信息化管理，采购时要认真核对供应商资料、出厂证明、质保单、运输方式及销售发票等信息，并扫描入库存档。进场前要将BIM模型中各构件的专属编码生成二维码并印刷在相应构件上，进场时要仔细核对材料数量，进场后的存放位置要记录在案。应用BIM技术，通过信息接收设备，采集材料状态等信息，并将其与互联网联系起来，实现材料构件的实时追踪，保证材料应用的准确性。

材料的消耗信息通过BIM技术统计记录，对于偏离预期计划使用量的材料，要通过数据分析找到偏离部分，以及时调整方案。

5.3.5.2　BIM技术在吊装过程中的技术管理

在施工环节，吊装工作对装配式建筑的质量有重要影响。由于吊装构件需要遵循一定的原则方能进行合理的安装，对于特殊的节点有专门的施工方案，并且由于构件形态的多样化，使得对机械化水平要求较高，同时也对质量与安全提出了更高的要求，因此，BIM技术在吊装节点能够发挥重要的作用。在前期设计、构件制作、运输、存储等环节采用了BIM技术融合RFID技术之后，构件都有了唯一编码，并且分类、定位都较为精准，便于开展吊装工作。在吊装之前，可通过BIM建筑模型模拟施工方案，用三维的形式完整体现施工流程，便于技术及操作人员开展实际操作，同时也能够达到可视化技术交底的作用。对于预留部位、孔洞等要注意精确度，确保按照设计要求及施工方案进行，不影响后续工序的开展，同时要注意吊点的位置安排，要根据相关安全操作规范进行吊点起吊，确保吊装施工安全。

5.3.5.3　施工模拟

钢结构建筑大多有复杂的节点，施工模拟可以三维化真实地展现各节点形态，使施工人员更精确地了解安装方式，以此指导钢构件的现场安装。同时，确定安装过程中可能存在的问题和注意事项，为现场真实施工提供指导，避免施工出现失误而返工的现象发生。应用Navisworks软件，实现建筑内外部的漫游动画制作，通过漫游环视，确定施工过程中存在的问题，以及时纠正。

5.3.5.4　信息化平台建立

施工过程中需要各参与方及时进行信息沟通，通过建立信息化平台，实现各方之间的信息交流和共享，使得各参与方及时了解施工进行状态。将BIM技术与移动技术、GPS技术集成，建立各参建方可共享的信息化平台，施工企业将现场施工情况上传至平台，建设方与监理方实时查看，发现问题及时与施工方沟通，实现现场施工动态的跟踪管理。

5.3.5.5　碰撞检测

施工前要运用BIM技术进行碰撞检测和冲突检查，提前发现建筑与结构专业、设备内部各专业管线等的冲突问题，及时联系设计整改。一般采用Navisworks Manage软件中的Clash Detective功能进行碰撞检测，找出冲突所在，生成检测报告，图5-17所示

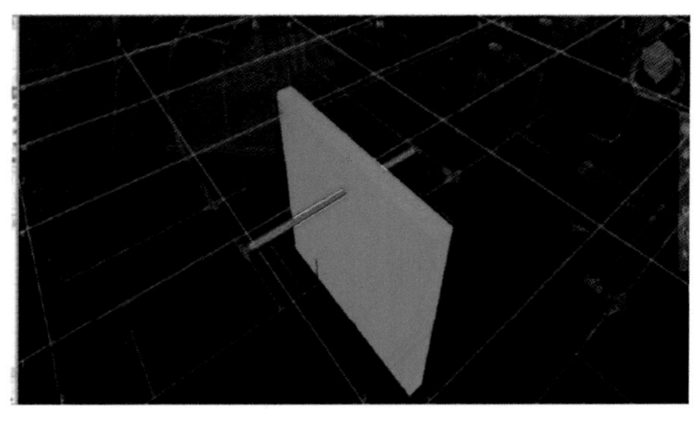

图5-17　管道与墙体硬碰撞检测图

为Navisworks运行碰撞检测效果。依据检测报告整改设计方案和施工方案，避免施工时才发现问题，否则只能以破坏建筑、结构局部、增加管道数量、扭曲管道形状等措施完成施工任务。

设计全过程应用BIM技术，各专业开展信息化协同，通过BIM技术应用，提前解决了众多建筑、结构、设备管线、末端等碰撞问题。在现场实施过程中依据BIM技术的先进信息化手段对现场施工部署、塔式起重机布置、平面运输、垂直吊运等进行3D虚拟布置，发现问题及时纠正，从根本上在实施前有效规避了实施期间可能存在的各种碰撞问题。

第6章

钢结构装配式建筑典型案例

6.1 超高层民用建筑

6.1.1 中建科工大厦

6.1.1.1 项目概况

1. 项目简介

中建科工大厦及中国建筑钢结构博物馆，位于深圳市后海中心区，项目在全钢结构建筑形式的基础上，采用包括Low-E中空玻璃、纳米自洁、多晶硅光伏等在内的数十项先进绿色科技，助力大厦以丰富的绿色内涵实现国家绿色建筑三星级，项目是深圳市首座全钢结构大厦，曾获得广东省钢结构金奖“粤钢奖”“中国钢结构金奖”、广东省优质工程奖等多项荣誉。大厦集国家绿色建筑设计和运营双金级认证及美国LEED级金级认证等绿色建筑高级别认证于一身，于2018年荣获深圳市绿色建筑创新奖，2019年获评广东省第一批装配式建筑示范项目，入选2020年住房和城乡建设部科技与产业化发展中心《装配式建筑评价标准》范例项目，获得2020年度全国绿色建筑创新奖。

中建科工大厦作为中建科工集团有限公司总部大楼，全钢结构的建筑形式在充分彰显钢结构绿色、节能、环保等优势的同时，也完美诠释了中建科工以铮铮铁骨立于天地之间的“铁骨”精神。

中国建筑钢结构博物馆作为我国首个国家级、公益性的钢结构主题博物馆，在总结行业历史、启迪建筑未来的同时，也具体呈现了中建科工以仁爱之心撑起广阔绿荫的“仁心”精神。

(a)

(b)

图6-1 中建科工大厦设计效果图

2. 建筑概况

中建科工大厦及中国建筑钢结构博物馆项目占地面积7 361.19m²（图6-1），建筑高度总高度165.90m，地下结构四层，深度16.80m。

大厦地下四层设两个核六级人防防护单元，地下结构层高分别为4.40m+3×3.90m；大厦一～三层为商业裙房，层高分别为6.00m+2×5.10m；三层以上为办公用房，标准层高为4.50m。主体建筑平面为H形平面，平面尺寸$B \times L$=43.6m×43.8m，结构高宽比H/B=3.44。

3. 结构概况

本工程结构为中心支撑—钢框架体系，除地下室负四层（-4F）由于人防原因为钢筋混凝土结构，以及组合楼板外，其余结构均为纯钢结构构造（图6-2）。地下室共4层，其中-4F为钢柱外包混凝土结构，其余三层结构与裙楼相似，主要为箱形柱和H型钢梁。裙楼高

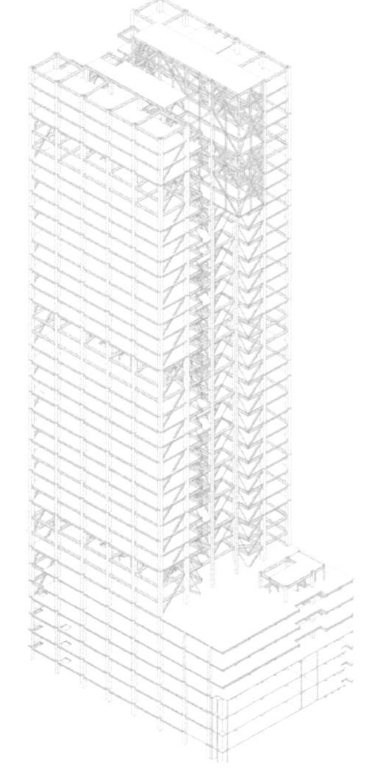
图6-2 结构效果图

3层，主要为箱形柱（52根每层）、H型钢梁、H形斜撑和圆形拉杆，东侧15根钢梁悬挑结构，悬挑4.5m。塔楼按结构自然层划分共34层，外框尺寸约42m × 42m，主要为箱形柱（36根每层）、H型钢梁辅以少量箱形梁、H形斜撑以及圆形拉杆。顶部悬挑结构高165.90m，悬挑17.1m，主要构件为箱形柱、箱形梁和箱形斜撑。

6.1.1.2　新型建造技术应用

1．项目BIM技术应用

1）精确建模

采用Revit、Tekla等软件完成中建科工大厦的精确建模（图6–3）。

针对钢结构模型，LOD400级别模型上协调检查，关键部位建立LOD450模型（图6–4）。

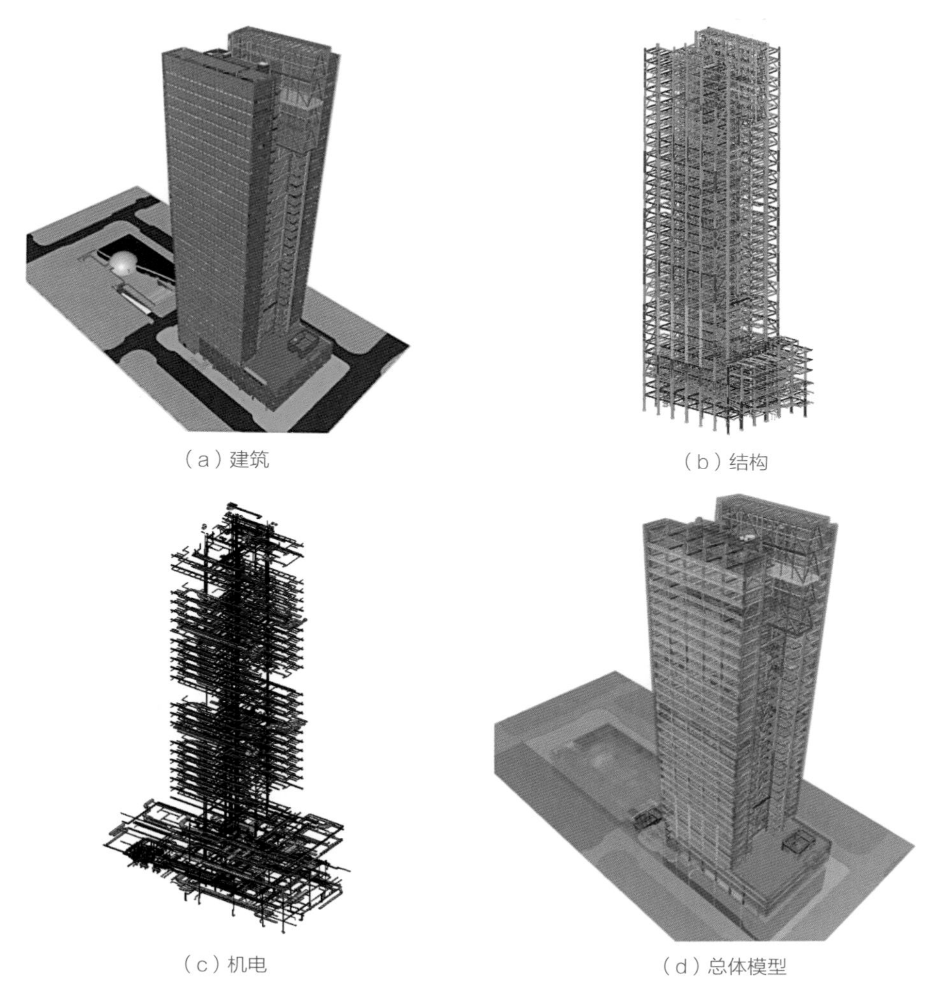

（a）建筑　（b）结构　（c）机电　（d）总体模型

图6-3　项目BIM模型

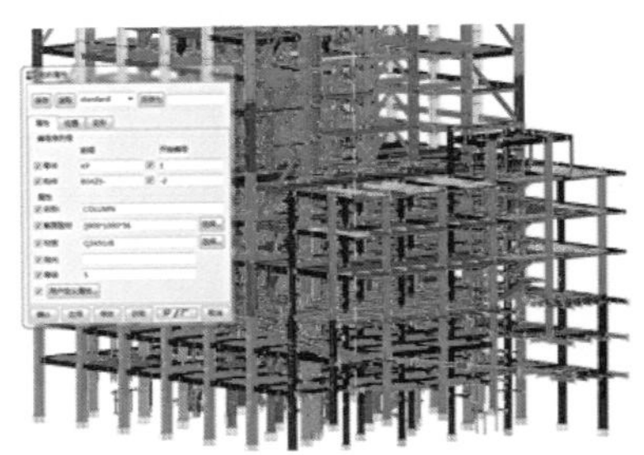

（a）建立LOD400模型

（b）模型自身协调

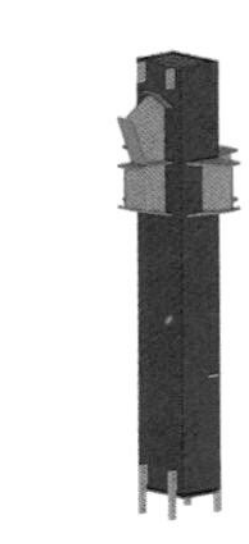

（c）关键部位LOD450模型

图6-4　钢结构BIM模型

2）优化设计

基于BIM的可视化效果，利用BIM技术实现项目的设计与工艺优化，在出图前完成碰撞分析，并进行校核，提前消除碰撞影响，保证构件现场顺利安装。在模型深化过程中加入施工工艺信息，优化工艺变更，满足现场施工要求（图6–5、图6–6）。

3）方案模拟

提前规划施工顺序，引入大跨度分片管理理念，结合分类分析作业条件，实行跨空间、密分区异步施工；引入BIM技术对方案4D模拟，配合方案规划并验证施工方案（图6–7、图6–8）。

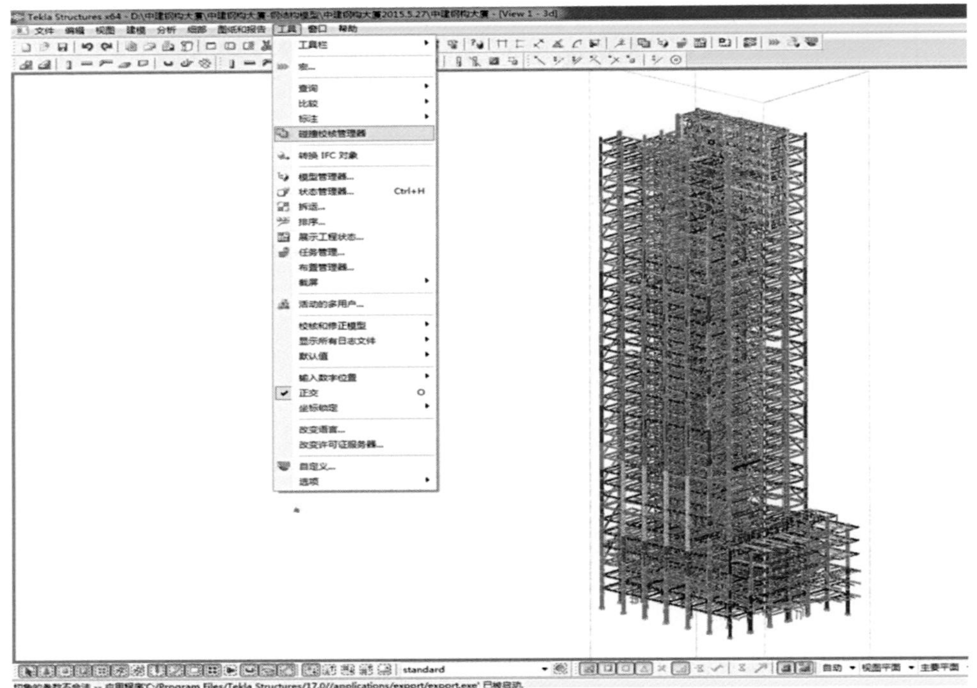

图6-5　自身结构碰撞分析模型

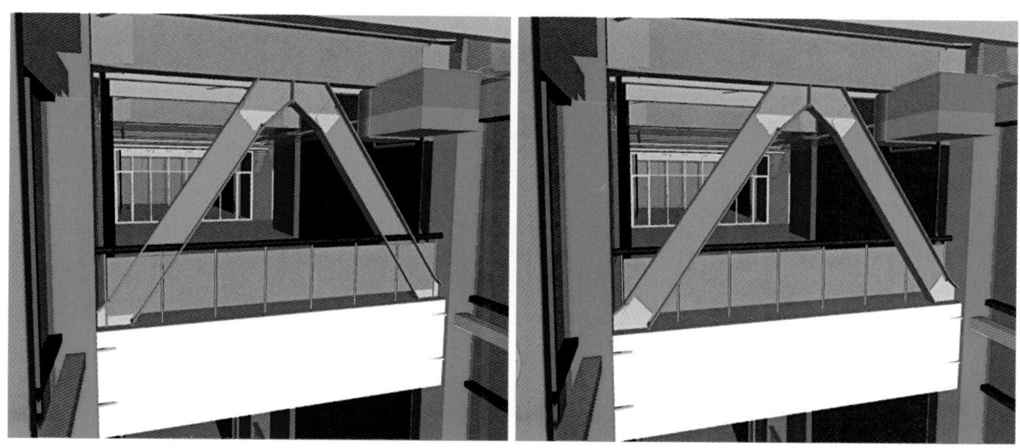

图6-6　专业间碰撞分析检查

（a）　　　　　　　　　　　　　　　　（b）

图6-7　施工方案BIM模型模拟

◆吊次分析统计

作业类别	构件名称	吊次	备注
钢结构	钢柱及斜撑	1020	每件1吊次
	钢梁	1800	三根一串吊
	外筒施工操作架	450	每件1吊次
	压型钢板	820	打包成捆吊装
	焊接工具房	78	每件1吊次
	氧气、乙炔、CO2等	220	打包吊装
	地面转移构件	120	部分钢柱翻身、转移
土建	钢筋	300	成捆吊装，部分成捆串吊
	其他辅助	200	包含布料机、模板等转运
合计		5008吊次	

◆吊装时间分析

按照三类构件所占比例可计算出每吊装一次所需时间为：25×20.3%+34×35.9%+15×37.8%=23（min）

图6-8　基于BIM模型的吊次、施工进度分析

地下室施工采用Revit融合模型并进行安装分析，精确确定临时混凝土撑对钢结构安装的影响；输出模型在PKPM中进行结构稳定性验算。最终确定钢结构领先基坑拆撑换撑的“逆序”施工方法，提前21天冲出正负零（图6–9）。

4）智慧工地管理

通过中建科工物联网系统，建立基于RFID技术物联网的全过程物料跟踪，实现涵盖钢材材料管理、构件管理、余料管理的管理系统（图6–10）。同时，在项目管理上与BIM系统无缝对接，实现各环节的数据采集功能。

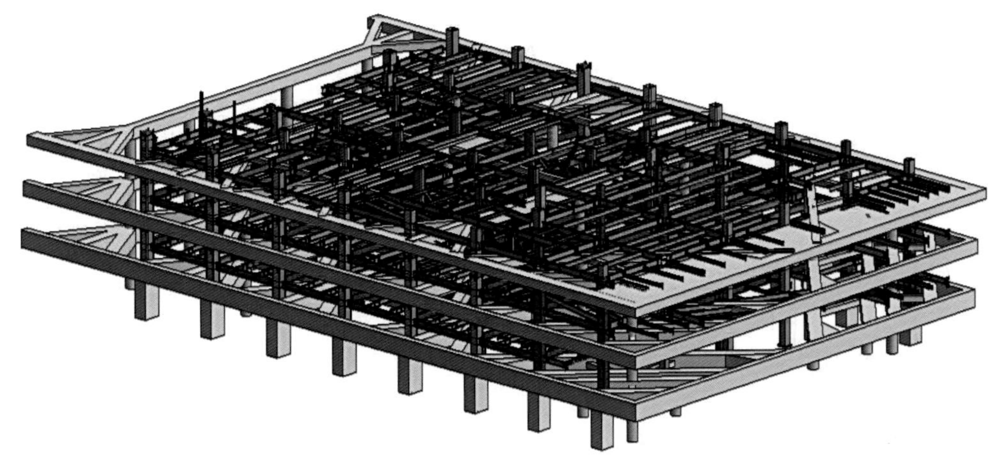

图6-9　地下室施工方案模拟

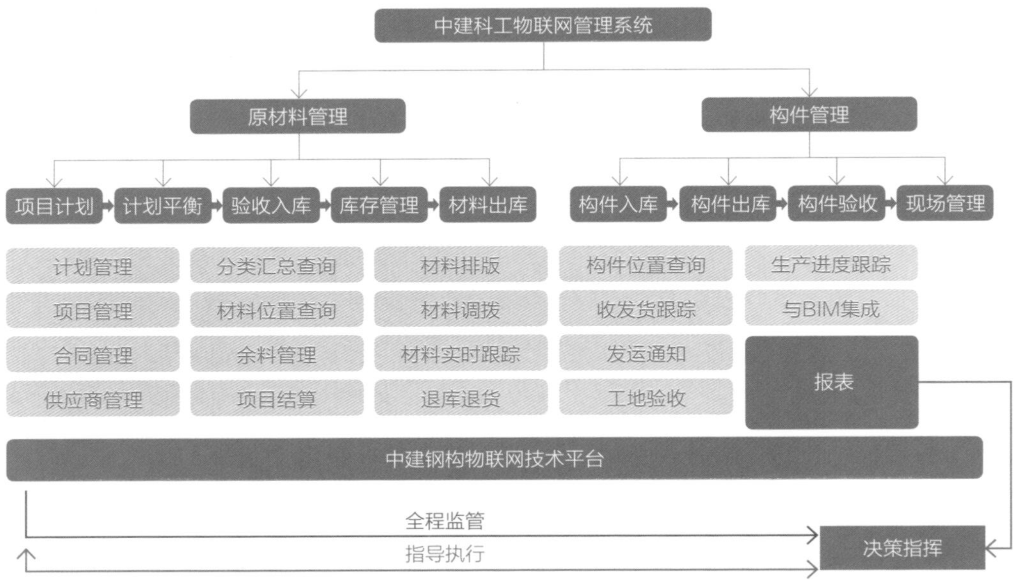

图6-10　中建科工物联网系统

图6-11　电子标签粘贴

同时，中建科工BIM平台与物联网系统的结合，可实现动态掌握构件信息。对于成品构件，选择采用一次性软电子标签粘贴，用手持机将电子标签与构件一一绑定，同时采集堆场位置信息，同步至系统（图6-11）。构件查询可分为入库查询和发货查询，在系统中可以根据单据号、构件类别、构件状态、时间等条件进行自定义查询。

通过人、机、料全方位追溯管理，应用现代化的数据采集手段，以工位为单位绑定人员信息、零构件标识、所在车间（安装标段）和班组、检验记录，以及物流信息等，建立科学、有效、客观、公正的数据体系。

5）BIM技术应用经济效益

最大化利用自然资源，较传统建筑节约能耗3/5。结合工序大数据分析，提前规划施工时间，现场工期减少约2/5。采用钢结构全生命周期辅助项目管理，设计优化结合自动化排版，工业化生产，数控下料减少材料损耗约1/5。BIM提前完成碰撞分析，减少现场更改，节约投资约1/5。

2．节能与新能源利用技术

1）建筑外围护节能技术

大厦外围护结构采用断热铝合金窗+Low-E中空玻璃幕墙，同时东西向采用垂直遮阳帘，南北向采用水平外遮阳，节能的同时减轻建筑自身重量。

2）供热采暖与空调制冷节能技术

供热采暖与空调制冷节能技术办公室空调末端采用风机盘管+新风系统，每层设置热回收机组，新风在换热后送至各个房间。首层办公大堂采用定风量全空气系统。

3）光伏发电技术

大厦将采用光伏发电技术，在大厦楼顶安装光伏幕墙，最大限度利用太阳能资源，设计年发电量占总用电量的2%。

4）绿色照明节能技术

大厦选用高效照明光源、高效灯具及其节能附件。充分利用自然光源，在车道位置安装光导照明系统；优先选用节能型光源，采取合理的人工照明方式实现节能目的。所有公共区域照明及室外照明采用智能化照明控制系统集中控制，其他场所采用跷板开关分散控制。

5）节地与屋顶空间利用

大厦项目屋顶设置绿化屋面，利用裙楼屋顶和塔楼屋顶作为屋顶绿化，内部设置空中花园，打造良好的建筑内部景观环境，同时降低能耗。

6）节水与水资源开发利用

大厦采用节水型卫生器具，使节水量不小于10%。采用水量计量技术，在室外水表井设置水表，对项目总用水进行计量。大厦采用市政中水系统，用于道路冲洗、车库冲洗、办公部分卫生间冲厕等。同时大厦还采用雨水回用系统，收集屋面雨水，经后期处理后用于道路冲洗、车库冲洗等。

6.1.2 北京市朝阳区CBD核心区Z15地块项目（北京中信大厦项目）

6.1.2.1 工程概况

北京市朝阳区CBD核心区Z15地块项目（北京中信大厦项目）已于2018年底通过消防验收，是首都的新地标，与国贸建筑群、中央电视台和银泰中心等构成了新的北京天际线（图6-12）。大厦位于距离天安门广场约5km的北京CBD核心区。用地东至金和东路，南邻CBD文化中心，西到金和路，北靠光华路。塔高528m，位居CBD中心和中央公园的核心位置，是北京城市天际线新的巅峰。南观中央公园，北见央视，西享北京古城，东望新CBD延伸区，景观极为丰富。

项目占地面积约11 500m^2。业态为金融总部性甲级写字楼。总建筑面积共43.7万m^2；地上108层，35万m^2；地下8层，8.7万m^2。容纳地下大堂、银行、书店和停车，并与CBD核心区地下公共交通人行和货运车行系统直接相连。

塔楼主要包括位于首层大堂上方的8个办公分区、位于第三层的会议中心和顶部105～108层的多功能商务中心。大厦内设位于3区、5区和7区底部的3个办公

图6-12　项目建成实景图

空中大堂。内含会议和员工餐饮设施，由高速双层穿梭电梯衔接到大厦的首层和B1层大堂。大厦开发单位为中信和业投资有限公司。中信集团总部携同中信银行总部入驻塔楼顶部和底部的4个分区，其他3个分区将吸引中外其他金融总部类公司入驻。

大厦地上结构形式为：巨形框架（巨柱、转换桁架、巨型斜撑组成）+混凝土核心筒（型钢柱、钢板剪力墙）结构体系（图6–13）。

工程钢柱为多腔体巨型柱，位于塔楼平面四角，底部柱截面约63.9m^2，顶部柱截面约2.56m^2，钢板厚度最大为60mm，材质主要为Q390GJC、Q345C。巨柱分为MC1、MC2、MC3和MC4四根巨柱，MC2与MC1对称，MC4与MC3对称（图6–14）。

6.1.2.2　基于BIM的施工管理技术

1. BIM技术应用

BIM实施总体思路：拒绝重复建模，力争模型的复用和传递，以BIM促管理，最大限度提升大楼品质。

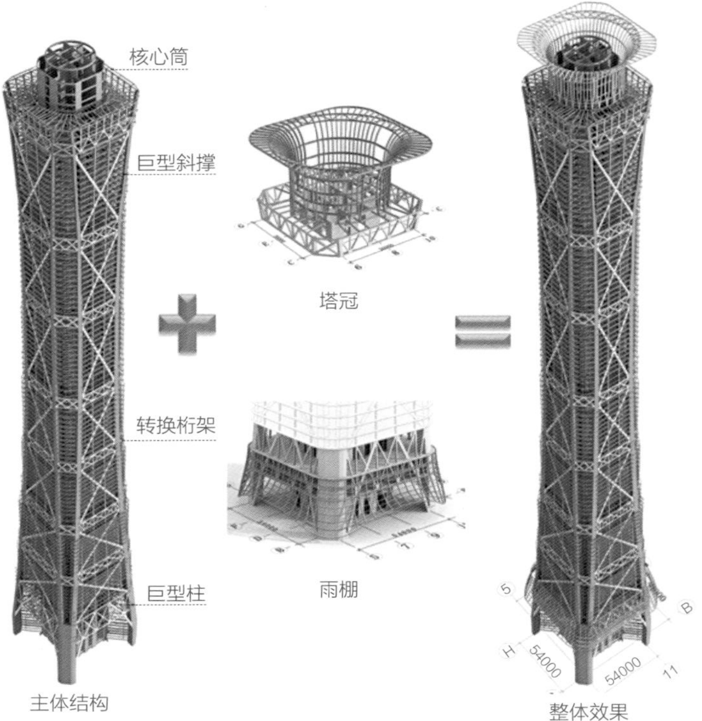

图6-13 地上结构概况

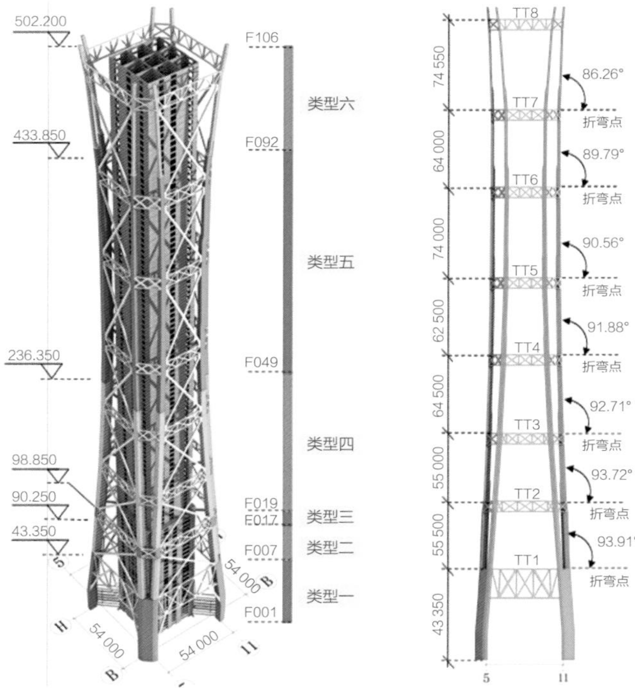

图6-14 巨柱结构示意图

项目BIM模型做到完整的流转，施工阶段继承设计阶段的BIM模型，并进行模型深化，替换部分设计模型，增加必要过程信息，最终将模型深度提升至竣工模型标准。最终的竣工模型包含了运维所需要的所有信息，并最终用于基于BIM模型的可视化运维系统。

不重复建模，既节省了后一阶段建模的时间和投入，同时上一阶段的模型和信息得以准确传递，使得BIM数据在全生命期应用中保持高度的准确性、持续性和可追溯性。

根据北京中信大厦项目要求所有专业全面应用BIM深化设计的总原则，以及要求模型与图纸同步提交，保证深化图纸质量和模型的及时性，项目部开展了各专业的BIM深化设计工作，全面采用BIM技术辅助施工图深化设计，针对主体结构、钢结构、机电、幕墙、室内装饰等专业均采用相应的BIM软件深化、出图；针对机电与幕墙等专业，直接采用BIM模型指导场外加工制作；结构土建、装修、电梯等专业采用BIM技术辅助深化设计，并提供施工所需内容信息的BIM模型。

北京中信大厦项目钢结构总量约14万t，加工要求高，施工难度大。在项目的整个建设过程中，为保证钢结构生产和安装的精度要求，采用BIM技术辅助深化加工，钢结构实体全部采用Tekla建模进行深化设计，深化后的模型直接指导加工制作（图6-15、图6-16）。

设计阶段提前介入，应用BIM技术进行图纸审核，即在施工图定稿之前，同时提交图纸及配套的BIM模型，利用BIM模型直观可视化的优点，进行图纸审核与优化。一方面是设计院内部各专业间的匹配与协调审核；另一方面是施工、监理等单

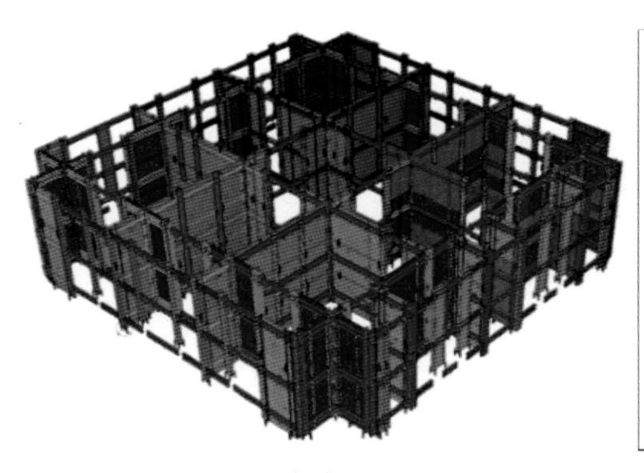

（a）

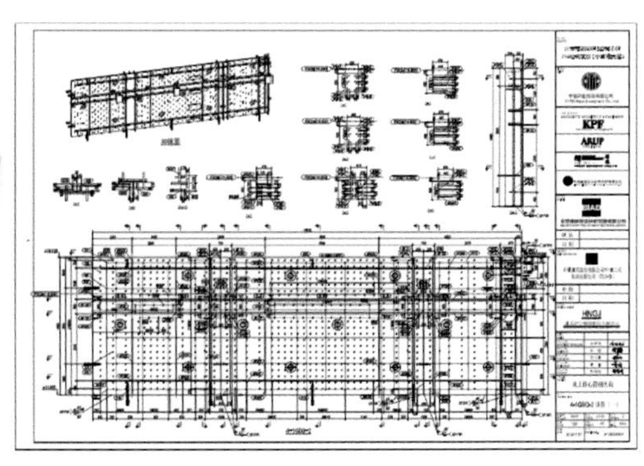

（b）

图6-15 核心筒钢板墙深化设计模型及图纸

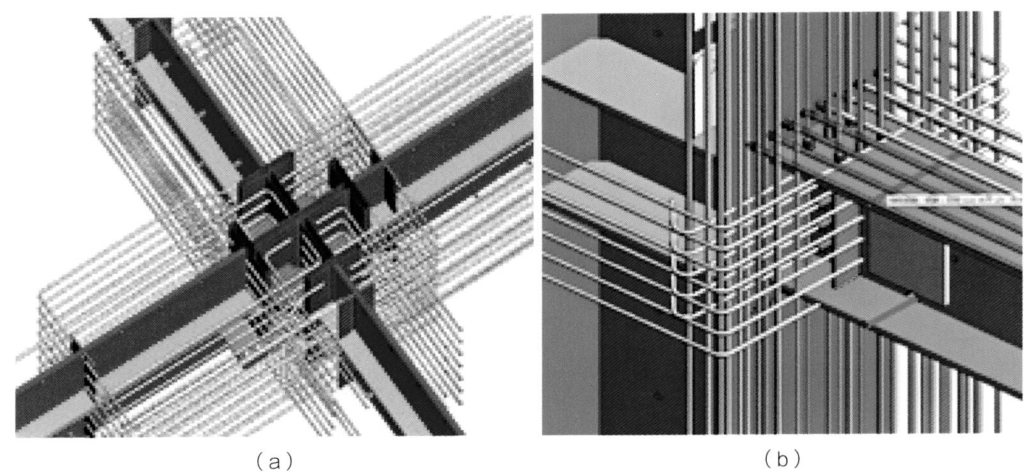

（a）　　　　（b）

图6-16　劲性结构深化

位根据后续深化设计与施工需要，提出有针对性的建议，进一步提高施工图设计的质量。

2．三维扫描在深化设计及质量管理中的应用

三维激光扫描技术是20世纪90年代中期开始出现的一项高新技术，又称实景复制技术，是继GPS空间定位系统之后又一项测绘技术新突破。它通过高速激光扫描测量的方法，大面积高分辨率地快速获取被测对象表面的三维坐标数据。可以快速、大量地采集空间点位信息，为快速建立物体的三维模型提供了一种全新的技术手段。由于其具有快速性，不接触性，穿透性，实时、动态、主动性，高密度、高精度，数字化、自动化等特性，其应用推广会像GPS一样引起测量技术的又一次革命。

三维激光扫描仪可以快速获得被测对象表面每个采样点空间立体坐标，得到被测对象的采样点（离散点）集合，称之为“距离影像”或“点云”。将相邻的离散点连接起来构成不规则三角网（TIN）立体模型或进一步构成规则格网（Grid）立体模型。TIN/Grid立体模型适合于各种情况的可视化，在其表面容易粘贴各种彩色纹理。从点云模型中提取三维特征，可以方便地构建目标的三维模型，进行空间仿真、虚拟现实、工业检测等。

北京中信大厦项目为国内首个全面应用三维扫描的超高层建筑。项目对每一个楼层都开展了三维扫描工作，包括结构、主要装修、机电设备间的扫描。扫描数据后期作为工程过程资料的一部分，辅助进行运维管理。

点云代表实际，BIM模型为虚拟，综合在一起，可以分析设计是否正确，施工是否存在误差。通过点云数据开展碰撞检查，设计更具有真实性，避免了因为现场偏差造成下一道工序无法安装的情况。

根据实施数据统计，北京中信大厦单层扫描及数据处理平均需要约6个小时。点云数据处理完成后通过Jetstream数据系统进行共享。专业分包单位可以直接借助点云辅助深化设计，深化设计工程师在自己电脑上就可以做到全面掌握现场结构的实际定位。点击软件的碰撞检查功能，能自动显示点云数据与BIM模型的碰撞结果，工程师基于此对偏差较大的位置，提前做出判断并调整优化，避免因现场施工误差造成返工和拆改，在施工之前确认本专业深化设计成果的可靠性。点云数据与BIM模型通过“综合-碰撞-优化-实施”这一系列“虚实结合”的过程，极大地提升了深化设计的效率和精度，将此过程的管理风险降到最低（图6-17）。

对于点云数据的“准”，项目在复杂、异形节点的深化设计管理过程中得到了充分的应用。由于北京中信大厦项目结构造型特殊，每层轮廓均有不同，各专业在结构边缘的深化设计需要详细且全面的尺寸数据支持。精确的点云数据

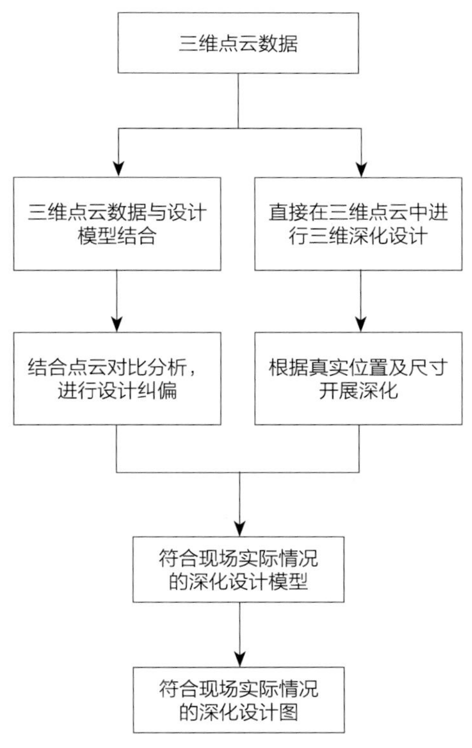

图6-17　基于点云模型的深化设计

为各专业深化设计提供了全新的数据提供方式，深化设计人员通过在深化设计模型里直接载入点云模型作为参考，点选获取所需要点的坐标数据，精确便捷地完成不同造型节点的深化。省去了现场实测实量和图纸推算所需的繁琐过程，有效缩减特殊节点深化设计的时间，深化设计成果可直接用作场外加工。这样的数据基础和管理方式，将深化设计的风险在初始阶段就降到最低，保证设计的准确性。

例如，项目首层为20m挑空的大堂，大堂顶部钢梁下设置有装饰吊顶埋件，吊顶造型采用场外加工定制，为校核埋件定位是否准确，采用扫描仪对现场进行扫描记录，并使用点云数据与预制BIM模型进行比对，既降低了深化设计风险，也节省了工期、节约了场地（图6-18）。

结合点云数据开展深化设计，使得深化设计有据可依，不再拘泥于设计图纸，计算了现场实际误差情况的设计成果准确、经济而又环保，充分体现了项目管理在先进技术的支持下的精度和品质。

3．三维扫描点云技术与三维模型放样技术

目前，施工现场的误差复测和现场放样还停留在传统的“尺量”阶段，大多以墙边、柱边为基准进行现场复测和放样，容易因为误差积累导致复测结果及放样工作偏差巨大，极易造成施工偏差及工程返工，影响施工质量和整体工期。

图6-18　基于点云数据大堂吊顶造型设计

北京中信大厦项目施工过程中应用三维模型放样技术，精准地进行现场放样，从源头最大限度地减小施工误差。施工过程中应用三维扫描点云技术，对关键工序和施工过程进行施工误差的校核，及时调整施工误差，避免误差的积累造成管线交叉及返工。

1）基于互联网的可实时量测Webshare数据记录和共享：利用三维激光扫描仪标配点云后处理软件（Webshare），可将现场获取的三维实景进行网络共享和发布，不同阶段获取的点云数据可上传至同一服务器，根据数据浏览权限，各单位可共享所有点云数据，并能在Webshare网络共享数据中实时量测，业主单位也可根据各分包专业共享的Webshare数据，对项目整体情况全面掌握（图6-19）。

2）土建及施工精度检测：这个步骤在整个施工环节中非常重要，是整个作业流程中必不可少的环节，土建在施工过程中不可避免地会产生误差，后续按照原设计图纸深化出来的机电三维BIM模型与土建结构会产生不可避免的碰撞，该碰撞直接影响了后期机电管线的安装过程，甚至会产生材料浪费和工期的延误。所以，土建必须作为基础数据来采集，方便后期数据的查证。

经过配准的高精度三维点云数据可使用专业的检测分析软件分析点云数据（As-Built数据）与BIM模型的整体偏差，包括平面度、垂直度、层高偏差等各项指标（图6-20）。该偏差数据可作为其他分包专业后期安装的指导。

图6-19　Webshare共享项目数据

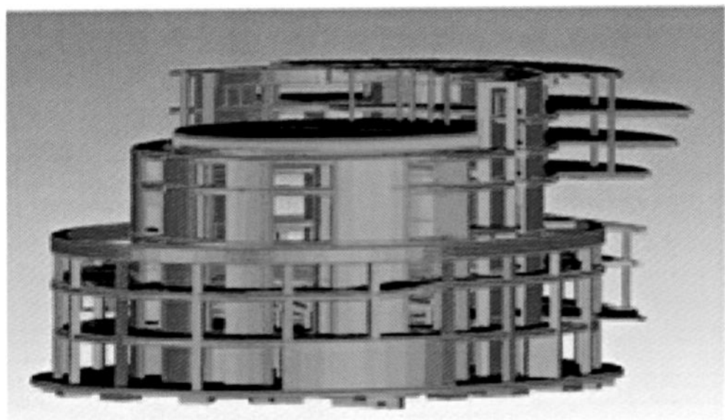

图6-20 点云数据VSBIM模型

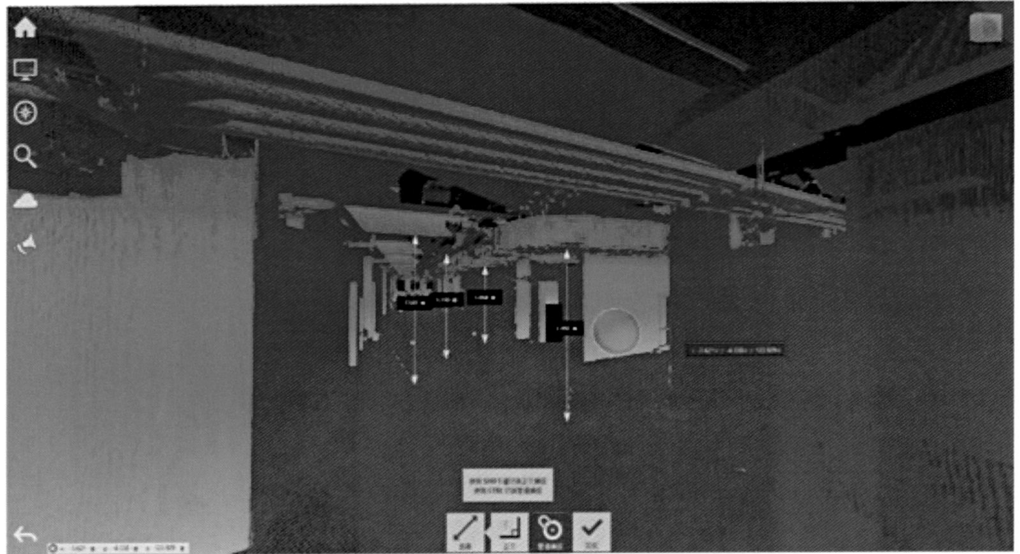

图6-21 隐蔽点工程施工过程记录

3）隐蔽点工程过程记录：传统的记录方式是以照片的形式为主，现场只能记录图片信息，而不具备实测实量的尺寸信息，三维激光扫描的方式在获取图片信息的同时，采集现场高精度的三维点云信息，作为施工过程的记录，后期施工结束，可随时查阅某一阶段的真实数据信息（图6–21）。

4）安装前的机电BIM模型和土建结构碰撞分析：机电BIM模型与土建结构安装前的碰撞分析是点云在机电专业中应用最核心的点。BIM技术的应用，干涉检查碰撞分析解决了模型阶段机电设备，管线之间的内部碰撞关系，而该阶段对点云的使用则是解决模型阶段处理好之后的模型和真实土建结构之间的碰撞关系，将机电管线与真实土建完成面的碰撞问题在安装之前得到有效解决。

5）机电管线安装精度复核复查：机电管线安装完成之后，单靠人工、钢卷尺，很难全面复核出每个位置安装的准确性，而三维激光扫描仪很好地解决了这个问题，只需要很少的站点数，就能记录现场海量的数据信息，一次扫描获取的数据可为后期整个施工过程服务（图6-22～图6-24）。

图6-22　机电管线位置复核一

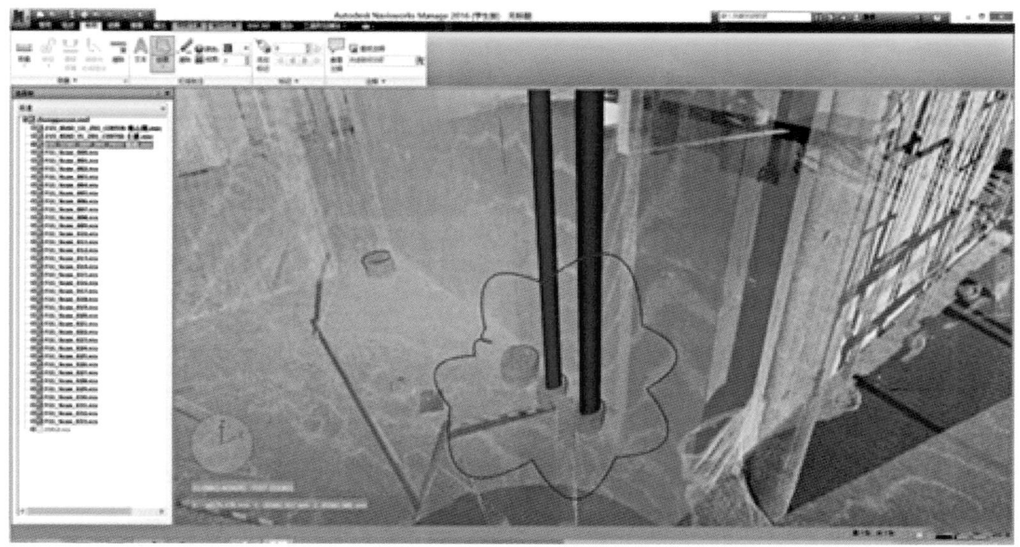

图6-23　机电管线位置复核二

图6-24 制冷机房设备安装精度复核

6.1.2.3 大跨度双曲悬挑雨棚高空原位安装技术

北京中信大厦雨棚结构主杆件为空间双曲弯扭箱形，借助支撑牛腿与首道桁架箱梁及桁架下弦相连，向外最大悬挑约为14.1m。在钢结构施工过程中，首先需要解决分段分节问题，根据现场堆场能力、起重机设备、道路运输、车间制作、安装方法等要求，进行合理的分段分节，如此才能保证后续的施工过程顺利进行。因雨棚上方玻璃幕墙是成品制作，雨棚结构悬挑弯扭构件的安装精度控制是最大难题，如若出现主体结构安装偏差过大，将导致幕墙无法顺利安装等一系列后续问题。再有，该结构在空间上呈现双曲交叉造型，构件综合交错数量较大，最大板厚25mm，如何控制焊接变形是一大难题。最后就是卸载问题，悬挑类结构都会面临卸载后下挠的问题，如何控制大悬挑重型构件在卸载后的下挠值是一个挑战。国内外超高层建筑中如此大跨度、大悬挑的雨棚结构实属罕见。经分析，该工程主要有以下技术难点：①雨棚分段分节；②雨棚精确安装及焊接；③复杂节点高空组装；④复杂弯扭构件高空合拢；⑤支撑胎架卸载方法。

1. 雨棚分段分节及现场拼装

雨棚结构的深化设计充分考虑原材料规格、运输的各种限制以及最终确定的安装方案。为使深化设计与加工制作及运输等方面更加密切结合，分段的拆分应考虑如下因素：起重吊装设备的能力；加工制作切割、焊接等设备；运输的长度、宽度与高度、运输单元重量；工厂检验设备、检验控制点、隐蔽焊缝的检验等；结合焊接工艺，保证构件与节点翻身起吊后的俯焊、平焊、立焊位置；分段接口的做法（切口及坡口）等。

经综合分析，采用1主挑梁+1竖龙骨+4横龙骨+顶横梁+2牛腿分段分节方法，两榀构件都在现场实测数据的基础上，结合图纸进行放样，严格控制构件长度、外观，放样要采取足尺放样。

制定合理的焊接工艺和防变形措施。因拼装雨棚的横龙骨焊接需要在胎架上完成，必须将横龙骨对接口全部焊接完并自然冷却后再将雨棚下胎，防止造成雨棚变形（图6–25）。

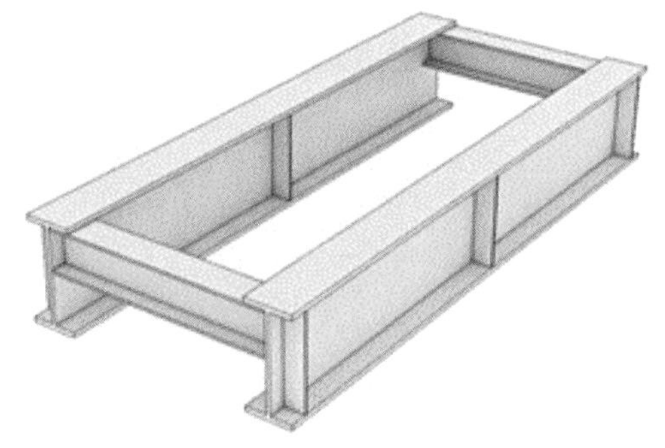

图6-25　雨棚拼装胎架三维模型

2．安装方法

根据有限元软件施工全过程模拟分析，并依据现场实际工况对雨棚安装进行优化，具体安装流程如下：

第一步，在地面拼装雨棚上端顶横梁与支撑，利用全站仪对桁架处连接位置进行标记，随后采用汽车式起重机将雨棚支撑安装至F003层及F005层桁架处，采用码板临时连接固定。

第二步，将雨棚的上节结构形成小型框架后，与已安装完成的支撑进行连接，标高范围在19.650～29.550m，利用码板进行临时连接。安装顺序为先安装与巨柱相连的雨棚，随后由两端向中间依次安装桁架连接部分的雨棚。雨棚主挑梁、雨棚竖龙骨与巨柱本体、首层桁架腹杆通过雨棚支撑相连接，形成稳定的支撑体系。

第三步，对上部分结构之间的小横梁补档，使得上部结构形成完整框架。

第四步，主要对下部分雨棚进行安装，由于该部分雨棚仅有主、次挑梁端头两个点连接，在安装前搭设支撑胎架作为主要受力点，保证安装的稳定性。胎架布设位置以上端支撑在雨棚边梁位置，不仅可以提供很好的稳定性，而且胎架间形成的通道可以方便边梁的安装。雨棚单面布设6组胎架，一共24组。

第五步，下部分雨棚结构安装顺序与上部一致，由两侧向中间依次安装，通过上口处设置捯链配合塔吊进行微调，准确定位后下端与胎架顶部进行刚性连接。随后补齐主次挑梁之间的小横梁，进行焊接工作。

具体可参见图6–26。

（a）巨柱部分上部雨棚在地面拼装好后进行安装

（b）安装相邻部分雨棚结构

（c）安装中间补档横龙骨

（d）继续向跨中安装雨棚结构，随后补档横龙骨

（e）安装中间补档横龙骨

（f）桁架跨中依次安装，上部雨棚结构安装完成

（g）下部巨柱部分雨棚结构拼装后进行安装

（h）支撑胎架布设完成后，安装相邻雨棚结构

（i）补档横龙骨

（j）继续向跨中进行雨棚安装

（k）雨棚结构安装完成

（l）焊接完成后进行胎架卸载

图6-26　雨棚安装步骤

6.1.2.4 高空双曲塔冠“硬支撑无胎架”式安装技术

塔冠在进行安装方案选择时，分别对全部使用胎架、部分使用胎架、不使用胎架3种方案从安全性、合理性和经济性三个维度上进行了比选，确定了本项目最终使用的“无胎架硬支撑施工技术”。

1．超高塔冠施工技术

本工程塔冠施工采用“无胎架硬支撑施工技术”，因为塔冠结构、现场场地、工期等诸多因素，本项目未采用传统塔冠施工中所采用的胎架支撑施工。项目利用合理的分段分节，合适的现场安装顺序，精准的现场实施步骤，最终达到了“无胎架”施工。

2．塔冠安装流程

具体参见图6-27。

（a）安装塔冠第一节，临时墙体影响位置先不安装，与外框巨柱及重力柱通过楼层梁连接成整体稳定框架

（b）安装塔冠结构第二节，总共28榀，其中临时墙影响位置4榀无法安装

（c）在F105～F106外框环梁安装完成后，安装二次钢结构第一节，形成整体稳定框架体系

图6-27 塔冠安装流程（一）

（d）安装二次钢结构第二节及塔冠结构第三节，塔冠第三节下侧与塔冠第二节采用码板焊死，上侧与二次钢结构第二节采用销轴连接，连接完成后方可松钩

图6-27 塔冠安装流程（二）

3．施工模拟分析

本结构承受自重荷载，采用有限元软件对施工安装过程进行模拟，保证施工过程中，塔冠的最大位移满足设计规范要求（图6–28）。

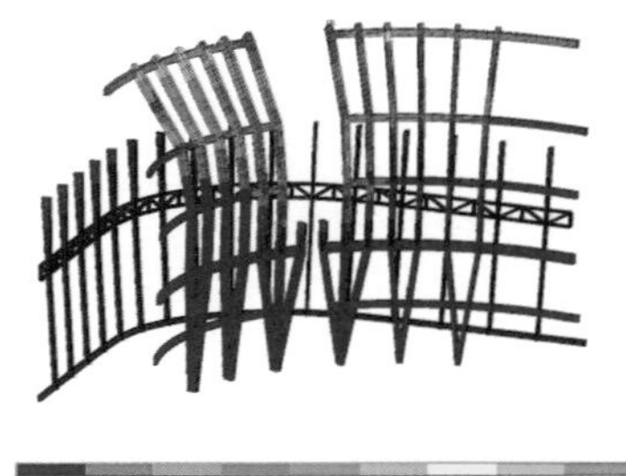

（a）安装塔冠第二节及二次结构第一节（角部临时墙体影响位置未安装），最大位移为26mm

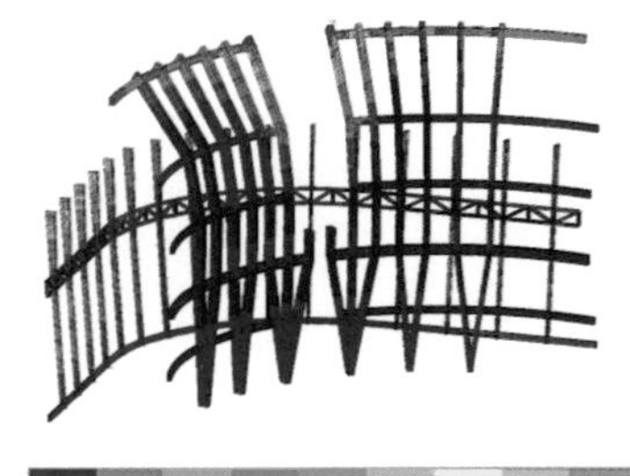

（b）安装塔冠第二节及二次结构第一节，未安装RF01钢梁，最大位移为6mm

（c）除角部临时墙影响位置，塔冠结构全部安装完成，最大位移为10mm

图6-28 塔冠位移施工计算

6.1.3　深圳平安金融中心

6.1.3.1　工程概况

1. 整体结构概况

本工程地下室共五层，采用“框架”体系；地上塔楼外框118层，主体结构高度558.45m，塔尖高度600m，高度目前深圳第一高楼，采用“巨型框架-核心筒-外伸臂”抗侧力体系。地上裙楼共11层，结构高度55.40m（图6-29～图6-32）。

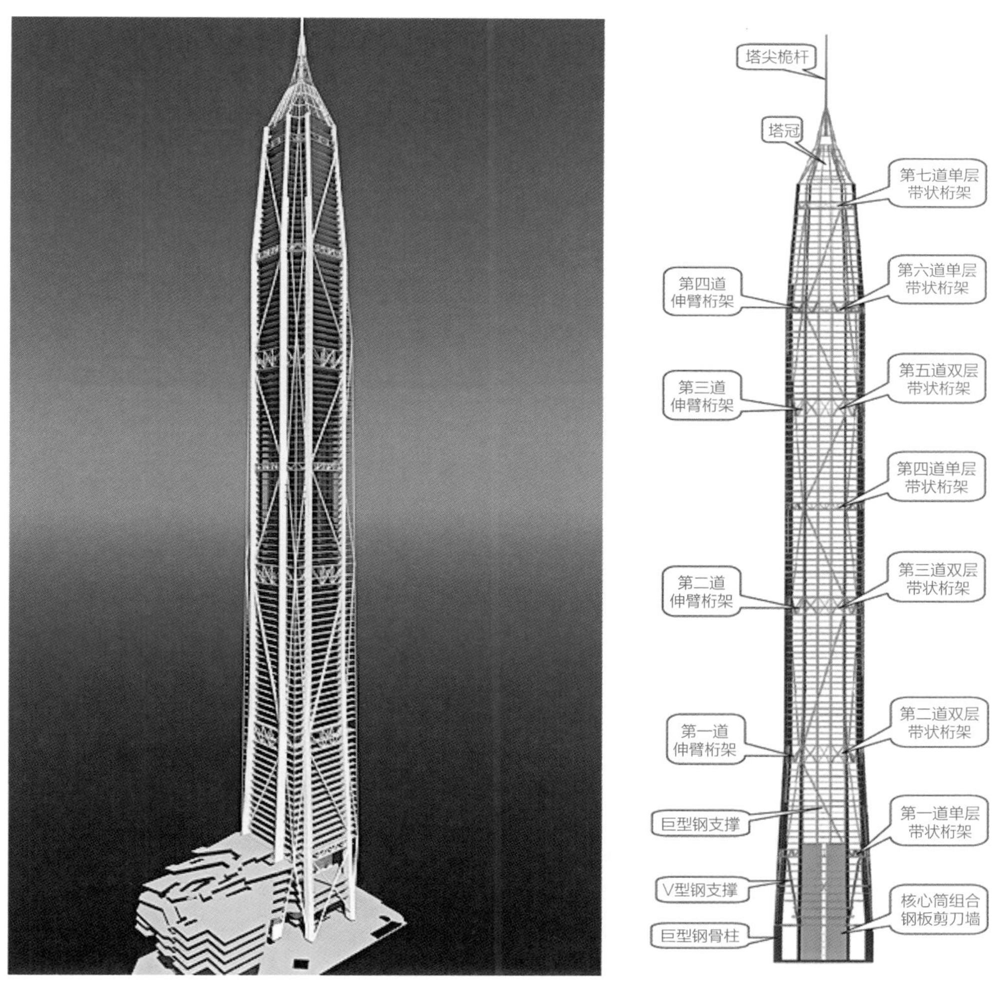

（a）项目设计效果图　　（b）钢结构分布整体效果图

图6-29　深圳平安金融中心工程概况

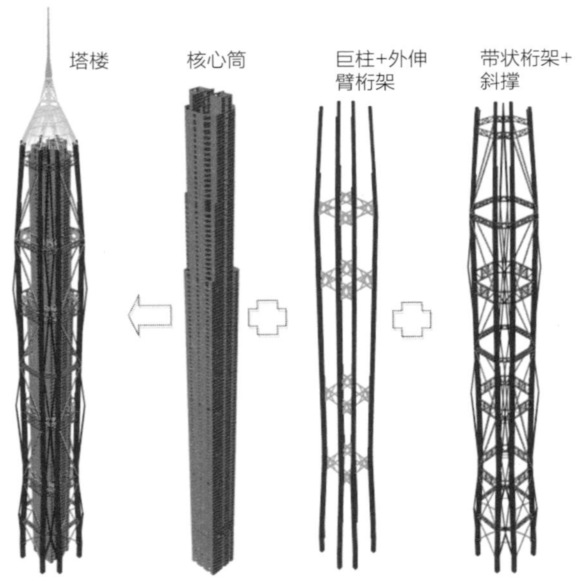

图6-30　塔楼组成示意图

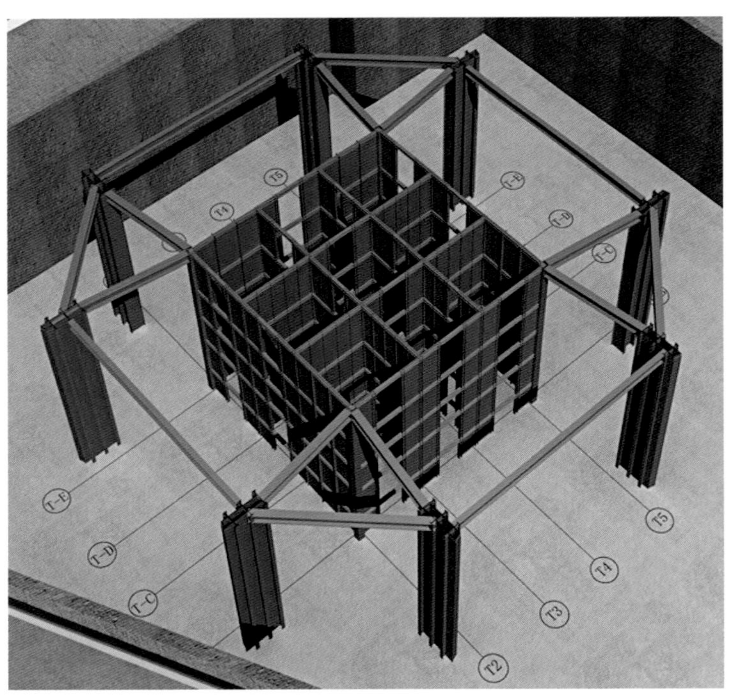

图6-31　塔楼地下室钢结构示意

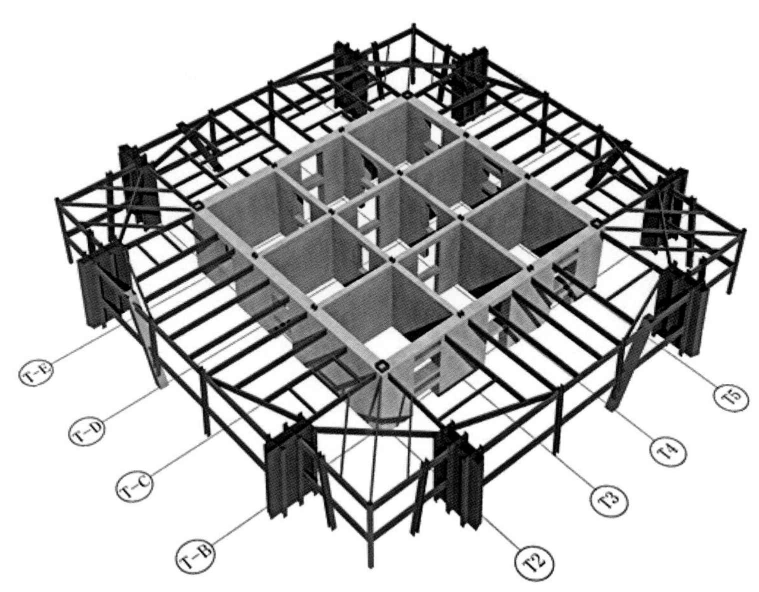

图6-32 塔楼地上标准层钢结构平面分布

2. 钢结构立面整体介绍

具体可参见表6-1。

塔楼钢结构立面整体分布表 表6-1

区域		钢构件类型	立面分布范围
塔楼	外框	巨型钢骨柱	B5～L118层
		七道带状钢桁架 七道角部钢桁架	L10～L11层，L25～L27层，L49～L51层，L65～L67层 L81～83层，L97～L99层，L114～L115层
		四道伸臂钢桁架	B5～L118层
		巨型钢支撑	L1～L114层
		角部V型钢支撑	L1～L118层
		巨型钢环梁	L1层
		楼面钢梁	L2～L118层
		组合压型钢楼板	L4～L118层
	核心筒	方管钢柱	B5～L97层
		钢板剪力墙	B5～L12层
		剪力墙内设型钢柱	B5～L118M2层
		剪力墙内设型钢连梁	B5～L109层

3．钢结构立面分布介绍

1）塔楼外框，见表6-2。

塔楼外框钢结构立面分布　表6-2

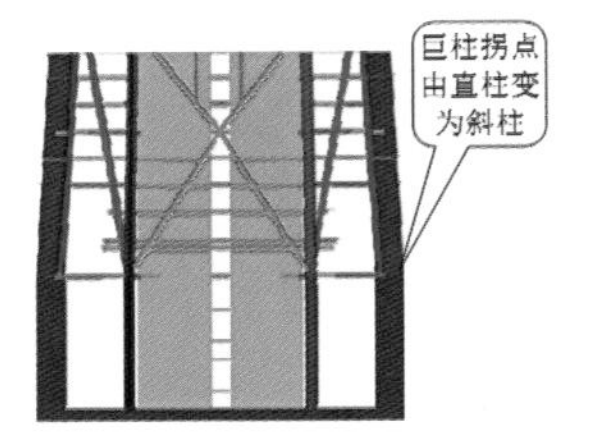	外框立面B5～L1层柱垂直于地面，最大柱距34.3m，最小柱距21.8m，自-1.450m开始到+168.020m，外框结构平面呈八边形，面积由75m×75m向内逐渐收缩至59m×59m，外框柱也逐渐向内侧倾斜； 自+168.020m开始到+451.070m，外框柱变为垂直于地面，外框结构平面呈八边形，面积为59m×59m； 自+451.070m开始到+548.320m，外框结构平面呈八边形再次向内收缩，面积由59m×59m逐渐收缩至43m×43m，外框柱也逐渐向内侧倾斜，最大柱距20.7m，最小柱距12.1m
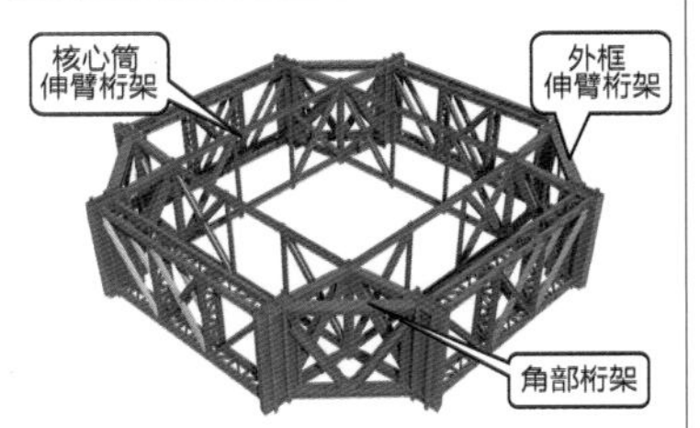	在L10～L11层、L25～L27层、L49～L51层、L65～L67层、L81～L83层、L97～L99层、L114～L115层分别设置七道带状桁架和角部桁架； 在L25～L27层、L49～L51层、L81～L83层、L97～L99层分别设置四道伸臂桁架； 伸臂桁架与该层带状桁架相连，可以将倾覆力同时传于两边支柱，更好地发挥外框抵抗侧向力的作用，减少核心筒整体受力，提高框筒结构的整体刚度
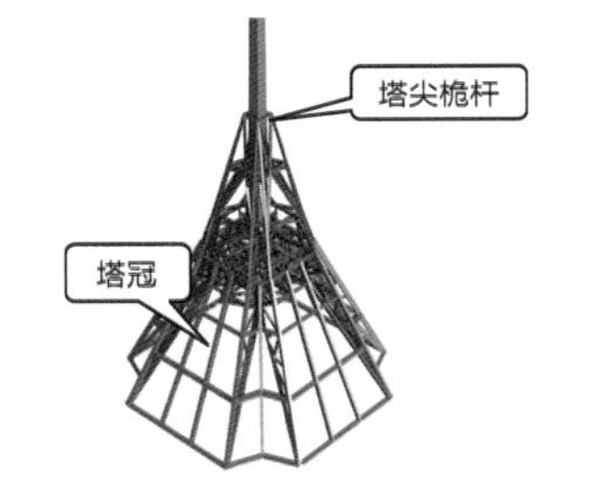	+548.320m到+605.076m为塔冠钢结构； +585.000m到+600.000m为塔尖桅杆钢结构

2）塔楼核心筒，见表6-3。

塔楼核心筒立面分布　表6-3

核心筒立面结构均垂直于地面，四角钢骨方管柱自底板起分别止步于L83层（一支）、L86层（一支）、L97层（两支）。 组合钢板剪力墙自底板起至L12层，L12层~L118M2层为混凝土剪力墙；剪力墙内设型钢柱，范围为B5层~L118M2层。 为更好地发挥外框和核心筒共同抵抗侧向力的能力，提高框筒结构的整体刚度，分别在核心筒L25~L27层、L49~L51层、L81~L83层、L97~L99层对应四道伸臂桁架处设置了立面钢支撑	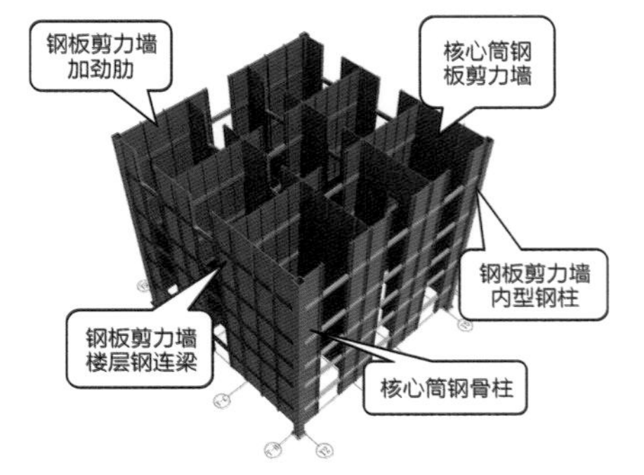

6.1.3.2　超厚铸钢件焊接技术

深圳平安金融中心项目铸钢件V形支撑位于塔楼西北、东北、东南、西南4个次立面上，截面为：□1 400mm × 1 400mm × 90mm × 90mm（图6–33）。V形支撑端部为铸钢件与V形撑对接；中部为铸钢直接对接，焊缝总周长达7.5m，具体尺寸为1 400mm × 1 400mm × 215mm × 215mm，其中阳角部位厚度达到了304mm。

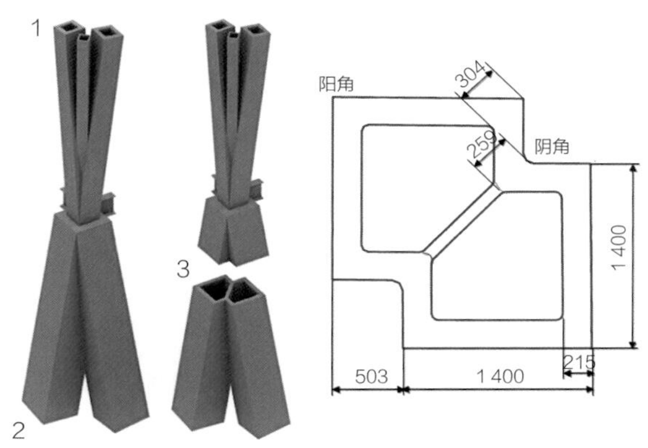

图6-33　V形支撑节点示意图

铸钢件的材质成分和加工状态与V形支撑存在一定的差异，其物理化学性质有所不同，因此二者的焊接性能也不尽相同。如果将铸钢件与V形支撑直接焊接，由于二者不同的线膨胀收缩性能、焊接温度要求、宏观组织致密性和微观元素分布情况，将导致焊接变形和应力控制较为困难，对现场焊接是极大的挑战。

此外，铸钢件与V形支撑对接处焊接板厚较大，焊接热循环的有效控制也是一个难点问题。因而，高空开展超厚铸钢件与V形支撑的对接，在技术分析和实际操作上都存在极大的困难。并且，铸钢件的组织较为疏松，一旦发生返修，碳弧气刨很容易在母材中引入大量碳元素，这些碳原子渗入疏松的铸钢晶格内，影响焊接质量：一方面会引起点阵畸变，降低母材的韧性；另一方面，形成的高碳晶粒会使母材组织硬化，并且碳元素的增加会急剧提高材料的淬硬性，焊接时更容易出现裂纹，从而使焊接更加困难。

针对上述异种材质对接、焊接质量难以保证的特点，经过多次研究论证，最终确定了铸钢件焊接的改进方案。在铸钢件与V形支撑的对接处，增加过渡段，其材质与V形支撑Q390相同，由制作厂完成铸钢件与过渡段的焊接，避免了现场进行G20Mn5QT–Q390GJC异种材质对接焊，解决了端部焊接的难题。

对于200mm超厚板铸钢件焊接，先采用1∶1焊接模拟试验，通过模拟试验评定，改进焊接方法而后进行现场实施（图6–34）。

深圳平安金融中心项目探索出了一次性焊接成型的工艺更适用于现场焊接，得到了拐角处的实用运弧手法和对工程质量有利的一系列焊接参数，取得了八面体多棱角200mm厚铸钢件焊接的创新技术，解决了200mm厚铸钢件焊接质量难以保证的问题，取得了一次性探伤合格率100%的效果。

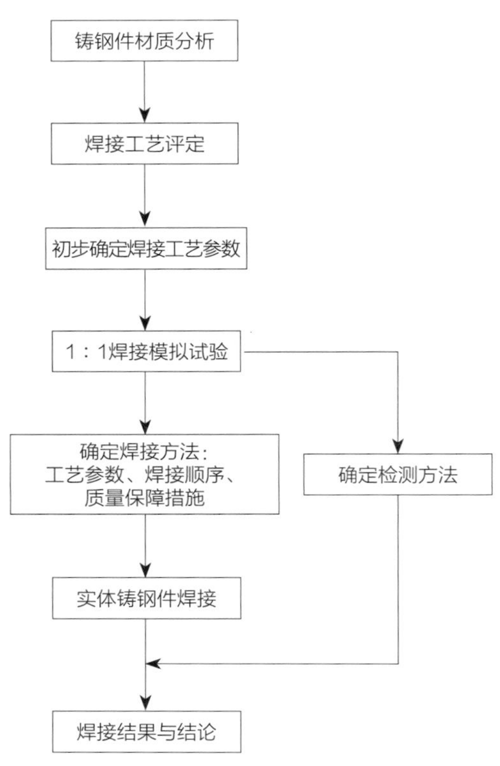

图6-34 八面体多棱角200mm铸钢件焊接技术路线

6.1.3.3 塔式起重机支撑架悬挂拆卸高效施工技术

深圳平安金融中心塔楼施工过程中共配置四台附墙爬升式塔式起重机，位于核心筒的外侧。其中，北侧（1号塔式起重机）及东侧（2号塔式起重机）为法福克M1280D大型动臂式塔式起重机；南侧（3号塔式起重机）及西侧（4号塔式起重机）为中昇ZSL 2 700大型动臂式塔式起重机。4台均为当时国内外建筑施工中使用的最大型号塔式起重机，塔式起重机平面布置如图6-35所示。

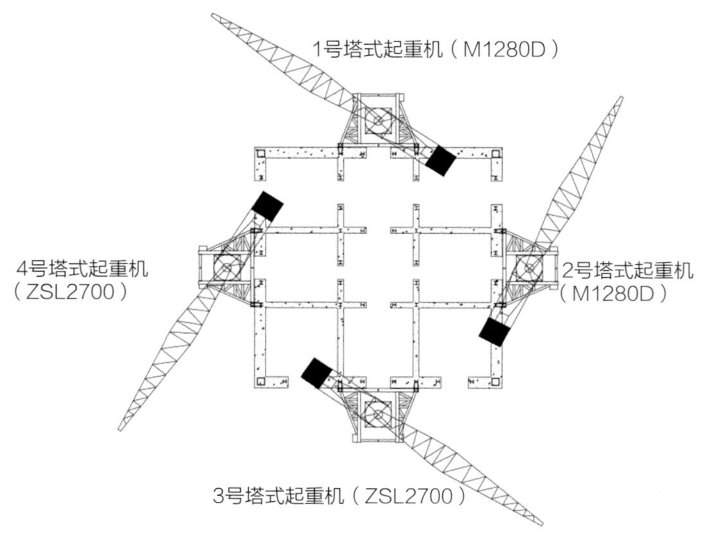

图6-35 塔式起重机及支撑架平面布置

为满足塔式起重机的附着、爬升，每台塔式起重机配备一套支承系统，每套支承系统由3榀支承架组成，其中2榀用于支承塔吊，另1榀用于周转；每榀支承架由拉杆、压杆、三脚架组成（图6-36）。

图6-36 塔式起重机支承系统

本项目整个施工过程中塔式起重机将爬升27次，支承架将随之拆卸、周转27次。

因此，针对本工程的拆卸要求及存在的重难点，项目研究出一种塔式起重机支承架悬挂拆卸的高效施工技术进行塔式起重机多次爬升，其总体思路为：采用特制的索具将A榀支承架连接在C榀支承架上，索具端头设置有捯链，通过捯链，将A榀支承架整体提升并脱离核心筒的约束，再将两个三脚架调平后拆开，实现拆卸的目的，拆卸后，支承架继续由索具悬挂，不再占用堆料场地。拆卸流程如图6-37所示。

由于塔式起重机自重等垂直力主要作用于B榀支承架，所以A榀支承架不直接悬挂在B上，而是越过B悬挂在C上，避免了B榀支承架承担额外的竖向荷载，如图6-38所示。

与常规拆卸技术相比，悬挂拆卸技术的创新点主要体现在拆卸工具、拆卸方式、堆放形式三大方面，见表6-4。

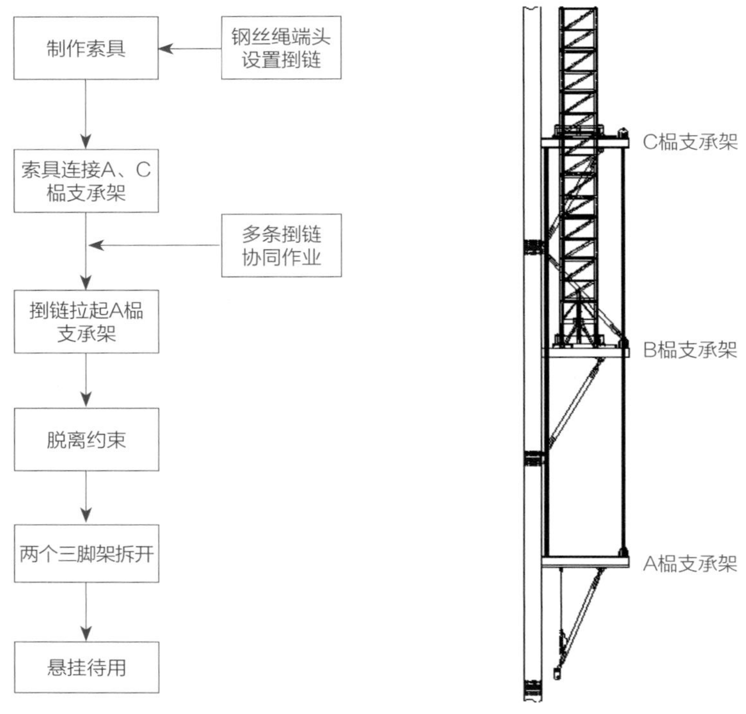

图6-37 悬挂拆卸流程

图6-38 A榀支承架悬挂在C榀支承架上

拆卸技术对比 表6-4

对比项	常规拆卸技术	悬挂拆卸技术	创新后的优势
拆卸工具	采用塔式起重机作为主要工具	采用索具作为主要工具	减少占用塔式起重机使用时间
拆卸方式	1. 支承架由塔式起重机吊住，然后进行拆卸； 2. 支承架侧向受力； 3. 操作人员需要反复调节才能达到拆卸目的； 4. 占施工主线时间	1. 支承架由六条索具悬挂拆卸； 2. 支承架垂直受力； 3. 支承架可调至同一水平面，拆卸顺利； 4. 不占施工主线时间	拆卸方便，安全性提高。可提前拆开，随时待用，使得周转时间可控
堆放形式	支承架拆卸后放置地面堆料场地，等待周转	支承架拆卸后在半空中悬挂，等待周转	支承架悬于空中，不必占用堆料场地，为建筑材料的进场、堆放、转运提供有利条件

6.1.3.4 计算机模拟预拼装技术

1）模拟预拼装原理

计算机模拟预拼装采用钢结构三维设计软件Tekla Structures构建三维理论模型，对加工完成的实体构件进行各控制点三维坐标值测量，用测量数据在计算机中构造实测模型，通过实测在计算机中形成的轮廓模型与理论模型进行拟合比对，并进行模拟拼装，检查拼装干涉和分析拼装精度，得到构件加工所需要修改的调整信息。

2）三维模型的建立

运用Tekla设计软件，依托相对应的图纸建立桁架的结构三维模型，其中包括设计、制造、安装的全部信息要求，所有图纸与报告完全整合在模型中产生一致的输入文件，通过模型导出供车间生产制作的构件详图及相关零件图，以利于车间更快、更准确地安排生产（图6-39）。

图6-39　带状桁架三维模型示意图

3）桁架各单元控制点测量

构件制作完成后，车间自检人员通知专职质检员及驻厂监理对相关构件进行验收，同时由专业测量人员利用全站仪对制作完成的构件进行实测，主要对构件外轮廓控制点进行三维坐标测量。首先应设置全站仪测站点坐标，通过设置测站点相对于坐标原点的坐标，仪器可自动转换和显示位置点（棱镜点）在坐标系中的坐标；其次是设置仪器高和棱镜高，用以获得目标点Z的坐标值；最后设置好已知点的方向角，照准棱镜开设测量，此过程中安排监理进行旁站监督，对实测数据进行签字确认，以保证数据的真实有效性（图6-40、图6-41）。

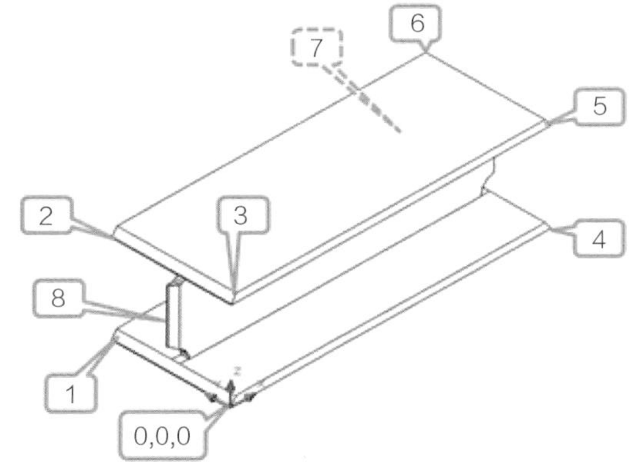

图6-40　构件控制点测量位置示意图

图6-41　构件实测图例

4）数据转换

将全站仪与计算机连接，导出测量所得坐标控制点数据，将坐标点导入Excel表格，将数据在Excel表格同一单元格里把坐标换成（x，y，z）格式。然后选择复制全部数据在CAD界面中输入SPLINE或LINE命令，在命令行中粘贴复制的坐标数据即可得到构件的实测三维模型（此处以35DHJ3XX-3举例说明，见图6-42）。

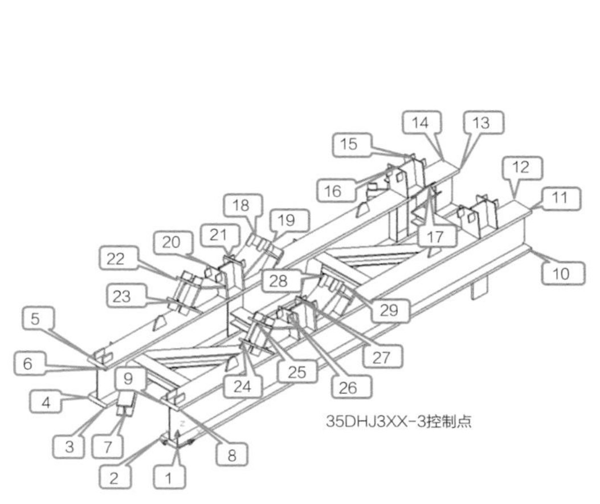

控制点编号	x值	y值	z值	三维坐标值
1	0	0	0	0, 0, 0
2	0	500	0	0, 500, 0
3	0	2500	0	0, 2500, 0
4	0	2000	0	0, 2000, 0
5	0	2500	930	0, 2500, 930
6	0	2000	930	0, 2000, 930
7	-297	1185	605	-297, 1185, 605
8	0	0	930	0, 0, 930
9	0	500	930	0, 500, 930
10	9831	0	0	9831, 0, 0
11	9831	0	1000	9831, 0, 1000
12	9831	500	1000	9831, 500, 1000
13	9831	2000	1000	9831, 2000, 1000
14	9831	2500	1000	9831, 2500, 1000
15	8881	2309	1594	8881, 2309, 1594
16	8381	2309	1594	8381, 2309, 1594
17	8381	309	1594	8381, 309, 1594
18	4662	2322	1728	4662, 2322, 1728
19	4987	2285	1350	4987, 2285, 1350
20	3358	2309	1594	3358, 2309, 1594
21	3858	2309	1594	3858, 2309, 1594
22	2551	2322	1726	2551, 2322, 1726
23	2227	2284	1346	2227, 2284, 1346
24	2227	284	1346	2227, 284, 1346
25	2551	322	1726	2551, 322, 1726
26	3358	309	1594	3358, 309, 1594
27	3858	309	1594	3858, 309, 1594
28	4662	322	1728	4662, 322, 1728
29	4987	285	1350	4987, 285, 1350

图6-42　带状桁架下弦杆控制点及测量数据示意

5）构件比较

将单根构件的理论模型导入CAD界面中，采用“AL”命令拟合方法将构件实测模型和理论模型进行比较，得到分段构件的制作误差，若误差在规范允许范围内，则可进行下一步模拟拼装，如偏差较大，则需先将构件修改校正后再重新测量。在构件拟合过程中应不断调整起始边重合，以其中拟合偏差值最小的为准，见图6–43。

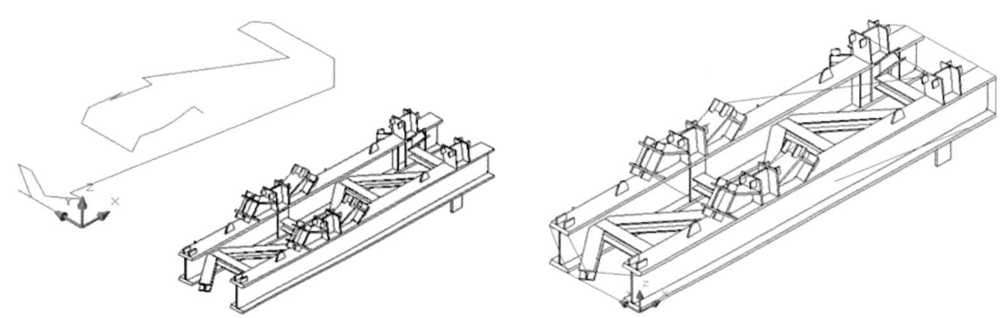

图6-43　实测坐标值形成的轮廓与理论模型拟合比较示意图

6）桁架模拟预拼装

对桁架上、下弦杆各控制点进行三维坐标数据收集、整理汇总，并依据设计提供的理论模型将其合理地放在实测的坐标系中，在计算机中对各控制点逐个进行拟合比对，检查各连接关系是否满足设计及相关要求，如有偏差及时进行调整，并形成相关数据记录（图6–44、图6–45）。

图6-44　整榀桁架测量示意图

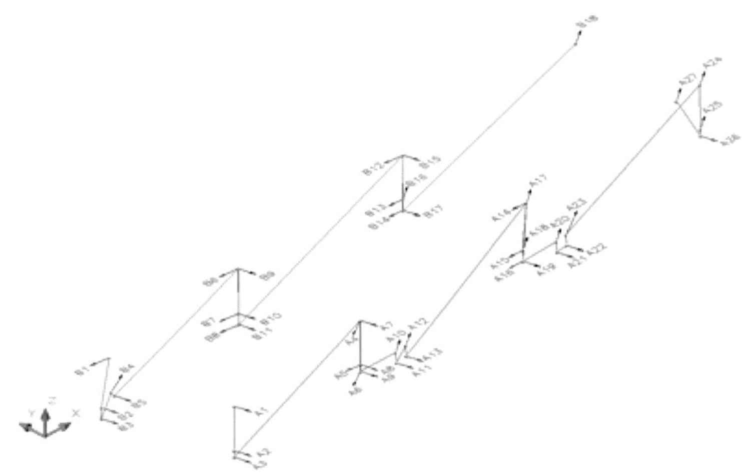

图6-45　实测坐标值导入CAD软件中示意图

6.2　大跨度公共建筑

6.2.1　西安丝绸之路国际会议中心

6.2.1.1　项目概况

1. 建筑概况

西安丝绸之路国际会议中心建设项目（以下简称“会议中心”）位于西安市浐灞生态区核心位置，香湖湾地铁站西侧，黄邓路与香湖一路交叉口西北角。项目以欧亚经济论坛为依托，围绕服务国家“一带一路”倡议，着力打造集生态化、国际化、智能化为一体，以丝绸之路沿线文化、商贸、科技等展览、交流、交易为主题的大型会展平台。项目建成后，将有助于提升西安乃至西北地区会展业发展水平。会议中心外轮廓呈正方形，平面尺寸为207m×207m，建筑主体高度51.050m，屋顶设置设备平台层，设备平台（无围护结构）屋面标高为58.800m。总建筑面积20.71万m^2，其中：地上总建筑面积12.84万m^2，地下总建筑面积7.87万m^2。主体建筑地上三层（每层局部设置夹层、屋顶含两个设备平台层）、地下局部二层，地下部分采用钢筋混凝土框架结构，地上部分采用巨型钢框架结构。建筑功能以会议、宴会功能为主，并设置有配套办公、厨房、停车场等功能，地上主体功能为一层宴会厅、二层大型多功能厅、三层主会议厅，三层层高分别为16m、16m、18.45m，夹层主要为办公及设备机房，层高为8m、8m、10.45m，抗震设防烈度为8度，属于特级公共建筑，一类高层公共建筑（图6–46）。

图6-46　西安丝绸之路会议中心一期建设项目效果图

2. 结构概况

会议中心钢结构采用“钢框架支撑+正交主桁架”结构体系，其中在整个钢结构底部与地下室混凝土结构连接位置设置有隔震层，通过大量使用隔震支座、阻尼器，将地上钢结构抗震设防烈度降为7度。首层楼面为梁柱结构，二层～屋面层楼面为正交桁架与次梁组合结构，一、二、三夹层楼面为悬吊梁柱结构。建筑结构竖向采用巨型框筒结构支撑，外围立面由屋面悬挑桁架通过圆管下挂月牙桁架组成，总用钢量约6.5万t（图6–47）。

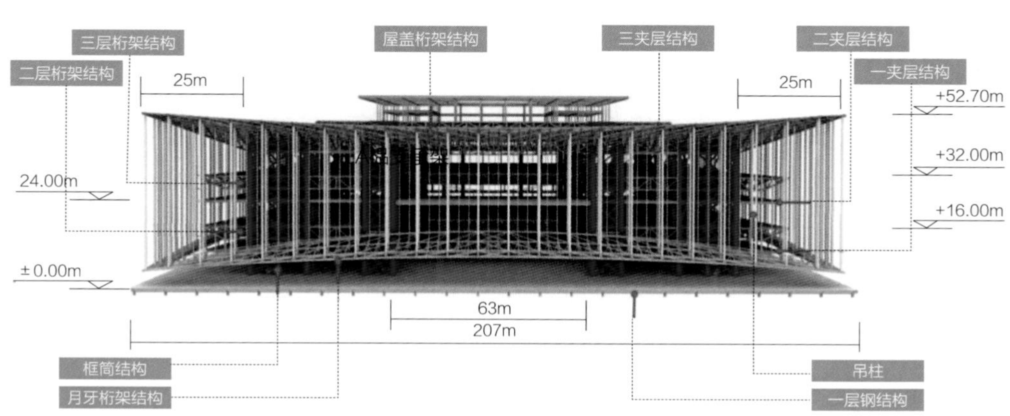

图6-47　会议中心主体钢结构正视图

6.2.1.2 基于BIM技术的大型隔震支座群与巨型框架大跨度结构安装协调施工全过程变形控制技术

会议中心项目作为国内极具规模的使用隔震支座群柔性基础的大跨度复杂外立面悬吊体系钢结构工程，整个项目共计使用526个隔震支座，其中橡胶支座170个，弹性滑板支座356个，分布于地下室混凝土柱墩顶部形成隔震层。其上部为钢结构，526个隔震支座支起钢结构首层约4.64万m^2梁柱组合楼板结构，首层以上竖向支撑转换为20个巨型框筒结构，框筒结构由箱形柱及H型钢柱间支撑组成，每个箱形柱下方对应设置橡胶支座基础，故整体巨型框架大跨度钢结构设置于隔震支座柔性基础之上，各竖向巨型框筒结构之间设置有三层大跨度桁架结构，桁架最大跨度63m；整个外立面悬吊体系竖向依托巨型框架结构进行悬挑吊挂，控制巨型框架大跨度钢结构在隔震支座群柔性基础之上的施工变形极为关键。

钢结构深化设计阶段，通过BIM技术的使用，对隔震支座下部密集复杂混凝土柱帽钢筋进行放样，合理优化隔震支座预埋钢板中的抗剪键尺寸规格以及锚杆的尺寸数量分布位置，避开土建钢筋的同时确保预埋空间尺寸及受力满足设计要求，锚栓预埋的同时，设置专门的定位模具避免锚栓安装和混凝土浇筑过程中出现偏移变形。同时设置了大量的高强螺栓连接节点，避免焊接热源影响隔震支座橡胶性能，同时在与上部钢结构连接部位设置过渡板，避免楼面钢梁焊接过程中热传导影响隔震支座橡胶性能（图6–48）。

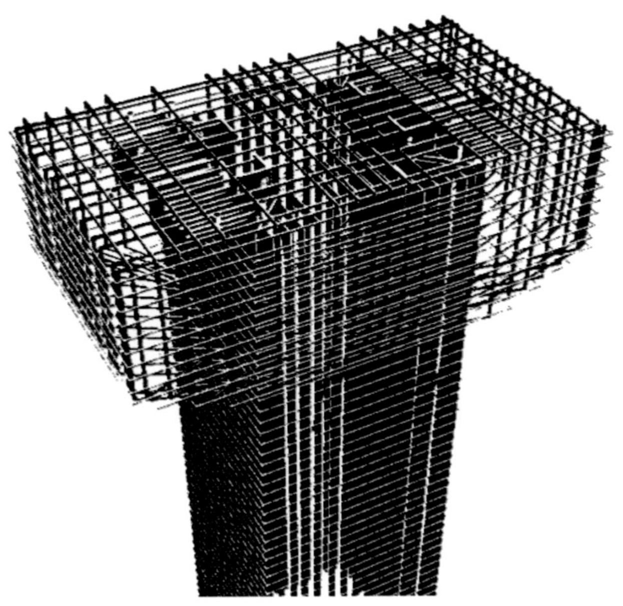

图6-48 BIM放样校核隔震支座预埋板安装与钢筋避让情况

本工程针对隔震支座群柔性基础下的巨型框架大跨度钢结构施工，通过优化隔震支座群水平向临时约束措施，BIM技术下合理化设计大跨度桁架结构临时支撑措施以及其底部与主体钢结构连接节点，结合计算机模拟施工理论数据与施工过程中的实时测量监测数据对比分析，施工过程中实时的安装数据值纠偏，做到隔震支座变形影响与结构变形协调，采取了一系列的变形控制优化措施，主要工艺特点如下：

1）针对隔震支座预埋结构施工，设计了专门的重复利用型变形控制模具，通过在混凝土钢筋顶部焊接找平定位钢筋和锚杆底部焊接拉结钢筋，控制模具的安装定位尺寸及水平度，准确定位预埋锚杆的同时控制混凝土浇筑过程引起的变形，同时在混凝土钢筋四周拉索带捯链的钢丝绳结合底板浇筑时预留地锚，在混凝土浇筑后初凝前进行二次测量微调校核的同时定位安装埋板结构，确保一次浇筑成型的同时控制混凝土浇筑引起的变形偏差得到控制。

2）利用BIM技术，考虑吊装设备起重性能，合理化确定大跨度桁架结构分段位置设置临时支撑措施，根据临时支撑措施分布位置不同及受力形式的差异，采用标准格构式临时支撑措施与贝雷架组合形成整个大跨度结构施工临时支撑群。

3）利用BIM技术，对临时支撑措施转换式底座托梁和顶托支腿独立设计，转换式底座托梁与钢结构主体钢梁连接节点采用全焊接节点形式，转换式底座托梁与标准格构式临时支撑措施或贝雷架对应采用码板、螺栓或者销轴的连接节点形式，在确保基础相对整体钢结构稳定的同时，便于快速安拆，节约施工工期。

4）支座施工时使用自身成品保护的位移约束措施，待框筒之间的框架结构施工完成后，通过模拟计算分析优化，选择单个框筒结构中特定点位的橡胶支座钢梁下翼缘板位置设置型材约束措施，组成整个框筒结构的水平方向临时约束措施，限制框筒结构的水平向位移，确保框筒结构在垂直方向上能够可靠位移。同时全部释放隔震支座自带的成品保护位移约束措施，待钢结构工程全部施工完成后释放型钢水平向临时约束。

隔震支座群基础上的多层大跨度桁架高空原位安装施工流程如图6-49所示。

6.2.1.3 柔性状态下大跨度非等高桁架悬停二次拼装多点同步整体提升技术

与常规大跨度结构多点同步提升不同，项目中庭位置63m跨度桁架结构其两侧竖向支撑框筒结构底部基础为橡胶隔震，为避免提升过程中荷载值增加导致隔震支座变形，提前设置水平位移约束措施，确保隔震支座水平向约束竖向可自由变形。

（a）隔震支座施工

（b）现场预留与结构梁焊接转换底座型钢支腿

（c）临时支撑措施转换底座托梁与主体结构连接构造

（d）大跨度桁架结构施工现场临时支撑措施群

（e）与框筒结构连接大跨度桁架节段吊装施工

（f）中间节段大跨度桁架节段吊装施工

（g）大跨度桁架结构施工完成

图6-49　大跨度桁架结构施工流程

中庭位置桁架结构也较为特殊，其中外侧两个轴线（D轴和E轴）桁架顶标高等高均为48.300m，底标高不同；D轴线为“米”字形桁架，桁架底标高39.436～39.968m不等，E轴线为常规桁架结构，底标高为43.330m。F轴线桁架也为“米”字形桁架，顶标高为50.300m，底标高为43.330m。整体中庭位置桁架结构轴线不同，顶标高高差2m，底标高高差3.362～3.894m不等。

常规提升施工方案的选择，都是在安装投影位置通过在桁架底部搭设不同高度的临时支撑，再进行桁架结构的拼装施工，该方案不仅需要投入大量的临时支撑措施，且大跨度桁架拼装施工本身对临时支撑的稳定性要求高，因各榀桁架高度不同，各榀桁架重量也不一致，在柔性基础上搭设不同高度的临时支撑很难对桁架结构拼装变形予以控制，如若出现过大变形将直接影响后续悬挑吊挂结构的施工。

本工程“柔性状态下大跨度非等高桁架悬停二次拼装多点同步整体提升技术”很好地规避了上述弊端问题，首先，对比常规单个隔震支座独立施加约束，以框筒为单位施加水平向临时约束，除了能很好地形成水平向约束力外，大幅减少了临时措施的投入的同时能够避免形成较大的集中应力，规避后续约束释放后出现较大变形。其次，先对底面标高相同的两榀主桁架进行地面拼装，不仅能够很好地控制其拼装变形，且大幅减少了高空作业降低安全风险。将拼装完成后的两榀主桁架拼装单元顶面标高提升至顶面标高较高桁架位置后，限制提升器，并对拼装完成的桁架拼装单元施加约束措施，使其在空中姿态固定，然后再对剩余的一榀主桁架进行地面拼装，使之与悬停的桁架拼装单元拼装为整体，最后直接多点同步提升至安装位置。这样，所有的主桁架拼装单元均在地面立拼完成，易于起拱控制。最大限度地做到省时、省力、降本增效。

空中二次悬停拼装施工及多点同步提升施工流程如图6–50所示。

6.2.1.4 柔性状态下大长细比圆管吊柱悬吊钢结构嵌补倒装法补偿施工变形控制技术

常规悬挑吊挂结构都是基于竖向刚性结构外部伸出悬挑，再通过悬挑结构进行下挂悬吊，施工时优先使用临时支撑措施安装悬挑结构，待悬挑结构施工完成后，进行圆管吊柱的施工，最后施工下部的吊挂结构，该工艺不仅临时支撑措施搭设高度高，措施投入量大，且有一定的施工工序要求，整体工期时间相对较长。

本项目主体结构外侧悬吊形式较为特殊，整个悬吊结构有从框筒结构上外伸

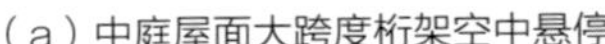
（a）中庭屋面大跨度桁架空中悬停

（b）中庭屋面大跨度桁架空中悬停后二次拼装

（c）中庭屋面大跨度桁架二次拼装完成后多点同步提升试验

（d）中庭屋面大跨度桁架多点同步提升施工

图6-50 空中二次悬停拼装施工及多点同步提升施工流程

悬挑桁架吊挂月牙桁架的，悬挑桁架最大悬挑长度约36m；也有从大跨度桁架上外伸悬挑桁架吊挂月牙桁架的，大跨度桁架最大跨度63m，悬挑桁架悬挑长度约25m。且悬挑桁架与下部吊挂结构是通过独立的圆管吊柱连接，圆管吊柱独立长度31.6～46.7m不等，圆管吊柱截面ϕ600mm×14mm。

项目采用无支撑形式安装上部悬挑桁架的施工方案，去除了常规安装悬挑桁架的临时施工措施，这样就为悬挑桁架下部悬吊月牙桁架施工留出了施工场地。项目优化安装流程，优先使用临时支撑措施安装下部悬挂月牙桁架结构，四侧同步，每侧从中间向两边施工，悬挑桁架吊装施工相对错开一个轴线，这样就完美规避了下部月牙桁架与上部悬挑桁架交叉施工、互相影响，再吊装悬挑桁架下部的圆管吊柱结构（圆管吊柱结构在地面拼装成整根吊装），每根圆管吊柱预留嵌补段待所有悬挑桁架结构以及吊柱结构施工完成，屋面层混凝土浇筑完成后，四侧同步从中间向两边进行圆管吊柱嵌补段吊装施工，所有嵌补段安装焊接完成验收合格后，卸载悬吊月牙桁架结构临时支撑措施，整体悬吊结构施工完成。

6.2.1.5 BIM技术应用效果

在本项目设计过程中通过建立BIM建筑、结构、电气、暖通、排水全专业模型全程指导设计工作，一方面使各专业交叉设计工作前置，减少了施工图设计过程中可能存在的大量错、漏、碰、缺问题；另一方面可通过建模更加直观地指导复杂构造节点设计。

1. 同步技术缩短三个月时间

设计全过程采用BIM技术辅助，同步设计、同步建模、同步校核、同步反馈。实现分钟级修改反馈，最大化地利用BIM技术整合信息和联动修改的特点。通过这些措施，大大加快了设计进程，提前三个月出结构专业施工图纸，保障了超紧迫工期的要求。

2. 方案阶段利用BIM解决复杂节点设计

在方案设计阶段利用BIM技术研究并解决主要矛盾。建筑、结构、机电、室内设计师在BIM三维模型的帮助下，对方案进行快速定位和表达，推敲重点细节、提升设计品质，为方案可行性和做法提供了可靠的依据。如利用BIM模型研究隔震状况下的楼梯井及复杂梁柱结合处节点细部构造，解决门窗洞口和机电管道与结构支撑碰撞问题，通过BIM模型寻找边缘吊顶形态对外部视线的影响等。

3. 在“无柱空间”内实现“无管线空间”

充分利用三维模型快速信息整合、协调修改的特点，将机电设计前置，将现场可能遇到的问题全部排查，并进行全专业管线综合，大幅减少施工空间不足、管线碰撞等问题。采用“无管线空间”机电设计原则，将所有机电管线隐藏翻折在复杂的桁架结构内，保证了建筑净空的完整性。

4. 设计BIM与施工三维无缝对接，快速实施施工深化设计

采用三维对三维的数据交换形式将各专业交叉问题解决在建模过程中。采用建筑信息集中、问题统一协调的处理方式，大大缩短了沟通反馈周期，施工深化设计效率大幅度提高。施工单位使用整合BIM模型指导现场施工，不仅对问题能快速精准定位且可提供复杂构造查看等辅助功能。BIM精细化的直观展示，大大加快了现场工程师和作业人员对图纸的透彻理解。

6.2.2 深圳国际会展中心工程建造案例

6.2.2.1 工程概况

本工程位于深圳宝安机场以北、空港新城南部，西至海滨大道，北至塘尾涌，东南侧为海云路，东侧为海汇路，周边已建成海上田园；东侧为沙井、福永片区，以旧工业厂房和城中村为主；西侧主要为填海区（大空港半岛区及离岛区），西侧

有220kV变电站。河道、配套商业、地铁、市政路、综合管廊等将与会展中心同期开发，施工交通组织、施工部署相互影响。

1. 设计理念

深圳国际会展中心立足粤港澳大湾区核心经济环，结构形态独特、立体人车分流交通网络丰富，构建出科技高效、包容开放、合作创新、智慧安全、文化艺术交流的国际平台，充分体现“丝绸之路”的和平合作、开放包容、互学互鉴、互利共赢的平等合作精神。深圳国际会展中心设计方案的三大核心为：功能性布局、人文关怀、视觉盛宴（图6–51）。

图6-51 深圳国际会展中心

1）功能性布局

深圳国际会展中心的建筑采用了最高效便捷的“鱼骨式”布局，保证了全部展厅可灵活组合，既能满足各类大型展会的需求，也能为小型展会提供个性化服务，使人流和货流避免交叉干扰，布展和撤展的货流组织更为灵活（图6–52）。

使用空间轴线设置长1.7km的中央廊道，将会展中心分为东西两体块，串联起19个展厅及两个登录大厅，消解巨大的体量，并引入红树林概念，简洁分叉柱如同红树枝干，支撑并勾勒出连绵起伏的中廊屋顶，在满足会展功能需求的前提下，打造出舒适宜人的城市环境。

图6-52　项目实景图

为了达到高峰流量“快进快出”的高效交通，会展中心南北登录大厅均预留轨道交通站点，与城市公共交通形成无缝对接，地下停车场可容纳九千多辆车，采用3级车行通道的创新设计和单向循环流线，实现高效的交通组织，提升观展体验和运营效益。

2）人文关怀

深圳国际会展中心是超大建筑群，为实现节能环保绿色会展目标，在巨型建筑内创造出宜人的微气候，综合深圳炎热多雨的夏日气候，以及中央廊道半敞开的空间环境，对内部环境进行了大量防风防雨模拟、热环境模拟等，保障低能耗运营的同时带来舒适宜人的微气候。

3）视觉盛宴

深圳国际会展中心的造型设计意向提取深圳主要元素，如山海花城、文化艺术、科技创新等，设计以海浪为原型，采用蓝色层顶，屋面颜色提取了深圳市花簕杜鹃的紫色渐变到海天的蓝色，呈现彩色丝带花纹，寓意“海上丝绸之路”。

2. 建筑设计概况

具体情况参见表6–5。

建筑设计概况　　表6-5

<table>
<tr><th>项目</th><th colspan="6">具体描述</th></tr>
<tr><td rowspan="14">建筑概况</td><td>建筑功能</td><td colspan="2">会展中心</td><td colspan="2">建筑特点</td><td>多层公共建筑</td></tr>
<tr><td>总建筑面积</td><td colspan="2">146.0万m^2</td><td colspan="2">建设用地面积</td><td>125.53万m^2</td></tr>
<tr><td rowspan="2">地上建筑面积</td><td colspan="2" rowspan="2">89万m^2</td><td colspan="2">1栋（展厅、登录大厅、中央廊道）</td><td>86万m^2</td></tr>
<tr><td colspan="2">2～12栋（配套用房）</td><td>3万m^2</td></tr>
<tr><td>地下建筑面积</td><td colspan="2">57万m^2</td><td colspan="2">容积率</td><td>0.75</td></tr>
<tr><td>±0.000绝对标高</td><td colspan="2">7.00m</td><td>基底标高</td><td></td><td>-12m/-6.9m</td></tr>
<tr><td rowspan="2">建筑平面</td><td>横轴编号</td><td colspan="2">0A～12Q</td><td>纵轴编号</td><td>A1～C24</td></tr>
<tr><td>横轴轴线距离</td><td colspan="2">9.0m</td><td>纵轴轴线距离</td><td>9.0m</td></tr>
<tr><td>人防等级</td><td colspan="5">甲类人防等级；在南登录大厅地下设计2层人防地下室，负一层设核5常5级的二等人员掩蔽所1个单元、区域电站一座及核6常6级的物资库两个单元；在负一层全覆盖的地下二层设核6常6级的二等人员掩蔽所2个单元。 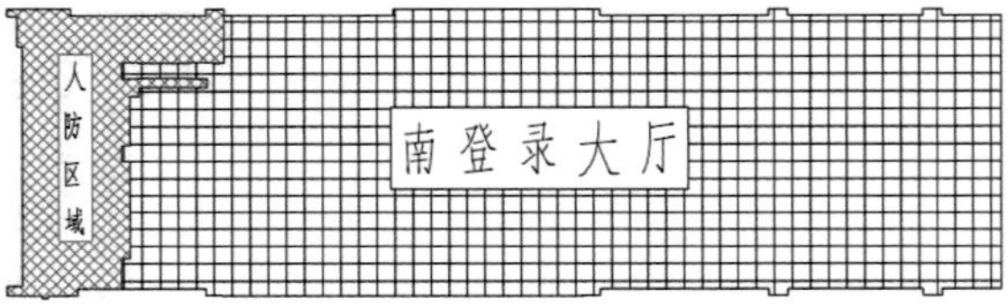
北登录大厅地下设计2层人防地下室，负一层设核5常5级的二等人员掩蔽所1个单元、治安专业队人员和装备掩蔽所1个单元，区域电站一座及核6常6级的物资库两个单元；在负一层全覆盖的地下二层设核6常6级的二等人员掩蔽所2个单元。 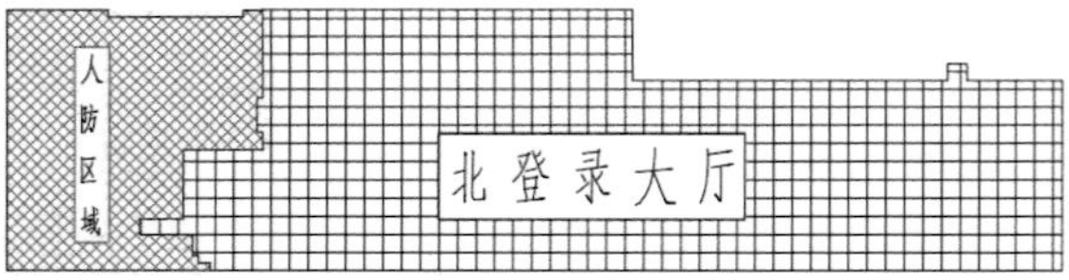</td></tr>
<tr><td>展厅</td><td colspan="5">2万m^2有18个，5万m^2有1个，地上1层，局部3层，最高点31m</td></tr>
<tr><td>登录大厅</td><td colspan="5">540m×105m，2个，地下2层，地上3层，最高点44.5m</td></tr>
<tr><td>中廊</td><td colspan="5">1 700m×54m，1个，地下2层，地上2层，最高点38m</td></tr>
<tr><td>幕墙</td><td colspan="5">展厅、登录大厅：装饰铝板和玻璃幕墙体系+局部绿植立面</td></tr>
<tr><td>屋面</td><td colspan="5">展厅、登录大厅：氟碳喷涂铝屋面装饰板
中廊：屋顶格栅+金属屋面+玻璃采光顶</td></tr>
</table>

3．结构设计概况

具体见表6-6。

结构设计概况 表6-6

<table>
<tr><th>项目</th><th colspan="5">具体描述</th></tr>
<tr><td rowspan="17">结构概况</td><td>设计年限</td><td colspan="4">大跨度钢屋盖：100年；其余：50年</td></tr>
<tr><td rowspan="2">结构形式</td><td>基础</td><td>桩基础</td><td>地下部分</td><td>钢筋混凝土框架结构</td></tr>
<tr><td>1栋地上部分</td><td>钢框架结构</td><td>2～12栋配套</td><td>钢筋混凝土框架结构</td></tr>
<tr><td>等级类别</td><td>抗震设防烈度</td><td>7度</td><td>结构安全等级</td><td>二级</td></tr>
<tr><td>混凝土强度</td><td>梁、板</td><td>C30/C40</td><td>地下/地上墙柱</td><td>C40</td></tr>
<tr><td>后浇带</td><td colspan="2">超前止水后浇带</td><td>混凝土结构环境类别</td><td>Ⅰ（一般环境）/Ⅲ（海洋氯化物环境）</td></tr>
<tr><td rowspan="4">结构断面尺寸</td><td>基础底板厚度（mm）</td><td>600mm/800mm</td><td>外墙厚度（mm）</td><td>400mm/500mm/800mm</td></tr>
<tr><td>内墙厚度（mm）</td><td>100/200</td><td>柱主要截面尺寸</td><td>800×800
1 000×1 400
1 000×1 000
R=1 500</td></tr>
<tr><td>梁主要截面尺寸（mm）</td><td colspan="3">400×1 000/800×1 100/800×1 200/800×1 600/800×2 000/600×1 000/1 400×1 200/1 000×1 200</td></tr>
<tr><td>楼板厚度（mm）</td><td colspan="3">200/220/250/300/450/500</td></tr>
<tr><td>钢材</td><td colspan="4">钢筋采用HRB400E、HPB300；钢结构主要采用Q345B材质</td></tr>
<tr><td rowspan="2">展厅</td><td colspan="4"> 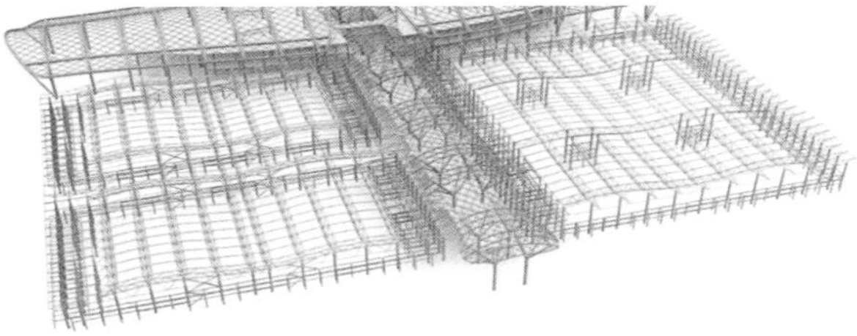</td></tr>
<tr><td colspan="4">钢框架+空间倒三角管桁架钢罩棚体系</td></tr>
<tr><td rowspan="2">登录大厅</td><td colspan="4"> </td></tr>
<tr><td colspan="4">钢框架+张弦梁+局部单层网壳钢罩棚</td></tr>
<tr><td rowspan="2">中廊</td><td colspan="4"> </td></tr>
<tr><td colspan="4">钢框架+树状分叉柱+单层网壳钢罩棚体系</td></tr>
</table>

6.2.2.2 重型桁架制作及预拼装技术应用

针对深圳国际会展中心大截面、大吨位、多节点屋盖桁架，制定合理的预拼装工艺。通过桁架杆件加工精度控制技术、弧形弯管制作技术、折弯节点制作技术，确保桁架构件加工质量满足规范要求。通过水平圆管腹杆与箱形牛腿防干涉技术解决上弦杆之间水平圆腹杆的安装问题。通过桁架圆口错边纠正技术，解决弦杆错边问题。基于以上措施，保证桁架整体加工精度满足现场安装要求。

1．预拼装重难点

1）管桁架为三角曲线桁架，杆件的弯曲精度、贯口精度、余量设置、牛腿角度、错边量控制等，是预拼装的重点和难点之一。

2）桁架端头的折弯节点由两根圆管呈一定角度对接组成，圆管中间开槽安装插板。折弯节点整体加工精度控制是制作的重点和难点之一（图6–53）。

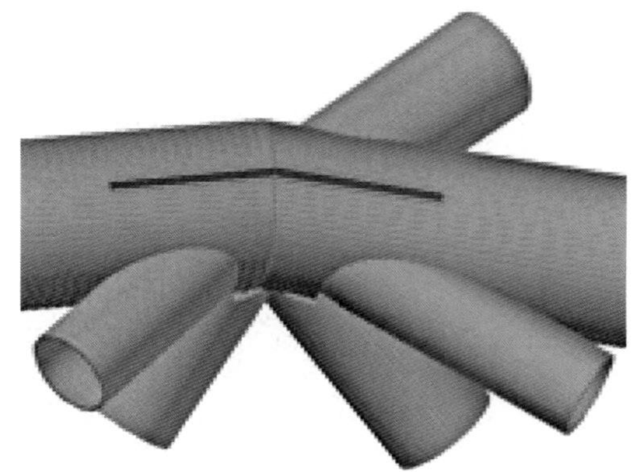

图6-53 桁架折弯节点

3）预拼装作为模拟现场安装，检验构件制造精度的工序，预拼过程的精度控制及各项数据的收录是预拼的重点之一。

2．桁架预拼装工艺

1）地样制作

根据地样线图在地面上划出杆件的中心线、分段线，如图6–54所示，要求：所有地样线均以中心基准线（中线）为基准展开；根据地样线尺寸检验图进行验收，各项尺寸误差不得超过+2mm。

图6-54 桁架预拼装地样制作

2）预拼装胎架设计及布置

胎架布置点主要考虑以不干涉构件位置、靠近对接口及便于吊装为原则。采用PIP325×12mm的圆管作为立柱，截面200～300mm的H型钢作为横梁或牛腿组成门式胎架。

3）安装上弦杆

将上弦杆吊至胎架对应位置，弦杆外轮廓对应地样线的轮廓线与分段线，如

图6–55所示。通过线锤与地样线的对比，调整弦杆水平方向的位置。通过牛腿标高及对角线尺寸，微调弦杆沿轴线方向的角度。

图6-55　桁架底板上弦杆就位

4）安装上弦杆之间腹杆

先将箱形腹杆吊至胎架对应位置，再吊装圆管斜腹杆。箱形腹杆两端间隙需均匀分配且不得小于4mm。圆管斜腹杆的贯口与弦杆贴合后，需对比地样线进行微调。

5）安装下弦杆

下弦杆吊装时，通过两侧轮廓线和两端头中线位置的线锤定位，如图6–56所示。在胎架位置焊接定位码板，通过定位码板确定杆件大致位置。微调结束后，需记录每个检验尺寸的偏差值，防止误差累积。

图6-56　下弦杆安装

6）安装两侧斜腹杆

将两侧斜腹杆吊至胎架对应位置，腹杆贯口需与弦杆外壁贴合（图6–57）。

7）预拼装验收

结合预拼过程的检验记录，对预拼装的各杆件精度进行整体检查。通过地样线与全站仪，对桁架两端头进行检查，并记录检查结果，如图6–58所示。

图6-57　斜腹杆安装

图6-58　预拼装尺寸检验

3．桁架制作及预拼装关键技术

1）桁架杆件制作技术

对照图纸对贯口方向进行检查，确保贯口方向正确；对腹杆的最长点与最短点尺寸进行测量，尺寸控制在负偏差，并形成记录；贯口切割后要平滑，无锯齿，外观检查合格。

2）弧形弯管制作技术

使用钢印在钢管两端口及长度中心位置处对圆管进行四等分敲击标识，采用弹线方式弹出管外壁四等分线。取其一面为弯曲起步基准线，如图6–59所示。

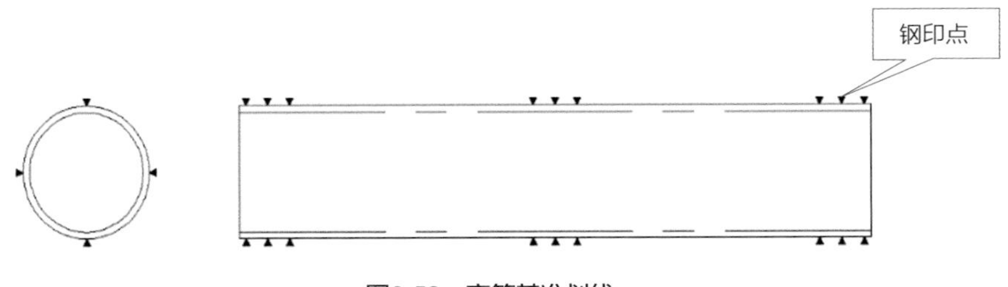

图6-59　弯管基准划线

所有弯管在模具上进行冷弯，确保弯曲半径和拱高，弯管完成后对拱高进行多点测量，确保拱高控制在正偏差。顶弯过程如图6–60所示。

图6-60　圆管顶弯过程

4．带插板的折线型圆管节点制作技术

圆管折弯节点采用以直代曲工艺制作，在折弯处将节点管分割为两部分，使用相贯线切割机加工对接贯口和插板槽口。为防止切割应力释放造成的圆管变形，槽口端头预留50mm不开槽，待圆管对接焊完成后，再采用手工切割机将槽口开通。

根据加工图纸尺寸要求，放地样对接两端圆管，焊接前需检查槽口位置尺寸及对接角度，并在环焊缝处沿周向均匀设置4～6道焊接码板，控制焊接变形。焊接码板中心过焊孔半径50mm，厚度16～20mm，采用焊脚尺寸8～10的角焊缝与圆管围焊，如图6–61所示。

圆管环焊缝焊接完成并检验合格后，安装圆管内插板，插板与圆管本体槽口处采取衬垫焊接，根部间隙为6～8mm，组装完成后进行插板与圆管之间的焊接。内环板焊接采用药芯焊丝气体保护焊小电流焊接。

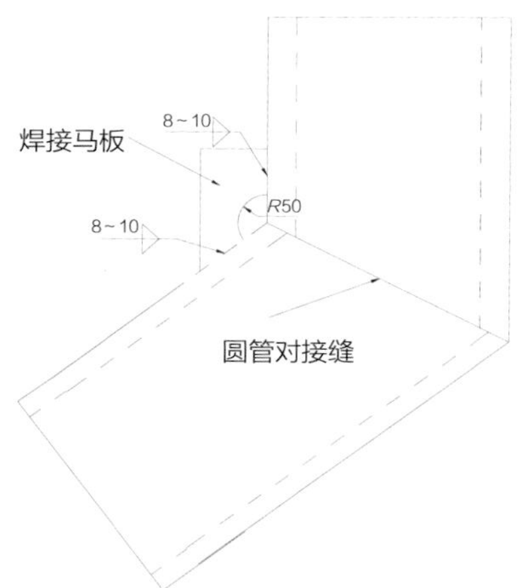

图6-61　折弯圆管节点对接

5. 水平圆管腹杆与箱形牛腿防干涉技术

上弦杆之间水平圆管腹杆与弦杆箱形牛腿相贯，设计未考虑相贯尖点与牛腿干涉，出现圆管腹杆无法安装就位的问题。为确定偏差余量值，反复进行杆件切割试验，在相贯线切割编程时，将杆件长度缩短30mm，有效避免了圆管水平腹杆与弦杆牛腿之间的干涉，如图6–62所示。

（a）原设计

（b）优化后方案

图6-62　水平圆管腹板和箱形牛腿防干涉工艺

6. 桁架圆口错边纠正技术

弦杆成品管端口圆度超差导致拼装对接后错边严重。考虑拼装现场环境，制作矫正模具，通过火焰校正+千斤顶强制成型技术，有效地纠正了桁架圆口拼装错边，保证了现场安装精度（图6–63）。

图6-63　桁架圆口错边纠正技术

6.2.2.3 液压同步提升技术在大跨度单层网壳钢结构施工中的应用

1. 提升思路及流程

根据下部混凝土结构情况，结合单层网壳结构的特点将整个屋盖钢罩棚分为两个提升区域进行分区域液压同步提升。

在钢柱两侧及跨中设置门架作为提升支架，布置液压提升器，并通过专用钢绞线与设置在地面拼装网壳结构的下吊点连接，通过液压提升器的伸缸与缩缸，逐步将屋盖提升至设计标高位置，锁紧提升器，安装立柱、竖叉后进行分级卸载，屋盖安装工作完成。采用液压整体提升的施工方法可以将大量的钢结构杆件以及檩条等在混凝土楼面进行拼装，减少了高空作业量，对施工工期及施工安全有极大的提升。

根据模拟计算结果在需要设置提升点的位置采用标准化胎架进行提升。

2. 提升流程

参见图6-64。

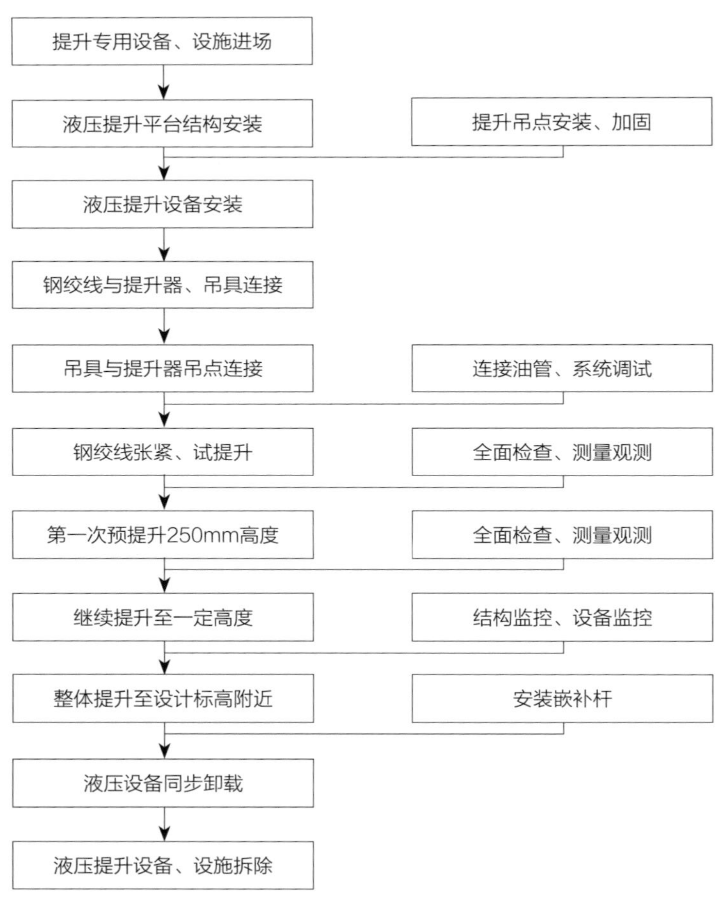

图6-64 提升流程图

3．提升工艺

1）液压提升关键技术及设备

（1）超大型构件液压同步提升施工技术；

（2）液压提升器；

（3）液压泵源系统；

（4）计算机同步控制及传感检测系统。

2）提升吊点布置原则

满足提升单元各吊点的理论提升反力的要求，尽量使每台液压设备受载均匀；尽量保证每台液压泵源系统驱动液压设备数量相等，提高液压泵源系统利用率；在总体控制时，要认真考虑液压同步提升系统的安全性和可靠性，降低工程风险。

3）提升吊点设计

提升吊点设置需遵循如下原则：

（1）尽量使用原结构柱作为上部吊点承力结构；

（2）结构柱不满足提升需求时考虑加强结构柱或增设临时性措施作为上部吊点承力结构；

（3）所有临时性措施均需进行碰撞校核，避免在结构提升过程中与结构冲突；

（4）结构柱及临时性措施均需根据计算反力及当地荷载情况进行竖向承载力及侧向稳定性的验算；

（5）提升吊点应对称、均匀布置；

（6）不宜采用形式过于复杂的临时性措施。

提升吊点布置如图6–65所示。

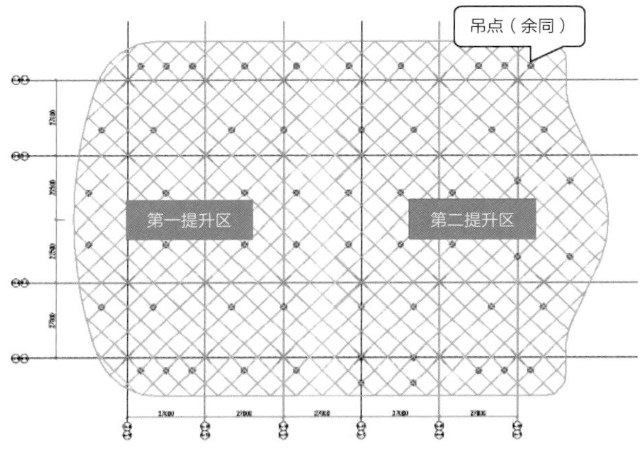

图6-65 提升吊点平面布置图

4）提升塔架（上吊点）设置

根据原结构受力体系特性和结构提升吊点的布置，综合考虑各因素，在钢柱周围、跨中布置塔架，塔架组成有四类，具体如图6-66所示。

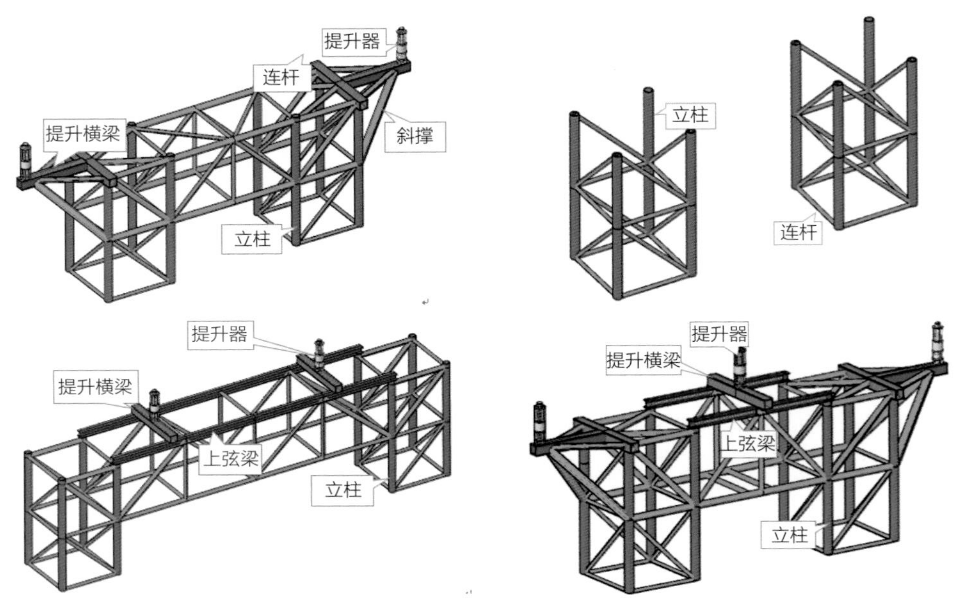

图6-66 提升塔架设计

5）提升塔架（下吊点）设置

提升下吊点与被提升网壳结构相连，再通过提升专用地锚、钢绞线与提升上吊点液压提升器相连，通过提升器的反复作业完成结构的提升工作。

本工程下吊点均采用直接焊接下吊具的方式（与原结构焊接），具有结构简便、利于施工、措施最优的特点（图6-67）。

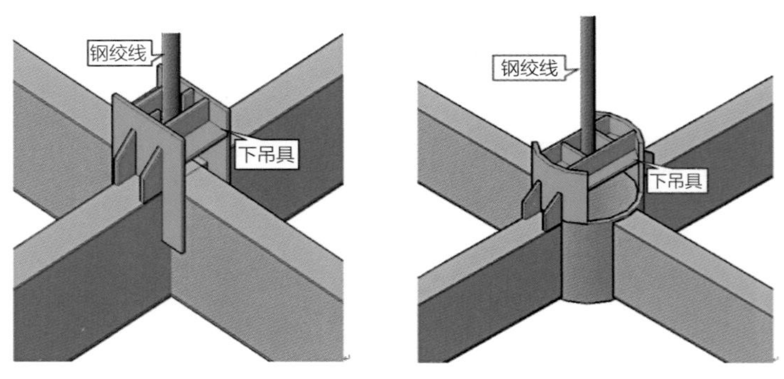

图6-67 下吊点设计效果图

6）提升时的测量监控

提升时通过使用挂设盘尺及全站仪+激光反射片的方式对网壳提升施工精度进行测量控制。

（1）对提升吊点同步性的测量控制

采用在提升吊点下方挂盘尺的方法。

在进行网壳提升前，将每个提升吊点处的中心高程标注在相近的钢管混凝土柱侧面，同时在每个提升点处，以杆件中心为起始点挂盘尺，对每个提升点的高度增值予以直观反映，同时与提升操作界面上的各点提升值相对比，确保网壳提升的同步性。

（2）对网壳在提升过程中的挠度及水平位移的监控

采用全站仪+激光反射贴片直接观测的方法。

网壳在提升过程中，需对提升点及理论挠度变形较大点处进行动态监控，以掌握网壳的整体变形情况。同时，对相应点位的水平位移及扭转进行测量，并与设计值进行比对（除使用全站仪外，水平位移监控也可使用在网壳四个角部吊铅垂，下部楼面放分格纸，铅垂对准分格纸的方式进行）。

钢网壳提升过程中，架设全站仪于任意位置，直接照准杆件底部的反射贴片中心得出某一时间段对应的三维坐标并做好记录，间隔一段时间再进行一次观测，比较屡次观测坐标值。将数值变化情况在第一时间报告给现场技术人员。

7）网壳提升异常时的调整措施

采用上述两方法对网壳进行提升时的监控，如测量数据超过允许范围，则需对网壳进行必要的调整，使其满足结构稳定性及刚度的要求。

（1）对提升吊点同步不一致的调整：

当监控到网壳同步性不一致时（超过一定差值），停止网壳的提升，同时对相应提升吊点进行微调。

（2）对网壳挠度变化较大的应对措施：

网壳正式提升前需先对网壳进行试提升，在网壳提升至一定高度后静止并保持一段时间，观察网壳各监测点的挠度值：如网壳的最终挠度值未超过施工验算的最大挠度值，或者稍大于最大挠度但未超过网壳图纸规定最大计算挠度，则可继续提升；如网壳的挠度变形较大，幅度超过验算的最大挠度，且有持续增加的趋势，则需立即将网壳落至地面并有效支撑，待查明原因并解决后再提升。

（3）网壳水平位移的调整：

如网壳提升过程中发现有水平位移，则应通过将手拉葫芦固定在钢管混凝土柱上，然后通过葫芦将网壳轻轻牵引至设计坐标位置，确保网壳提升精度。

（4）网壳提升过程中的保证措施：

提升过程中采取“分级提升、监控变形”的方式。提升过程整体分为两级，前5m高度提升为第一级，5m至结构设计标高以下400mm为第二级。第一级：提升器每走完一个行程500mm，现场对网壳位移及变形情况进行检测，反复3次，确认无误后继续提升；第二级：提升器每走完3个行程1 500mm，现场对网壳位移及变形情况进行检测，确认无误后继续提升，直至网壳距离安装标高200mm。

4. 施工模拟仿真

采用MIDAS GEN程序进行有限元模拟，在不同的施工次序下，结构变形情况不同，通过计算机模拟施工过程，选择最优施工次序以指导施工（图6–68）。

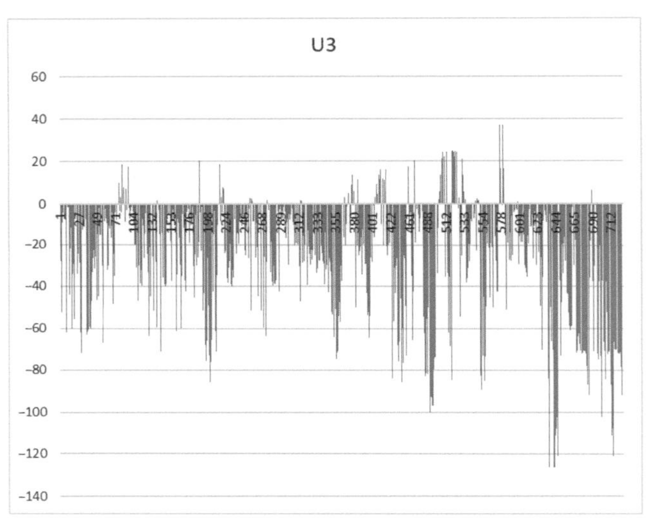

（a）位移统计图

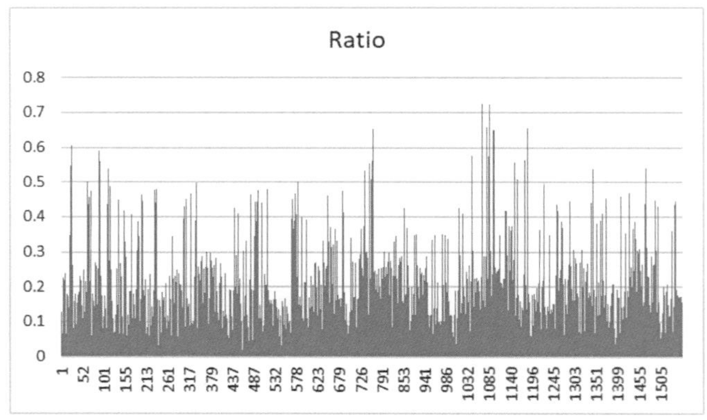

（b）应力统计图

图6-68 有限元模拟结果

根据施工模拟分析结果，结合设计院提供的预起拱参数，在提升前对屋盖网壳结构各部位进行预起拱。同时，对结构杆件进行补强加固，确保提升施工安全。

6.2.2.4　BIM技术应用

1．BIM技术应用目标

本工程BIM系统应用将以制作精细、信息完整、数据详实的信息模型为基础，以贯穿深化设计、材料采购、加工制作、现场管理全生命周期的5D管理系统为平台，为专业配合提供串联协同，为组织管理提供分析优化，为决策制定提供“大数据”支撑，为后期运营管理提供数字化保障，以达到管理升级、降本增效的目的，树立行业标杆，打造高度信息化的“智慧建造”工程。

2．信息模型

1）钢结构专业模型建立

钢结构工程深化设计主要通过Tekla完成，通过导出IFC格式以及中建科工平台的附属录入，能够向Revit模型完整过渡，便于与其他专业的模型整合及与总体BIM平台对接。

2）模型的查看与调整

模型的查看、调整、修改及后期应用主要通过Revit软件完成。

3）模型基础数据查看

参见图6-69。

4）构件调整

参见图6-70。

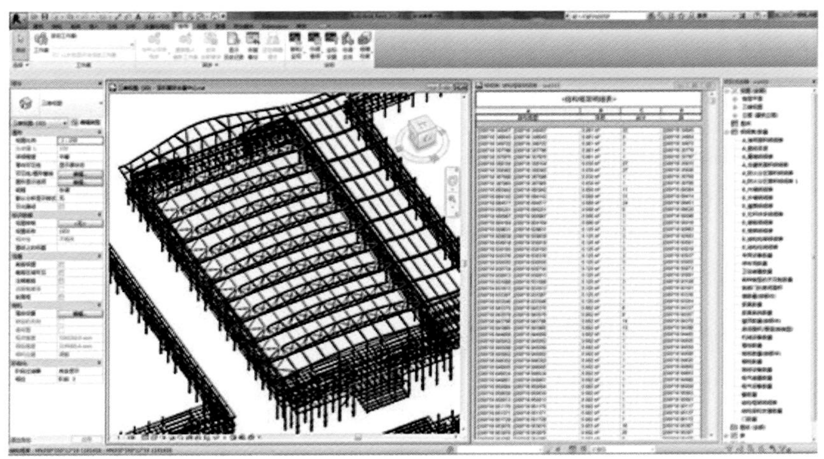

图6-69　信息查看

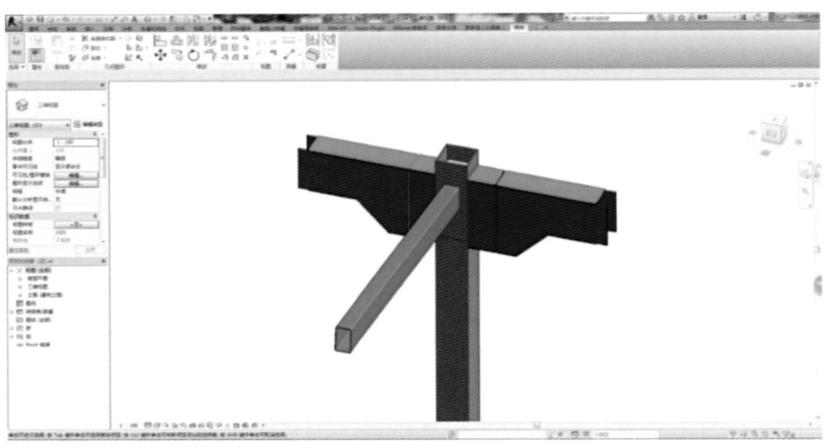

图6-70　构件调整编辑

5）输出二维图纸

通过Tekla建立的模型可输出构件加工图、零件图等。

6）钢结构的荷载计算

参见图6-71。

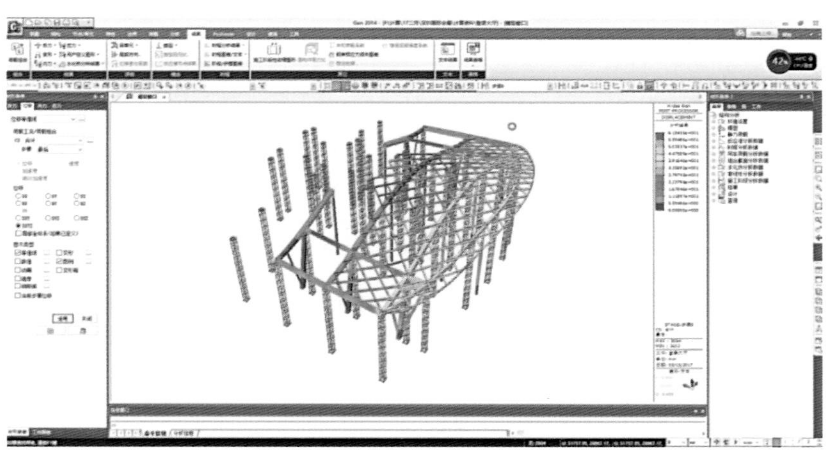

图6-71　通过Midas Gen软件对钢结构进行受力分析、荷载计算

3. 场地布置

通过Revit软件建立办公区、生活区、施工现场模型，通过可视化还原场景，辅助场地布置规划（图6-72、图6-73）。

图6-72　一、二、三项目部办公区模拟

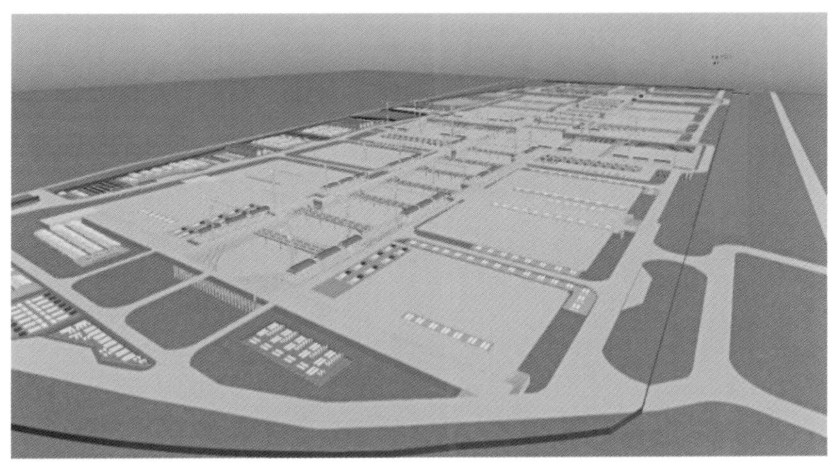

图6-73　施工现场布置、场地规划

4．施工模拟

1）施工进度模拟

BIM基础系统可进行可视化工期管理，支持Project文件导入，可直接动画模拟工程建造全过程（图6-74）。

平台能够自动关联Navisworks，实现4D深度施工模拟及流程碰撞分析，可以对施工方案可行性进行分析修改，并实时反馈修正结果，存储数据（图6-75）。

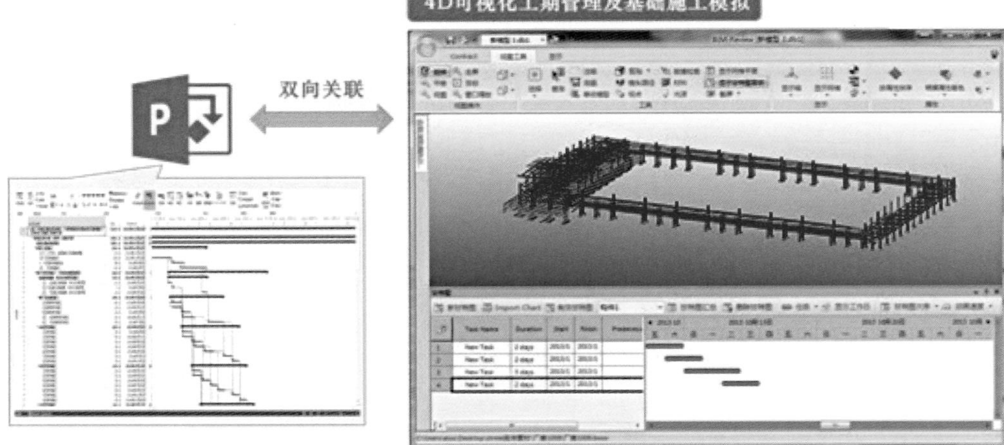

图6-74　4D模拟示意图

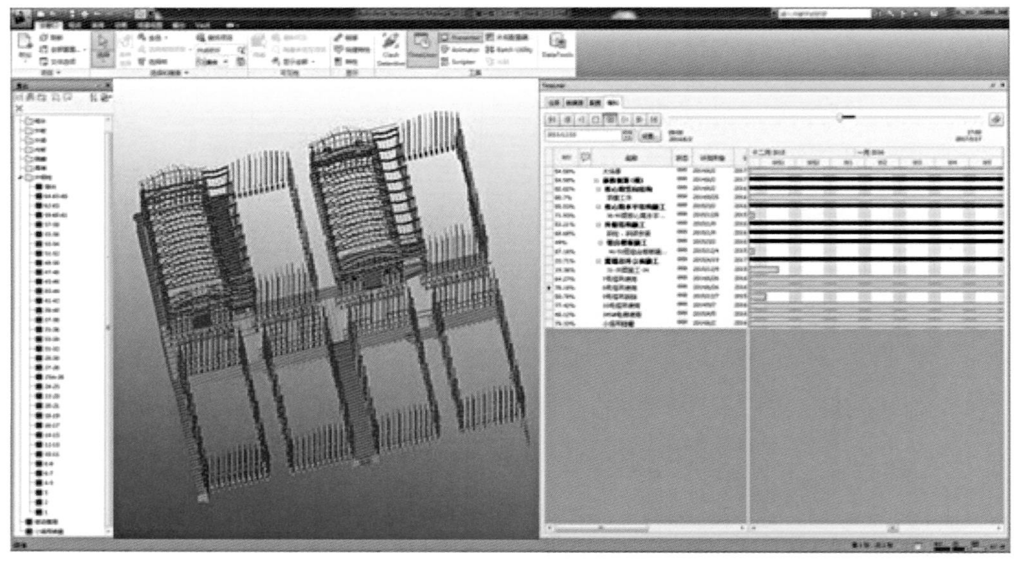

图6-75　Navisworks深度施工模拟示意图

2）施工工序、工艺模拟

通过Navisworks软件对节点部位进行施工工序、工艺的模拟，配合技术方案对劳务人员进行可视化交底（图6–76）。

3）辅助方案模拟论证

参见图6–77、图6–78。

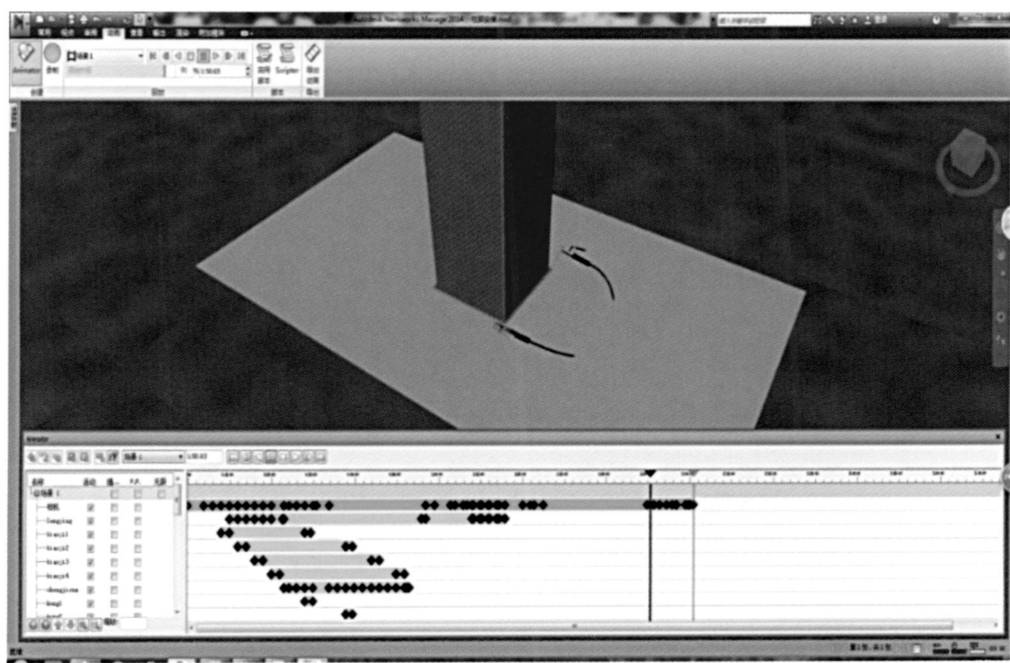

图6-76　首节柱对称焊

图6-77　通过模拟软件对交通组织进行规划

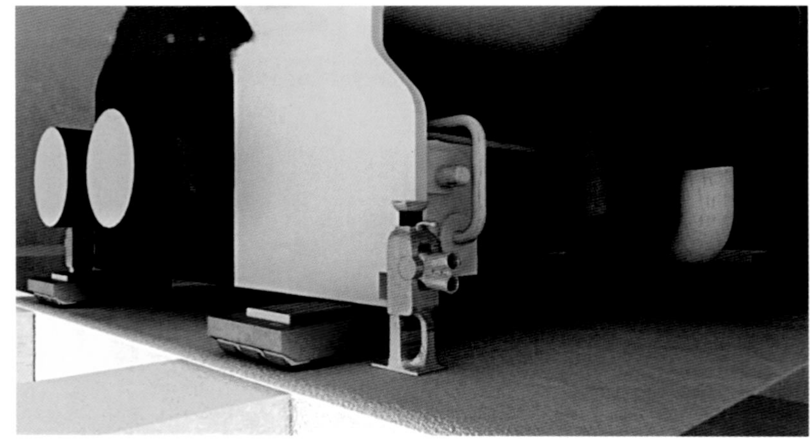

图6-78　对设备的二次运输方案进行论证及碰撞检查

6.2.2.5　项目智慧建造管理

智慧建造管理平台是深圳国际会展中心施工管理利器。项目建立了统一标准，以科技手段提升建造管理，打造智慧工地，提高施工各环节的管控水平，优质高效地推进建设目标。

项目开发智慧工地管理平台，集成了塔吊防碰撞系统、GPS定位管理系统、物料验收称重系统和物料跟踪系统、质量和安全巡检系统、多方协同系统，运用了无人机逆向建模和热感成像技术以及TSP环境监测系统对现场进行智慧管理（图6-79）。项目指挥部以智慧大屏实时动态展示，并与BIM结合应用，便捷高效地进行智慧建造管理。

图6-79　智慧工地管理平台

1. 劳务实名制系统，让人员管理促生产提效能

项目高峰期人员近20 000人，规模大、流动频繁。项目严格推行劳务实名制管理，通过劳务实名制系统，利用物联网技术，集成各类智能终端设备，实现实名制管理、考勤管理、安全教育管理、后勤管理以及基于业务的各类统计分析等，提高项目现场劳务用工管理能力、辅助提升政府对劳务用工的监管效率，同时保证了劳务工人与企业利益（图6–80）。

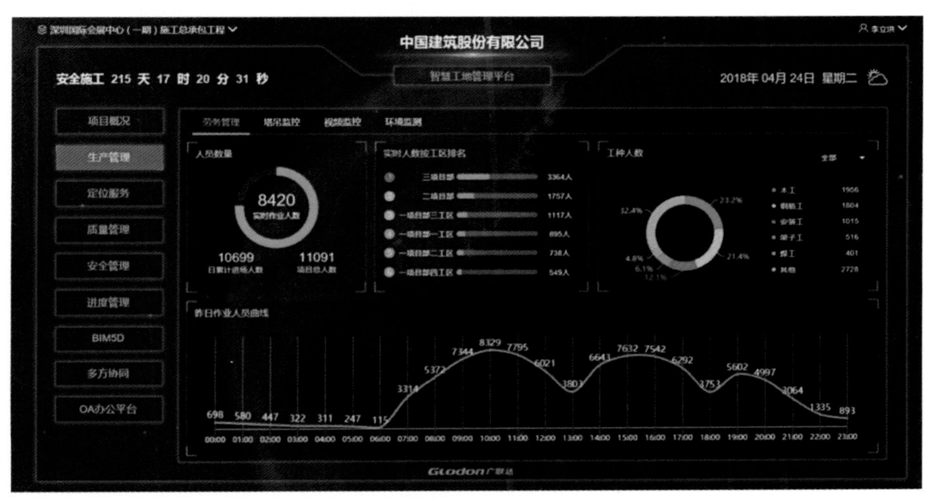

图6-80 劳务实名制系统

2. 物料跟踪验收系统，让大宗物资全方位精益管理

施工现场商品混凝土、预拌砂浆、地材、水泥、废旧材料、钢构件等进出场频繁，现场物资进出场需要全方位精益管理。运用物联网技术，通过地磅周边硬件智能监控作弊行为，自动采集精准数据。运用数据集成和云计算技术，及时掌握一手数据，有效积累物料数据资产。运用互联网和大数据技术，多项目数据监测，全维度智能分析。运用移动互联技术，随时随地掌控现场情况并识别风险，零距离集约管控、可视化智能决策。从而实现实施智慧工地的主要目的——智能化决策支持。

3. BIM+无人机的进度管理，让工程进度一目了然

通过BIM 5D的应用，完成项目进度计划的模拟和资源曲线的查看，直观清晰，方便相关人员对项目进度计划和资源调配的优化。将日常的施工任务与进度模型挂接，建立基于流水段的现场任务精细管理（图6–81）。通过后台配置，推送任务至施工人员的移动端进行任务分派。同时工作的完成情况也通过移动端反馈至后台，建立实际进度报告。

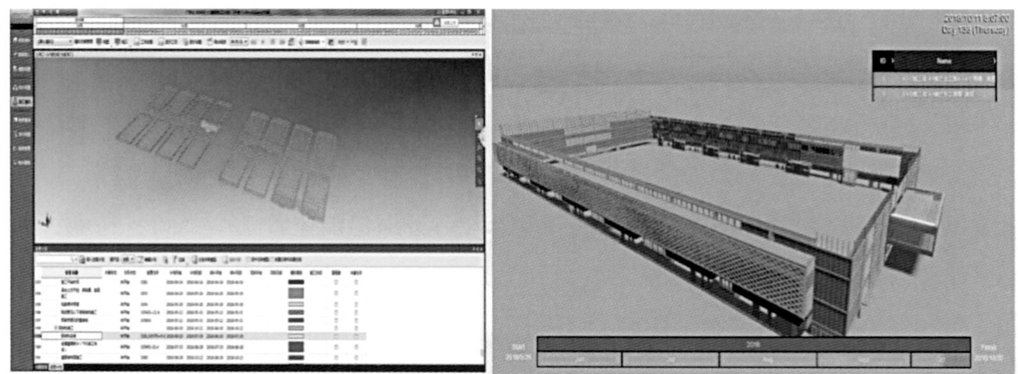

图6-81　BIM 5D进度挂接

通过无人机进行进度跟踪。项目属于禁飞区，且地上结构为钢结构，对无人机飞行增加难度，过程中也可积累大量现场影像资料供后期使用（图6-82）。

图6-82　航拍施工进度

4．质量巡检系统，让施工现场尽收眼底

由于施工中存在复杂性、多变性、高空作业的危险性等因素，仅依靠人工管理的粗放式施工管理方式，难以做到全过程、全方位的实施监督管理。通过日常施工现场质量巡检管理、隐蔽工程质量监管等环节的检查、整改反馈、复查以及相应处罚信息录入，移动端同步上传，最终进行相关的业务流转，辅以现场照片、位置定位、拍照时间、上传时间等信息，最终上传到项目质量巡检系统，后台对质量数据进行汇总，可以对质量问题统计分析，一键生成质量报告，快速查看看板质量问题。通过质量巡检系统平台打造质量红黑榜，对优秀施工做法和质量缺陷警示进行按月公示，让施工现场情况尽收眼底（图6–83）。

5. 安全巡检系统，让施工现场提前风险预控

安全管理员对现场进行检查时可对问题点进行拍照、描述、上传，系统自动通知相关责任人（图6–84）。后台对安全问题进行汇总和统计分析，一键生成安全检查报告。项目负责人通过安全看板对问题快速查看、及时整改，从源头监管施工安全问题，降低施工事故的发生。

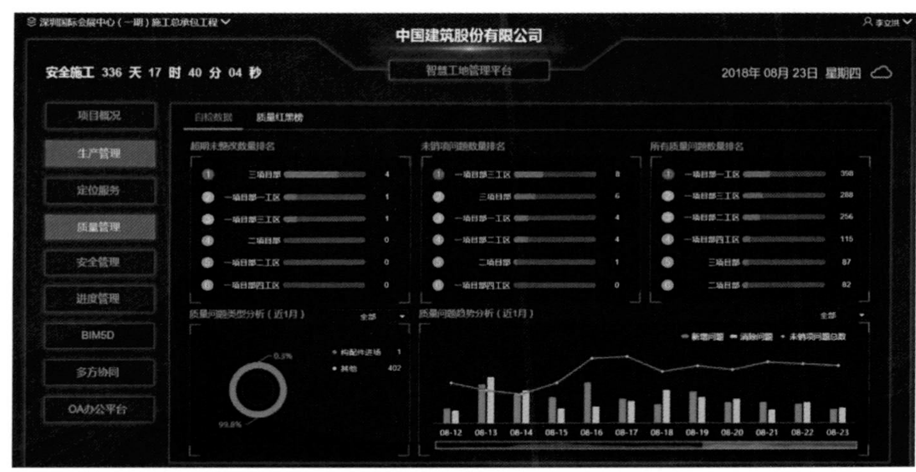

图6-83 质量巡检系统

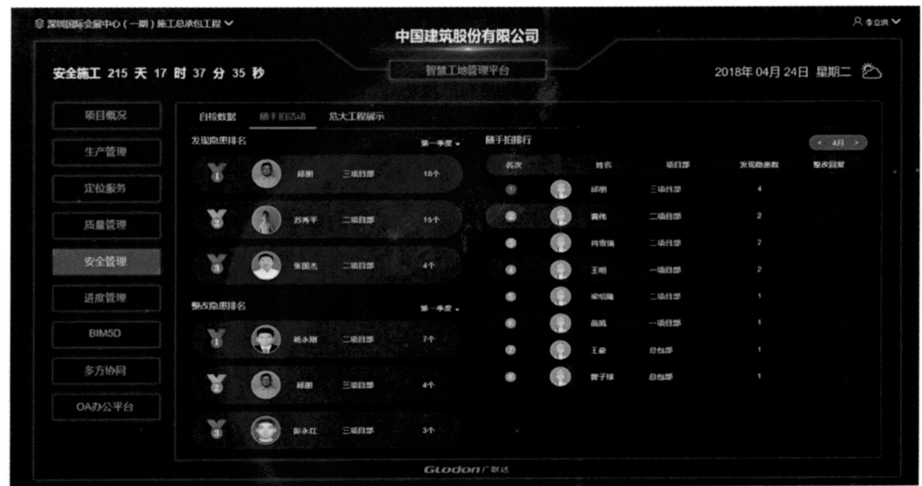

图6-84 安全随手拍

6.3 特殊民用建筑——阿克苏“多浪明珠”广播电视塔

6.3.1 工程概况

阿克苏“多浪明珠”广播电视塔项目位于新疆维吾尔自治区阿克苏市红桥路，是一座集广播电视发射和城市景观为一体的多功能塔，由塔座、塔身、塔楼和天线组成，总建筑高度268m，总建筑面积1.02万m^2（图6-85）。

本工程主体结构为钢结构，主要分布在塔座、外塔身、井道、塔楼和天线段，

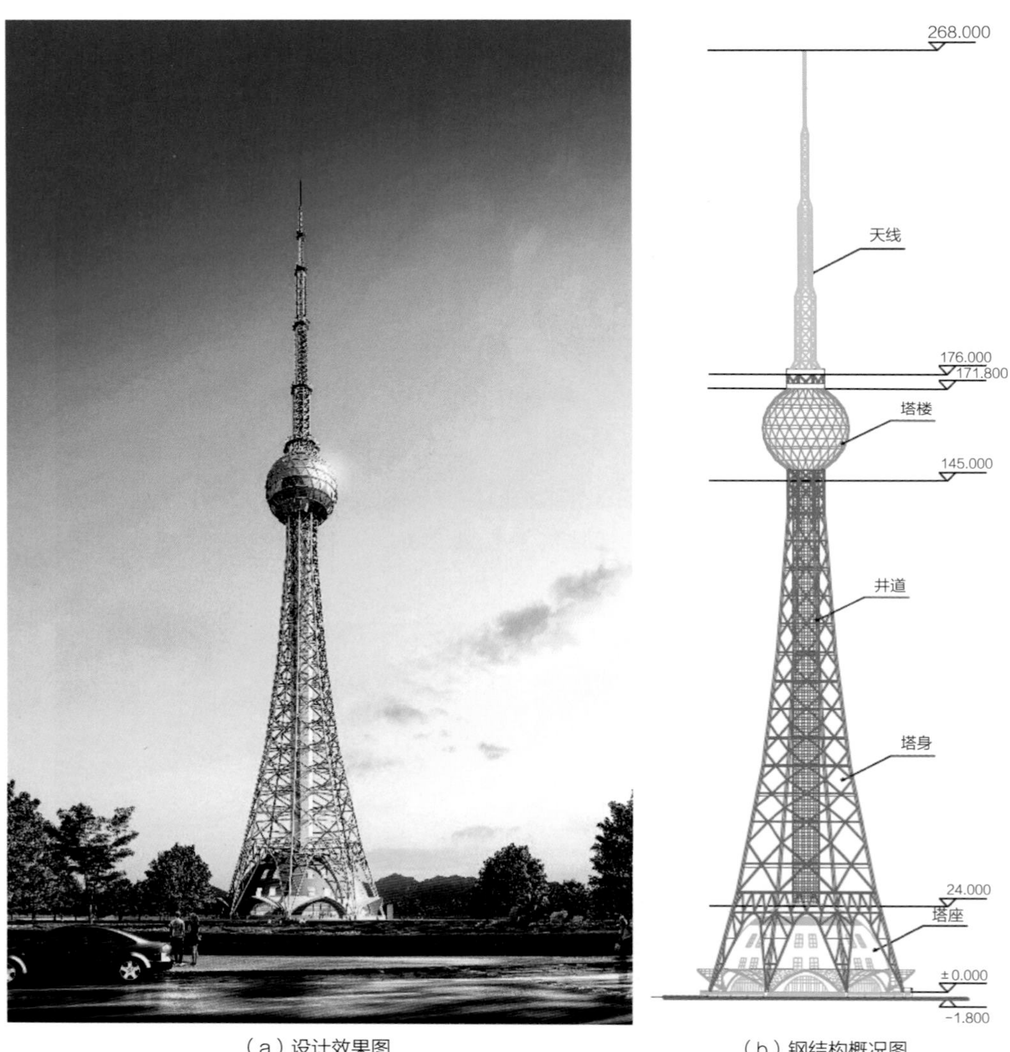

（a）设计效果图　　（b）钢结构概况图

图6-85 阿克苏“多浪明珠”广播电视塔

其中塔座为钢框架结构，半径24m，外塔标高范围为-0.07～176m，为钢管组成的空间桁架塔式结构，井道分布在外塔内部，标高随塔身，为八边形空间桁架结构，塔楼为焊接空心球球形网架结构，位于148.2～171.8m标高段，桅杆天线为钢管组合式八边形空间桁架结构，位于176～268m标高段。塔座、塔身、塔楼网架均通过型钢构件与井道相连。可参见图6-86。

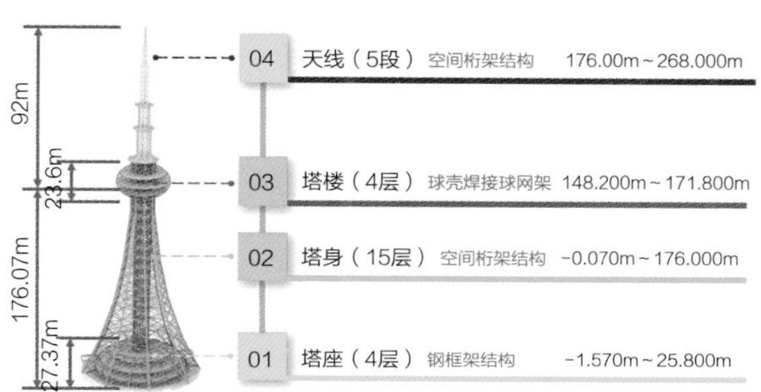

（a）钢结构整体效果图

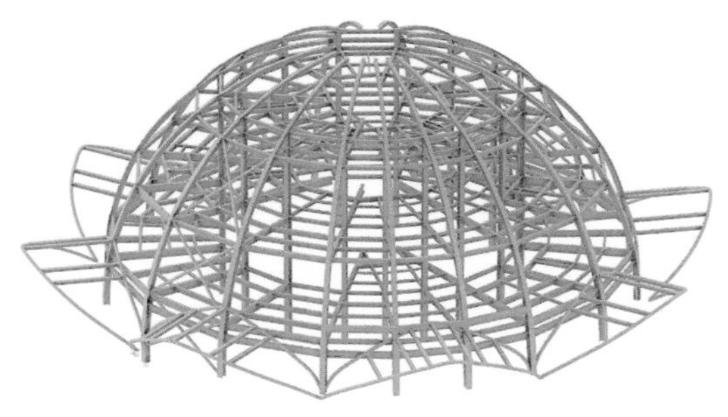

（b）塔座钢结构示意图

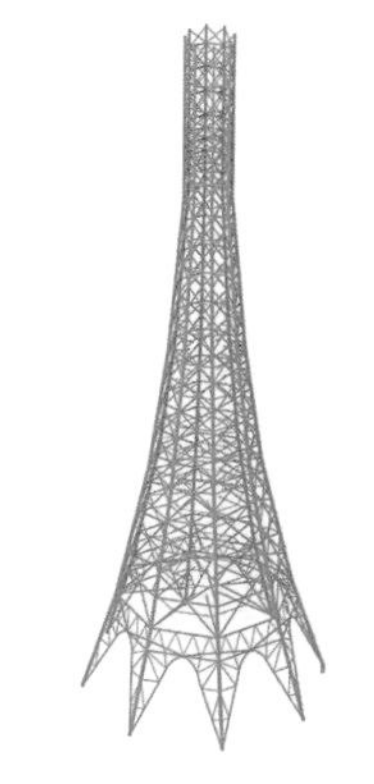

（c）外塔钢结构示意图

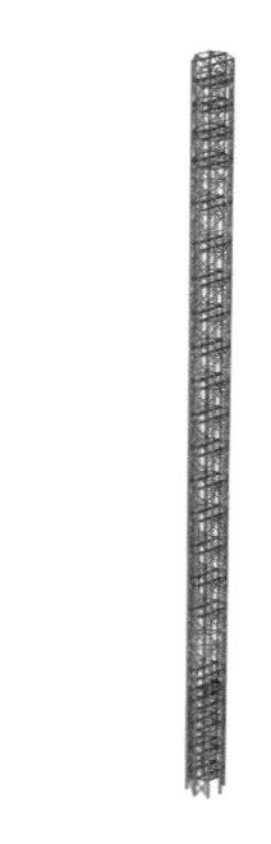

（d）井道钢结构示意图

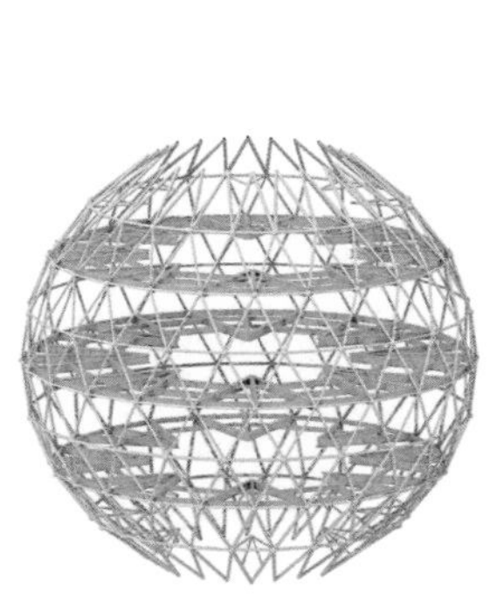

（e）塔楼钢结构示意图

（f）天线钢结构示意图

图6-86　钢结构概况组成

本工程钢结构材质主要有Q345B、Q345C、Q345D等，主要节点为法兰全拴接节点及焊接球节点，典型节点如图6-87、图6-88所示。

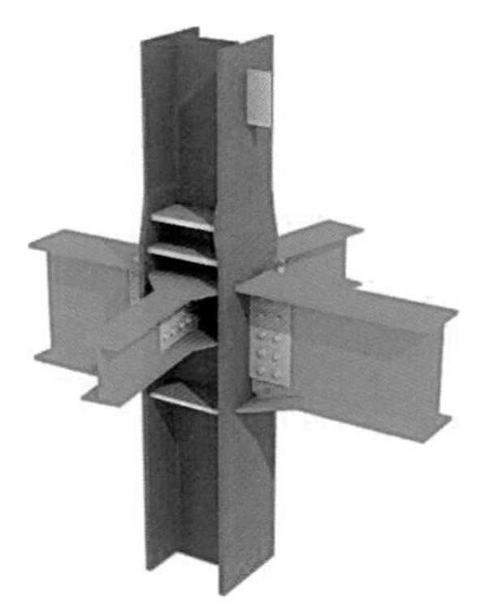

（a）塔座梁柱连接节点

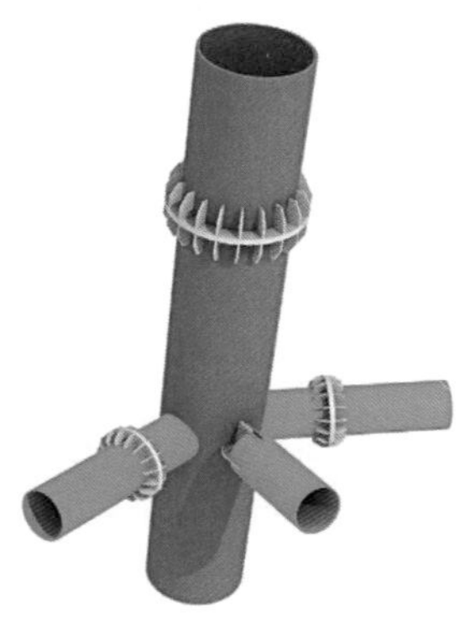

（b）外塔柱法兰对接节点

（c）外塔杆件连接节点

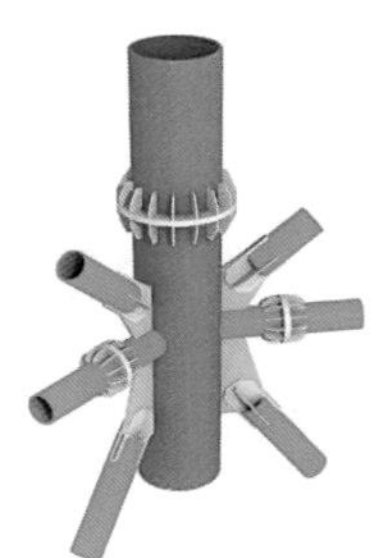

（d）井道杆件连接节点

（e）天线杆件连接节点

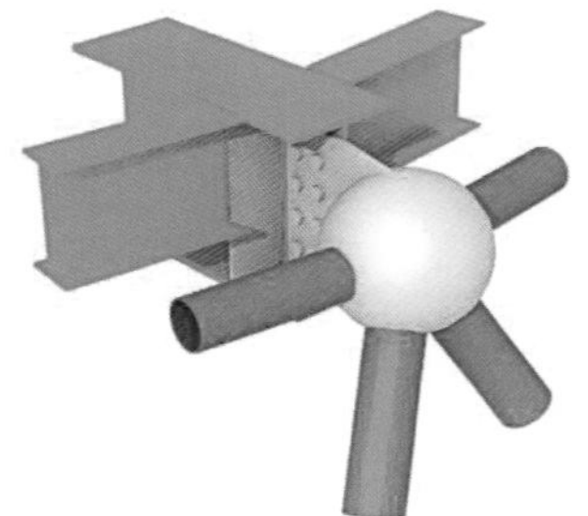

（f）塔楼楼层梁与网架连接节点

图6-87　典型节点示意

图6-88　法兰全拴接节点示意

6.3.2　钢结构装配式建造技术创新应用

1. 整体施工流程

本工程首先进行基础施工，立设塔吊，然后进行井道钢结构施工，井道施工领先于外塔柱安装直至外塔封顶，外塔封顶后进行井道内天线拼装，拼装完成后提升至预定标高，然后安装天线变坡段，天线安装完成后补装井道内预留杆件，完成本工程施工。整体施工流程如图6-89所示。

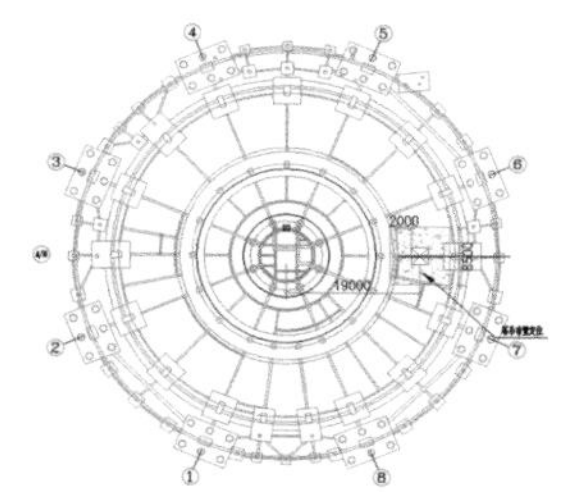

（a）布置塔吊

（b）井道部分构件最下面三节，分片拼装后吊装，第四节开始每节整体拼装

（c）井道安装超过塔座高度开始安装塔座

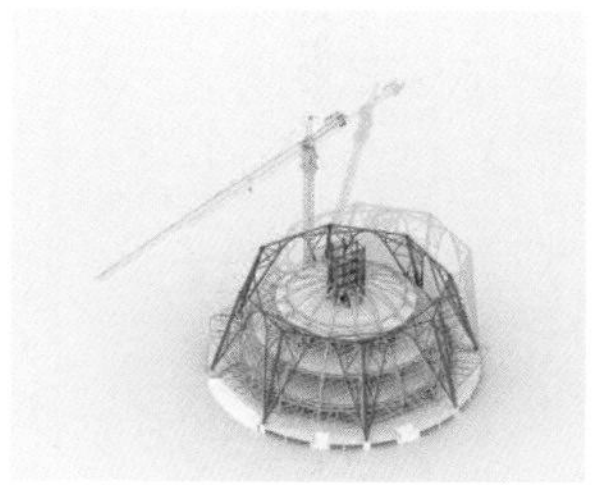

（d）外塔骨架采用塔吊原位吊装，主要措施为辅助撑杆，局部可拼装部分可在地面拼装后吊装，减少高空对接，安装高度约至井道处

（e）继续安装井道，并拼装外塔骨架

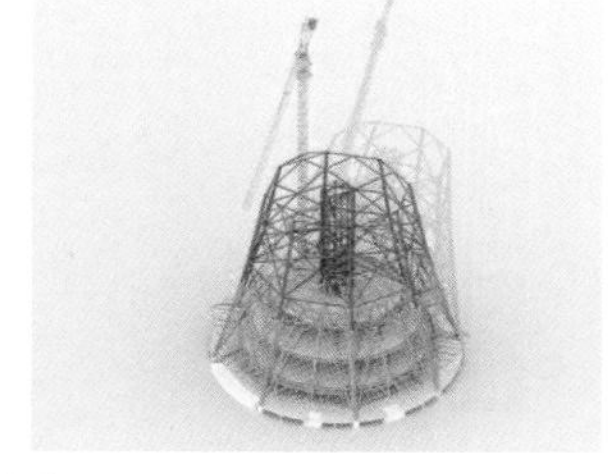

（f）装外塔，拼装井道，如此循环施工，完成井道与外塔身

（g）完成井道与外塔身

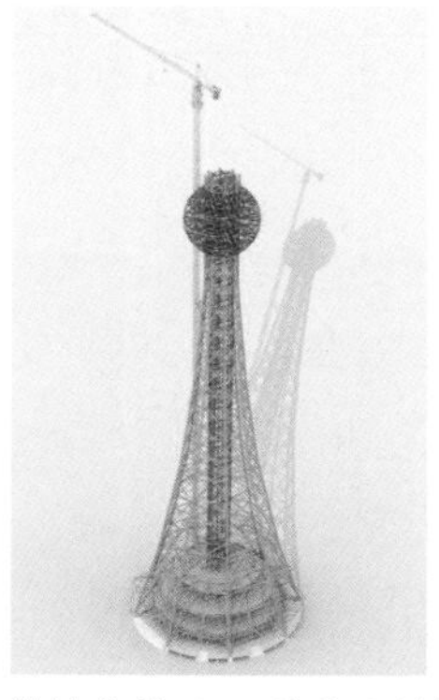

（h）塔楼总共4层，首先安装外悬挑钢梁，外挑钢梁端头用手动葫芦与井道节点相连稳定，再逐步用塔吊散装上部构件

（i）塔身、井道、塔楼安装完成后拆除塔吊，桅杆天线部分整体采用8台60t液压提升器同步提升，另外采用塔式起重机辅助完成安装

图6-89　整体施工流程

2. 法兰连接高精度控制技术

本工程采用法兰全拴接节点，对构件加工、现场连接提出很大要求。项目采用法兰连接高精度控制技术，贯穿深化设计、制造、安装全过程，实现安装过程高精度控制。

1）塔桅法兰智能节点库开发

深化阶段即开发塔桅法兰智能节点库，提高深化设计法兰放样精度及效率。开发软件使构件编号具有唯一性，一杆件一工况，从源头保证工厂预拼构件和现场安装状态完全一致（图6–90）。

2）法兰模拟定位工装设计

加工阶段设计法兰模拟定位工装，确保法兰孔的各向精度，实现法兰及牛腿快速装配及精准定位，形成快速装配流水线（图6–91）。

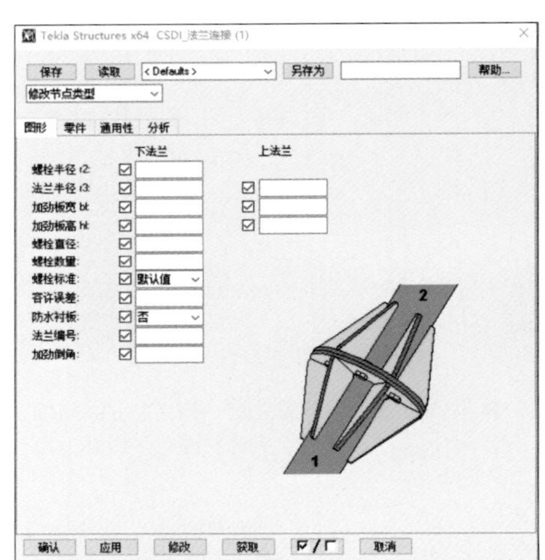

（a）开发塔桅法兰节点库

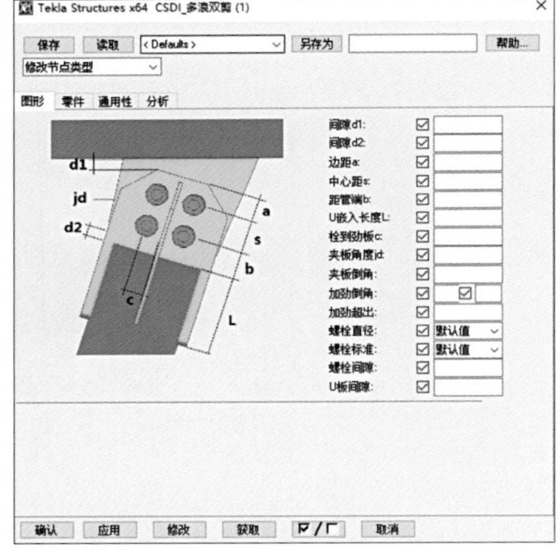

（b）二次开发双剪节点库

图6-90 塔桅法兰智能节点库开发

（a）主管法兰模拟定位工装

（b）支管法兰模拟定位工装

图6-91 法兰模拟定位工装设计

3）组装精度检测及验收

构件组装时对地样、轮廓、对角线、焊缝等进行精度检测，同时为保证预拼阶段法兰板的精密对合，所有牛腿在制作阶段仅进行定位焊，预拼时对个别法兰牛腿微调，预拼完成后下胎满焊（图6–92）。

4）全塔循环立式预拼装

采用2+1的全塔循环立式拼装工艺，每轮三节构件，100%模拟现场安装姿态，累计进行了21轮预拼装（图6–93~图6–95）。

（a）精度检测

（b）牛腿组装定位焊

图6-92 构件组装验收

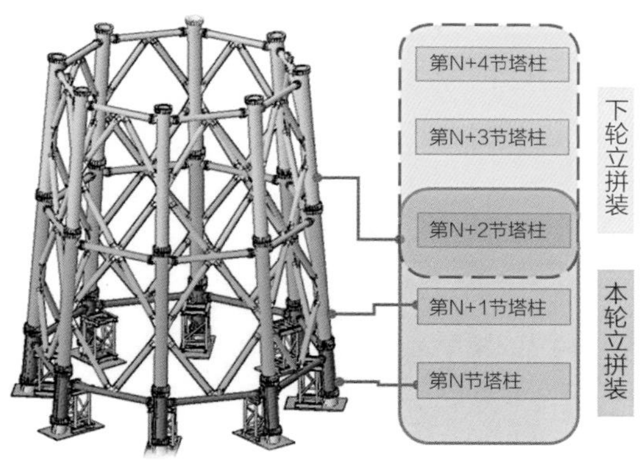

图6-93 循环立式预拼装原理

图6-94 井道循环立拼装示意

图6-95 外塔循环立拼装示意

5）现场安装控制

安装前进行模拟验算，得出变形的理论数据以及薄弱环节，针对性地加强或调校；施工全过程跟踪测量，对高塔安装及纠偏提供实时数据；采用安装校正、循环校正、周期性校正相结合的方式，及时消除安装累计误差，现场安装时与预拼装数据完全结合，有效解决了安装偏差，最终实现现场螺栓孔零扩孔（图6–96）。

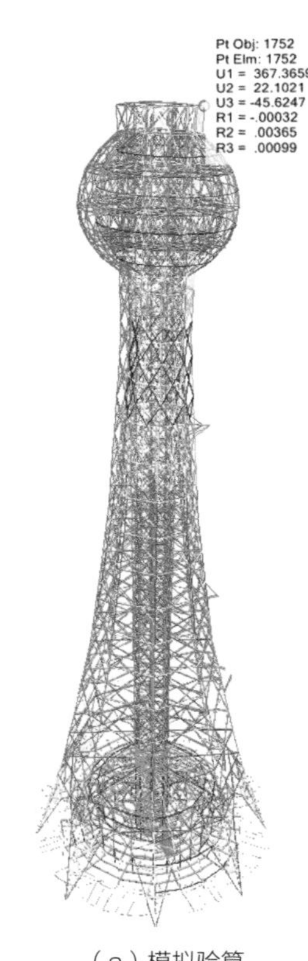

（a）模拟验算

（b）实时测量

图6-96 现场安装控制

3. 超长天线多级提升技术

本工程天线总长92m，总重150t。坐落于176m主塔顶部，共分为5段，由底部八边形空间桁架结构向上渐变为四边形空间桁架结构（图6-97）。

为提高施工效率，减少高空作业，天线桅杆采用提升法进行施工，提升采用8台TL-J-600液压提升器实施，每台提升器额定起重能力60t，钢丝绳破断拉力36t。天线桅杆在井道内利用TC7052塔式起重机进行分段吊装、拼装，拼装完成后整体提升就位。天线提升之前，在天线下部设置临时加长段，加长段上设置两层吊点，在井道柱上设置两道提升点，提升过程中为保证天线在井道狭小空间的通过性，提升过程中换一次吊点。具体可参见图6-98~图6-100。

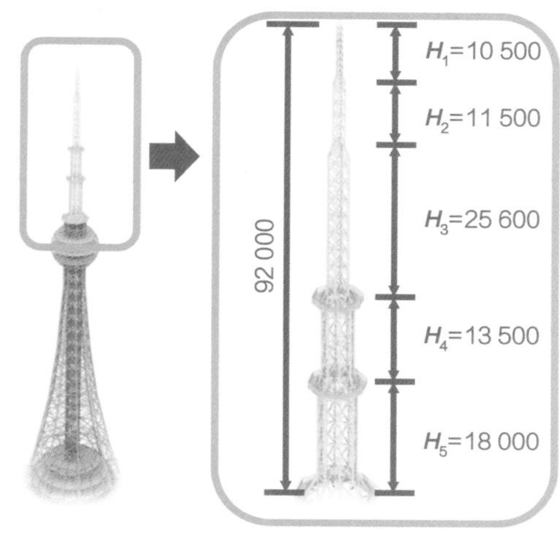

图6-97 天线结构示意图

（a）天线及加长节地面拼装

（b）井道内安装提升轨道

（c）天线及加长节吊入井道

（d）安装提升牛腿等措施

（e）结构加载后校正轨道

（f）安装平台梁及提升器

（g）穿设钢绞线

（h）第一次提升

图6-98 提升前准备工作

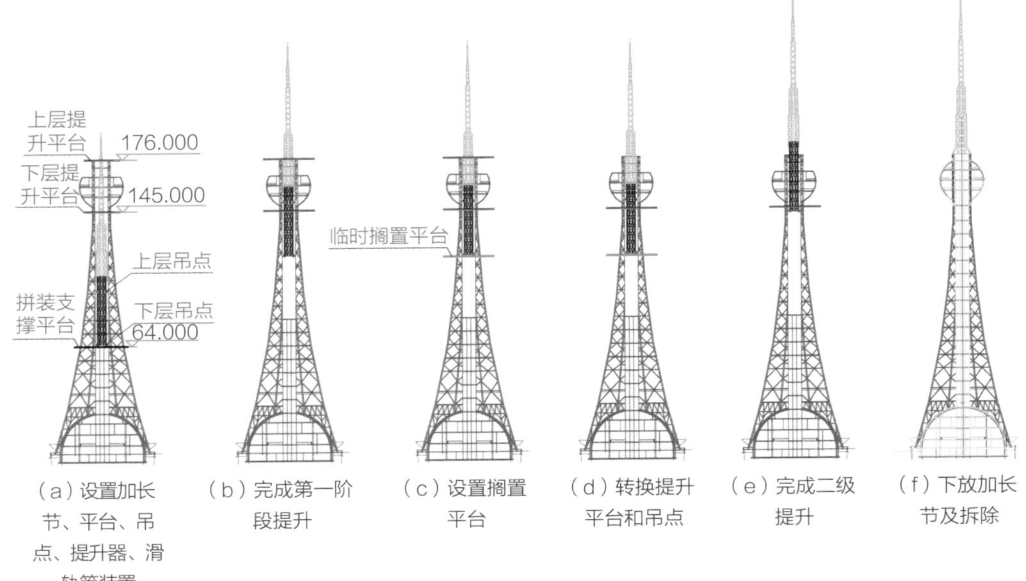

图6-99 阿克苏电视塔项目超长天线多级提升流程

图6-100 提升前后对比

6.4　大型基础设施

6.4.1　深圳宝安国际机场T3航站楼

6.4.1.1　工程概况

1．工程总体概况

深圳宝安国际机场T3航站楼位于深圳市宝安区宝安国际机场扩建区域，南北长约1 128m，东西宽约640m，建筑物高46.80m，拥有62个近机位。工程分为主楼大厅和十字指廊两个区域，总建筑面积45.1万m^2。航站楼主楼地下二层，地上四层（局部五层），指廊地下二层，地上三层，采用钢筋混凝土框架结构（图6–101、图6–102）。

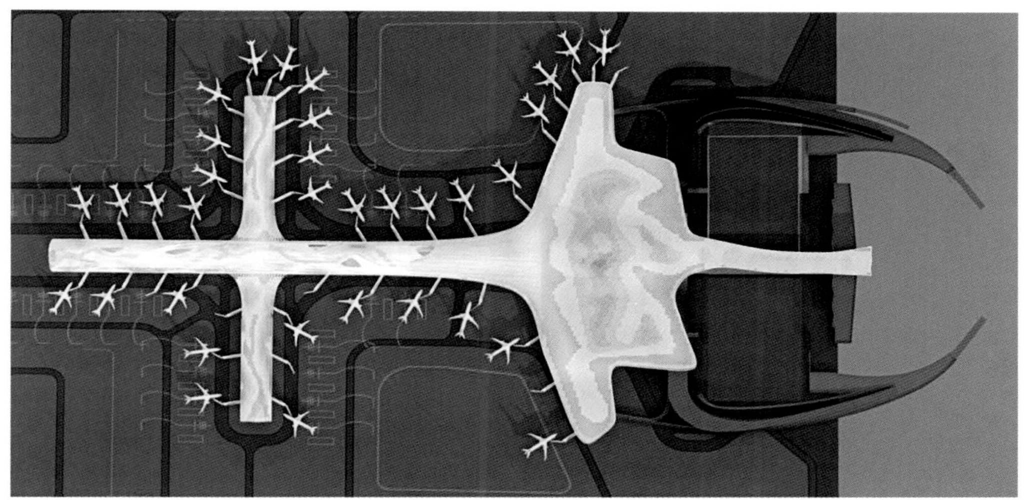

图6-101　整体建筑设计效果

图6-102　项目实景

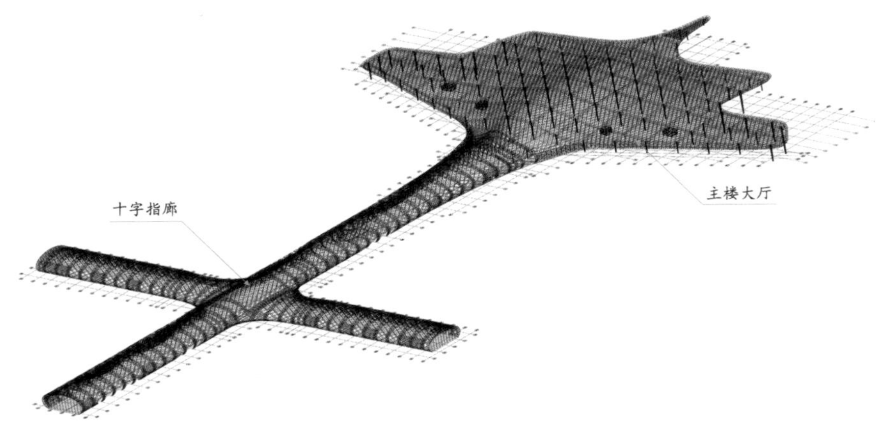

图6-103　钢结构整体概况

本工程钢结构主要由主楼大厅屋盖、十字指廊屋盖以及登机桥组成。屋面结构采用两向斜交斜放网格结构，展开面积约23万m^2，总用钢量约4.5万t（图6–103）。

2．钢结构概况

1）主楼大厅

主楼大厅屋盖结构为自由曲面，支承结构由倒锥管柱、钢筒体、过渡区拱形加强桁架组成，标准柱距为36m×36m和36m×27m两种。

相邻支点之间沿轴线方向设置主桁架，与网架弦杆斜向交叉连接，形成带有加强桁架的斜交斜放网架结构。倒锥形钢管柱上端与主桁架通过销轴刚接，销轴最大直径320mm，装配间隙1.5mm。下端通过"角接触关节轴承"与混凝土预埋件铰接，与主桁架形成上部刚接、下部铰接的框架结构，是屋盖结构的主要抗侧力体系（图6–104、图6–105）。

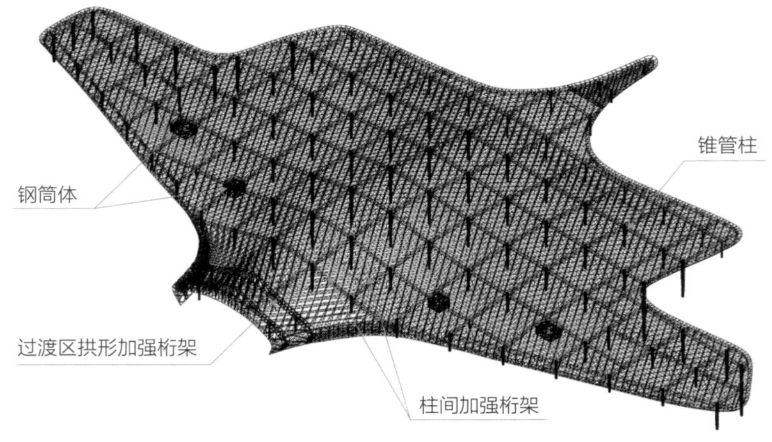

图6-104　主楼大厅屋盖结构整体透视图

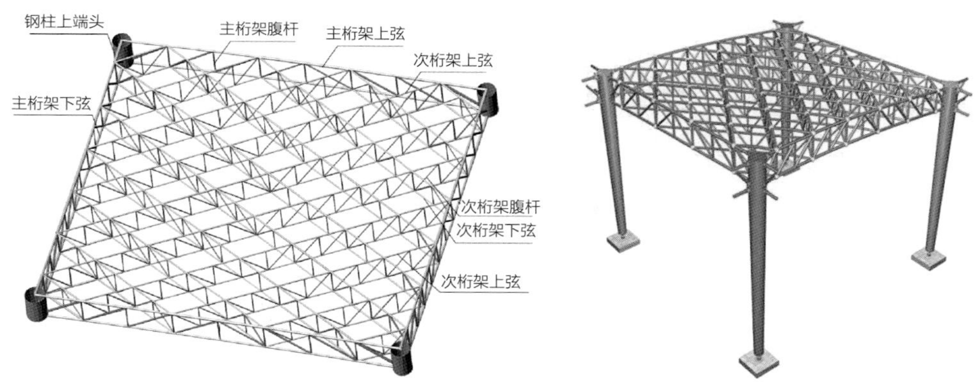

图6-105　主楼大厅屋盖标准单元组成示意图

2）十字指廊

十字指廊区采用两向斜交斜放网格的双层柱面网壳结构。指廊钢屋盖大部分为规则柱面网壳，局部设置凹陷区。柱面网壳由7段弧线连续平滑连接而成，所对应的7个圆心左右对称布置，靠近支座部位的网架向内收将结构侧面完全包裹起来，柱面网壳的截面形式类似于英文字母“C”（图6–106）

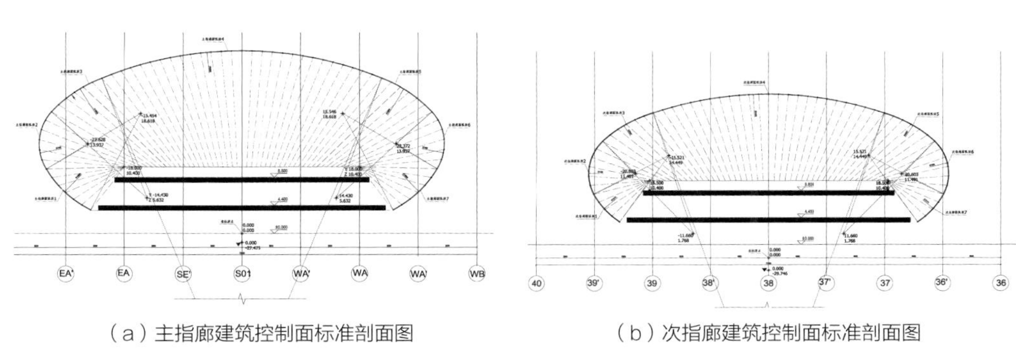

（a）主指廊建筑控制面标准剖面图　（b）次指廊建筑控制面标准剖面图

图6-106　指廊建筑控制面标准剖面图

指廊钢屋盖支撑于间隔18m布置的加强桁架上（图6–107）。加强桁架共69榀（另有2榀在大厅与指廊的过渡区），标准跨度44.8m，最大跨度99.052m。次指廊桁架高度约19.9m，主指廊桁架高度约23.9m，靠近大厅部位逐渐增高，与大厅屋盖衔接。

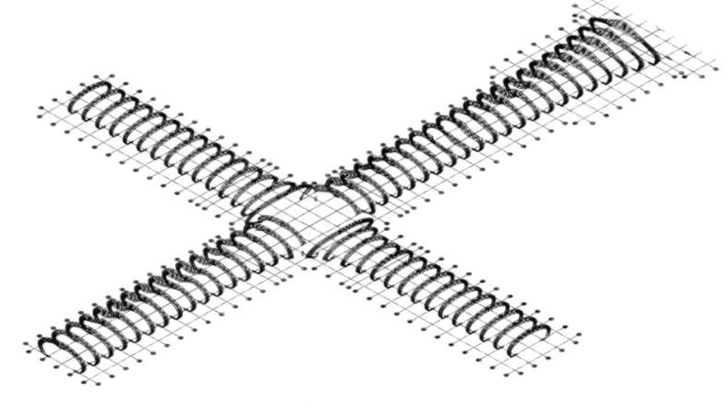

图6-107　指廊区加强桁架透视图

6.4.1.2 钢结构装配式施工技术创新应用

1．整体施工部署

1）根据本工程结构特点，钢结构施工分为大厅与指廊两个施工区，各施工区进一步细分为若干施工段，总体上大厅屋盖施工要滞后于指廊屋盖施工45天的时间。

2）大厅钢结构主要采用构件分段分片、地面拼装、点式胎架支撑、高空原位组装、行走式塔式起重机退吊+履带吊配合的方法进行施工（图6–108）。其中行走式塔式起重机布置在标高为14.4m的混凝土结构四层楼面上。

3）指廊钢结构主要采用构件分段分片、地面拼装、滑移胎架支撑、高空组装、履带吊吊装的方法（图6–109）。其中滑移胎架设置在标高为4.4m的混凝土结构二层楼面上。

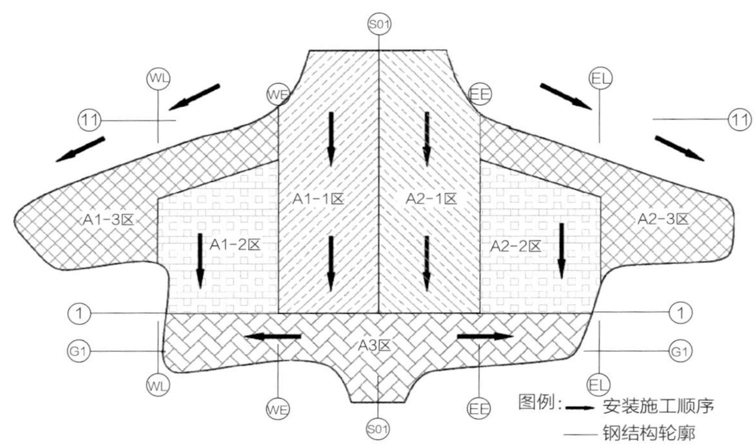

图6-108 大厅钢结构施工顺序

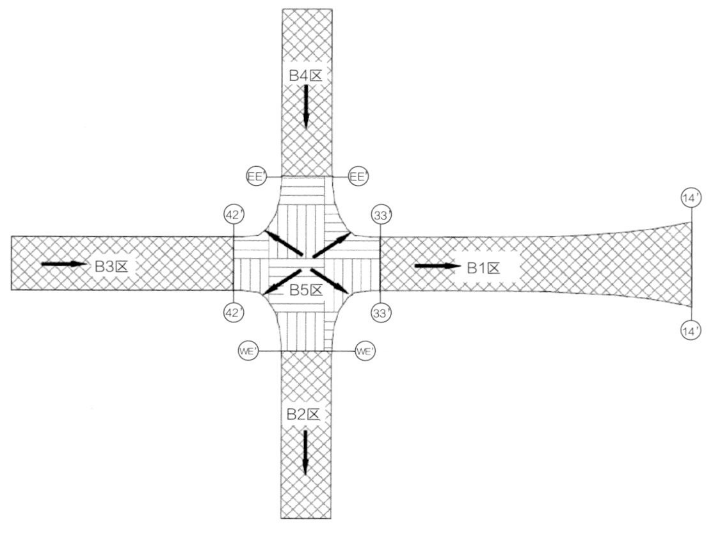

图6-109 指廊钢结构施工顺序

4）对于登机桥等附属结构，待主体结构施工完成后再进行施工。安装时，先对构件进行合理分段，在地面拼装成吊装单元，然后采用汽车式起重机将整榀单元吊装至高空焊接。

2．预拼装技术

本工程钢结构主要为空间桁架结构体系，跨度大，拱度高。为了确保现场安装质量和吊装工作顺利进行，工厂内预拼装显得尤为重要。采用虚拟预拼装与实体预拼装相结合的方式，检验构件工厂加工能否保证现场拼装、安装的质量要求，确保下道工序的正常运转和安装质量达到规范、设计要求，提高现场一次拼装和吊装成功率，减少现场拼装和安装误差。

1）加强桁架预拼装，见图6-110。

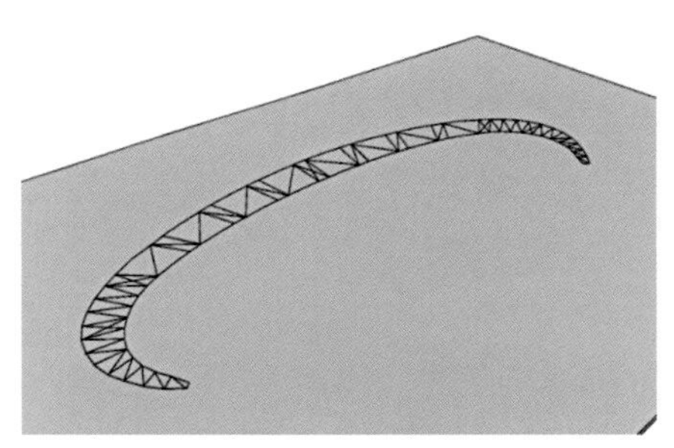

（a）放地样：在地面上划出构件的中心线、圆弧轨迹线、分段企口线，误差≤1mm

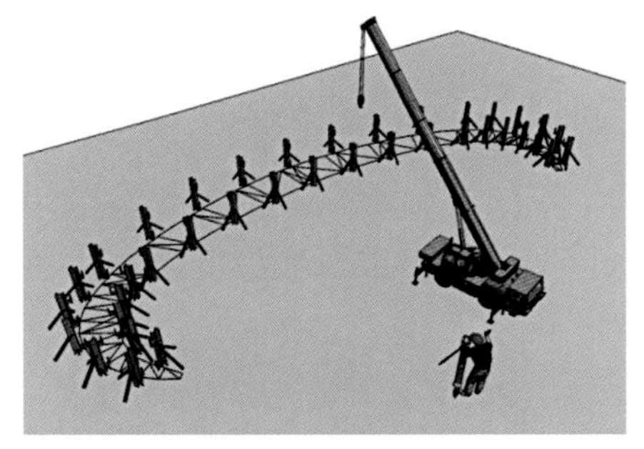

（b）胎架设置：胎架必须有足够的刚度和强度，各胎架上口标高及水平度必须保证误差≤1.5mm

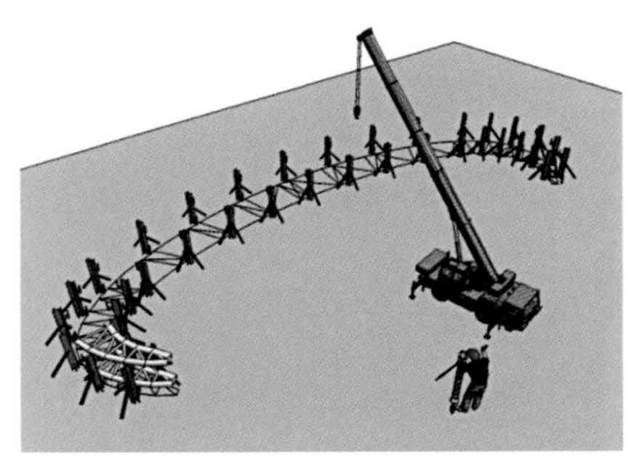

（c）单节桁架弦杆预拼：先吊桁架上、下弦杆，定对弦杆中心轨迹线及企口线，并保证弦杆的水平度及对接口尺寸，加固牢固。对接时按顺序由一端向另一端对接。节点处弦杆投影线误差≤1mm，其他位置误差≤2mm

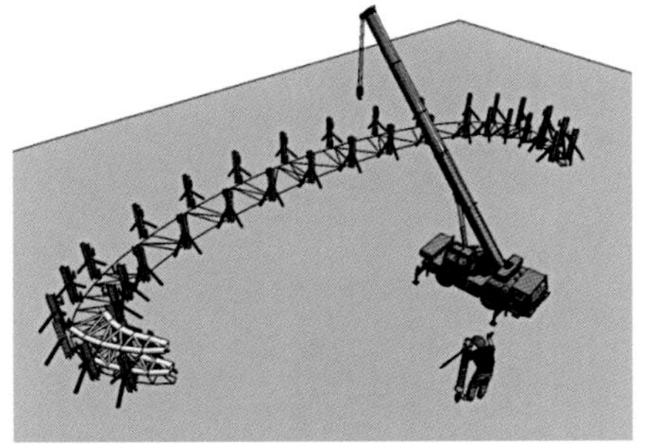

（d）单节桁架腹杆预拼：依次吊上垂直腹杆、斜腹杆钢管，由中心向两边的顺序拼装，以便控制装配累计误差。腹杆安装时必须定对胎架地面中心线，不得强制进行装配。检验所吊腹杆与上、下弦杆的相贯间隙及偏移节点尺寸是否满足要求

图6-110　加强桁架预拼装流程（一）

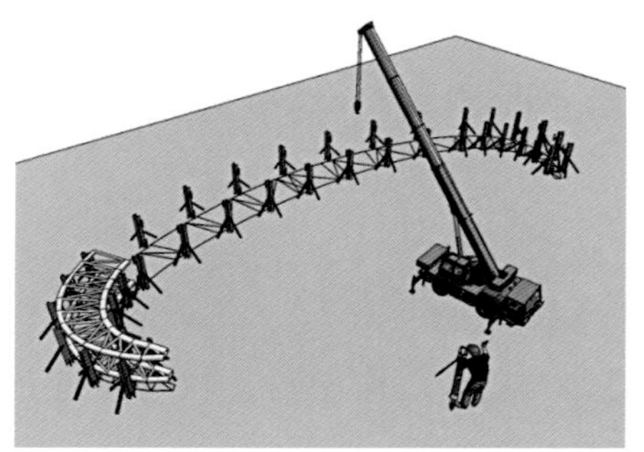

（e）整体预拼：按单节桁架预拼方法拼完余下桁架，然后将一、二节桁架吊上分段预拼胎架，单片桁架吊上胎架时，需要控制好垂直度。单节桁架垂直度、端部企口线经检验合格后，用定位马定牢

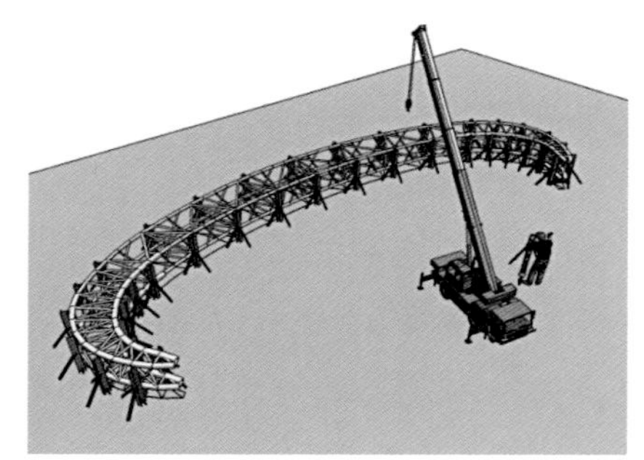

（f）剩余节段拼装：一、二节桁架定位后，吊装前后两节桁架间的连系杆，并依此进行后续各节桁架预拼。经自检合格后，交付专职质检人员检查，再交监理验收

图6-110　加强桁架预拼装流程（二）

2）指廊管桁架整体预拼装

指廊管桁架整体预拼装，按加强桁架分段分块进行，预拼装时，将管桁架两端加强桁架段纳入整体拼装（图6–111）。

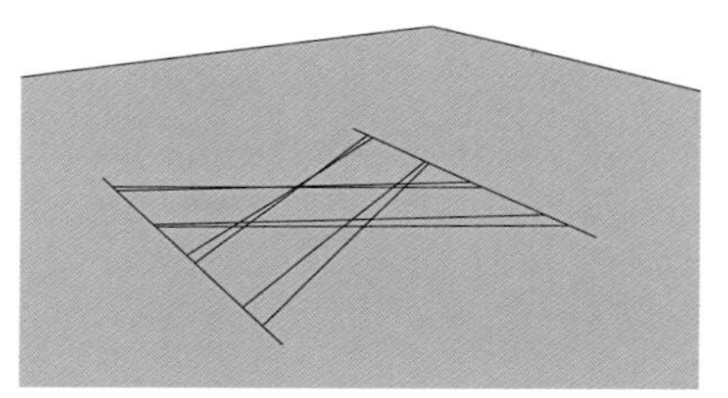

（a）放地样：在地面上划出构件的中心线、圆弧轨迹线，误差≤1mm

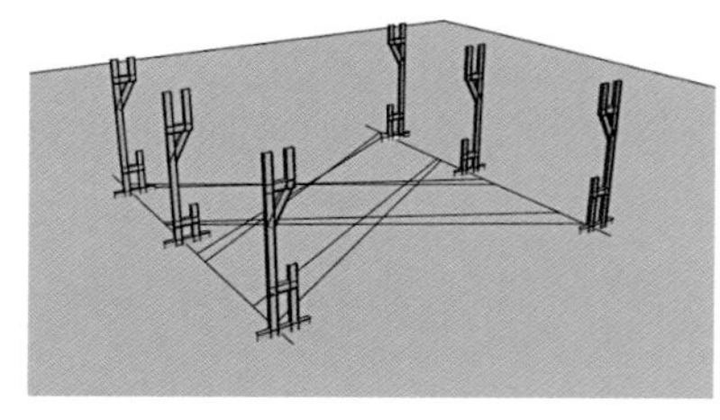

（b）胎架设置：胎架的上口标高及胎架整体水平度应重点保证，误差应小于1.5mm；胎架设置应具有足够的强度及刚度，确保在拼装过程中不发生过大变形及晃动，影响后续组装精度

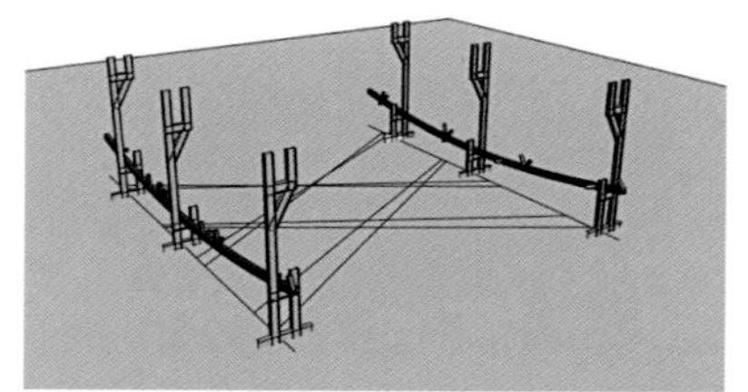

（c）加强桁架下部弦杆吊装：吊装过程中采取吊线锤与经纬仪结合的方式，控制加强桁架弦杆就位，误差不大于±1mm

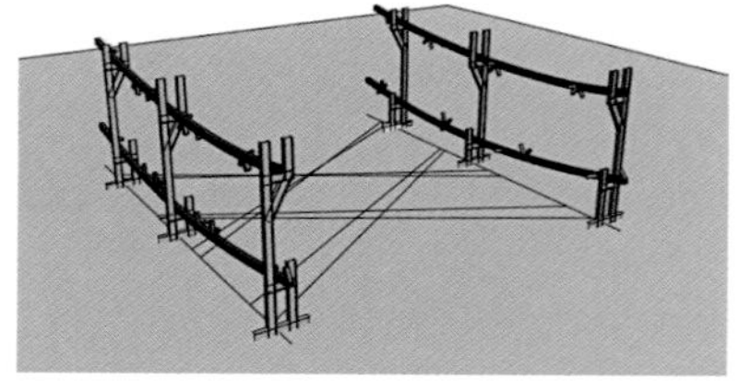

（d）加强桁架上部弦杆吊装：采用同样方法将上部加强桁架弦杆就位，确保牛腿投影与地样对正

图6-111　指廊管桁架整体预拼装流程（一）

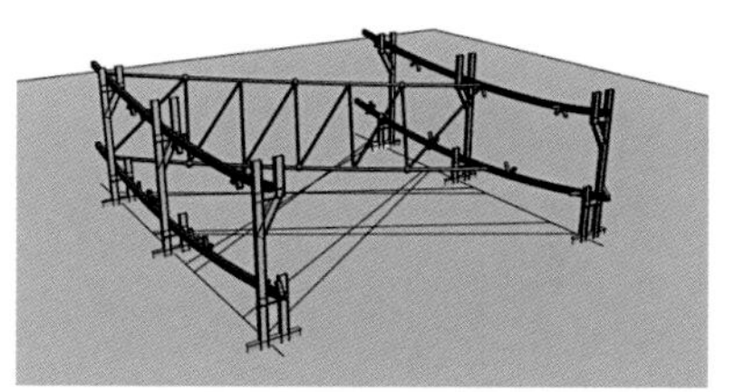

（e）主桁架吊装：主桁架整体吊装，吊装时，吊点需选择具有足够刚度的部位，与加强桁架牛腿对接时应注意避免发生撞击

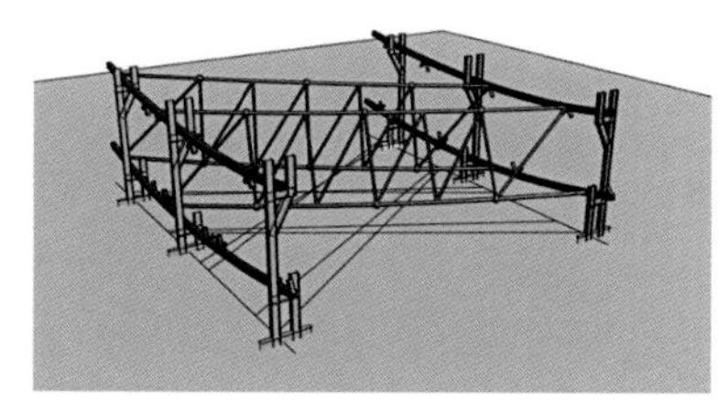

（f）剩余主桁架吊装：采用同样方法将另一片管桁架吊装就位，点焊固定

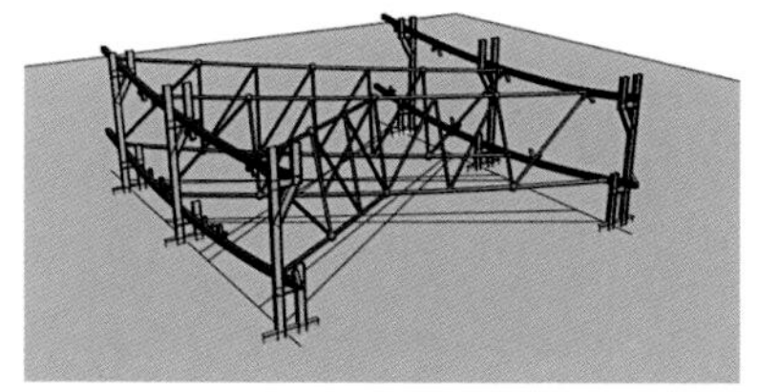

（g）次桁架节段拼接：次桁架采用分段散件吊装，吊装时，先吊装下弦杆，然后吊装腹杆，最后吊装上弦杆

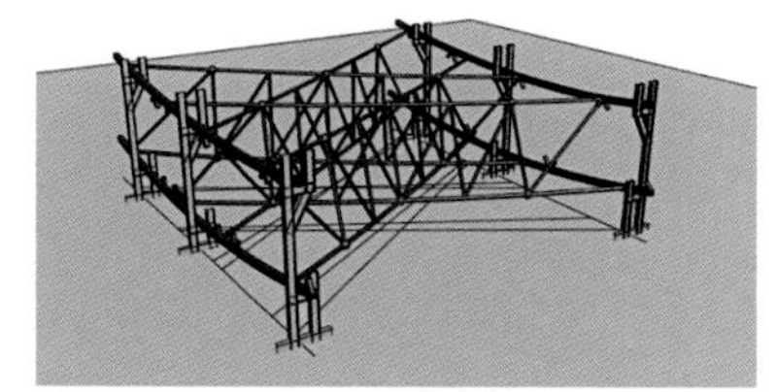

（h）剩余节段拼接：采用同样方法吊装次桁架另外节段，吊装时注意控制与已拼装单元的相对位置

图6-111 指廊管桁架整体预拼装流程（二）

3. 指廊钢结构胎架滑移高空原位安装技术

指廊钢结构由71榀加强桁架及之间的次结构网架组成，加强桁架间距18m，跨度最大120m，安装高度最大约35m。结合指廊钢结构跨度大、结构形式多样的特点，指廊钢结构安装采用履带吊跨外吊装、胎架滑移高空原位拼装的工艺，交叉指廊采用胎架支撑高空原位拼装的安装工艺（图6–112、图6–113）。

4. 大型通用关节轴承铰支座设计、制作、安装成套技术

本工程有向心关节轴承支座、固定关节轴承铰支座等多种大型支座。为满足设计要求，保证现场安装准确，项目提前深化，对原设计支座进行优化，增加了轴套，用于固定向心关节轴承，避免销轴磨损，同时降低造价；支座耳孔采用了高耐磨铜合金自润滑材料，减小摩擦；根据设计参数，确定碟簧片数。制作过程中，在过盈、过渡和间隙配合三个区间，为各个部件选择适合的配合类型，以及具体的精度范围；确定了各个部件的处理工艺。明确各类支座现场安装的流程及关键控制工艺（图6–114）。

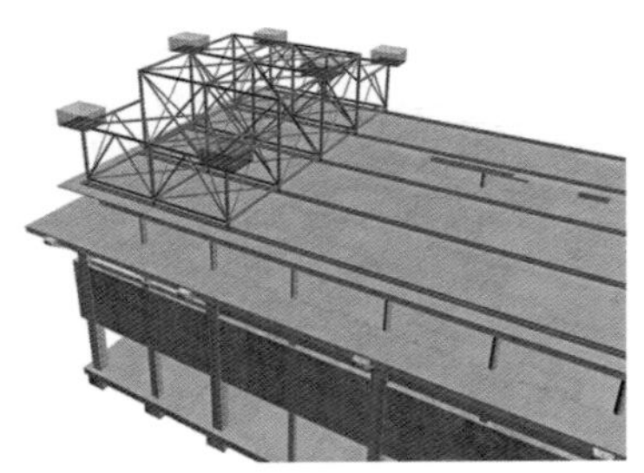
（a）安装滑移轨道、支撑胎架

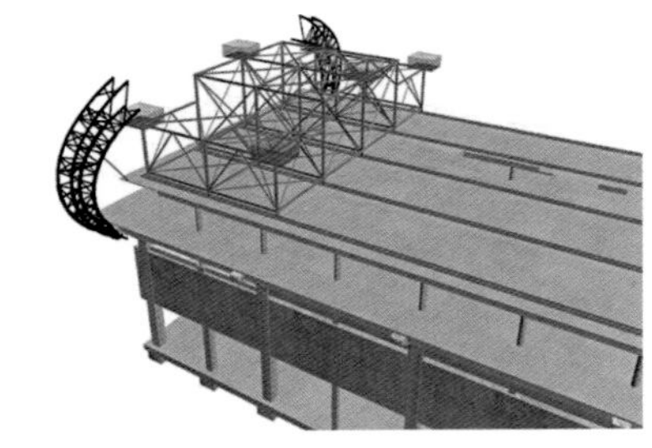
（b）吊装加强桁架两侧第一段构件并临时固定

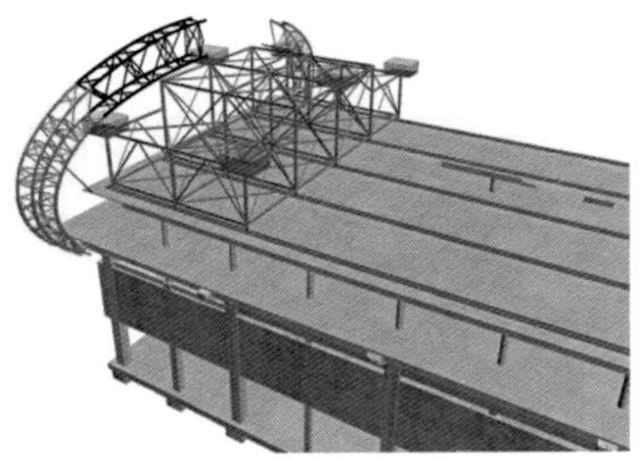
（c）吊装加强桁架中间第二段桁架

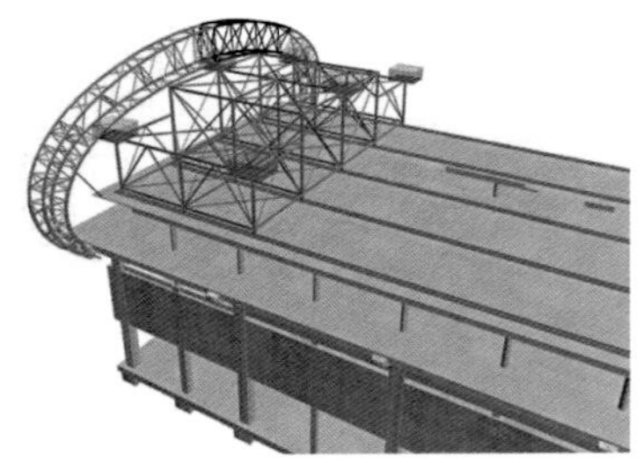
（d）完成第一榀桁架的吊装

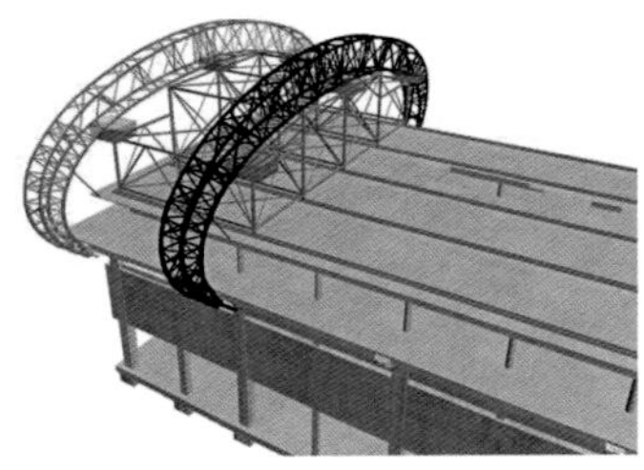
（e）安装第二榀加强桁架

（f）安装加强桁架之间的第一片次结构

（g）安装两榀加强桁架之间的第二片次结构

（h）安装两片次结构之间的散件

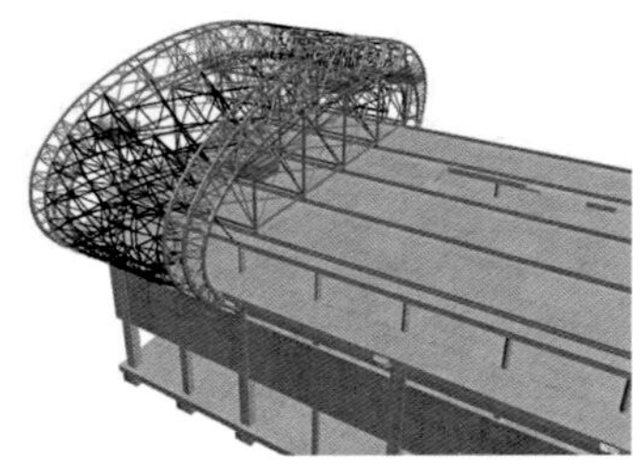
（i）安装两榀桁架之间的剩余次结构

（j）滑移胎架到下一榀加强桁架，安装完成第三榀加强桁架

图6-112　指廊钢结构安装流程（一）

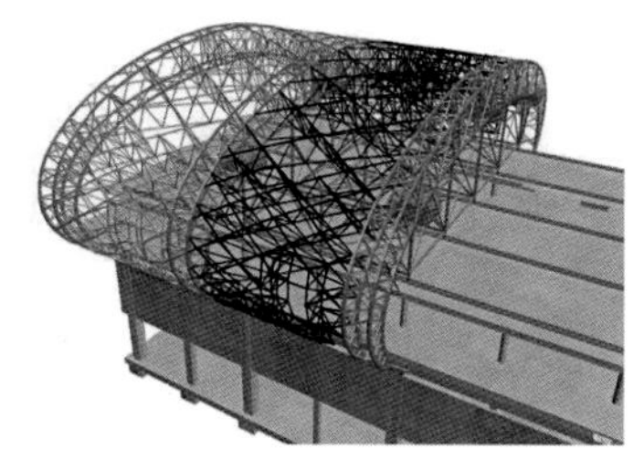

（k）安装第二、三榀加强桁架之间的次结构

（l）安装完成后，胎架滑移到下一榀加强桁架，依次完成钢结构安装

图6-112　指廊钢结构安装流程（二）

（a）　　（b）

图6-113　指廊钢结构现场施工实景

（a）向心关节轴承穿入销轴

（b）滑移轴套穿入销轴，关节轴承+销轴+滑移轴套组成的装配体组件

（c）轴承组件运输到现场后与铸钢节点组装

（d）耳板开孔，于孔壁嵌入高耐磨自润滑材料

（e）吊装装配成型体，并临时固定、焊接耳板

（f）初次预压蝶形弹簧组

图6-114　向心关节轴承支座安装流程（一）

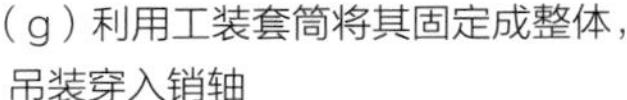

（g）利用工装套筒将其固定成整体，吊装穿入销轴

（h）拧紧轴承盖板

（i）将碟形弹簧组工装套筒拆除，安装完成

图6-114　向心关节轴承支座安装流程（二）

5. 大型椎管柱安装技术

大型钢管柱采用下小上大的倒锥形，总用量约6 000t，最大柱截面直径2 200mm，最大壁厚42mm，钢柱最大长度30.5m。根据柱底标高、雨水管配置及连接形式不同分为6大类。为保证椎管柱高质量快速安装，施工过程重点关注以下技术要点：

1）采用成对安装的大型角接触关节轴承作为椎管柱的万向铰支座，轴承压盖板采用立焊工艺，防止焊接收缩挤压轴承，影响转动功能（图6–115）；

2）采用分步骤的组装方法，将部分加劲板先与轴承焊接，然后装配到柱底，再安装剩余加劲板，相关的测量定位技术以及焊接技术保证了轴承与钢柱同心，满足了狭小空间条件下的焊接质量要求；

3）采用整体测量校正技术，保证内管外柱分段整体吊装时，能同时校正锥管柱、雨水管钢套管、不锈钢虹吸雨水管以及顶部节段的销轴连接板坐标；

4）在钢柱上预留人孔进入钢柱内，采用转管法焊接不锈钢雨水管，采用环管焊接连接钢套管，保证了内管外柱同步焊接。

（a）

（b）

图6-115　锥管柱安装照片

6. 大跨度七心柱面双层叉筒网壳结构的施工技术

1）网架分段

将柱面网架按照C形弧线划分为5～6段，相邻分段之间的杆件以及与加强桁架连接的杆件后安装；分片后的网架通过坐标转换，将安装坐标转换为拼装坐标，在地面进行拼装（图6-116）。通过优化调整拼装姿态，使得网架在拼装时尽量放平，从而达到方便拼装、减少胎架用量的目的。

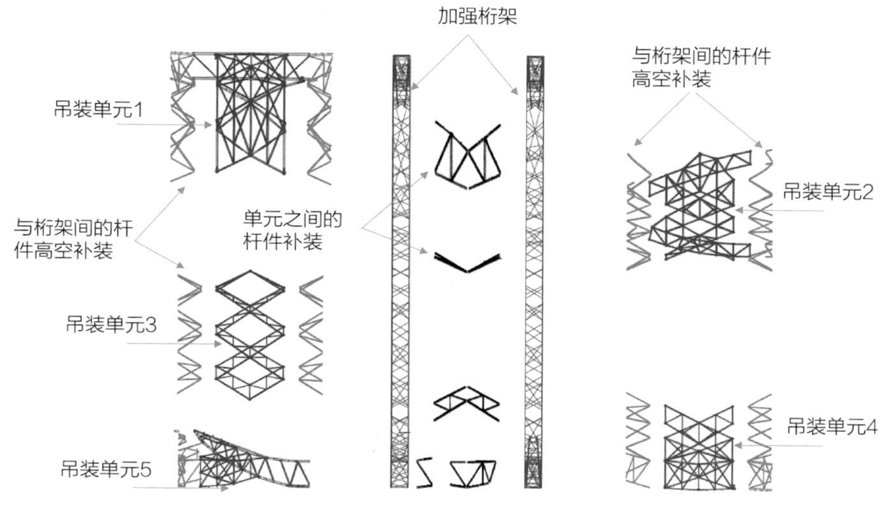

图6-116　凹陷区网架吊装单元划分示意图

2）叉筒网壳的安装顺序

本工程叉筒结构由平面上相互垂直的两个圆柱面网壳交贯而成，南北方向的柱面网壳标高较高，东西方向的网壳标高较低，且东西方向的网壳越接近中心区域，其网架高度越低。叉筒网壳总体按照由周边向中间的顺序安装，先安装加强桁架，后安装网架，先安装周边柱面网壳结构，再安装中间交贯区域的网架。周边柱面网架由跨中向两侧分段吊装，中央大跨度网架由四周向中间散件安装。按照以上顺序安装，保证了结构安装过程中的稳定性，减小了安装误差。

3）屋面拆撑工艺

在竖向荷载下，支承交叉指廊中心区的每组双V形柱的四个柱子的内力差别很大，为调整其内力峰值，确定施工时先卸载内力较小的外侧两根柱子，使屋顶结构自重由外侧两根柱子承担，内侧两根柱子在卸载后补装，共同承担后续荷载。

6.4.2 新建北京至雄安新区城际铁路雄安站站房

6.4.2.1 项目简介

1. 项目背景

新建北京至雄安新区城际铁路雄安站站房（简称“雄安站”）是雄安新区首个重大基础设施项目，建成投产后，雄安新区可直达北京、天津、石家庄等京津冀主要城市，连接华中、华南、西北、西南、东北等不同地区，实现雄安新区与北京、天津半小时交通圈，与石家庄1小时交通圈，将进一步完善京津冀区域高速铁路网结构，便利沿线群众出行，对提高新区对全国的辐射能力、促进京津冀协同发展均具有十分重要的意义。

2. 工程简介

京雄城际铁路北起京九铁路李营站，途经北京大兴区、北京新机场、河北省霸州市至雄安新区，线路全长92.4km，全线设黄村、新机场、固安东、霸州北、雄安5座车站，雄安站是其中规模最大的新建车站。雄安站位于雄县城区东北部，距雄安新区起步区20km，站房采用水滴状椭圆造型，地上三层，地下二层，站房南北向长606m，东西向宽355.5m，房屋总建筑面积47.23万m^2，共设13台23线。建筑总高度47.5m，建设工期24个月（图6-117、图6-118）。

雄安站房地上一层为地面候车大厅和配套公共场站，二层为铁路站台层及轨道交通R1、R2线预留站台层，三层为高架候车大厅，地下一层为商业开发区域，地下二层为城轨M1线规划预留空间。雄安站枢纽同时规划引入北京至雄安新区城际

图6-117 雄安站设计效果图

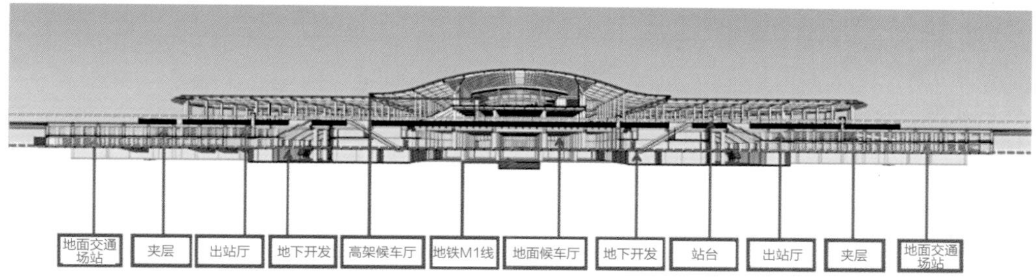

图6-118 雄安站设计功能组成

铁路、北京至雄安新区至商丘高速铁路、天津至保定铁路、雄安新区至忻州铁路、天津至雄安新区城际铁路等5条高铁和城际线路融入国家高速铁路网。

3. 结构概况

站房承轨层（+13.85m）下部采用劲性混凝土框架结构，上部雨棚屋盖为钢框架结构，屋盖钢梁主要由大跨度拱形钢梁、弧形梁、次梁、支撑组成。截面形式主要有箱形、变截面箱形、H形三种，最大截面尺寸为□2 200mm × 800mm × 45mm × 60mm，水平投影长182m、宽186m，最大跨度78m（图6-119~图6-121）。

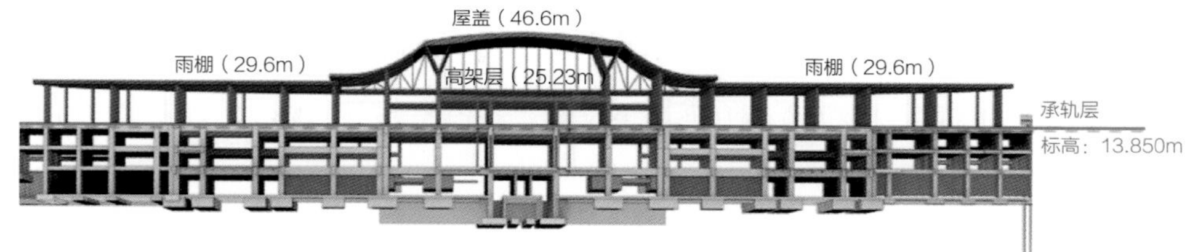

图6-119 结构形式示意图

图6-120 钢屋盖概况效果图

图6-121 钢结构安装完成实景图

6.4.2.2 钢结构装配式建造技术创新

1. 埋入式柱脚设计与施工技术

本工程柱脚分三种形式：外露式柱脚、埋入式柱脚（靴梁）、埋入式柱脚（无靴梁）。根据《高层民用建筑钢结构技术规程》JGJ 99–2015规定：柱脚埋入深度根据结构形式不同应为截面的2～3倍，按此项目柱脚埋入深度达6m，且劲性结构柱脚受力情况复杂，常规计算软件难以完全模拟受力情况，手算复杂无经验，是施工一大难点。

项目主动与设计联动，总结现有技术资料，在传统定位锚栓基础上，创新性提出埋入式柱脚受力锚栓设计，加大安全系数，同时进行节点缩尺实验证明其受力的合理性，解决了埋入式柱脚基础承台高度不够的问题，受力更加可靠，施工比较方便，经济效果好（图6–122）。

2. 高强度厚板焊接技术

本项目钢结构材质主要包括Q345GJC、Q390C、Q420C、Q460GJD等，强度高，且存在较多50mm以上厚板焊接，现场焊接难度大，焊接热输入不对称，焊缝横向收缩，产生变形，焊接接头拘束应力过大，拉应力沿板厚方向作用，易产生层间撕裂。

为解决高强度厚板的现场焊接难题，项目组织现场焊接工艺评定，确定工艺参数，最终选择在50mm以上高材质钢板熔透焊接时，将V形剖口改为U形，优化焊接

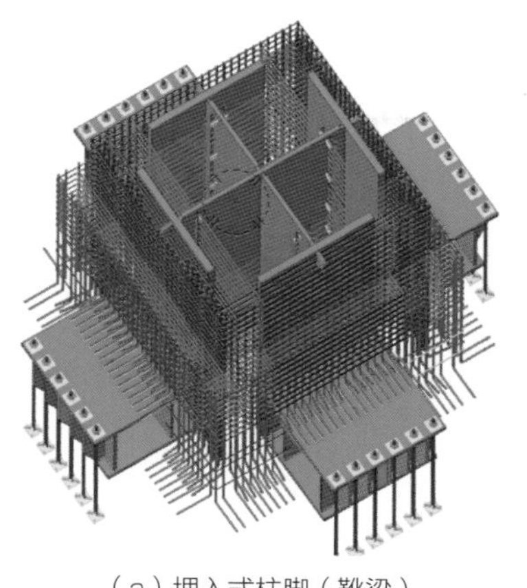

（a）埋入式柱脚（靴梁）

（b）缩尺实验节点

图6-122 埋入式柱脚

工艺，采用埋弧焊不清根技术，避免碳弧气刨带来的构件变形。选择优质、熟练焊接工人，焊接前严格对工人进行现场技术交底，合理确定焊接顺序，设置焊接工长，加强现场焊接质量管控。

3. 大跨度钢结构安装及卸载技术

本工程屋盖钢梁主要由大跨度拱形钢梁、弧形梁、次梁、支撑组成，最大跨度78m。屋盖主要采用STT2200塔式起重机进行吊装。中间大跨度钢梁部分根据分段长度，采用设置支承胎架，在中部高架层位置先拼装再吊装的施工方式（图6–123）。

根据设计要求，屋盖施工温度应满足15+5℃的要求，受到新冠疫情影响，屋盖实际施工时间为4～6月，除阴雨天，气温基本在20～35℃，合拢温度不满足要

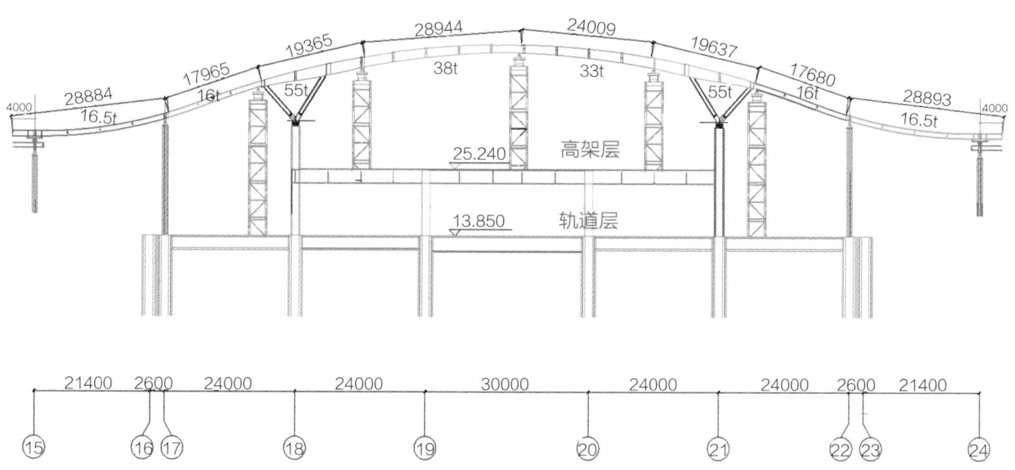

图6-123 钢梁安装分段及支撑胎架布置示意

求。项目参考国家体育中心（鸟巢）施工做法，通过与设计联动沟通，确定每榀大跨梁最后一节安装时固定卡马的气温作为大跨度梁合拢温度，可实现夜间施工焊接固定。同时在四台塔式起重机中部设置温度合拢带，合拢带位置次梁选择在最后且在凌晨合适温度区间施工（图6–124）。

图6-124 温度合拢设置示意

待临时支承结构上方区域结构安装完毕，整体校正并焊接完毕后，成片区域主次梁连接成稳固的体系后该片区域开始卸载。做好胎架卸载工作的组织和监测准备。为保证卸载过程中的安全性，在整个卸载过程中，对关键构件进行监测，确保结构卸载后的初始应力在预设范围之内，实现结构设计的意图。

6.5 其他类型

6.5.1 深圳市大磡小学

6.5.1.1 项目概况

本项目位于深圳市南山区大磡村，总用地面积约19 638.80m^2，总建筑面积约

7 609.15m^2，整体地势为北高南低，阶梯状分布，现场共分为5座单体建筑，分别为1号教学楼、2号多功能综合楼、3号教学楼、4号后期综合楼、5号设备房。本项目是依托既有建筑的加固及新建项目，具体概况如表6–7及图6–125、图6–126所示。

项目各单体概况　　表6-7

楼栋	效果图	概况
1号楼		1号楼位于整座小学中心区域，在原厂房轮廓范围内进行整体加固建设1层教学楼，建筑面积约2 298.53m^2，高度5.8m，其中共设置教室6间、报告厅1间及办公室、公卫、控制室等若干间，整体为环形四周布置建筑形式
2号楼		2号楼位于校区东北角区域，整体结构为正方形外形轮廓，现保留原厂房外部结构，进行内部加固建设2层教室和办公楼，建筑面积约3 300.53m^2，高度7.9m，其中设置教室、办公室若干间
3号楼	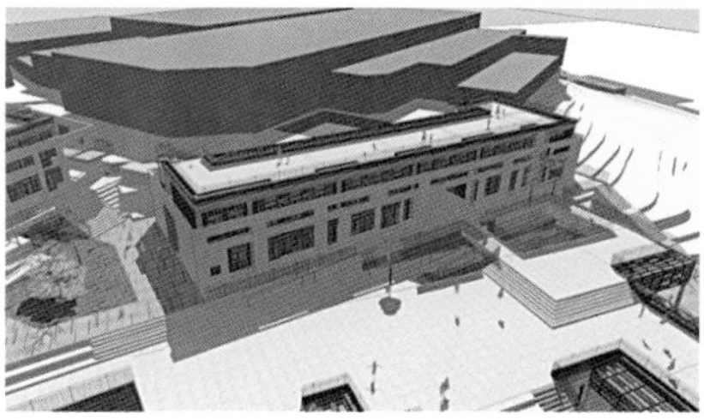	3号楼位于整座小学东侧区域，整体结构为条状南北分布，现保留原厂房外部结构进行内部加固建设2层教学楼，建筑面积约973.31m^2，高度8.07m，其中共设置教室7间及办公室、公卫、控制室若干间
4号楼		4号楼位于小学北侧区域，在原建筑轮廓范围内进行整体加固建设2层功能房间，建筑面积约779.68m^2，高度8.13m。其中1层建筑设置校医室、仪器室、管理住宿等若干间，2层结构整体设置为校区食堂
5号楼	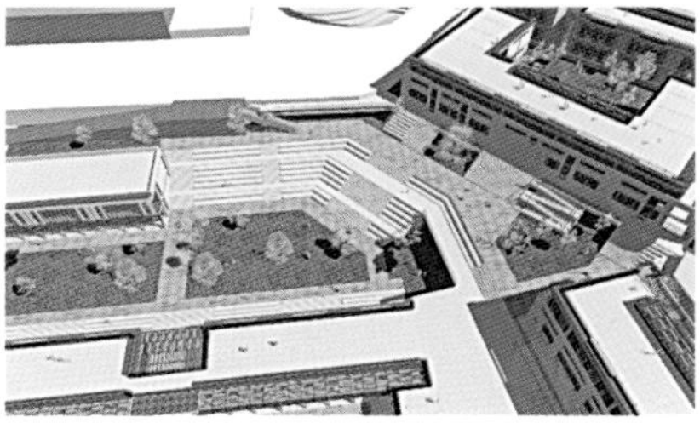	5号建筑位于校区东北侧，于2号、3号建筑与1号建筑向下坡度的行人台阶部位，为新建半地下1层设备间，占地面积约257.1m^2，高度4.1m，主要包含校区使用消防水池、发电机房等

图6-125 深圳市大磡小学项目效果图

图6-126 深圳市大磡小学项目建成效果

6.5.1.2 钢结构装配式建筑技术应用

由于本工程工期极短、施工条件差。设计阶段决定采用钢结构装配式建筑技术，主体结构为钢结构，楼板为钢筋桁架楼承板，墙体为ALC预制条板，结合全装修的装配式建筑技术，极大地节约了建设工期（图6–127）。

依据《装配式建筑评价标准》GB/T 51129—2017，1号教学楼、2号综合楼、3号教学楼装配率达70%，4号后勤综合楼装配率为66%，被认定为A级装配式建筑。本项目是深圳市首个钢结构装配式学校，2019年获评广东省第一批装配式建筑示范项目，2020年入选住房和城乡建设部科技与产业化发展中心《装配式建筑评价标准》范例项目。

（a）钢框架主体结构施工

（b）全装修技术

图6-127　钢结构装配式建筑技术应用

6.5.1.3　全阶段BIM技术应用

1．无人机航拍建模拟合优化方案

本项目是在既有建筑基础上加固及新建，且每栋建筑均不在一个标高，场地内最大高差接近14m，为充分利用场地原有地形，依势而建。方案设计阶段通过实地测量结合无人机拍摄建模，在软件内进行设计方案与既有建筑的拟合，完善方案内容（图6–128、图6–129）。

2．基于BIM模型的一体化设计

本项目BIM建模工作不只是简单的翻模，而是在方案深化阶段介入，模型深度达到LOD400，模型的建立与专业间碰撞检测同时进行，最大限度地在设计阶段解决争议（图6–130）。

图6-128　现场照片

图6-129 模型拟合

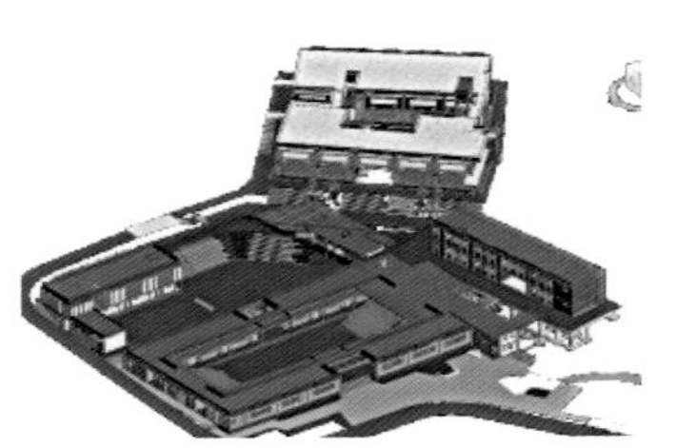

（a）方案模型深化出功能分区

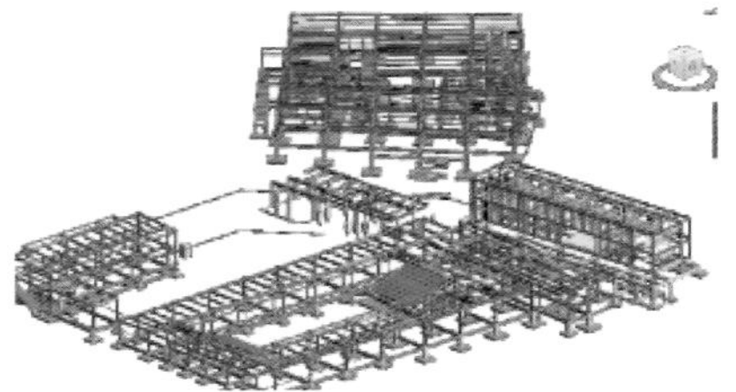

（b）结构设计并深化

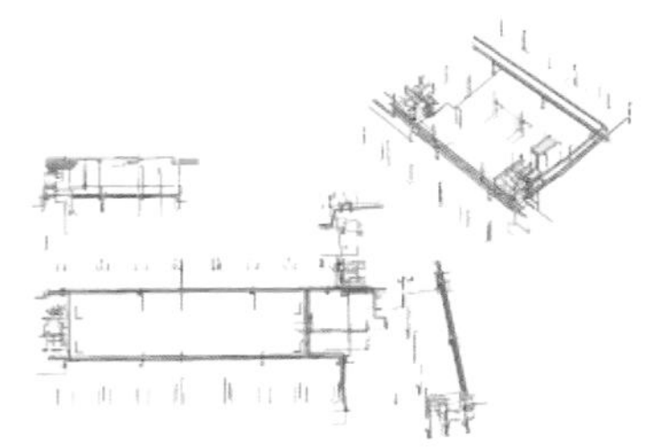

（c）机电模型深化并出图

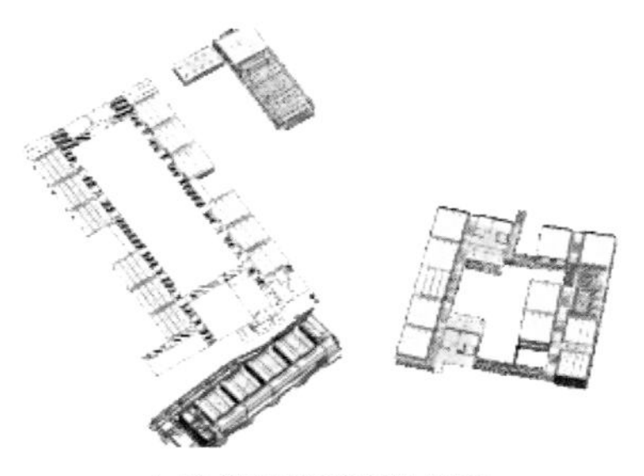

（d）装饰模型深化出图

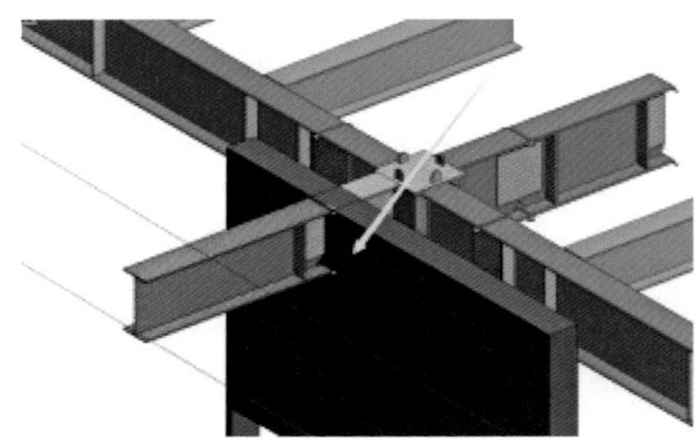

（e）碰撞检测

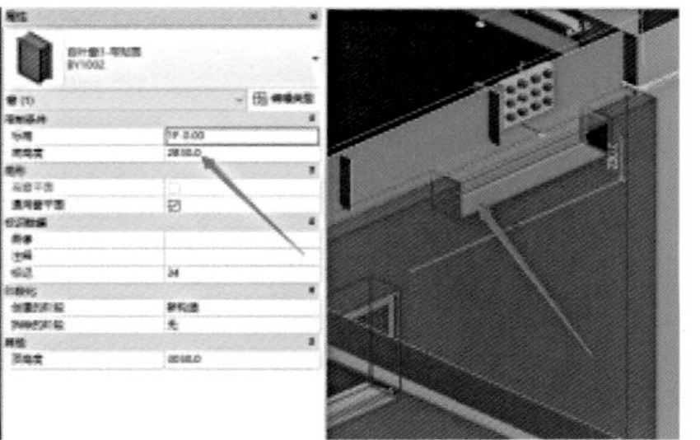

（f）碰撞检查

图6-130 BIM模型的一体化设计内容

将BIM模型导入Fuzor中进行漫游模拟，进一步检查建筑空间尺度、校核碰撞问题，进一步优化设计方案（图6–131）。

图6-131　净空及碰撞检查

3．基于BIM信息管理平台的数字化制作技术

引入钢结构全生命周期BIM信息管理平台，提升项目信息化水平，通过平台可实现BIM模型与加工信息的无损导入及准确识别，形成所有构件及零件加工图纸、数控文件及构件制作清单，结合工厂数控设备技术，实现构件加工责任到人，指定到设备，推动构件信息化、数字化管理（图6–132）。

（a）责任到人

（b）指定设备

（c）工位标签

（d）零件标签

图6-132　BIM平台结合数控设备的自动化加工内容

4. 基于BIM模型的施工进度模拟

基于BIM模型，利用Fuzor软件进行施工模拟，精确排布工期，规划场地，实现现场高效的施工组织部署，节约工期（图6–133）。

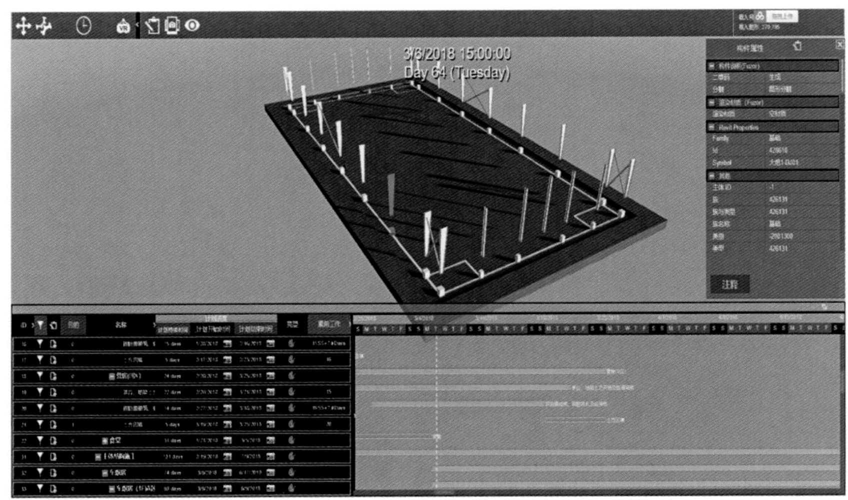

图6-133 施工进度模拟

6.5.1.4 应用效果及总结

本工程钢结构装配式建筑体系的应用，实现主要构件标准化设计、工厂化生产、现场装配式安装，极大地节省了现场施工时间，施工工期相比传统同等规模项目减少了50%，最终在136天内完成项目建设。BIM技术的应用，使得设计阶段通过碰撞分析，规避了200余处可能发生的现场变更问题，节约大量工程成本。钢结构全生命周期平台的应用，辅助项目管理，实现设计优化并完成自动化排版，数控下料，工业化生产，减少材料损耗约1/5，实现节材的效果。

6.5.2 巴布亚新几内亚布图卡学园

6.5.2.1 项目简介

1. 项目背景

巴布亚新几内亚布图卡学园项目位于巴布亚新几内亚莫尔斯比港首都行政区，是基于中华人民共和国深圳市与巴布亚新几内亚莫尔斯比港首都行政区签署的《友好合作备忘录》和《2016—2017年度合作交流计划》而进行的援建项目，也是中巴友好交流合作计划首个落地项目，是“一带一路”倡议引导工程。本工程成功开启了深圳与莫尔斯比港的友好交流合作计划，项目落成以后将会是巴布亚新几内亚当地建筑的标杆。工程内容包括重建布图卡学校及援建20座现代化的公交站亭。

面对当地复杂的地质环境、雨季多雨不利气候、断水断电等不利因素，项目团队克服重重困难，最终如期高质量完成项目交付，2018年11月16日，正在巴布亚新几内亚进行国事访问的习近平主席，出席了巴布亚新几内亚学校的启用仪式，学校获习近平主席称赞“宽敞明亮、节能环保”。

2. 工程概况

学校部分占地东西长约267.23m，南北宽约241.59m，总用地面积约50 582m^2，总建筑面积约10 800m^2，预计可容纳学生2 700人，其中配置小学部26班、中学部16班、幼儿园10班、多功能厅、教职工公寓12间及室外活动场地等。本项目采用钢结构框架主体加三板围护结构体系，耐火等级及抗震等级需满足当地标准，地上建筑两层，建筑高度为12.45m，无地下结构（图6-134~图6-137）。

图6-134 巴布亚新几内亚学校设计效果图

图 6-135 巴布亚新几内亚学校建成实景图一

图6-136 巴布亚新几内亚学校建成实景图二

图6-137 巴布亚新几内亚学校建成实景图三

6.5.2.2 新型建造方式创新应用

1. 新型建造模式应用

本项目由深圳市政府财政拨款负责投资建设，但项目的使用需求及进度目标由巴布亚新几内亚政府和原校董会提出；项目的规模、功能、标准及投资控制目标则由援建方和使用方沟通确定。尽管双方的总体目标一致，但在子目标（投资、进度、规模、标准等）层次上必然会存在不同的利益诉求和期望值，这就对项目管理方在实施过程中的协调和控制能力提出了很高的要求。

为解决这一方面难题，项目采用EPC建造模式，以大型工程承包商为主体的EPC承包方式，为能源和资源开发、生产和技术性等援外项目实施管理提供了有效可行的模式。

EPC为英文“Engineering”“Procurement”和“Construction”的缩写，国内习惯译为设计、采购和施工。“Engineering”一词直译应为“工程”，其含义不仅包括设计，还有策划、规划、可研、评估等内容，“Procurement”也不是一般意义上的建筑设备材料采购，而更多的是指专业设备、材料的采购，“Construction”应译为“建设”，其内容包括施工、安装、试车、技术培训等。由此可见，EPC合同条件更适用于设备专业性强、技术性复杂的工程项目，FIDIC《设计采购施工（EPC）/交钥匙工程合同条件》前言推荐此类合同条件：“可适用于以交钥匙方式提供加工或动力设备、工厂或类似设施或基础设施工程或其他类型开发项目”。项目的最终价格和要求的工期具有更大程度的确定性。由承包商承担项目的设计和实施的全部职责，顾主介入很少。交钥匙工程的通常情况是，由承包商进行全部设计、采购和施工（EPC），提供一个配备完善的设施“转动钥匙”时即可运行。

近年来，随着国际形势的变化，援助方式和资金来源实现了多样化发展。针对能源和资源开发、生产和技术性等援外项目，引入EPC合同条件，为实施有效的管理提供了可行的模式。巴新学校EPC总承包工程作为典型的EPC国际援建类项目，具有较强的借鉴意义。

2. 装配式建筑结构设计与施工技术

项目设计按照建筑工业化和绿色建筑相关要求，采用工业化建造方式，打造钢结构绿色建筑示范工程。整个建筑产品主体受力结构为钢框架，并由装配式楼板、装配式墙板、装配式屋面等装配式集成建筑部件组成（图6–138）。

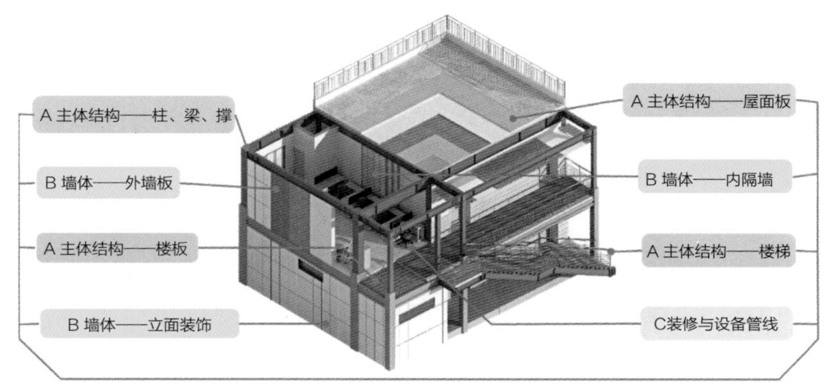

图6-138　钢结构装配式建筑体系

装配式建筑结构体系的应用，提高了建筑部品化率、预制装配率，解决了集成度低、施工污染环境、成本高企及舒适度不佳等难题，还能适应人文结合的创新设计理念及绿色施工要求，更适合建筑产业化发展。

采用夹芯式轻钢龙骨工厂预制拼装墙板，集成度高、装配率高、与主体框架变形协调性强，解决了传统砌块墙重量过大、抗裂性差、施工湿作业等难题，还减薄墙板增加了内部使用面积。采用集成度、装配率高的钢筋桁架预制楼板，解决了传统楼板厚度过大、施工周期长、成本大等难题。屋面选用铝镁锰金属屋面系统，在工厂流水线上模块化生产制造，单位生产及安装效率大大提高，防水隐患大大减小，检查维修更替性强。

建筑选用材料属于工业制成品，在工厂流水线上模块化生产制造，单位生产效率大大提高；内外墙板、屋面、装饰装修材料均由工厂化生产，减少现场湿作业量80%。主体钢结构关键位置全螺栓连接，装配率高达80%，提高工作效率50%以上。

3. 绿色施工技术应用

绿色施工是在工程施工过程中体现可持续发展理念，通过科学管理和技术进步，最大限度地节约资源和保护环境，实现绿色施工要求，生产绿色产品的工程活动。本项目系绿色集成建筑体系，采用工业化、一体化及模块化建造方式，相对于传统建筑，在节能、节水、节地、节材及环境保护方面具有明显的优势。

据项目部日常生产统计，与常规项目对比，除去少量支撑木枋以外，项目做到了真正意义上的木材“零”消耗；同时减少了混凝土养护用水，与传统施工方式相比，工业化方式建造每平方米建筑面积的水耗降低65%，节约木材76%，节约传统钢管架体的投入70%，节约用地37%，人工减少55%，噪声值降低25%，实时PM2.5减少36%，施工垃圾减少80%，污水排放减少64%，垃圾减少75%，绿色经济、节能减排效应十分明显。

6.5.2.3 总结

巴新学校项目整体采用装配式模块化建筑，安全性高，绿色节能环保，抗震性能优越，为巴新绿色装配式结构建筑带来借鉴性意义。项目代表中国首次斩获APEC-ESCI最佳实践奖金奖，并获得2018～2019年度中国建设工程鲁班奖（境外工程）。

6.5.3　深圳市第三人民医院二期工程应急院区

6.5.3.1　工程概况

1．项目背景

2020年注定是不平凡的一年，新型冠状病毒突然爆发，一场来势凶猛的疫情打乱了所有人的正常生活，多个省份启动重大突发公共卫生事件I级响应。面对新型冠状病毒感染的肺炎疫情，深圳市委、市政府积极落实党中央、国务院关于做好新型冠状病毒感染的肺炎疫情防控工作指示精神和广东省委、省政府决策部署，按照“宁可备而不用、不可用而无备”的原则，决定加快建设深圳市第三人民医院二期工程应急院区项目。

1月28日，广东省委副书记、深圳市委书记王伟中带队赴市第三人民医院现场视察，确定项目选址。1月30日，深圳市委常委、常务副市长刘庆生在市民中心主持召开专题会议研究应急院区建设模式，会议强调落实广东省政府工作部署，以战时思维加快建设、尽快建成。1月31日，深圳市市长陈如桂带队赴现场调研，确定项目为抢险救灾工程，应急院区项目正式启动。由深圳市建筑工务署作为建设单位、中建科工集团有限公司作为EPC工程总承包单位负责施工组织。

根据深圳市委、市政府及建筑工务署的指示要求，项目参照武汉火神山、雷神山医院模式，在20天的时间内建设完成占地面积6.8万m^2、建筑面积5.9万m^2、可提供1 000张床位（含ICU 16床）的应急院区。

2．工程概况

项目位于深圳市龙岗区布澜路，在现有院区西侧，紧邻厦深高铁和李朗圣山公园，总占地面积8.9万m^2、总建筑面积5.9万m^2（图6–139、图6–140）。在设计时，采用一体化集约式设计方法，实现“疫平结合”的应用目标，达到在疫情期间承担新冠肺炎确诊患者收治功能，在疫情结束后承担三院平时传染病人收治功能。应急院区项目主要分为隔离区、限制区、生活区、研究区等四个功能区，其中隔离区为2 560个箱体板房，可提供1 000张床位（含ICU16床）；限制区为手术部、ICU病房、检验科和放射科；生活区为库房和一线医务人员集中隔离居住用房；研究区为感染性疾病临床医学研究中心。结构形式采用钢支墩+钢框架坡道+H型钢楼梯。

图6-139 设计效果图

图6-140 项目完成实景

3. 工程特点

项目工期紧张，而且难点重重，主要表现在：一是工期极短，20天的工期，包括设计和场平，而场平一半是开挖、一半是回填；二是春节期间，绝大多数务工人员离深返乡，加上疫情严峻，人员、物资流动受限，资源组织困难；三是项目仅有一个出入口，后期虽增加了一个，但最窄处只有一辆卡车车身的宽度，交通条件非常不利；四是所有的病房均为双层，这是深圳应急医院不同于同类医院的地方，它意味着吊装难度、设置排水和通风的难度成倍增加；五是恰逢雨季，降水较多，影响正常施工；六是在全国人民足不出户的时候，1万多名建设者聚集在一起，而且，项目紧邻深圳唯一收治新冠肺炎的医院，疫情防控之难，怎么形容都不为过。在这样的环境下，极短时间内必须完成并交付全功能、高标准的大型呼吸科传染病应急医院的全部建造内容，是一项极难完成的创举。

6.5.3.2　模块化应急医院快速建造技术

1．传染病应急医院快速设计技术

本项目为应对新冠肺炎的新建项目，与时间赛跑是本项目最大的难点。所以根据设计目标，结合现场条件，充分考虑现阶段各方面因素，因地制宜、因时制宜，采用基于基础模数的设计方法，快速设计，为后期快速施工提供有利条件，为整个项目的顺利竣工赢得了宝贵时间。

1）基础模数化设计

本项目在设计时采用基础模数化设计方法，主要指通过分析建筑功能体系，按照传染病医院功能需求，用分解法拆分成不同的功能区块。各功能区块根据内部分区和用途进一步拆分成基础功能单元。在设计过程中适配基础模数，组合成基础功能单元，各单元根据实际规划情况形成功能区块，进而设计成为应急院区整体。

为加快建造速度，综合各方面因素，项目结构体系选择箱式房屋结构体系。在规划建筑设计时，以标准箱房尺寸（3m×6m×2.9m）作为基本模数，组合成各级功能单元，完成建筑整体拼接。

项目设计目标为1 000床，其中ICU16床。病房区设计是重点工作，而标准病房单元是基础。根据传染病房特点，设计采用3个基本模数组成标准病房单元。该病房单元中间为卫生间和缓冲间，两侧布置双床病房（图6-141）。

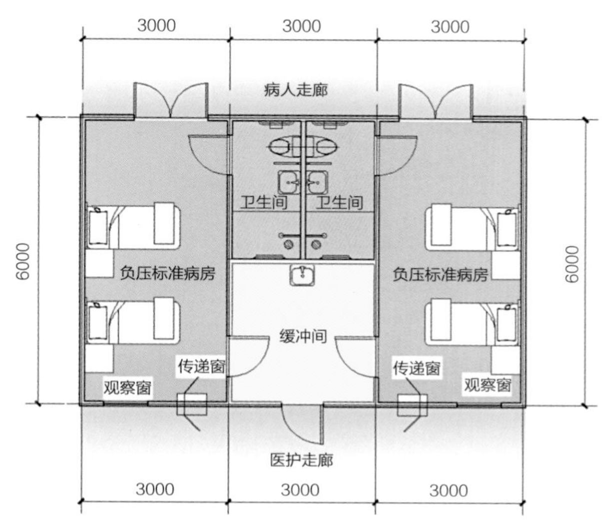

图6-141　标准病房单元平面示意图

应急院区共有病房护理单元9个，其中7个为标准单元，2个为非标单元。标准单元共有30间负压隔离病房，60个床位。护理单元由若干标准病房单元和医护走道、病患走道、医护功能房间、物品存放空间等组成。根据以往设计经验，标准护理单元按60床设计，能够最大限度地均衡医患配比。通过标准病房单元组合，确定护理单元尺寸为21m×75m的模数组合（图6-142）。

本项目医疗区包含门诊区、医技区、住院区，其中医技区包含ICU/手术室/放射检验科等主要医技功能单元。在附属用房区域，设有泵房、库房、垃圾站、太平间、液氧站、负压吸引等。在平面规划布局时，根据医院规模确定各功能单元的面积指标，同时结合基础模数，确定轮廓尺寸。根据规划条件和现场用地情况，结合医院设计需求，完成最终总平面布局（图6-143）。

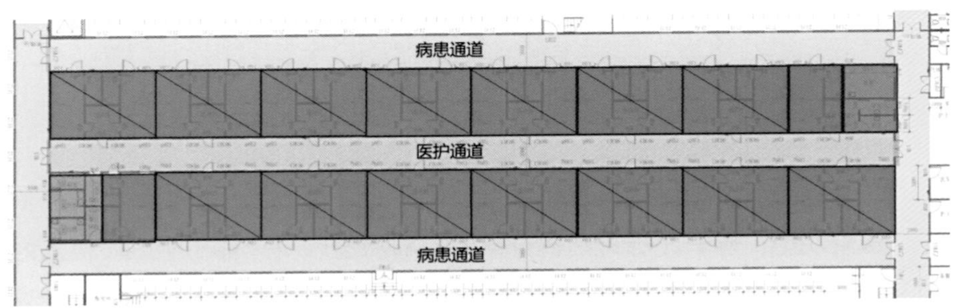

图6-142　标准病房护理单元区

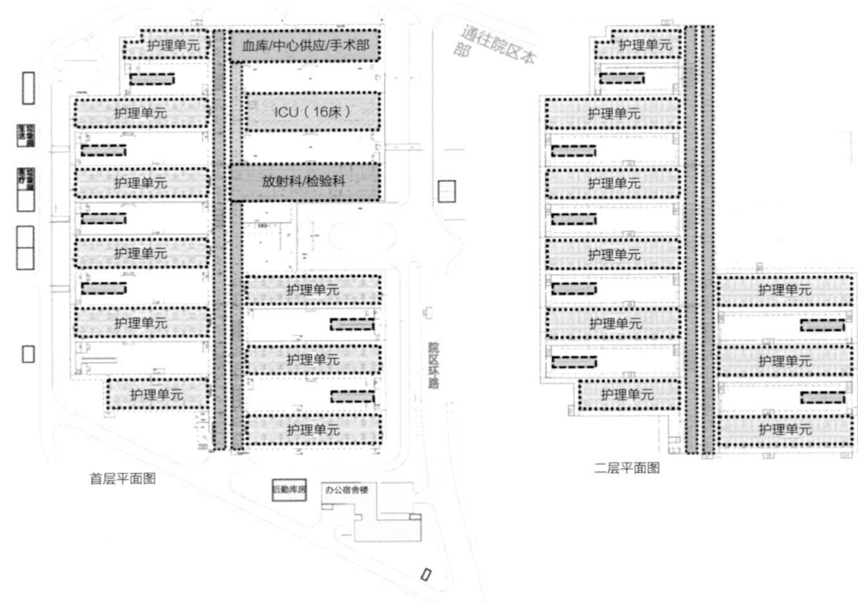

图6-143　应急病区平面图

2）医疗功能化设计

传染病应急医院不仅要设计完备的医疗救治体系，同时需注重对医护人员的保护。新冠肺炎为烈性呼吸道传染病，其传染性较强且途径多，在分区和流线设计上更要严格遵守《传染病医院建筑设计规范》GB 50849相关规定，采取加强措施保护医护人员。

本项目医疗工艺提出了更加严格的四区三通道设计，四区即清洁区、半清洁区、半污染区、污染区，同时对通道进行了分级处理，保证工作人员在通过每级通道过程中均有相应的防护措施（图6-144）。

明确现场患者流线、医护人员流线、洁净物品流线、污物/废弃物流线，保证各级流线防护措施安全可靠（图6-145）。

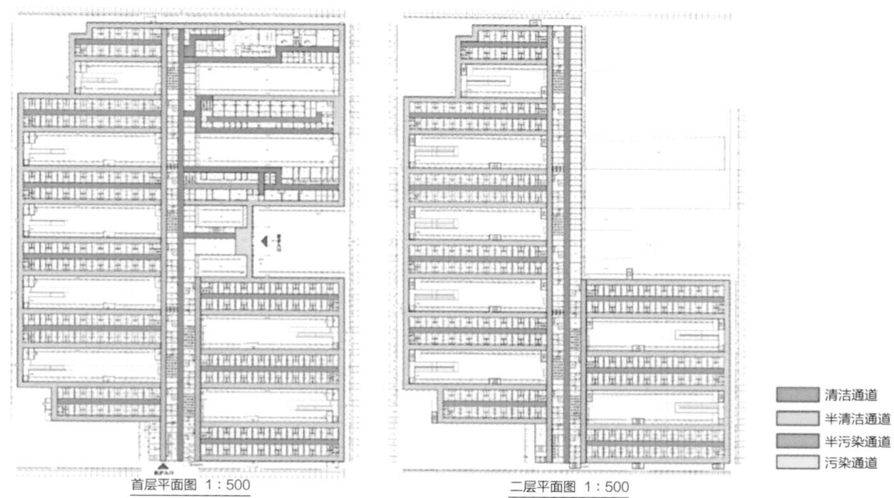

图6-144　“四区三通道”示意图

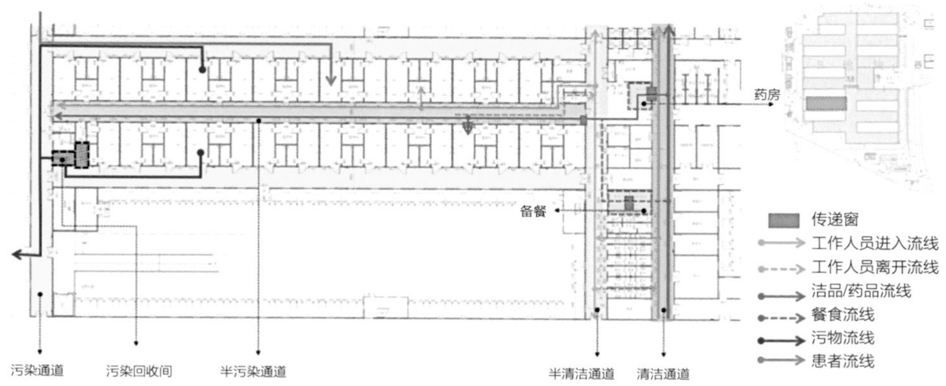

图6-145　病房区综合流线图

3）“疫平结合”，一体化集约设计

本项目在建设之初，区别于临时应急医院，为避免以往应急项目在疫情结束后闲置造成资源浪费的情况，在规划设计时以“疫平结合”为目标，重点满足疫情期间快速建造、高效收治病患的要求，同时兼顾疫情结束后持续使用需求。

2. 传染病应急医院模块化集成技术

1）设备系统的集成技术

设备系统的集成主要包括系统设计的集成和设备选用的集成。

按传染病应急医院的功能要求，对机电设计在标准化、模块化、安全性等方面的要点进行集成汇总，形成一系列关键技术，从而实现模块化、单元化的快速设计与建造效果，对今后传染病应急医院形成设计标准和快速施工具有重要指导意义。如电气系统根据箱体建筑拼接特点，设置室外箱式变电站，分别为各功能单元模块配电，确保各模块间的配电独立灵活以及高可靠性（图6-146）。空调系统以平面及区域使用功能为基础，为防止交叉感染，在污染区、半污染区、清洁区均设置独立的空调系统。空调的冷媒管和冷凝水管道按照设计图纸提前由厂家集成模块化生产，到工地后直接安装，大大缩短了施工时间等。

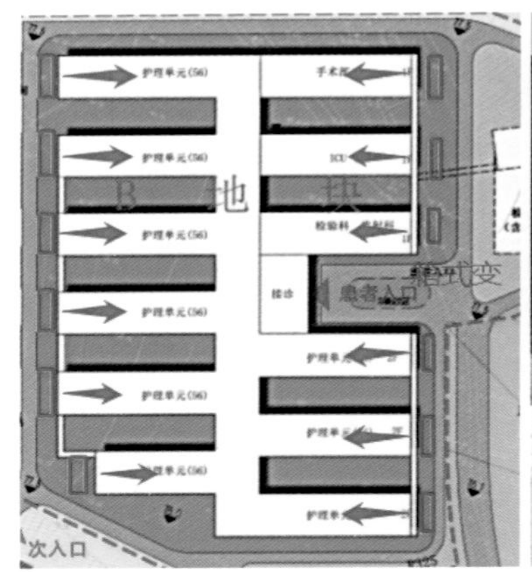

图6-146　模块化配电图

2）单元病房的集成技术

为够保障项目顺利交付，项目采用钢结构箱式房屋体系的三维模块化建筑。

三维模块化建筑是建筑工业化高度发展的产品，其核心就是标准化的预制装配式空间模块。将工厂预制的盒子状立体构件运输到施工现场装配成房屋，创造出极高工时工效的现场作业效率。钢结构箱式房屋（打包箱建筑）对三维模块进行了优化，采用稳定的钢结构框架结构，由底框架、顶框架、角柱、轻质墙板等部件通过螺栓、自攻螺丝等连接而成。其最大优势在于可通过扁平化打包实现叠加运输，节约运输成本，同时主体结构安装较为简便。

钢结构箱式房屋体系，集成整体卫浴及医疗医护专项部品，侧接式的污水管布置方式防污染，全覆盖模块密封措施保证病房负压，弥补了打包箱体系的劣势，提高了舒适度，满足传染病应急院区负压要求，同时通过模数化、成品化、可叠加化的设备选型，满足机电系统可灵活组合、自由拼装的要求，最终发挥了打包箱体系极高的现场安装效率，为院区的快速建造和安全使用提供了可靠及坚固的体系基础，并将模块应用拓展到从小单元到大区块功能均能使用的范围，对于今后应急传染病医院设计标准和快速施工具有重要指导意义（图6–147）。

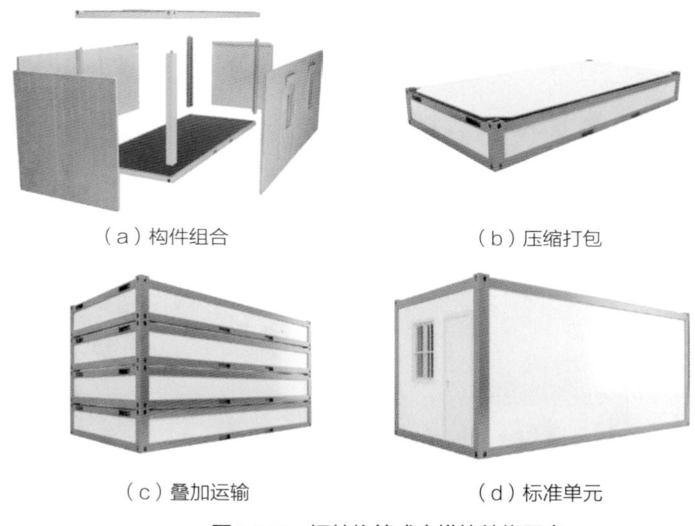

（a）构件组合　（b）压缩打包　（c）叠加运输　（d）标准单元

图6-147　钢结构箱式房模块结构示意

3．双层模块化箱式房屋快速建造技术

1）模块化箱式房屋高度集成拼装技术

模块化箱式房屋拼装分为两个阶段：第一阶段为结构模块拼装，结构模块包含底框、角柱、顶框三部分。所有功能箱体的结构模块均完全相同，拼装流程为底框就位→角柱安装→顶框安装。

第二阶段为功能模块拼装，功能模块包含墙体门窗、机电系统、装饰系统、医疗模块。不同功能基础单元的墙体门窗位置、机电系统组成、装饰系统的工艺做法均有所差异。基础单元中功能模块的拼装流程为墙体门窗安装→机电系统安装→装饰系统安装→医疗模块安装。

2）双层模块化箱式房屋安装技术

本项目使用箱式房屋无校正技术，采用测量控制网严格控制箱式房定位，并将混凝土底板在各方向均留有一定富余，以消化累计误差。钢结构垫梁使用水准仪测定标高，用薄钢板、钢楔铁等调整标高。箱式房进场后依据编号直接顺序落位，无须校正。

首层箱式房顺序就位后对箱式房顶面使用螺栓进行快速连接固定，箱式房底部的连接使用U形螺栓卡件进行快速连接。首层箱式房连接固定后即可插入公共区域和各箱式房之间的机电管线接口补装，以及各箱式房之间的装修密封施工，显著缩短整体工期。

箱式房安装整体顺序为：控制网设置及垫梁安装→首层箱式房吊装→首层箱式房连接→首层箱式房顶部防水施工→二层箱式房吊装→二层箱式房屋面及上下层连接→箱式房外立面防水施工→底层箱式房与垫梁焊接（图6–148）。

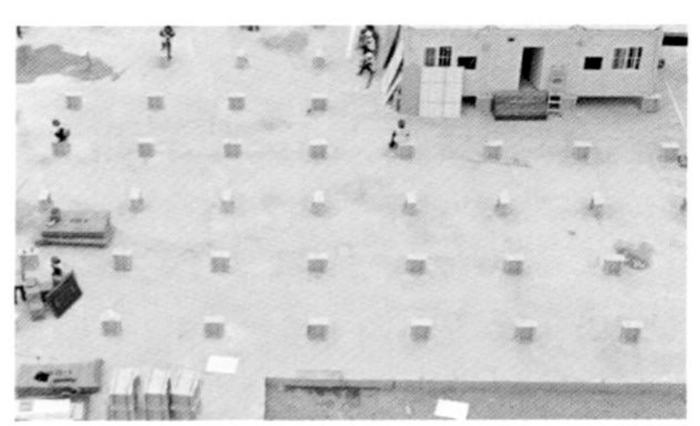

（a）垫梁安装

（b）首层箱式房吊装

（c）首层箱式房顶部及底部连接

（d）箱式房顶部防水施工

（e）二层箱式房吊装

（f）一二层连接

图6-148 箱式房安装整体流程（一）

（g）箱式房外立面防水

（h）箱式房与钢垫梁连接

图6-148　箱式房安装整体流程（二）

6.5.3.3　BIM技术应用

1．全专业BIM模型搭建

设计启动即开展基于BIM的虚拟建造工作（图6–149）。设计、建模、验证同步开展，为设计排查及审核提供三维可视化成果，通过碰撞分析辅助方案比选、优化及决策。如优化市政管网设计，调整管线之间以及与管线与结构的碰撞等，为项目高质量完成提供坚实基础。

2．基于BIM模型的设计定样

应急院区项目由于时间紧迫，需要边设计边施工，借助BIM可视化优势，对护理单元、手术室等建筑模块快速进行方案确认。对屋面不同颜色下的效果进行模拟，模拟比选屋面颜色，加速屋面设计定样，推动项目建设（图6–150）。

图6-149　整体BIM模型

（a）米黄色屋面

（b）灰色屋面

（c）黑色屋面

图6-150 模拟屋面颜色定样

3. 可视化技术交底

快速建造的同时，项目积极打造一个精品工程，在精装修等重要工艺施工之前，借助BIM技术，制作模拟动画，对现场作业人员进行最为直观的交底（图6–151）。

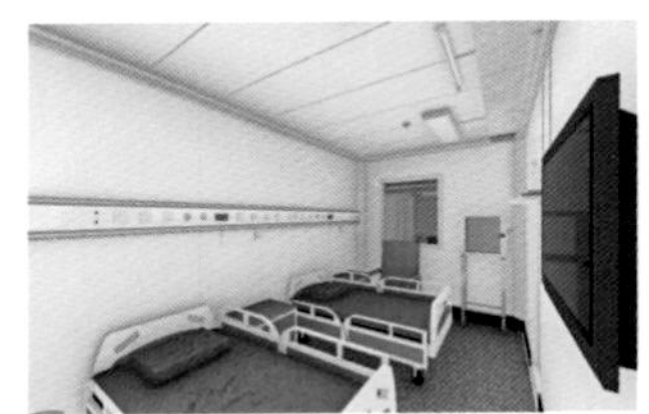
（a）护理单元三维交底一

（b）护理单元三维交底二

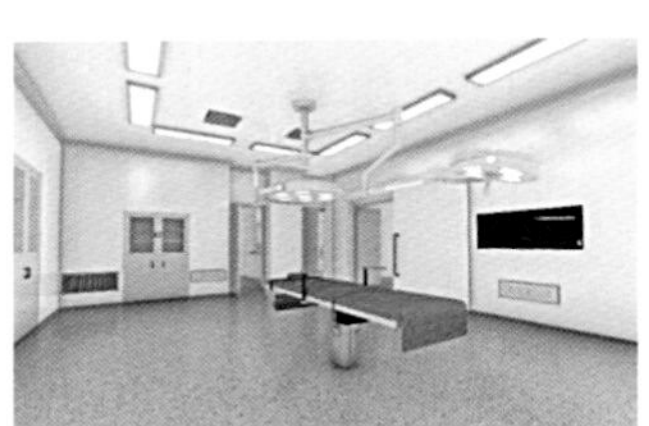
（c）手术室三维交底

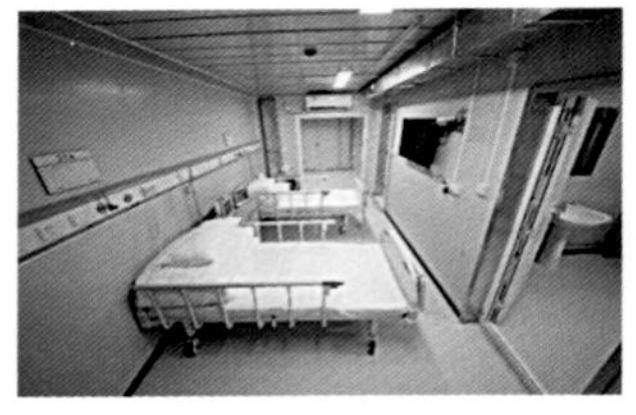
（d）护理单元实施效果一

（e）护理单元实施效果二

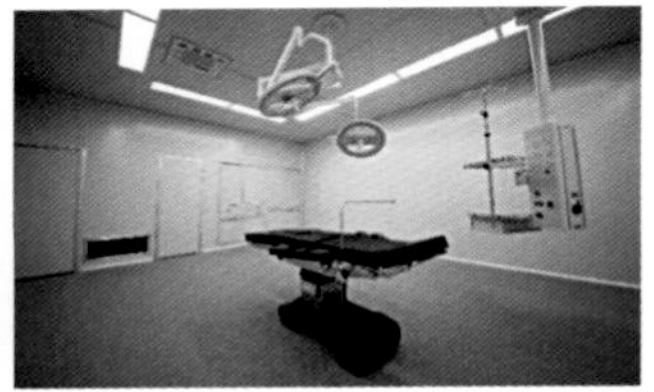
（f）手术室实施效果

图6-151 可视化技术交底内容

4. 工艺模拟

现场工期紧，任务重，针对装配式模块化钢结构施工，多数工人没有经验，利用BIM模拟集装箱单箱拼装及标准建筑模块组装，直观解决了现场拼装难题（图6–152）。同时能有效测算资源需求量，为施工组织及材料采购提供精准支撑。

5. 4D施工进度模拟

根据施工总体部署及计划安排，在BIM模型中进行施工进度模拟，结合无人机拍摄技术，比对现场实际进展，有针对性地进行部署调整（图6–153）。

（a）角柱安装

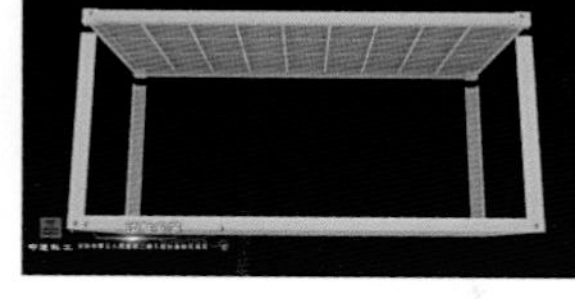

（b）顶框安装

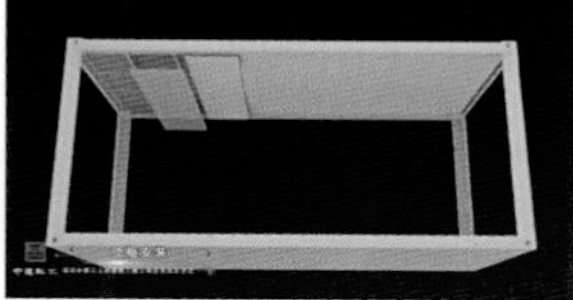

（c）顶板安装

（d）打胶处理

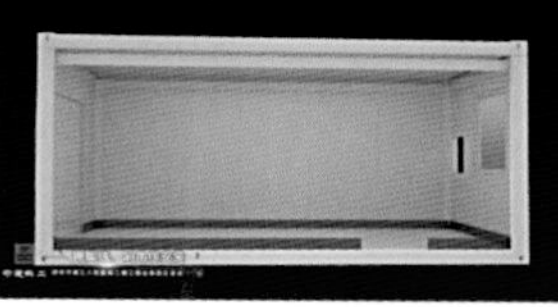

（e）踢脚线、阴角线安装

（f）墙板安装

图6-152 单箱拼装模拟流程

图6-153 BIM施工模拟

6.5.3.4 智慧建造技术应用

1. 无人机倾斜摄影建模

应急院区地处山丘，进场第一件事就是迅速平整场地，准确计算土方平衡对加速现场施工意义重大，项目团队利用无人机倾斜摄影以及航拍测绘，快速进行场地识别，建立三维实景模型测算土方挖填量，根据土方量平衡原则，精准测算出最优的地坪设计高度，大幅减少现场土方挖填量及转运量，有效节约项目工期及成本（图6–154）。

图6-154　航拍测绘技术测量土方平衡

2. 信息化科学防疫

项目建立"一证三码"的信息化管理机制，通过数据库比对，对项目人员活动轨迹、人员接触史进行实时把控，科学防控疫情（图6–155）。

（a）项目出入证　　（b）平台数据统计

图6-155　疫情防控出入通行证

3．全方位监控

项目进场快速完成施工现场9个监控点视频部署，施工过程中优先完成院区771个视频监控点部署及联通，实现工地24h不间断监控，为智慧工地应用提供保障，同时调配六台无人机，航拍获取全方位、无死角的现场高清图像，并实时传输至项目“作战室”，结合无人机直播+室内实时监控+对讲即时指令，构建了项目“从上到下，由外及内”高效的三维立体可视化的监控、指挥、决策体系（图6–156、图6–157）。同时也可进行现场安全巡查、项目检测、过程验收、影像存留等服务。

图6-156　现场智慧监控

图6-157　智慧监控

6.5.3.5 应用效果及总结

深圳市第三人民医院二期工程应急院区项目，采用钢结构装配式+模块化技术组合体系，综合运用了箱体场外拼装、样板化与BIM技术、智能制造、智慧工地等技术手段，20天高质量建设完成，体现了新时代下的深圳速度。

6.5.4 蔡甸经济开发区奓山街产城融合示范新区

6.5.4.1 工程概况

1. 工程整体概况

本工程位于湖北省武汉市蔡甸区，属还建住宅小区，总建筑面积约49万m^2，其中地下建筑面积10.6万m^2，由16栋26层、32层高层住宅及配套商业、幼儿园组成，其中8号楼为钢结构装配式建筑（图6–158）。

2. 钢结构装配式8号楼概况

8号楼单体占地面积987.01m^2，总建筑面积23 574.47m^2，其中地上总建筑面积22 633.40m^2，地下室建筑面积为941.07m^2。8号楼地下1层，地上26层，居住总套数为208套，建筑总高度78.45m（图6–159）。

图6-158 项目设计效果图

图6-159　8号楼建筑效果

8号楼为钢框架–支撑结构体系，采用H型钢梁、矩形钢管混凝柱及中心支撑+耗能支撑结构（图6–160）。楼板采用底模可拆钢筋桁架楼承板，墙体采用ALC条板及砌体相结合，外墙采用保温装饰一体板。

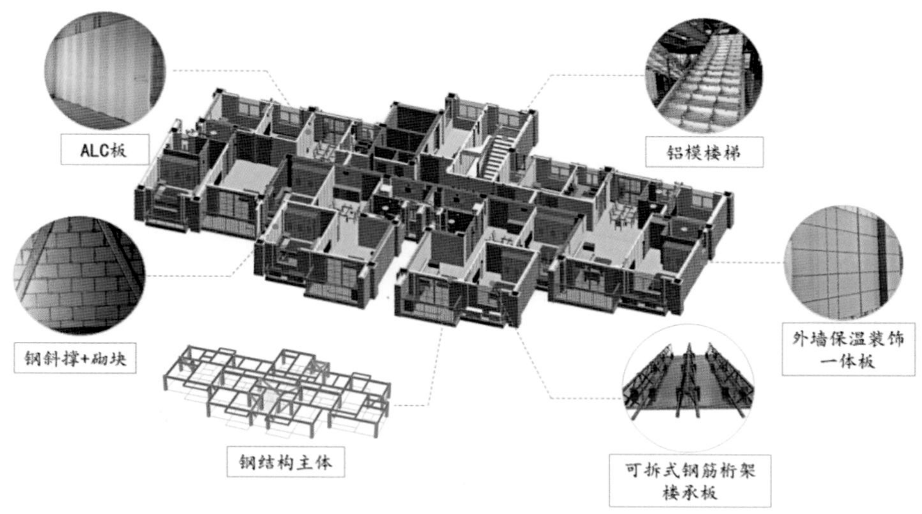

图6-160　8号楼标准层建筑体系

6.5.4.2 钢结构装配式高层住宅建造技术创新

1. 全专业一体化设计技术

1）建筑一体化、标准化设计

8号楼钢结构装配式平面，相较传统的混凝土框架剪力墙结构，具有边界平齐、户型方正、结构规整的优势，设计过程强调模块化、部品化、序列化，以此实现了户型的多样化（图6–161）。同时建筑设计时轴网对齐，空间灵活分隔，外围钢柱偏向室外，室内钢柱偏向公共区域或次要使用空间（如卫生间、厨房），保证房间方整好用。

对卫生间、厨房、卧室等功能模块进行标准化设计，见图6–162。

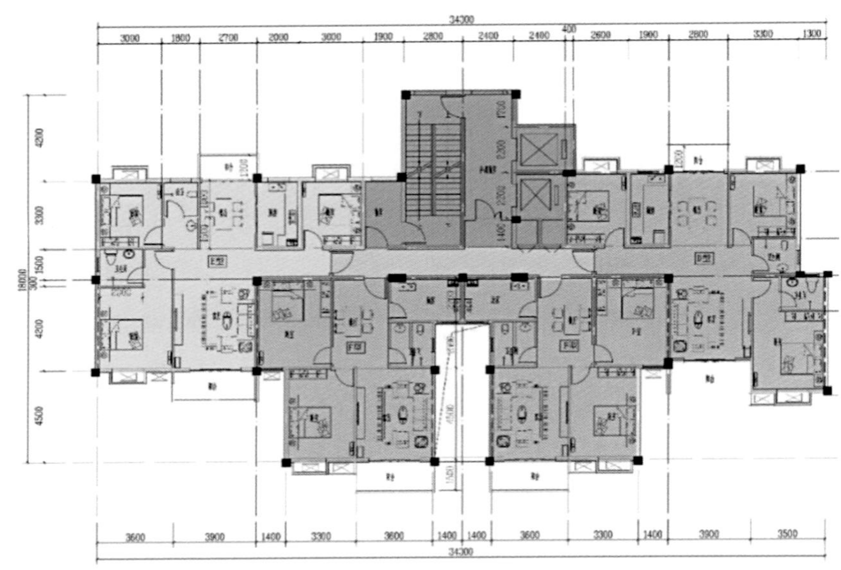

图6-161 钢结构装配式建筑平面

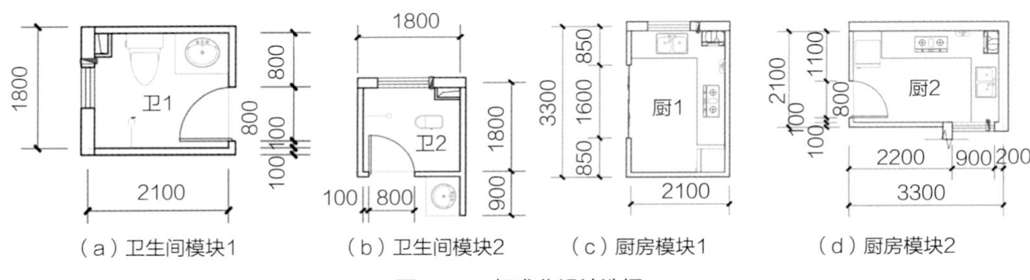

（a）卫生间模块1 （b）卫生间模块2 （c）厨房模块1 （d）厨房模块2

图6-162 标准化设计选择

通过标准化功能模块组合成标准化户型，从标准化户型生成标准化建筑平面，由标准化建筑平面组合形成建筑整体（图6–163）。标准化设计方案的选用，能够实现功能结构工厂化生产，大大提升建造效率。

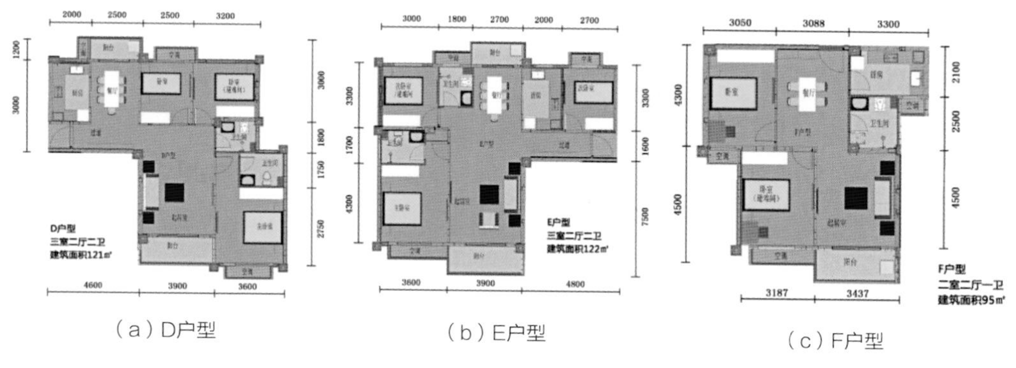

（a）D户型　（b）E户型　（c）F户型

图6-163　标准化户型组合

2）结构一体化设计

本工程主体采用钢框架–支撑结构体系，并使用BIM技术对8号楼的细部结构进行建模优化，实现结构一体化设计，避免室内露梁露柱，保证室内完成面的平整美观。主要原则如下：

（1）梁高基本统一，减少隔墙规格；

（2）采用大柱网，预留户型改造的灵活性；

（3）部分偏心支撑，改善结构抗震性能；

（4）利用建筑面层厚度差异，加厚公共区楼板厚度，做到钢梁顶面平齐，同时缓解楼板开大洞带来的传力问题；

（5）外围钢柱偏向室外、室内钢柱偏向公共区域或次要使用空间（如卫生间、厨房），如图6–164所示；

（6）钢梁采用窄翼缘设计，控制翼缘宽度，藏梁入墙，避免户内露梁；

（7）水管穿梁腹板，避免外凸；同时通过对ALC条板、钢梁、钢柱、防火层及粉刷层等各种材料的构造厚度进行控制，以保证满足要求的同时，最后室内完成面平整。

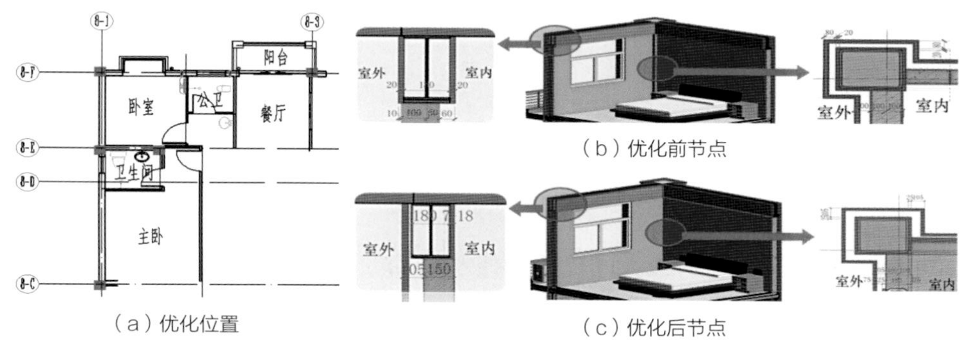

（a）优化位置　（b）优化前节点　（c）优化后节点

图6-164　外围钢柱优化

3）围护体系设计

通过对比各种外围护墙体、楼板的特点，选取蒸压加气混凝土板（ALC条板）为围护墙体，选取保温装饰一体板作为外墙，选取可拆卸式钢筋桁架楼承板作为本工程楼板（图6-165）。ALC板材料轻便、工厂预制、保温隔声性能好，免除了墙体的抹灰施工，安装方便快捷；保温装饰一体板外表美观，施工效率高，保温、防水性能好，两者均与钢结构装配式建筑的特点相符。同时，两者的结合也具有良好的防渗漏、保温、隔声性能，可以解决本工程作为高层住宅的常见质量问题。可拆卸式钢筋桁架楼承板免搭满堂脚手架、钢筋绑扎量小、安拆迅速、经济合理、后期无须施工吊顶，铝模强度高、拼缝小、成型面好、施工周期短，两者结合，可以充分发挥钢结构装配式建筑的优势。

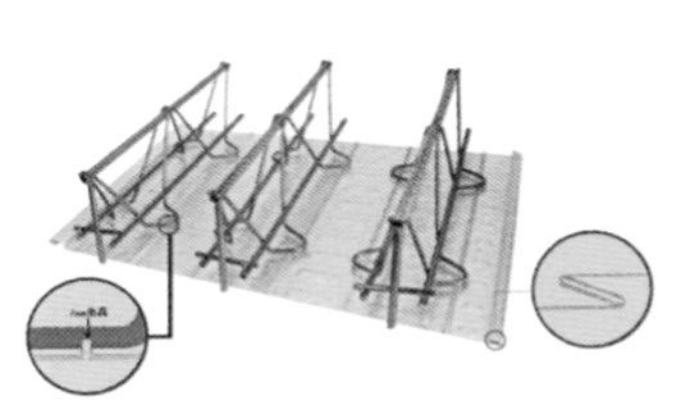

（a）可拆卸式钢筋桁架楼承板

（b）保温装饰一体板

（c）蒸压加气混凝土板（ALC条板）

图6-165 围护体系设计选择

围护墙体设计时，应确保柱间净距为条板模数的整数倍，确保窗间墙为条板模数的整数倍，减少条板的切割量。

4）机电管线及内装设计

通过BIM技术的应用，对机电管线、给水排水管线进行整体深化设计，将钢梁上相关的预留洞口提前进行定位并在工厂加工制作，管线与墙面、楼板分离，可将线管与墙地面干式分离，最大的优势是便于后期的维修与保养（图6-166）。同时保证管线合理分布，确保管线间不碰撞，满足净空要求。

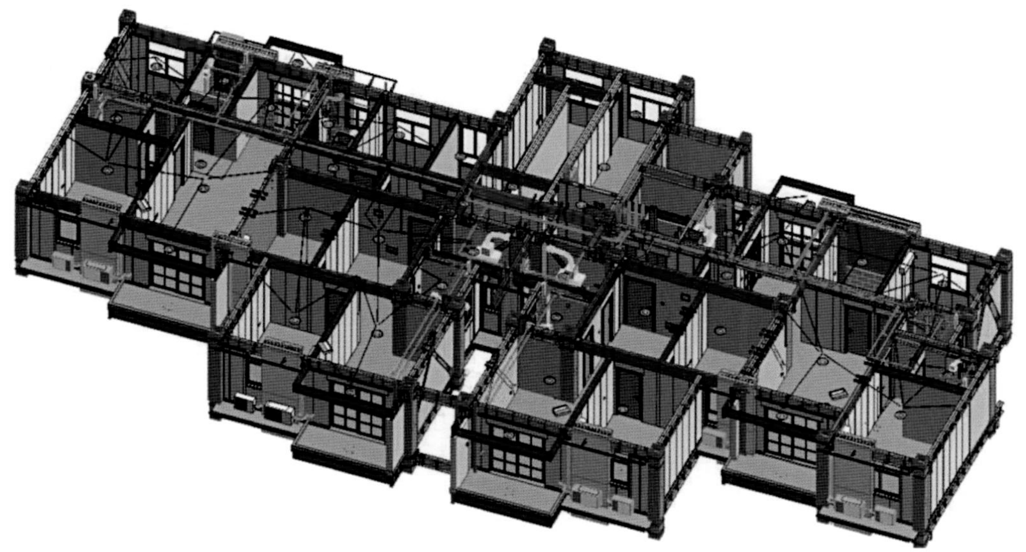

图6-166　机电管线BIM深化模型

本工程采用SI分离全干作业的工业化内装技术，将各系统拆分成可工厂生产的部品部件，再采用干式工法在现场直接组合安装，实现内装装配化，绿色环保，高质高效（图6-167）。采用SI技术体系的住宅可针对不同的家庭结构以及使用需求的变化，对住宅内部空间进行自由分割。填充体由各住户的内部空间和设备管线所组成，通过与支撑体分离，实现其灵活性、可变性。

采用分隔式内装设计，主要包括以正六面体分离技术为核心的架空地板、架空吊顶、架空墙体和轻质隔墙，其各部分形成的架空层内可以布置管线等设备，是实现SI住宅管线分离的载体（图6-168）。

（a）集成厨房系统

（b）集成卫生间系统

图6-167　工业化内装

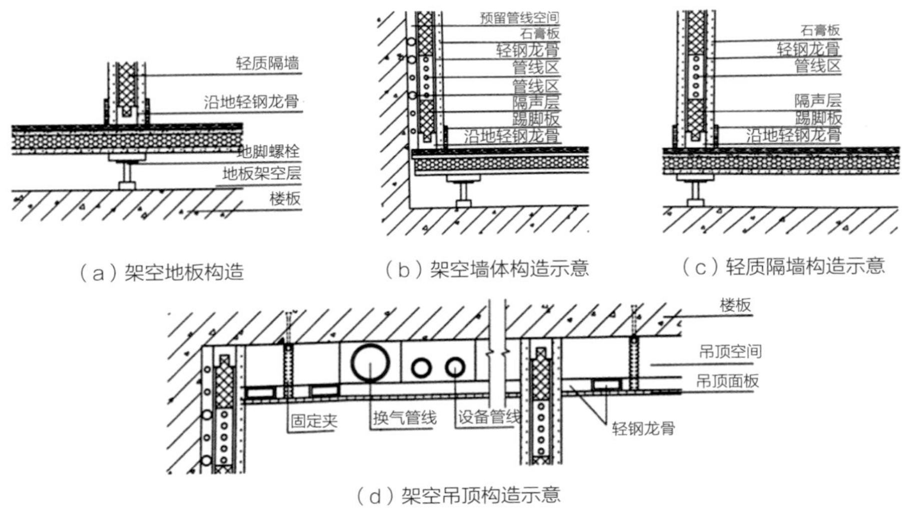

（a）架空地板构造　（b）架空墙体构造示意　（c）轻质隔墙构造示意

（d）架空吊顶构造示意

图6-168　分隔式内装设计

采用分离式管线设计，包括给水排水系统、暖通系统、电气系统三大系统的分离。采用分集水器技术、同层排水技术实现给水排水管线的分离；采用干式地暖技术、烟气直排技术实现暖通管线的分离；采用带式电缆技术、架空层配线技术实现电气管线的分离。

5）装配式等级评价

依据《装配式建筑评价标准》GB/T 51129，本工程8号楼装配式建筑评分达到76分，装配式建筑等级为AA级（表6–8）。

装配式建筑评分表　　表6-8

评价项		评价要求	实际比例	最低分值	计算分值
主体结构（50分）	柱、支撑、承重墙延伸墙体等竖向构件	35%≤比例≤80%	100%	20	30
	梁、板、楼梯、阳台、空调板等构件	70%≤比例≤80%	90%		20
围护墙和内隔墙（20分）	非承重围护墙非砌筑	比例≥80%	85%	10	5
	围护墙与保温、隔热、装饰一体化	50%≤比例≤80%			—
	内隔墙非砌筑	比例≥50%	51%		5
	内隔墙与管线、装修一体化	50%≤比例≤80%			0
装修和设备管线（30分）	全装修	—	—	6	6
	干式工法楼面、地面	比例≥70%	—	—	—
	集成厨房	70%≤比例≤90%	83%		4
	集成卫生间	70%≤比例≤90%	100%		6
	管线分离	50%≤比例≤70%			—
总分					76
根据装配式评价等级划分标准为：AA级					

2. “三板”体系应用技术

本工程将可拆卸式钢筋桁架楼承板、ALC条板、保温装饰一体板作为三板体系与钢框架–支撑主体结构有机结合，细化三板部品在钢结构建筑中的施工工艺，并探索出三板部品在住宅领域中与钢结构主体的连接构造做法，以满足住宅建筑对防水、隔声、保温等居住舒适性的要求。

1）可拆卸式钢筋桁架楼承板

可拆卸式钢筋桁架楼承板免搭设满堂支撑架，仅局部搭设线性支撑，绑扎少量附加钢筋、可快速安拆（图6–169）。在卫生间降板区、空调板区和楼梯等钢筋绑扎的复杂节点区域采用铝制模板，现场进行钢筋的绑扎（图6–170）。铝模定制化

（a）安装现场　　（b）成型效果

图6-169　可拆卸式钢筋桁架楼承板

（a）楼梯铝模

（b）空调板铝模

图6-170　楼承板铝模施工

程度较高，工厂化生产，可满足卫生间降板区、空调板区和楼梯等复杂节点的造型和施工需求，且铝模强度高、拼缝少、成型好、施工周期短，同样与装配式住宅的理念契合，充分发挥了两者各自的优势。

2）ALC条板

本工程的墙体大部分采用了ALC条板，因此，主要节点有ALC与楼板连接节点，ALC与梁柱连接节点。ALC板自身的重力大部分传给楼板，因此，与楼板之间的连接节点需要重点考虑。

对于ALC与楼板的连接节点做法，图集《蒸压加气混凝土砌块、板材构造》（13J104）中给出了推荐做法。本工程因防水要求较高，不考虑钩头螺栓法，因此，选取了U形卡法和管卡法进行墙体试验，依据试验结果选取本工程的ALC条板节点做法（图6–171）。

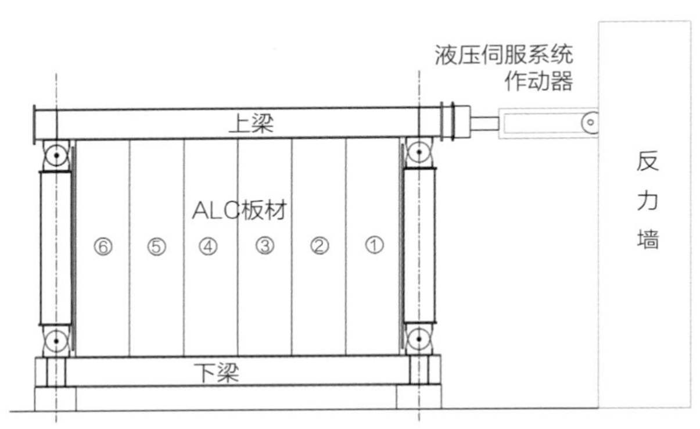

图6-171　ALC墙体试验装置

针对不同连接节点，选取四组试件试验，记录墙体荷载–位移曲线，并观察裂缝开展情况，通过粘贴应变片，检验梁柱受力状态（图6–172）。

图6-172　试验照片

根据试验结果与理论分析结果，最终ALC外墙与楼板的连接节点采用了无须打穿ALC板的钢管锚+滑动S板法做法（图6–173）。ALC内墙

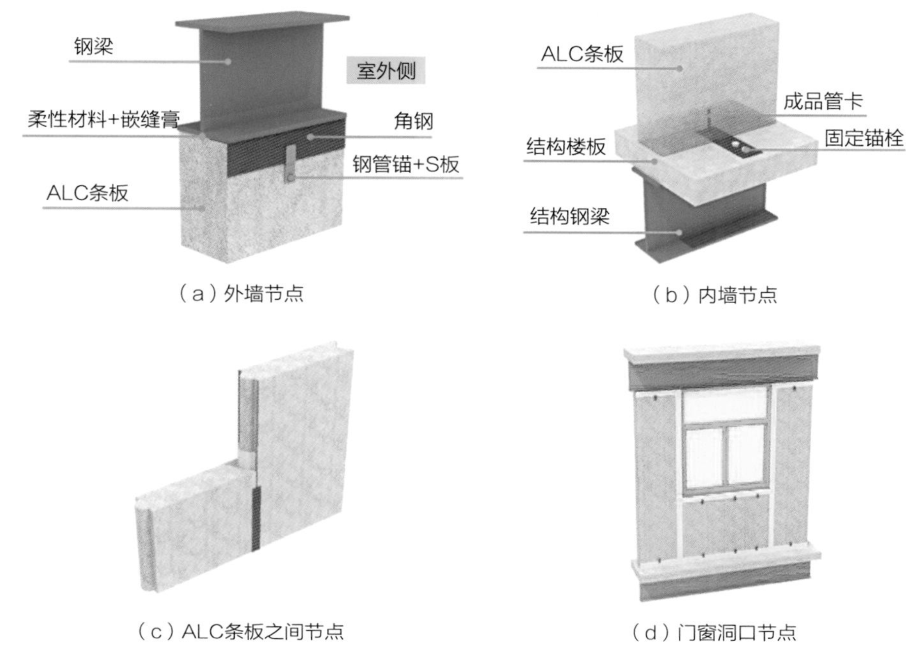

（a）外墙节点

（b）内墙节点

（c）ALC条板之间节点

（d）门窗洞口节点

图6-173　ALC条板节点选择

与楼板的连接节点采用管卡内藏在墙体中的管卡法。该技术发挥了ALC条板在装配式项目应用中天然的优势，ALC条板与钢梁、楼层板采用管卡和滑动S板的连接方式，与钢柱采用嵌缝剂、PU聚氨酯、PE棒、耐候密封胶的柔性连接缝方式，进一步降低了ALC墙体开裂和渗水的风险。

3）保温装饰一体板

本工程采用了保温装饰一体板在装配式钢结构住宅项目中的应用技术。该技术使用集保温、防水、装饰等功能于一体的保温装饰一体板材料，采用粘锚和龙骨干挂两种连接方式与装配式钢结构住宅结构连接，增强了墙体的保温、防水作用，是一种既可以满足当前房屋建筑功能与美观需求，又能提高现场施工整体工业化水平的材料。

3．建筑全立面多重防水技术

本工程以ALC条板作为外墙围护体系，需着重考虑住宅外墙防渗漏问题。为提高施工效率，增强住宅外墙全立面防水性能，本工程经过样板间施工工艺研究，总结出一套钢结构装配式高层住宅外墙全立面多重防水技术。即采用三道防水体系（ALC条板涂抹防水界面剂、防水透气膜、保温装饰一体板防水）与三种防水方法（堵水、导水、排水）相结合的防水措施，应用了ALC条板、保温装饰一体板、防水透气膜等新型防水建筑材料，有效地提升了建筑外墙体系的防水效果。

4. 建筑复合隔声技术

根据本工程特点，在住宅分户墙处采用砌块+减震隔声板+砂浆+工业化内装修的隔声处理方案，其中减震隔声板为近年来新型隔声材料，具备减震和隔声的双重功效（图6–174）。采用窄翼缘H型钢梁梁窝填充隔声技术，以砌块或岩棉填充+局部木工板加固的方式进行钢梁梁窝填充处理，既满足吊挂承载力，又满足保温隔声需求。

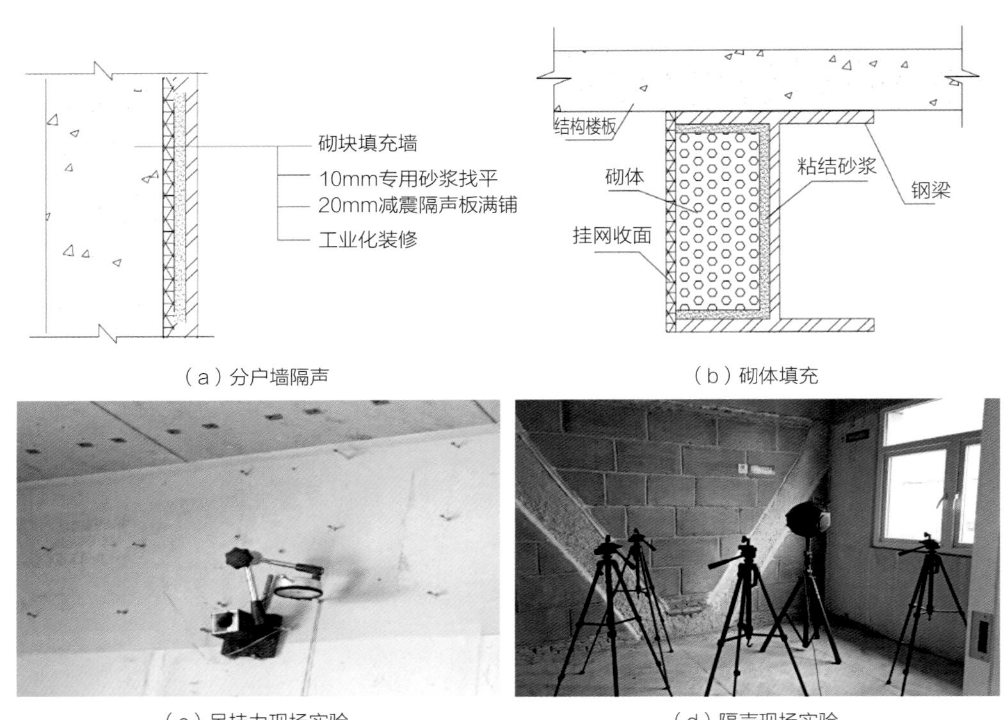

（a）分户墙隔声　（b）砌体填充

（c）吊挂力现场实验　（d）隔声现场实验

图6-174　墙体隔声处理

6.5.4.3　BIM技术应用

通过BIM（LOD400）的全专业建模，将钢结构深化、ALC深化、一体板深化等进行提前预演、排版优化，将问题前置于设计阶段，能够提高现场施工工效，指导现场施工，减少现场后期拆改工作量。

1. 钢结构深化设计

通过钢结构深化设计，对钢梁与钢柱牛腿等关键节点进行优化设计，降低现场钢结构安装难度；通过连接板的定位明确现场钢梁安装朝向，确保后期墙体安装定位精度；将工艺排版进一步细化，降低钢材损耗率。如图6–175所示。

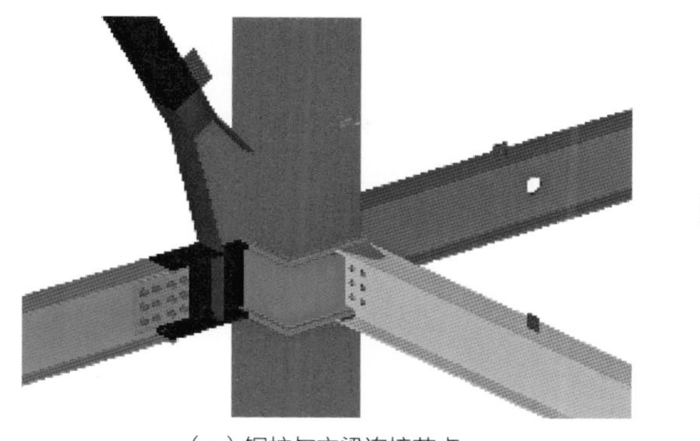

（a）钢柱与主梁连接节点

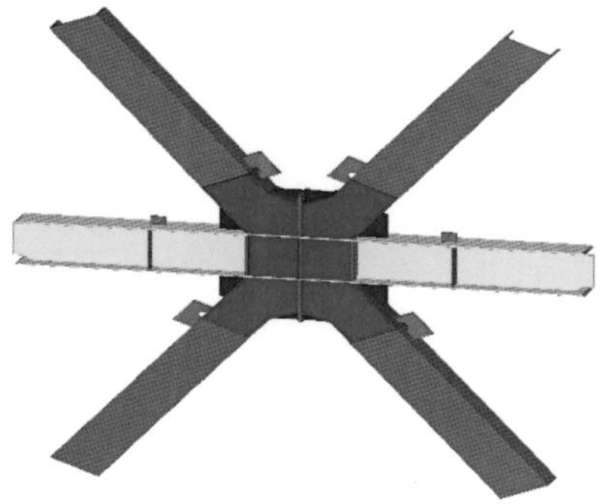

（b）柱间支撑连接节点

图6-175　钢结构深化设计

2. ALC墙板深化设计

在BIM软件中对ALC提前进行预排版及优化，导出平立面图形，直观指导现场施工；通过全专业建模确保竖管走向与ALC墙体竖缝错位；可通过BIM建模实现定尺化生产，提高拼装效率、减少低效切割次数，可降低损耗率10%以上（图6-176）。

（a）门窗位置深化排版

（b）现场实施效果

图6-176　门窗侧ALC墙板深化设计

3. 砌体排版深化设计

在Revit中建立尺寸、数量、边距可随意调整的参数化砌体族，进行砌筑工程排砖设计，确定构造柱、圈梁最佳的位置和尺寸，优化砌筑节点，确保砌筑质量。通过BIM建模导出的砌体排版图，可充分考虑各位置间的填充缝隙厚度，明确砌体整体分布，指导现场施工，降低损耗率（图6-177）。

4. 一体板深化设计

在BIM模型中进行板块分割放样，三维体现分割后整体效果，确保满足建筑效果；对于存在阳台、空调板等外挑区域的位置，提前发现相关碰撞问题并制定对应技术措施（图6-178）。

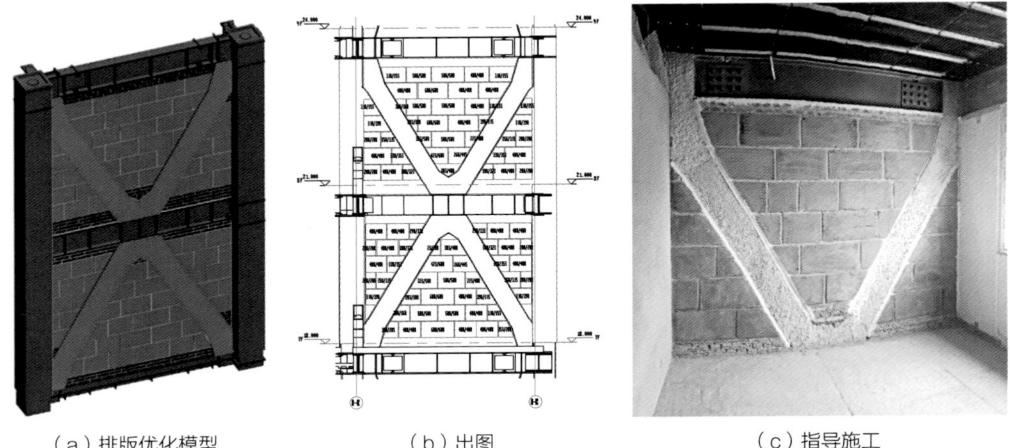

（a）排版优化模型　（b）出图　（c）指导施工

图6-177　砌体BIM排版深化设计

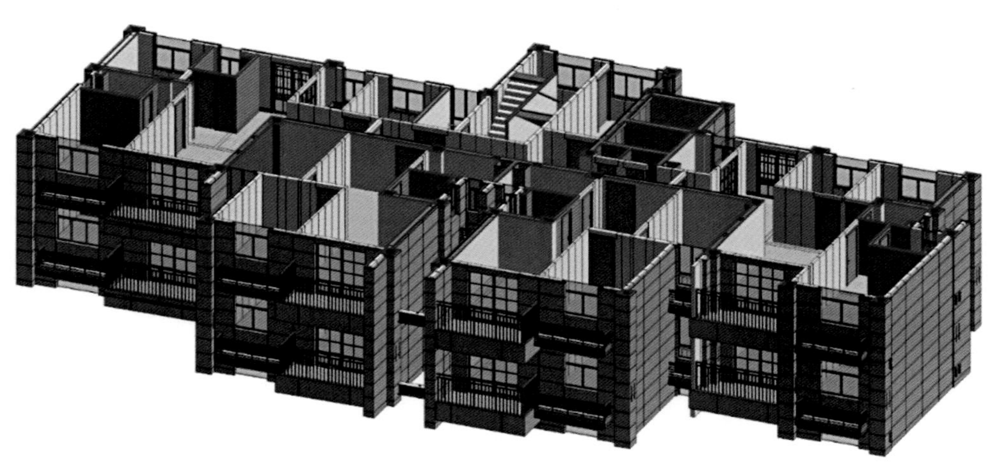

图6-178　一体板分割放样

5. 机电管线优化

通过BIM模型，进行管线与管线间的碰撞检查，保证管线合理分布，管线间不碰撞，同时满足净空要求；进行管线与主体结构间的碰撞检查，将管线的相关走线提前进行预演，明确钢梁腹板开孔处定位，并在钢梁制作阶段进行预留，保证现场安装作业精度；进行管线与二次结构间的碰撞检查，及时优化排布，辅助定位（图6–179）。

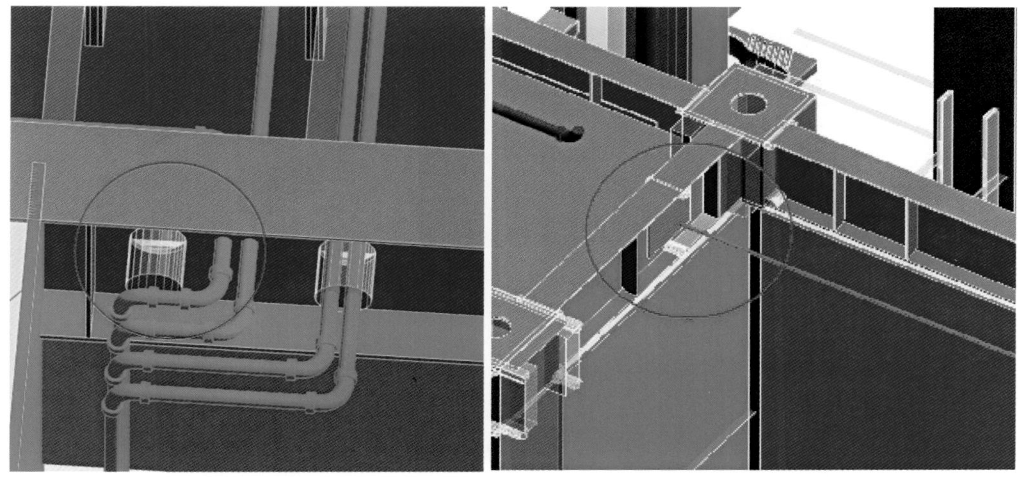

（a）水平线管与立管冲突　　（b）管线与主体结构钢梁冲突

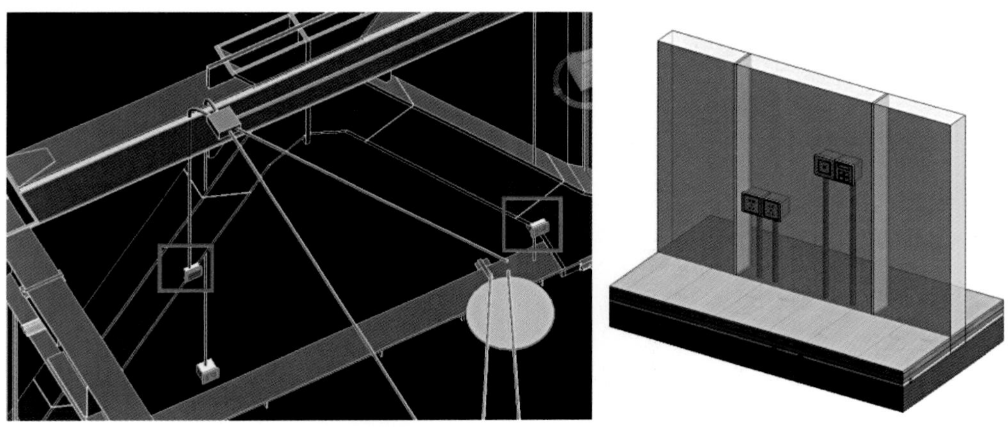

（c）线盒与主体结构支撑冲突　　（d）管线与二次结构定位复核

图6-179　机电管线深化设计

6.5.4.4　智慧建造施工技术

本工程依托BIM技术应用及中建科工集团有限公司信息化管理平台，打造了“智慧工地”信息平台（图6-180）。应用物联网技术，对项目“人、机、料、法、环”五类生产要素加装相应的传感器，实时感知和采集数据，数据通过WiFi、LoRa、4G等通信协议，传输至数据服务器，最后通过数据平台，将管理数据实时展现，为项目风险预警、管理决策提供全方位支撑。

1．劳务实名制

通过建筑工人实名制管理平台的应用，实现对项目各施工方工人实名登记、及时记录和掌握工人安全教育情况；监控人员流动情况，监管工资发放，为企业及项

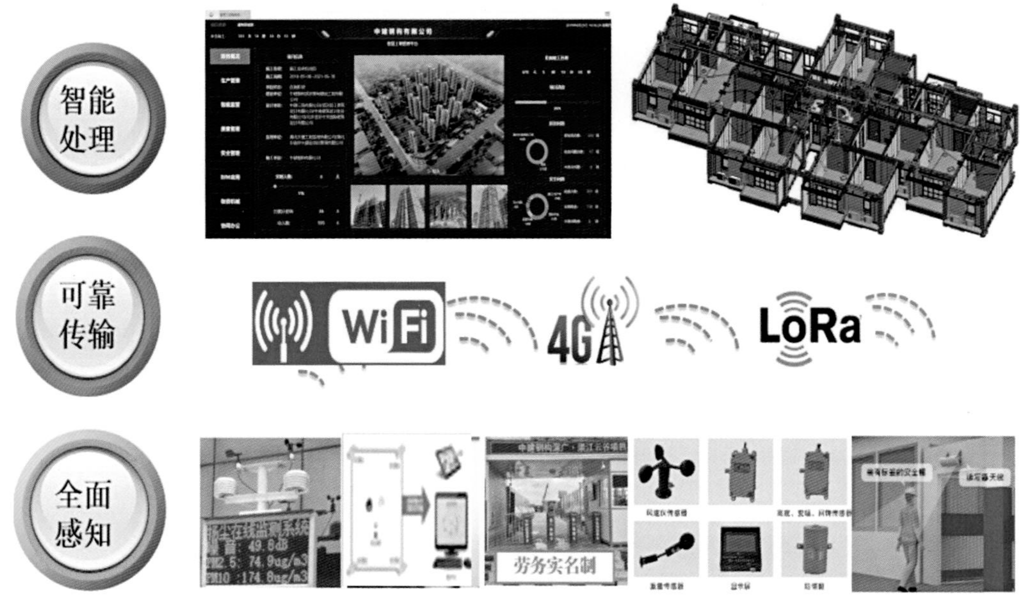

图6-180 “智慧工地”信息平台应用

目部保障生产提供数据决策依据（图6–181）。结合“人脸识别”与门禁等各类智能硬件设备的应用，实时统计现场劳务用工情况，分析劳务工种配置，为生产管理提供数据支撑。

2．人员定位及视频监控

结合劳务实名制平台，采用物联网射频识别（RFID）定位技术结合可视化仿真技术，对各楼层施工人员分布进行模拟展示，实现各楼层施工面用工人员定位，展示和反馈用工人员、工种在作业面的分布情况，为项目进度管理预警、安全监督管理提供信息支撑（图6–182）。

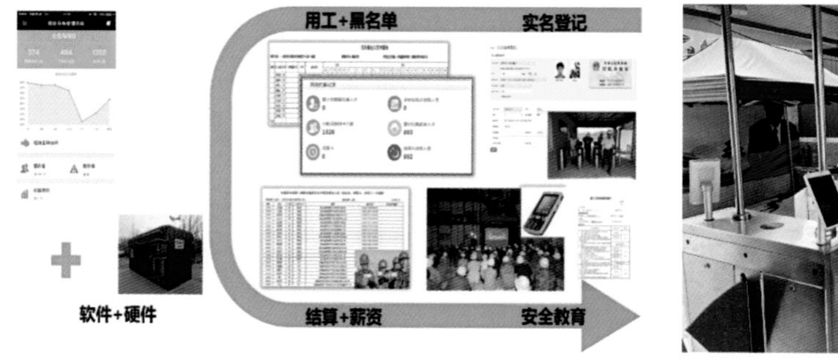

（a）劳务实名制内容

（b）人脸识别

图6-181 劳务实名制应用

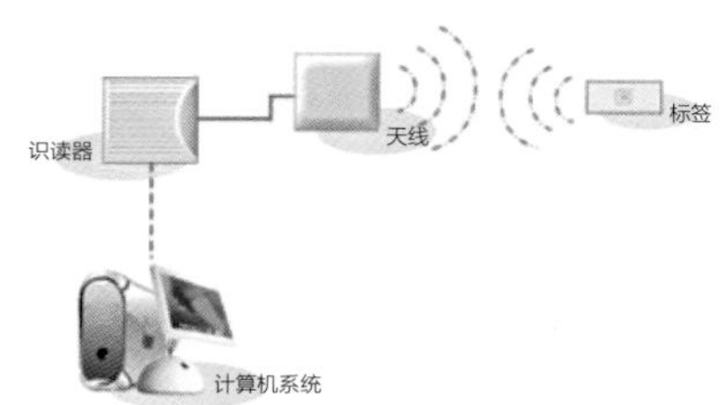

图6-182　人员定位应用

图6-183　视频监控系统

在现场定点布置网络高清摄像头，通过移动端、PC端对项目工地各出入口、作业面等重点区域进行24h实时监控，并将信息集成至公司驾驶舱平台，方便各层级领导随时随地了解项目状态（图6–183）。

3．物资机械跟踪

基于中建科工业财一体化系统平台，对库存与资产管理子系统模块功能进行功能升级与改造，将相关施工方采购或租赁的主要物资（钢筋、混凝土、模板等）、大型工程机械设备纳入管控体系，严把物资与机械进场验收关，保障项目工程质量，通过接口将项目现场物资及机械数据传输至“智慧工地”平台实时展示。

4．钢结构全生命周期管理平台

利用公司自主研发的物联网系统，将钢结构从材料采购、工厂下料加工到现场安装进行全生命周期数据信息记录，有力保障各环节精细化管理。

5．质量管理“云建造”

“智慧工地”信息平台接入质量管理“云建造”平台，现场质量员在例行检查过程中，通过手机针对质量问题，直接拍照并填写质量问题内容、检查区域、责任人、整改期限、罚款金额等信息，填写完成后系统自动推送给相关整改人，整改责任人可通过手机端将整改情况上传至平台，实现质量隐患闭合（图6–184）。

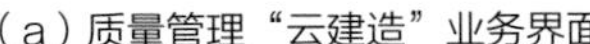

（a）质量管理“云建造”业务界面

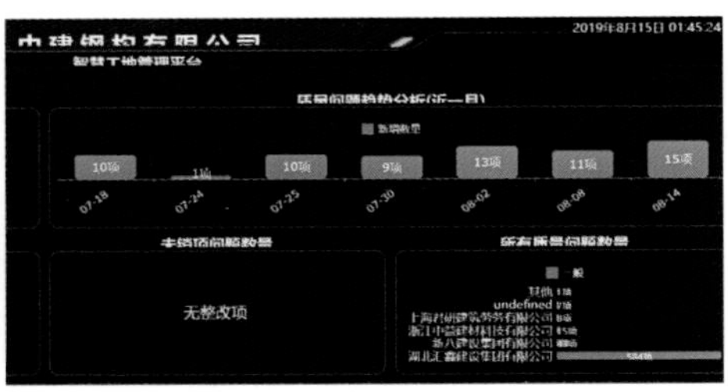

（b）平台“云建造”数据显示

（c）“云建造”手机端操作界面

图6-184　质量管理“云建造”系统

6. 安全管理信息系统

智慧工地接入安全信息管理系统，数据通过内部服务器直接获取，展示给项目管理人员及施工相关方，实时展示和反馈安全隐患的整改信息，实现安全管理信息化（图6–185）。

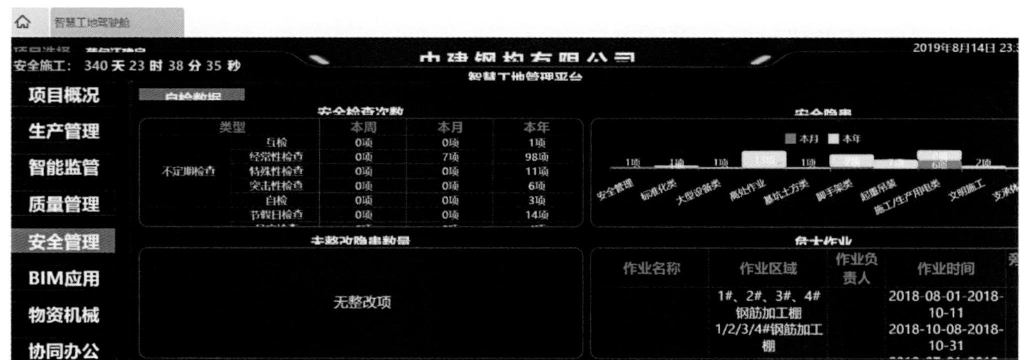

图6-185　安全管理信息系统

在现场安全例行检查过程中，现场管理人员可直接通过手机针对安全问题，拍照并填写内容、检查区域、责任人、整改期限、罚款金额等信息，填写完成后系统自动推送给相关整改人，整改责任人督促整改完成后也可通过手机APP反馈至监督责任人，实现安全隐患的闭合，提升安全管理的效率。

7. 智慧安全体验馆

“智慧安全体验馆”主要运用VR技术将传统安全体验区智能升级，主要包含安全教育区、六大伤害体验区、应急救援体验区以及VR事故伤害体验四大板块，集动感VR伤害体验、多媒体安全培训、VR安全教学、安全实操训练于一体，有效解决施工企业安全培训的痛点和难点（图6-186）。

8. 危大工程监控系统

针对塔吊、卸料平台等危险性较大的作业内容，保障作业过程中施工人员和现场的安全，项目采用物联网传感技术、无线通信、可视化仿真等技术，实时采集塔吊运行的载重、角度、高度、风速等数据，传输监控平台，对塔吊运行情况进行仿真展示，实现“人的不安全行为”和“物的不安全状态”提前控防（图6-187）。

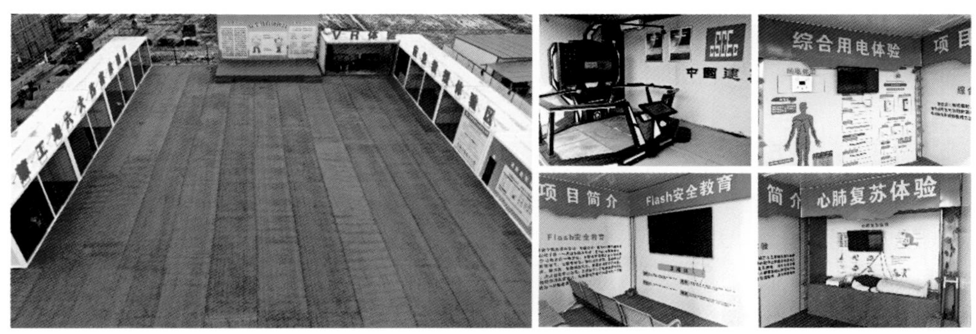

图6-186　智慧安全体验馆

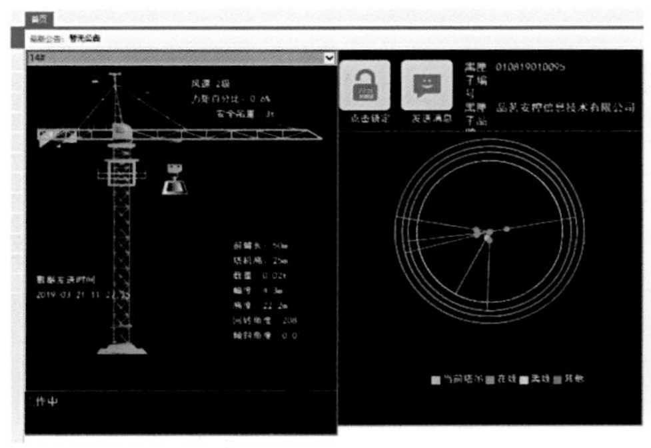

（a）塔吊监控系统界面

（b）卸料平台监控

图6-187　危大工程监控系统

对现场卸料平台安装感应器，当卸料平台发生超载时及时发出危险预警信号，实现卸料平台安全使用。

9. 环境监测及自动喷淋系统

在现场主干道一侧以及外脚手架安装自动喷淋系统，同时安装环境监测仪，包含PM2.5、PM10、风速、噪声、湿度、温度6项环境监测项（数据接入武汉市统一监控平台），当PM2.5、PM10污染指数超标可自动启动喷淋系统，改善工地扬尘污染（图6-188）。

图6-188 环境监测及自动喷淋系统

6.5.4.5 总结

本工程先后被列为2017年武汉市装配式建筑试点示范工程、2018年湖北省建筑节能示范工程、2018年中建股份科技创新示范工程，2019年住房和城乡建设部科技示范工程。项目实施过程中，共接待包括住房和城乡建设部、湖北省住房和城乡建设厅、中国施工企业管理协会、省总工会、设计院等单位来访计70余次，极大地促进了钢结构装配式住宅技术的交流与推广。

6.5.5 雄安市民服务中心

6.5.5.1 项目简介

1. 项目背景

雄安新区是继深圳经济特区和上海浦东新区之后又一具有全国意义的新区。设立雄安新区，是以习近平同志为核心的党中央深入推进京津冀协同发展作出的一项重大决策部署，是重大的历史性战略选择，是千年大计、国家大事。

新城建设伊始，城市规划、建设标准都在紧张研讨中，为满足短期内城市建设和政府办公的需求，规划了雄安市民服务中心项目。市民服务中心项目是新区建设的第一个工程，是雄安新区面向全国乃至世界的窗口，承担着雄安新区政务服务、规划展示、会议举办、企业办公等多项功能，是雄安新区功能定位与发展理念的率先呈现。

2．工程概况

雄安市民中心项目位于河北省容城县，荣乌高速以北，南临现状路奥威东路，北侧、西侧、东侧均为规划路，是雄安新区首个建设项目。项目总建筑面积10.54万m^2，建筑功能主要包括：新区党工委及雄安集团办公楼、入驻新项目企业临时办公区、规划展示中心、会议培训中心、政务服务中心、办公用房、周转用房等。

项目于2017年12月7日开工建设，2018年3月28日完工交付，历时112天（图6–189、图6–190）。

图6-189　雄安市民服务中心项目效果图

图6-190　雄安市民服务中心项目建成实景

6.5.5.2 新型建造模式创新

为满足高速发展的基础上，减少地方政府债务压力，降低风险，逐渐出现了BT、BOT、PPP等各类的投资建设项目，借助企业或民间资本带动建设，并以后期回购、运维收益、股权分红等形式实现对投资人的合理回报。但目前看来，各类投资建设模式都存在一定的问题，主要集中在投资回报无法满足预期、国家政策更替、政府市场开放度不足等。

雄安新区的建设目标是形成中国特色新城，建设过程中，充分体现中央深化改革的思想，持续推进简政放权、放管结合、优化服务，不断提高政府效能。为建设雄安市民服务中心项目，创新性地采用了联合投资人（UIP）的模式。

联合投资人成立了河北雄安市民服务中心建设发展基金，基金为有限合伙制股投资模式。基金成立后与中标投资人共同成立SPV（Special Purpose Vehicle）项目公司，其中基金占股99%，中建联合体占股1%。项目公司员工由联合投资人团队共同选派，设置有前期部、设计部、工程管理部、合约管理部、财务资金部、综合办公室、运营管理部、招商部、大数据部、质量及安全部10个部门，借助中建集团在投资建设全产业覆盖的超强综合能力，完成项目ECPO（Engineering Construction Procurement Operation，即设计、建造、采购、运营）的多维度管理工作，实现了“超快速建设高品质创新园区”的新建筑奇迹。

项目公司成立后，直接与投资人内部各单位签订相应合同体。在这种创新型的建设模式之下，各个阶段的决策效率和执行力都远高于常规，由于项目公司在下达工作任务之前已经充分考虑了对联合体各方的影响并获得了相关方决策人的认可，因此，减少了沟通协调的难度、大大缩短了建筑产品交付的周期，也保证了工作的正确性，使项目投资最为合理、收益最为丰厚。

而从雄安新区最新的政策方向来看，未来新区的建设将缩小政府对建筑的监管权力，将责任转交至建设单位，谁建造谁负责。UIP实际是自己投资、自己建设、自己使用一体化的特殊模式。

在实施过程中，项目公司利用投资人组成单位自身的业务处理能力和资源协调能力，迅速分配设计、施工、运营各方的责任界面和工作范围。而且由于打破了传统建设模式下多参与方的本位主义，形成了利益共同体的建筑新生，使得项目公司可以通过最小的投入撬动大量的资源，并且实现穿透式管理，让人物的执行更为高效和简单。

6.5.5.3 钢结构装配式建造技术应用

为响应新区建设绿色、低碳的理念，同时确保在快速建造过程中的施工质量和建筑舒适度，本项目在建设过程中采用了大量的装配式施工技术，涵盖主体结构、二次结构、装饰装修、机电全专业全过程。

1. 装配式钢框架结构施工

本工程除企业临时办公区之外，其他建筑全部为钢框架结构，总用钢量约11 200t，楼板绝大部分为钢筋桁架板，这与新区“不建高楼大厦、没有水泥森林”相一致（表6–37）。面对冬季下极度紧张的工期及大体量的建造任务，项目初期钢构件、钢材生产厂家联动设计单位进行产品调整，使得钢材与设计吻合，突破因受限于现有型钢而调整设计的做法。同时使钢结构、围护系统设备与管线系统和内装系统做到和谐统一，充分发挥设计、施工一体化的优势，将绝对工期压缩至极限。

钢结构就近取材，主要钢结构在中建科工天津加工基地完成制作。该加工基地拥有现阶段国内最先进的钢构件制作技术，构件制作完成后仅需要1.5h即可运抵现场。钢结构加工工厂20天完成8 000件构件制作，现场24天7个单体钢结构全面封顶，各单体施工工期8～12天，实现了“高标准、零事故”封顶，相比传统建筑模式工期缩短40%，创造了新的施工记录。

2. 模块化钢结构建筑建造技术

模块化建筑，又称空间体系的模块式装配化建筑，是由若干功能模块化单元构件组成的一种建筑形式，所有模块既是一个结构单元又是一个空间功能单元，能实现不依赖外部支撑而独立存在；可根据不同功能需求，划分成不同功能空间，配置不同办公、生活、辅助设施以适应建筑设计方案要求组合形态多变，实现功能与造型多样化。

更为重要的是采用钢结构模块化单元可实现工厂化制作，运至现场利用起重吊装设备即可完成安装，实现堆积木一样建造房屋。在国家大力倡导和发展装配式建筑时代，模块化钢结构建筑作为装配式建筑的高端产品，具有高度工厂化和极高装配率等突出优势，最大限度降低了传统建筑方式造成的环境污染和资源浪费，代表着建筑工业化、绿色施工和循环经济的发展理念，符合国家政策导向与现实需求。

本项目的企业临时办公用房采用模块化钢结构形式，面积共33 000m^2，集设计、制造、监造、运输于一体，实现了单栋建筑80%～90%工程量在工厂预制完成（包括主体结构、水电系统、内部硬装甚至软装），施工现场只需要完成剩下10%左右的搭装工作，减少50%以上的现场施工时间，降低外部环境、人员技术、劳动力等因素制约影响，保证现场施工进度及效率。

模块化钢结构建筑重点体现在一体化设计、工业化制造以及现场高效连接及质量控制方面。

1）模块化钢结构建筑一体化设计

目前我国装配式建筑在设计、施工、营运、维护一体化，工厂部品部件的主体、围护、门窗、连接件一体化，结构、保温、隔热、隔声、装修一体化，清洁能源利用与建筑功能一体化等方面存在一些发展中的问题，难以体现出装配式建筑的优势。而钢结构模块化建筑具有一体化设计的显著特点。钢结构模块化建筑通过多阶段、多专业一体化协同完成。在建筑结构模块化基础上加入机电、设备、装修等一体化设计工作，做到每个建筑模块单元内部建筑设备设施齐全，设备管线布置合理。设计时完成模块的系列化、标准化，设计出符合结构快速连接的节点和管线快速连接的方式，并使模块的收口、接缝处理尽量简单易于操作。

2）模块化钢结构建筑一体化工业制造

模块化结构体系是将整个房间作为单个空间模块单元在工厂进行预制，并可对该模块单元的内部空间进行布置与装修（图6–191）。为了保障模块单元、部品部件的高品质和施工效率，需要最大限度将机电、设备、装饰装修等工作由施工现场转移至工厂车间，在传统的结构构件模块化加工制作的基础上，一方面使模块的制作能最大程度地流水作业，另一方面做到现场安装的程序尽量简化。模块化建筑体系内的设备、管线、装修、家具在模块工厂制作时安装完毕，外立面装修也同时在模块上完成。通过完善而严格的“车间”质量管理体系，统一的工艺流程标准，流水式的生产线，能够减少人员投入，提高生产效率，是一体化工业制造的重点体现。

（a）部件加工组装

（b）钢结构生产完成

（c）地板安装

（d）吊顶保温、石膏板安装

图6-191　模块化钢结构制作流程（一）

（e）室内隔墙安装

（f）水、暖、电安装

（g）墙体保温、石膏板等施工

（h）地毯铺设及家具安装

（i）卫生间装修

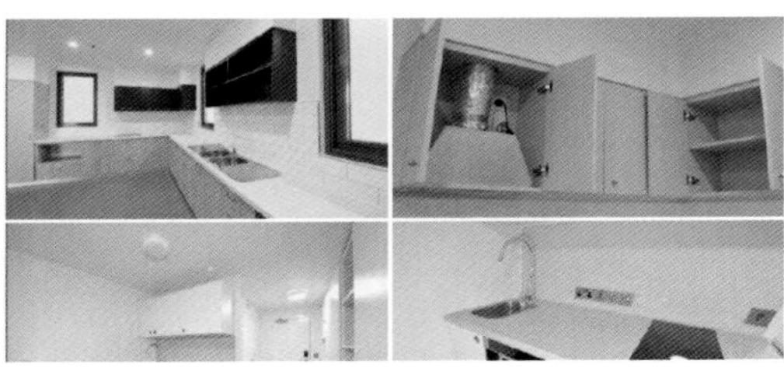

（j）厨房装修

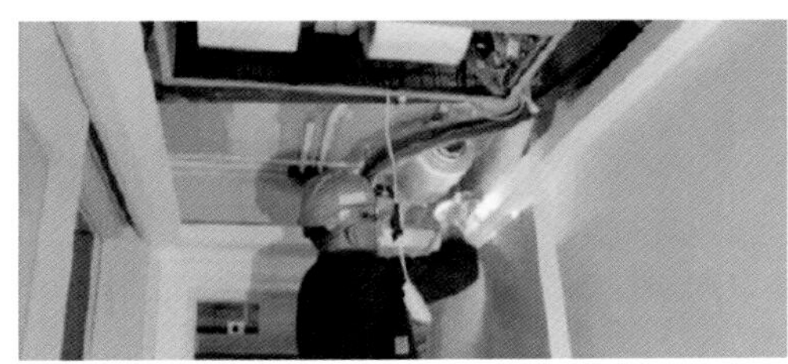

（k）配电箱、开关盒、空调管路等检查

（l）模块防水保护安装

（m）模块试水

（n）吊装运输

图6-191 模块化钢结构制作流程（二）

3）模块化钢结构建筑现场高效连接及质量控制

钢结构模块化建筑结构体系的施工现场拼装特点是采用“搭积木”的方式（图6-192）。因此，模块间连接应充分考虑现场施工可操作性与设备连接安装便利性。其连接方式简单、便捷、易操作、节省时间，并应严格控制各工序要点以保证施工质量。钢结构模块化施工技术更加注重小生态环境的建设，突出能够实现平行施工优点，有效减少现场的施工量，从而缩短整个项目的建设工期。

（a）完成模块基础施工

（b）连接板校准、焊接

（c）模块吊装

（d）模块定位

（e）校正、连接

（f）模块间拼接固定

图6-192 雄安市民服务中心项目企业临时办公区模块化施工（一）

（g）连接紧固

（h）接口及接缝处理

图6-192　雄安市民服务中心项目企业临时办公区模块化施工（二）

6.5.5.4　小结

雄安市民服务中心项目为新区的建设做出了样板，采用钢结构集成化建筑体系和模块化建造方式，仅用240h完成基础结构施工，1 000h实现主体结构全部完工，最终112天就建成了拥有无人酒店、无人超市等智慧设施、职住平衡的低碳、数字化、高品质园区，创造了“雄安速度”，铸就了“雄安质量”，为雄安新区的下一步建设提供了大量可借鉴的经验。

6.5.6　厦门空中自行车道

6.5.6.1　工程概况

1．整体概况

本项目自行车专用道示范段位于厦门岛东部云顶路段，是厦门市自行车专用道路体系的重要组成部分。该示范路段起于BRT洪文站，途经忠仑公园、湖边水库、双十中学及湖里高新园区，终于BRT县后站，全长约7.6km（图6–193）。全线路段共设置11个出入口，同时与沿线6处BRT站点、2处轨道站点、4处主要商业和行政办公衔接。

自行车专用道沿BRT桥梁两侧双幅布置，单幅单向两车道，单幅梁面宽2.5m，全宽2.8m；设计断面总宽与现有BRT桥基本等宽。部分路段遇BRT站台或净高不足甩至路侧时，采用整幅断面，梁面宽4.8m，全宽5.1m。

2．钢结构概况

厦门空中自行车道项目为独墩连续梁体系，桥梁断面分整幅式和分幅式两种；在BRT桥下设置分幅式断面，在BRT外采用整体断面。

 （a）分幅段钢箱梁	自行车专用道沿BRT桥梁两侧分幅布置，单幅单向两车道，单幅梁面宽2.5m，全宽2.8m，设计断面总宽与现有BRT桥基本等宽
 （b）整幅段钢箱梁	部分路段遇BRT站台或者BRT桥梁净高不足甩至路侧时采用整幅断面，双向四车道，梁面宽4.8m，全宽5.1m

（c）云顶路与仙岳路交叉处自行车专用道效果图

（d）瑞景商业广场路段自行车专用道效果图

图6-193 整体建筑概况

下部桥墩采用D100cm、D120cm内管混凝土圆管钢柱；上部主梁采用流线型钢箱梁作为主体受力结构，全线桥段共80联，其中分幅式桥梁51联，整幅式桥梁11联，异形式桥梁18联；下部墩柱有300根。

标准联跨径采用30m，每一联之间设置型钢伸缩缝，并通过橡胶支座将竖向荷载传递至下部桥墩；钢箱梁高1m，整幅式宽度为4.8m，分幅式宽度为2.8m，钢箱梁由顶板、底板、腹板组成，在其上布置扁钢作为加劲肋，钢材板厚主要为16mm、18mm、20mm。

分幅式钢箱梁介绍：分幅式桥梁由两个独立的钢箱梁通过系梁连接组成，整联端部通过橡胶支座与钢盖梁铰接，中间跨与钢盖梁刚接（图6-194）。每联2～4跨，跨度为18～40m，宽度为9.4m。钢材材质为Q345B。

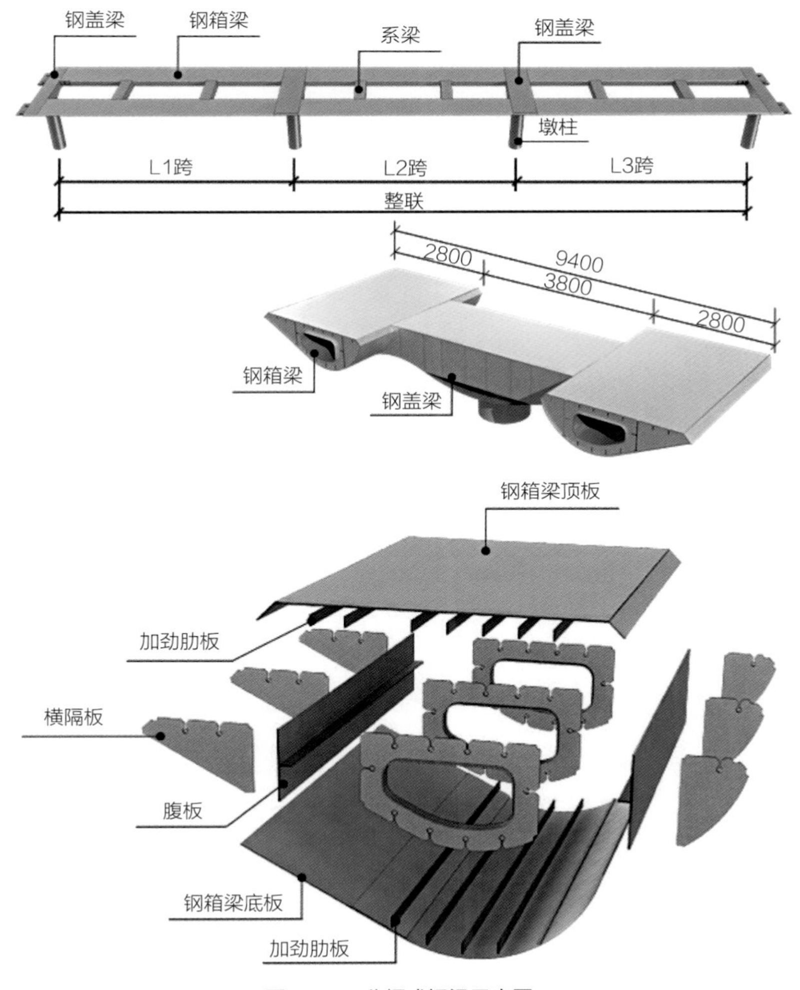

图6-194　分幅式桥梁示意图

整幅式桥梁介绍：整幅式桥梁由一个钢箱梁构成，整联端部通过橡胶支座与钢盖梁铰接，中间跨与钢盖梁刚接（图6–195、图6–196）。每联2～4跨，跨度为18～40m，宽度为4.8m。钢材材质为Q345B。

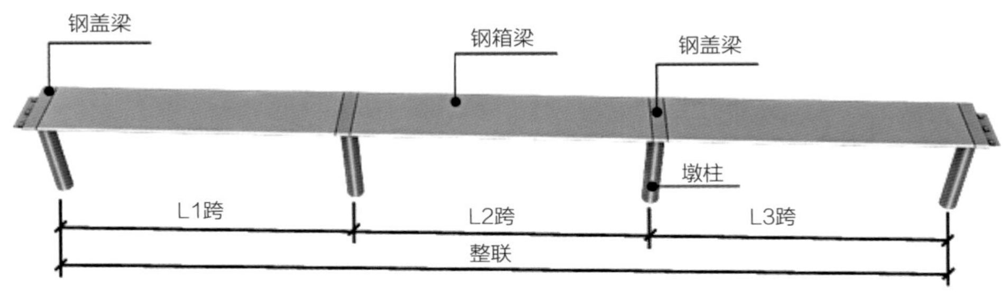

图6-195 整幅式桥梁布置形式

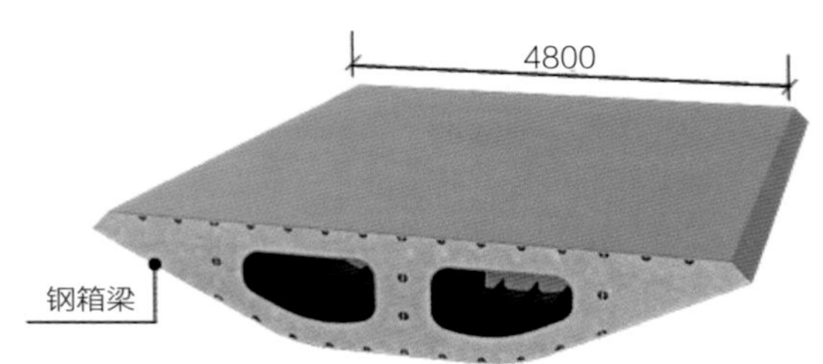

图6-196 整幅式桥梁截面形式

异型式桥梁介绍：异型式桥梁即分幅式桥梁与整幅式桥梁过渡区域（图6–197）。钢材材质为Q345B。

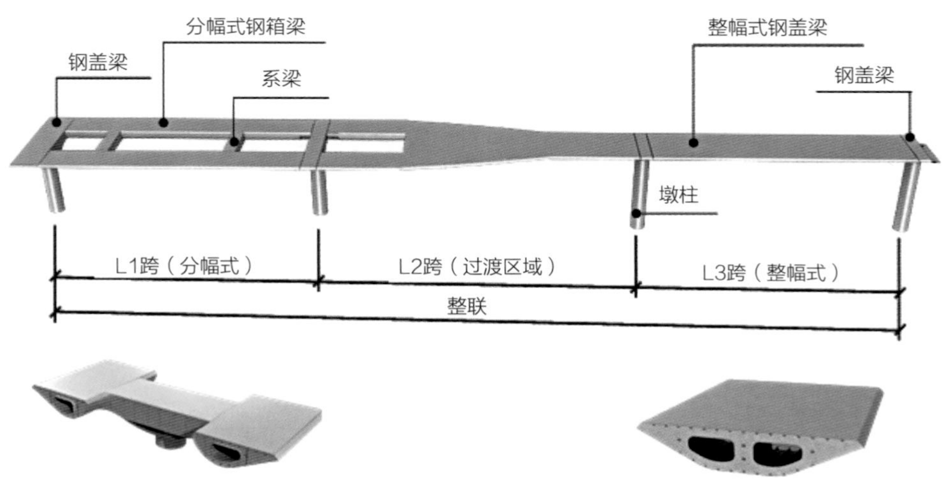

图6-197 异型式桥梁

桥梁墩柱介绍：分幅式桥梁墩柱采用D1 200mm钢结构圆柱墩，整幅式桥梁墩柱采用D1 000mm钢结构圆柱墩（图6–198）。钢材材质为Q345B。

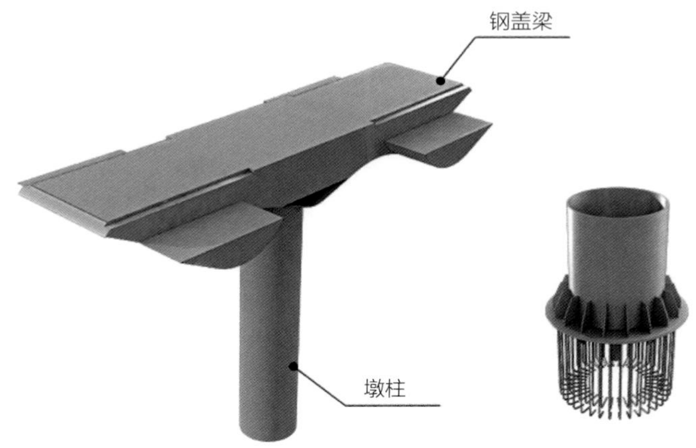

图6-198　桥梁墩柱示意图

6.5.6.2　空中自行车道多层次空间利用设计

为打造绿色立体交通，实现既有道路空间的合理化利用，国内首条空中自行车快速道采用多层次空间利用设计。将机动车专属道路、BRT专属道路、自行车专属道路设置于同一立体空间（图6–199、图6–200）。

图6-199　自行车道效果图示意

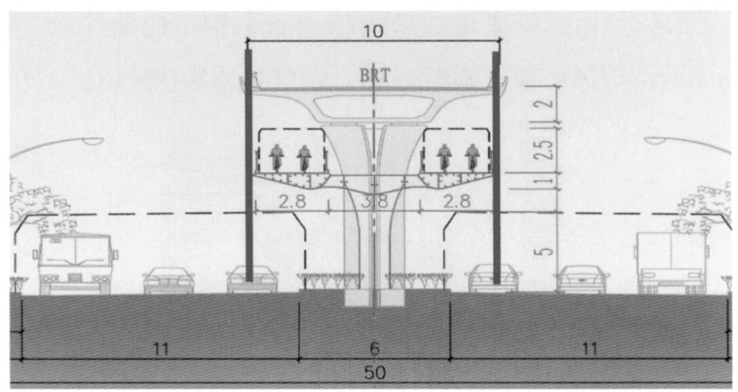

图6-200　自行车道立面示意图（单位：m）

6.5.6.3　狭小净空下自行车快速道施工技术

1）狭小净空下施工概述

梁段采用地下拼装-高空双机抬吊安装的方式进行安装。分幅段位于BRT高架桥下方，受限于BRT桥下净空，汽车式起重机吊臂高度不能伸到最大，起重量有限，采用一台80t汽车式起重机卸车、两台80t折臂吊双机抬吊方式进行安装。

箱梁吊装采用四点吊装，折臂吊缓慢起钩，将箱梁调运至安装位置后，再缓慢降钩靠近盖梁顶部；依据就位方向标示，调整箱梁靠近姿态，通过折臂吊运配合人工牵引的方式引导吊装箱梁与盖梁完成对接就位；就位后使用七字梁搭配千斤顶进行测量校正（图6-201）。

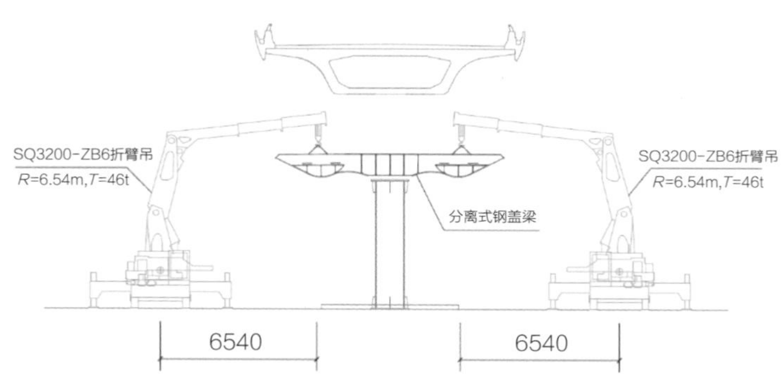

图6-201　折臂吊吊装施工模拟

2）狭小净空下吊装及交通疏导

钢盖梁吊装时，折臂吊分别位于BRT高架两侧；钢箱梁吊装时，折臂吊位于BRT高架同侧。

为减小对交通的影响，安装时间选择23：00～次日6：00进行，吊装时，预留一条车道供车辆通行；吊车占用的空间小，其投用有效解决狭小净空下的吊装难题，同时大大减小了对交通的影响。

运用狭小净空下自行车快速道施工技术，选用新型吊装设备折臂吊进行双机抬吊作业（图6–202），能够有效解决可操作空间小、汽车式起重机站位困难及交通疏导困难等市政工程中钢结构吊装难题，可推广应用于各类操作空间狭小的钢结构工程中。

图6-202　双机抬吊钢盖梁

6.5.6.4　小结

厦门空中自行车道作为国内首条、世界最长的空中自行车快速道，获得2017年中国人居环境奖。项目的综合建造为今后自行车快速道的发展起到先锋模范作用，开启了全国绿色慢行系统建设新篇章。

6.5.7 深圳南山中心区公交总站机械式立体停车库

6.5.7.1 项目简介

1. 项目背景

随着城市公共交通基础设施的不断完善，新能源公交车已经快速发展成为各大城市节能环保的绿色交通工具，也是我国建设“公交都市”“绿色交通”的重要举措。但是，城市中心区公交场站占地面积大、土地利用效率低以及场站充电设施不足等问题严重制约了新能源公交车的快速推广，成为城市公共绿色交通发展的瓶颈。

为解决新能源公交车停车难、充电难、调度难等问题，深圳市开展了首批机械式新能源公交车智能立体车库项目，旨在实现用地集约化、停车立体化、充电自动化和调度智能化的特点，通过合理的车库规划选址，结合先进的信息化技术，可以实现整个城市公交车系统的智能调度。该解决方案有助于降低能源消耗、减少大气污染、促进绿色出行、缓解交通拥堵，为城市绿色交通、城市可持续发展提供了良好的基础。

2. 工程概况

中建科工集团实施的南山中心区公交总站新能源公交车库项目是全国首个可自动充电的机械式公交示范库（图6–203、图6–204）。项目采用4组9层垂直升降塔库，高度45.7m，共占地约900m^2，首层设7个出入车厅，68个带自动充电功能的机械式停车位和17个地面充电车位，将土地利用率提高了3倍以上。

6.5.7.2 智能车库技术创新应用

1. 技术实施方案

新能源公交车智能立体车库包括机械传动系统、电气控制系统、自动充电系统和车库信息化管理系统。通过电气系统控制车库的机械设备运行，由信息化管理系统分配最优车位，将车辆由出入车厅自动搬运至停车位，实现车辆的立体化存放。停车到位后，充电系统自动接驳，根据车辆BMS信号反馈，开始充电并对充电过程实时监测，确保充电安全稳定。借助5G技术，依托信息化管理系统对车库主要设备实施预测性健康管理和远程安全运维（图6–205）。

2. 新能源公交车库的运行过程

1）司机将公交车驶入车厅门前的停车等待区，车厅门自动打开，司机将车辆倒入车厅，直至车轮接触定位杆。

图6-203　南山中心区公交总站新能源公交车库项目设计效果

图6-204　南山中心区公交总站新能源公交车库项目建成实景

2）室内检测开关自动开启，扫描车体的三维尺寸并检测车体重量，确保符合车库停车规格要求。在车辆准确就位后，司机下车将充电枪插入车辆充电口。

3）司机离开车厅，可通过智能刷卡、指纹识别、面部识别、手机APP等多种方式确认存车。

4）车厅门自动关闭，活体检测装置全方位检查，确认车厅内无人员滞留。

5）系统自动分配最优车位，启动存车程序。地面横移车将车辆移至升降通道，通过载车板交换，升降机托起载车板及公交车提升至指定的高度。

6）车位横移车移至升降机下方，升降机下降并将载车板及公交车交换至车位

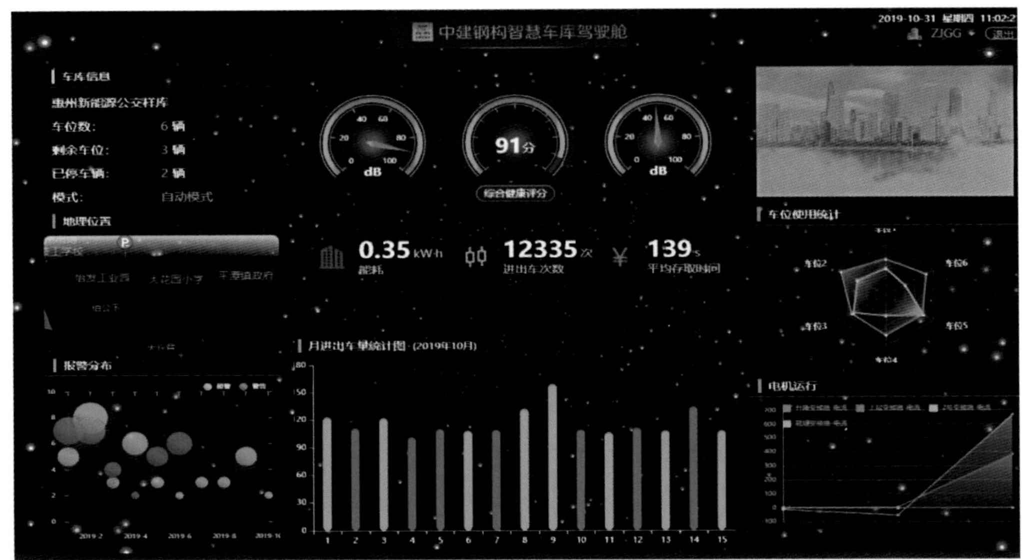

图6-205　智慧停车管理平台

横移车上，横移车返回车位，完成存车。

具体可参见图6–206。

3. 智能立体车库建造

车库主体结构采用钢框架结构，整体由立柱、横梁、纵梁、悬挑车位横梁等组成，结构形式简单，施工过程绿色高效（图6–207、图6–208）。

（a）基础施工

（b）首层钢结构安装

图6-206　新能源公交车智能立体车库样库施工过程（一）

（c）二层钢结构安装

（d）机械设备安装

（e）外围护结构安装

（f）新能源公交车库实景图

图6-206 新能源公交车智能立体车库样库施工过程（二）

图6-207　南山中心区公交总站新能源公交车库出去车厅装修

图6-208　南山中心区公交总站新能源公交车库外立面施工

第7章

新型建造方式发展展望与建议

7.1 新型建造方式发展战略要求

新型建造方式是依照“绿色化、工业化、信息化、集约化和产业化”五大方向同步发展的新型建造工程组织模式，其目的在于提供优质生态的建筑产品，满足人民美好生活的需要，所以积极开展新型建造方式试点工作，提高工程建设资源利用效率，减少环境影响，提升建筑品质，努力推动建筑业转型发展和核心竞争力提升是新型建造方式发展的必要之举。

其发展战略需要满足以下几点要求：

7.1.1 政府引导，市场推动

在新型建造方式的发展战略中，政府应当发挥策划引导和政策支持作用，并在必要时提供一定的经济支持；同时发挥市场配置资源的决定性作用，形成良好的市场环境，激发企业推进新型建筑方式发展的内生动力。

7.1.2 深化改革，创新驱动

明确试点工作目标，针对实施过程中遇到的问题，积极应对，深化体制机制改革，充分发挥创新的支撑作用，通过科技创新和组织管理创新，提升新型建筑工业化能力。

7.1.3 因地制宜，注重实效

根据各地环境条件、经济水平、建材适用性、气候情况等特点和建筑业发展水平，探索适应本地区情况的新型建造方式、建造手段、管理模式和组织模式。

7.1.4 统筹协调，稳步推进

坚持系统观念，对策划、设计、生产、施工等环节进行统筹协调，注重集约化设计，对安全、品质、生态、效率、成本等要素进行统筹平衡，尽力而为、量力而行，逐步形成建筑业全要素协调的新型建造发展模式。

7.2 新型建造方式与产业现代化

7.2.1 生产方式对产业现代化的影响

随着我国建筑业的不断发展，建筑业产业结构发生了深刻的变化：从粗放型走向集约化，从单一生产走向多元化经营，从封闭走向全球开放，转型升级成为建筑业发展的客观规律。当前，以标准化设计、工厂化生产、装配式施工、一体化装修、信息化管理和智能化应用等为主要特征的建筑产业现代化已成为大势所趋、时代所向，是实现建筑业高质量发展的重要方式。

建筑产业现代化是以技术集成型的规模化生产取代劳动密集型的手工生产方式，以工业化制品现场装配取代现场湿作业施工模式，实现住宅部品部件生产的工业化、施工现场装配化的绿色建造。建筑产业现代化可有效提高劳动生产率，减少原材料和能源消耗，降低建筑工程成本，实现规模经济效益。

建筑产业现代化是在社会经济发展水平基本实现工业化，以大城市为中心的区域性产业基础逐步完善之后，系统整合建筑业上下游企业资源，实现分工协作的社会化大生产管理活动（图7–1）。建筑产业现代化不仅包括住宅，也涵盖公共建筑；针对不同的建筑类型与特点，产业化技术路线也非一成不变。建筑产业化为科研、开发、设计、生产、施工等单位合作、共赢，提供了新的、更为广阔的发展空间。

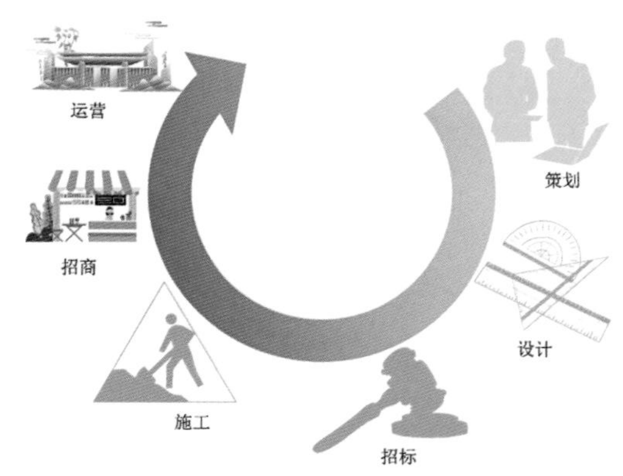

图7-1 建筑产业现代化示意

“建筑产业现代化”与“建筑工业

化”的区别可以解释如下：一般来说，产业化是针对整个建筑产业的产业化，是一个发展过程，是解决全产业链、全寿命期的发展问题，重点解决房屋建造过程的连续性，使资源优化、效益最大化。而工业化是生产方式的工业化，是建筑生产方式的变革，主要解决房屋建造过程中的生产方式问题，包括技术、管理、劳动力、生产资料等，目标更具体。应该说，工业化是产业化的基础和前提，只有工业化达到一定的程度，才能实现产业现代化。因此，产业化高于工业化，建筑工业化的发展目标是实现建筑产业现代化。

由此可见，建筑产业现代化的核心是新型建筑工业化，产业现代化最主要的特点就是生产方式的改变，工业化是产业化的基础和前提，生产方式的转变对于产业现代化的推进而言是首要落脚点。生产方式决定了生产质量、效率、效益、资源、环境五大要素的消耗水平，转变发展方式迫在眉睫。建筑产业现代化的发展涵盖建设生产活动的全系统、全产业链、全过程，其生产方式的变革将对现行的体制机制带来一系列的变化，具有系统性，主要表现在以下两点：由于生产方式的变革，首先，必然会造成工程设计方案、技术标准、施工方法、工程监理和管理验收方法的变化；其次，必然会带来管理体制、实施机制的变革，监理范围、责任主体、审图和定额管理制度等也都将发生变化。

7.2.2　产业现代化是新型建造方式发展的必然结果

总体来说，目前我国大部分地区的房屋建设仍处于粗放型生产方式阶段，建筑产业化仍然处于初步阶段，建筑科技应用还是以单项技术为主，总体而言，建筑生产的工业化水平和成套技术集成度还比较低，尚未形成系列化、规模化生产体系，住房市场大部分商品仍然是“毛坯房”，这些与发展循环经济、实现可持续发展、落实绿色建造和新型建筑工业化的要求很不适应，由此可见，大力发展新型建造方式，推进产业现代化工作任重道远。

而从工程项目全寿命周期的角度来看，采用传统施工方法进行的工程建设存在着很多的诟病：现场施工条件差、管理难度大，工程质量难以保证，施工安全事故频发，现场建筑材料和水电资源浪费严重，建筑垃圾产生多。随着经济的发展，我国逐步进入老龄化社会，熟练和半熟练技术工人越来越缺乏，人工成本逐年增加，迫使工程成本增大；工程项目竣工后，后期的维护、保修工程也需要耗费大量的人力、物力和时间；北方地区施工周期短，施工效率低，有些地区一年仅有半年施工期。与传统建筑方式相比，新型建造生产方式的优点是非常明显的。

根据前文所介绍的新型建造生产方式也就是新型建造工业化的优点，新型建造方式的发展对于建筑项目全寿命周期的每个环节改善作用极大，而这恰恰是建筑产业现代化的核心，因此，建筑产业现代化是新型建造方式发展的最终目标和必然结果。而实践也证明，建筑产业现代化的实施效果非常明显，标准化、工厂化的生产方式使建设过程和建筑产品更加环保，明显改善了住宅结构，并使得建筑质量标准更加严格和资源利用更为合理。同时，建筑产业现代化与建筑工业化的关系表现可以归结为：

1）高度统一关系：建筑产业现代化不是凭空产生的，不是无源之水，它与建筑工业化是高度统一关系，目标是一致的，是对建筑产业未来发展的顶层设计。

2）深入递进关系：建筑产业现代化是在建筑工业化的基础上更加深入和广泛的概念，反映了产业发展的内在要求和必然规律。

7.3 新型建造方式与钢结构装配式发展政策建议

7.3.1 新型建造方式发展政策建议

为全面贯彻新发展理念，推动城乡建设绿色发展和高质量发展，以新型建造方式的发展带动建筑业全面转型升级，实现科学发展，打造具有国际竞争力的“中国建造”品牌，提出以下具体建议：

1. 建立建筑产业互联网平台，推动数字化转型

培育数字科技新动能，建筑业才能在时代大变局下实现突破。要通过数字建筑驱动，实现产业全要素、全过程和全参与方重构；通过数字化、在线化、智能化形成新的生产力；以新设计、新建造和新运维为代表，形成产业新的生态。在技术应用基础上整合资源构建建筑产业数字化互联网平台，这一平台要求在功能上将贯穿工程项目全过程，升级产业全要素，链接工程项目全参与方，系统性地实现全产业链的资源优化配置，提高企业数字竞争力，最大化提升生产效率，赋能产业链各方，推动建筑产业数字化转型。

2. 完善中国建筑行业标准，加速国际化进程

1）全面提高工程建设标准覆盖面

改变政府单一供给标准模式，培育团体标准，完善地方标准，多渠道、多层次

供给标准，形成政府和市场共同发挥作用的新型标准体系。改革强制性标准，制定覆盖各类工程建设项目全生命周期的全文强制性标准，取消目前零散的强制性条文，提高标准刚性约束，尽快完成各部门各行业强制性标准体系的编制，向国外的“技术法规”过渡。

2）全面提升工程建设标准水平

制定实施工程建设标准提升计划，大力提高工程质量安全、卫生健康、节能减排标准，落实中央要求，回应百姓关切。重点在提高建筑的装配式装修、绿色装修和全装修水平，改善建筑室内环境质量；大幅提升建筑门窗保温、隔声、抗风等性能指标；提高可再生能源在新建建筑能源消耗中的占比，优化分布式能源应用标准；提高建筑防水工程质量和使用年限等标准方面，取得突破性进展。

3）全面与国际先进标准接轨

推动中国标准与国际先进标准对接，助推“一带一路”倡议实施。加强中外建筑技术法规标准的对比分析，提高中国工程建设标准内容结构、要素指标与国际标准的一致性；加大中国标准翻译力度，组织开展建筑设计防火等骨干标准翻译；组织开展申报和制定国际标准，提高中国标准在国际上的话语权。

3. 构建行业创新生产体系，强化创新能力建设

1）着重建立健全建筑业技术创新体系

建立以企业为主体、市场为导向、产学研相结合的技术创新体系。充分发挥科研单位的工艺研发优势，高等院校的多学科综合研究优势，勘察设计企业的工程化能力优势和建筑施工企业的深化设计优势，建立和完善以高校和科研单位为主体的基础研究开发系统，以建筑施工企业和勘察设计企业为主体的建筑技术推广应用系统，以相关教育、培训、咨询机构为主体的中介服务系统，以政府主管部门和行业协会为主体的支持协调系统，形成以市场为纽带，以法律规范、经济杠杆和政策引导为主要调控手段，企业、高校、科研机构、咨询、中介服务紧密结合的建筑技术创新体系。

2）加强建筑业新技术、新工艺、新材料、新设备的研发和推广应用

通过政策引导、舆论宣传、资金扶持等，支持企业开展面向工程实际，面向市场需求的建筑业技术原始创新、集成创新、引进消化吸收再创新和综合课题的研究；鼓励企业加大科技投入，配置专业研发人员，设立实验室和中试基地，进行具有前瞻性的技术研究，做好技术储备。企业要加强知识管理，创建学习型组织，努力营造有利于技术创新的信息平台。加快开发和推广应用能够促进我国建筑业结构

升级和可持续发展的共性技术、关键技术、配套技术，加强系统集成研究。要大力发展信息技术，全面推广、普及信息技术在企业中的应用，建立并完善协同工作模式、流程和技术标准，尽快实现企业商务电子化、经营网络化、管理信息化的高效反应、决策、运转机制。重视既有建筑改建技术的研发和应用，尽快形成成套技术。政府投资工程项目应成为建筑业共性技术、关键技术研发和应用的重要平台。

4. 推进建筑工程企业改革，加快专业队伍建设

1）支持建筑业企业拓展发展空间

依托国家区域发展战略，支持建筑业企业拓展国内外市场空间扩大市场份额。支持建筑业企业积极参与国内外工程建设。引导建筑业企业与国内外大型承包商组成联合体，共同承揽大型工程项目，进一步提高市场份额。支持有条件的地方引进和整合技术研发、装备制造、部品部件生产、设计咨询、资金物流、“互联网+”等要素，利用现有资源，建设具有区域特色、创新型建筑产业园区，打造建筑经济新亮点。

2）强化人才支撑

落实建筑业企业培训主体责任，支持行业协会、高等院校、职业院校、培训机构采取合作、订单培养、市场化等方式，培养企业高管、项目负责人、专业技术人才和高素质技术工人。引导相关高校与企业、地方政府共建各类创新创业载体，推动高层次人才向建筑业企业集聚。健全建筑业职业技能标准体系，全面实施建筑业技术工人职业技能鉴定制度。加快发展一批建筑工人职业技能鉴定机构，开展建筑工人技能考核评价工作，引导企业建立完善人员职业资格技能等级与薪酬挂钩机制。加强农村建筑工匠培养和管理，全面推行培训考核发证制度，提高农村建筑工匠技能水平和整体素质。

3）拓宽融资渠道，加强建筑业企业正向激励

支持银行、保险和融资性担保机构开发适合工程建设特点的产品，开展应收账款、股权、商标权、专利权等质押贷款，守合同重信用企业增信融资和信用保险业务，允许建筑业企业以建筑材料、工程设备、在建工程等作为抵押进行反担保。对信用良好的建筑业企业纳入政策性担保范围，解决中小企业贷款难问题。建筑业企业晋升特级资质、勘察设计企业晋升综合资质，获得国家发明专利、标准、工法，在境外承包重大工程，以及在国内外资本市场成功上市的，根据规定给予奖励，并列入建筑业企业守信红名单。对符合条件的建筑业企业和项目，按规定通过产业发展、科技创新与成果转化、外经外贸、节能减排、人才引进与培训等专项资金予以支持。

7.3.2 钢结构装配式发展政策建议

实现由建筑产业大国向建筑产业强国的转变，促进钢结构装配式的发展是必经的过程，未来钢结构发展规划应重点考虑以下几个方面：

1）进一步完善现有钢结构体系在各类建筑中的应用，扩大应用范围，大力研发适用于不同建筑类型的钢结构新体系。

2）推动建造方式创新，推广钢结构装配式建筑，为实现钢结构建筑产业化提供成套技术，通过标准化设计、工厂化生产、装配式施工、一体化装修、信息化管理、智能化应用，促进建筑产业转型升级。

3）健全建筑法律法规和标准规范体系，钢结构设计标准逐步与国际接轨，加快推进修订相关标准规范，促进关键技术和成套技术研究成果转化为标准规范。

4）大力推行全生命周期绿色建筑设计理念，使建筑从规划设计、加工制作、安全施工、使用维护直至拆除都能满足工业化、绿色化、信息化要求。

5）国家层面要加快建设钢结构建筑产业基地，尽快将前沿的研究成果应用于实际工程，在灾区重建和保障性住房工程中应给予钢结构建筑特殊的政策支持；要打破部门壁垒，多领域部门协同推进，完成绿色工业化装配式建筑产业化这一重任。

参考文献

[1] 毛志兵. 建筑工程新型建造方式[M]. 北京：中国建筑工业出版社，2018.

[2] 翟鹏. 新型建筑工业化建设项目管理改进研究[D]. 济南：山东建筑大学，2015.

[3] 杨显宜. 我国城镇化背景下基于全产业链的住宅产业化发展研究[D]. 重庆：重庆大学，2013.

[4] 黄小坤，田春雨. 预制装配式混凝土结构研究[J]. 住宅产业，2010（9）：28-32.

[5] 蒋勤俭. 国内外装配式混凝土建筑发展综述[J]. 建筑技术，2020，41（12）：1074-1077.

[6] 钱志峰，陆惠民. 对我国建筑工业化发展的思考[J]. 江苏建筑，2008（S1）：71-73.

[7] 建设部科学技术司. 中国建设行业科技发展五十年1949—1999[M]. 北京：中国建筑工业出版社，2000：5-12.

[8] 王晓峰. 装配式混凝土结构与建筑工业化、住宅产业化[J]. 城市住宅，2014（5）：26-33.

[9] 郭正兴，董年才，朱张锋. 房屋建筑装配式混凝土结构建造技术新进展[J]. 施工技术，2011，40（11）：1-2.

[10] 郭正兴，朱张锋. 装配式混凝土剪力墙结构阶段性研究成果及应用[J]. 施工技术，2014，43（22）：5-8.

[11] 何继峰，王滋军，戴文婷，等. 适合建筑工业化的混凝土结构体系在我国的研究与应用现状[J]. 混凝土制品，2014（6）：129-132.

[12] 2020年上半年度全国装配式建筑发展报告[R]. 北京：北京中建协认证中心有限公司，2020.

[13] 马永强，王泽强. 装配式钢结构建筑与BIM技术应用[M]. 北京：中国建筑工业出版社，2019.

[14] 吴刚，潘金龙. 装配式建筑[M]. 北京：中国建筑工业出版社，2018.

[15] 住房和城乡建设部关于推进建筑垃圾减量化的指导意见. http://www.mohurd.gov.cn/wjfb/202005/t20200515_245456.html.

[16] 徐绘芹. 装配式钢结构工厂化预制的探讨[J]. 科学与财富，2018（36）：170.

[17] 周婷. 方钢管混凝土组合异形柱结构力学性能与工程应用研究[D]. 天津：天津大学，2012.

[18] 22种常用装配式钢结构体系技术特点和适用范围介绍. http://www.sdyonggu.com/news/221.html.

[19] 王珊珊. 城镇化背景下推进新型建筑工业化发展研究[D]. 济南：山东建筑大学，2014.

[20] 郝际平，孙晓岭，薛强，等. 绿色装配式钢结构建筑体系研究与应用[J]. 工程力学，2017，34（1）：1-13.

[21] 胡泊，刘冰，韦凯杰. 钢结构建筑在装配式建筑发展过程中的优势[J]. 福建建材，2020（2）：31-32，106.

[22] 李闻达. 装配式钢结构建筑新型复合墙板研发及构造技术研究[D]. 济南：山东建筑大学，2019.

[23] 李述祥. 探讨装配式钢结构建筑的设计[J]. 低碳世界，2019，9（6）：169-170.

[24] 曲圣玉. 装配式钢结构建筑优势分析[J]. 城市住宅，2020（7）：227-228.

[25] 李福录. 装配式建筑工程钢结构施工技术及管理措施[J]. 产城（上半月），2019（2）：1.

[26] 黎江. 装配式建筑工程钢结构施工技术和施工管理措施[J]. 商品与治理，2020（2）：284.

[27] 李惠玲，王婷. 我国装配式钢结构住宅产业化发展面临的问题与对策研究[J]. 建筑经济，2020，3（2）：21-23.

[28] 张志红. 钢结构在装配式建筑中的应用[J]. 应用技术，2020（11）：1609.

[29] 王月英. 高层建筑钢结构装配式施工技术应用分析[J]. 施工技术，2020（2）：307.

[30] 伦光明. 装配式钢结构装置重要工艺方法研究[J]. 科技创新与应用，2020（20）：97-98.

[31] 黎强. 利用厂房吊车梁安装屋面结构的质量技术管理研究[D]. 西安：西安建筑科技大学，2018.

[32] 宋海山. 装配式钢管束混凝土组合结构施工方法研究[D]. 武汉：湖北工业技大学，2018.

[33] 魏捷. 基于BIM技术的钢框架办公楼施工管理与安全风险控制研究[D].

合肥：合肥工业技大学，2020.

[34] 张莹莹. 装配式建筑全生命周期中结构构件追踪定位技术研究[D]. 南京：东南大学，2019.

[35] 徐文华. 钢框架结构体系在工程建设中的适用性研究[D]. 天津：天津大学，2015.

[36] 任晓. 钢结构施工组织设计[D]. 成都：西南财经大学，2014.

[37] 宁轶. 凤凰国际传媒中心钢结构工程项目质量管控改进研究[D]. 秦皇岛：燕山大学，2014.

[38] 冯剑. 钢结构工程施工质量管理方法及体系的建立[D]. 南昌：南昌大学，2007.

[39] 程统然. 钢结构工程施工过程质量问题及管理措施研究[D]. 南京：东南大学，2019.

[40] 李泽. 钢结构EPC项目管理探讨[C]. 全国钢结构学术年会论文集，2008.10.

[41] 刘超洋等. EPC+装配式钢结构建造模式在产业园中的应用[J]. 施工技术，2020（7）：98-100.

[42] 廖惠. EPC模式下装配式建筑的成本控制研究[D]. 成都：西南交通大学，2015.

[43] 周凤群. EPC总承包模式下装配式建筑的成本效益分析[D]. 成都：西华大学，2020.

[44] 栾添. 建筑施工企业信息化管理研究[D]. 长春：吉林建筑大学，2017.

[45] 蒋帅. 建筑企业信息化管理研究[D]. 北京：北京交通大学，2012.

[46] 梁建平. 建筑企业施工精细化管理研究[D]. 杭州：浙江大学，2014.

[47] 段梦恩. 基于BIM的装配式建筑施工精细化管理的研究[D]. 沈阳：沈阳建筑大学，2016.

[48] 刘杰. 工程项目全过程精细化成本控制[D]. 成都：西南交通大学，2013.

[49] 覃爱萍. 精细化管理在建筑工程管理中的应用研究[J]. 中国管理信息化，2019，22（22）：118-119.